Analyse einer abstraktionsbasierten hierarchischen Produktionsplanung in komplexen Produktionssystemen

Europäische Hochschulschriften
Publications Universitaires Européennes
European University Studies

Reihe V
Volks- und Betriebswirtschaft

Série V Series V
Sciences économiques, gestion d'entreprise
Economics and Management

Bd./Vol. 2631

PETER LANG
Frankfurt am Main · Berlin · Bern · Bruxelles · New York · Oxford · Wien

Andreas Obst

Analyse einer abstraktionsbasierten hierarchischen Produktionsplanung in komplexen Produktionssystemen

PETER LANG
Europäischer Verlag der Wissenschaften

Die Deutsche Bibliothek - CIP-Einheitsaufnahme

Obst, Andreas:

Analyse einer abstraktionsbasierten hierarchischen Produktionsplanung in komplexen Produktionssystemen / Andreas Obst. - Frankfurt am Main ; Berlin ; Bern ; Bruxelles ; New York ; Oxford ; Wien : Lang, 2000
(Europäische Hochschulschriften : Reihe 5, Volks- und Betriebswirtschaft ; Bd. 2631)
Zugl: Marburg, Univ., Diss., 1998
ISBN 3-631-34329-9

D 4
ISSN 0531-7339
ISBN 3-631-34329-9

Vorwort

Die vorliegende Arbeit entstand während meiner Tätigkeit als wissenschaftlicher Mitarbeiter am Institut für Wirtschaftsinformatik im Fachbereich Informatik der Universität in Koblenz sowie am Lehrstuhl für Industriebetriebslehre im Fachbereich Wirtschaftswissenschaften der Philipps-Universität Marburg.

Vorworte und Danksagungen liest man in der Phase der Erstellung der Arbeit viele. Die Bedeutung einer Danksagung vermag man aber erst dann richtig einzuschätzen, wenn die Arbeit abgeschlossen ist und man sich an die vielfältigen Aufmunterungen und Unterstützungen erinnert, die man in der zurückliegenden Zeit erhalten hat. Mein aufrichtiger Dank gilt zunächst meinem akademischen Lehrer, Herrn Professor Dr. Bernd Schiemenz. In der langen Zeit der Zusammenarbeit hat er sich stets als fördernder und verständnisvoller Chef erwiesen, dem es gelang, seinen Mitarbeitern den erforderlichen akademischen Freiraum einzuräumen. Bei Herrn Professor Dr. Ulrich Hasenkamp bedanke ich mich für die Übernahme der Mitberichterstattung. Meinem langjährigen Wegbegleiter Dr. Olaf Schönert danke ich für die hervorragende kollegiale Zusammenarbeit. Frau Elke Herrmann gebührt Dank für die zuverlässige Durchsicht des Manuskriptes.

Last, but not least möchte ich besonders meiner Ehefrau Gisela danken. Mit ihrem großen Vertrauen und ihrer großen Zuversicht hat sie entscheidenden Anteil daran, daß die Arbeit in der vorliegenden Form entstehen konnte. Ihr und unserem Sohn Valentin widme ich diese Arbeit.

Marburg, im Dezember 1999 Andreas Obst

Inhaltsverzeichnis

Verzeichnis der Abbildungen XIII

Verzeichnis der Tabellen XVII

Verzeichnis der Abkürzungen XIX

1 Fortgang der Untersuchung und Zusammenfassung der wesentlichen Ergebnisse 1

2 Einführender Überblick über die Aufgabenbereiche der Produktionsplanung und -steuerung 7

2.1 Begriff der Produktion 7

2.2 Begriff des Produktionssystems 8

2.3 Aufgabenbereiche der Produktionsplanung und -steuerung 13

2.3.1 Überblick über die Aufgabenbereiche der strategischen Produktionsplanung 16

2.3.2 Überblick über die Aufgabenbereiche der taktischen Produktionsplanung 18

2.3.3 Aufgabenbereiche und prinzipielle Vorgehensweise im klassischen Konzept der operativen Produktionsplanung und -steuerung 20

2.3.3.1 Aufgabenbereiche der operativen Produktionsprogrammplanung 20

2.3.3.2 Aufgabenbereiche der operativen Produktionspotentialplanung 23

2.3.3.3 Aufgabenbereiche der operativen Produktionsprozeßplanung 26

2.3.3.3.1 Durchlaufterminierung 26

2.3.3.3.2 Kapazitätsterminierung 29

2.3.3.3.3 Verfügbarkeitsprüfung und Auftragsfreigabe 31

2.3.3.3.4 Feinterminierung 32

2.3.3.4 Aufgabenbereiche der operativen Produktionssteuerung 34

2.3.4 Zusammenfassung der wesentlichen Kritikpunkte am klassischen Konzept der Produktionsplanung und -steuerung 34

2.3.4.1 Fehlende Kapazitätsorientierung 34

2.3.4.2 Fehlende wechselseitige Abstimmung 35

2.3.4.3 Fehlende Berücksichtigung der Interdependenzen innerhalb der Losgrößenplanung 35

2.3.4.4 Fehlende Berücksichtigung der Interdependenzen zwischen Durchlaufterminierung und Kapazitätsbelastungsrechnung 36

2.3.4.5 Durchlaufzeitsyndrom 37

3 Systemtheoretischer Gestaltungsrahmen 39

3.1 Komplexität 39

3.1.1 Einführender Überblick zur Annäherung an die unterschiedlichen Sichtweisen des Komplexitätsbegriffs 39

3.1.1.1 Objektstrukturorientierte Sichtweise von Komplexität 39

3.1.1.2 Objektverhaltensorientierte Sichtweise von Komplexität 41

3.1.1.3 Subjektbezogene Sichtweise von Komplexität 45

3.1.2 Analyse des Komplexitätsbegriffs 46

3.1.3 Handhabung von Komplexität 52

3.1.3.1 Veränderung von Komplexität durch Wachstumsprozesse in Systemen und deren Auswirkungen 52

3.1.3.2 Veränderung von Komplexität durch Reduktionsprozesse in Systemen und deren Auswirkungen 55

3.1.3.3 Komplexität eines Systems in Relation zur Umwelt 56

3.1.3.4 Differenzierung von Systemen als zentrales Konzept zur Handhabung von Komplexität 58

3.2 Hierarchie 64

3.2.1 Hierarchische Strukturierung komplexer Systeme 64

3.2.2 Unterscheidung zwischen Inter-Systemhierarchien und Intra-Systemhierarchien 65

3.3 Abstraktion 67

3.3.1 Zum Begriff der Abstraktion 67
3.3.2 Handhabung von Komplexität durch Abstraktion 71
3.3.3 Übersicht über formale Abstraktionskonzepte 73
3.3.3.1 Abstraktionskonzept Klassifikation 73
3.3.3.2 Abstraktionskonzept Generalisierung 77
3.3.3.3 Abstraktionskonzept Selektion 78
3.3.3.4 Abstraktionskonzept Assoziation 81
3.3.3.5 Abstraktionskonzept Aggregation 83
3.3.4 Formale Abstraktionskonzepte und hierarchische Systeme 85

4 Komplexitätsorientierte Gestaltung von Produktionssystemen 87
4.1 Einleitung 87
4.2 Gestaltungspotentiale im Bereich der Produktionsprogrammplanung 87
4.2.1 Breite des Produktionsprogramms 87
4.2.2 Gestaltung von Erzeugnisstrukturen 92
4.2.2.1 Konstruktiver Aufbau der Erzeugnisse 92
4.2.2.2 Standardisierung 95
4.2.2.3 Baukastensysteme 96
4.2.2.4 Verlagerung des Variantenbestimmungspunktes 97
4.3 Gestaltungspotentiale im Bereich der Potentialplanung 100
4.4 Gestaltungspotentiale im Bereich der Prozeßplanung 105
4.4.1 Organisationsbezogene Formen der Differenzierung von Produktionssystemen 106
4.4.1.1 Werkstattfertigung 107
4.4.1.2 Fließfertigung 110
4.4.1.3 Zwischentypen der organisationsorientierten Differenzierung von Produktionssystemen 112
4.4.1.3.1 Werkstattfließfertigung 112
4.4.1.3.2 Inselfertigung 114
4.4.2 Technologiebezogene Formen der Differenzierung von Produktionssystemen 116

4.4.3 Zusammenfassende Bewertung der Gestaltungspotentiale im Bereich der Produktionsprozeßplanung 119

4.5 Integrierte Ansätze einer komplexitätsorientierten Gestaltung von Produktionssystemen 121

4.5.1 Ansatz der Fertigungssegmentierung 121

4.5.1.1 Grundgedanken, Definitionsmerkmale und Gestaltungsprinzipien der Fertigungssegmentierung 121

4.5.1.2 Verfahren zur Differenzierung von Produktionssystemen 128

4.5.1.3 Fertigungssegmentierung als komplexitätsorientierte Gestaltung von Produktionssystemen 130

4.5.2 Konzept der Lean Production 134

4.5.2.1 Grundgedanken der Lean Production 134

4.5.2.2 Gestaltungsprinzipien der Lean Production 137

4.5.2.3 Lean Production als komplexitätsorientierte Gestaltung von Produktionssystemen 142

5 Komplexitätsorientierte Gestaltung von Produktionsplanungssystemen 145

5.1 Grundlegende Prinzipien der Gestaltung von Produktionsplanungssystemen 145

5.1.1 Handhabung von Komplexität durch Dekomposition von Planungsproblemen 145

5.1.2 Formen der Dekomposition von Planungsproblemen 147

5.1.2.1 Horizontale Dekomposition 148

5.1.2.2 Vertikale Dekomposition 148

5.1.3 Formen der Koordination von Planungsaufgaben 150

5.1.4 Grundtypen der Differenzierung von Produktionsplanungssystemen 152

5.2 Analyse von Planungsansätzen 156

5.2.1 Closed Loop Material Requirements Planning 157

5.2.2 Manufacturing Resource Planning (MRP II) 158

5.2.2.1 Einordnung des Ansatzes des Manufacturing Resource Planning (MRP II) 158

5.2.2.2 Grundstruktur des Ansatzes des Manufacturing Resource Planning (MRP II) 161
5.2.2.3 Zusammenfassende Beurteilung des MRP II-Konzeptes 164
5.2.2.3.1 Beurteilung des MRP II- Konzeptes als Weiterentwicklung des klassischen Konzeptes der Produktionsplanung und -steuerung 164
5.2.2.3.2 Beurteilung des MRP II-Konzeptes hinsichtlich der Anpassungsmöglichkeiten an Veränderungen der Komplexität der Planungsaufgaben 166
5.2.3 Hierarchische Produktionsplanung (HPP) 171
5.2.3.1 Grundstruktur des klassischen Ansatzes der Hierarchischen Produktionsplanung (HPP) am Beispiel des Ansatzes von Hax und Meal 172
5.2.3.2 Zusammenfassende Beurteilung des HPP-Konzeptes ... 175
5.2.3.2.1 Beurteilung des HPP- Konzeptes als Weiterentwicklung des klassischen Konzeptes der Produktionsplanung und -steuerung 175
5.2.3.2.2 Beurteilung des HPP-Konzeptes hinsichtlich der Anpassungs- möglichkeiten an Veränderungen der Komplexität der Planungsaufgaben 175
5.2.4 Kapazitätsorientierte Produktionsplanung und -steuerung 178
5.2.4.1 Grundstruktur des Ansatzes der kapazitätsorientierten Produktionsplanung und -steuerung 178
5.2.4.1.1 Aggregierte Gesamtplanung 179
5.2.4.1.2 Kapazitierte Hauptproduktionsprogramm-planung 180
5.2.4.1.3 Detaillierte Losgrößen- und Ressourcen-planung 182
5.2.4.1.4 Segmentspezifische Feinplanung und -steuerung 183

5.2.4.2 Zusammenfassende Beurteilung des Ansatzes der kapazitätsorientierten Produktionsplanung und -steuerung ... 186

5.2.4.2.1 Beurteilung des Ansatzes der kapazitätsorientierten Produktionsplanung und -steuerung als Weiterentwicklung des klassischen Konzeptes der Produktionsplanung und -steuerung ... 186

5.2.4.2.2 Beurteilung des Ansatzes der kapazitätsorientierten Produktionsplanung und -steuerung hinsichtlich der Anpassungsmöglichkeiten an Veränderungen der Komplexität der Planungsaufgaben ... 189

6 Zusammenfassung ... 195

Literaturverzeichnis ... 205

Anhang ... 235

Verzeichnis der Abbildungen

Abbildung 2.1: Vermaschte Regelkreise der strategischen, taktischen und operativen Produktionsplanung 15

Abbildung 2.2: Grundstruktur der klassischen Produktionsplanung und -steuerung 21

Abbildung 3.1: Komplexitätskategorien nach Röpke 41

Abbildung 3.2: Komplexitätskategorien nach Bleicher 42

Abbildung 3.3: Komplexitätskategorien nach Reiß 43

Abbildung 3.4: Beispiel einer Intra-Systemhierarchie 67

Abbildung 3.5: Beispiel einer Inter-Systemhierarchie 67

Abbildung 3.6: Die im Beispiel verwendeten neun Hexaeder 75

Abbildung 3.7: Die im Beispiel verwendeten neun Tetraeder 75

Abbildung 3.8: Die im Beispiel verwendeten neun senkrechten Kreiszylinder 75

Abbildung 3.9: Die im Beispiel verwendeten neun senkrechten Kreiskegel 75

Abbildung 3.10: Beispiel für eine Abstraktion durch Klassifikation 76

Abbildung 3.11: Abstraktionshierarchie I: Beispiel für die Verbindung einer Abstraktion durch Klassifikation mit einer Abstraktion durch Generalisierung 78

Abbildung 3.12: Abstraktionshierarchie II a: Beispiel für die Verbindung einer Abstraktion durch Klassifikation mit einer Abstraktion durch Selektion 80

Abbildung 3.13: Abstraktionshierarchie II b: Ausschnitt aus Abstraktionshierarchie II a mit möglichen detaillierten Beziehungen 81

Abbildung 3.14: Abstraktionshierarchie III a: Beispiel für die Verbindung einer Abstraktion durch Klassifikation mit einer Abstraktion durch Assoziation 82

Abbildung 3.15: Abstraktionshierarchie III b: Ausschnitt aus Abstraktionshierarchie III a mit einer möglichen abstrakten Beziehung 83

Abbildung 3.16: Abstraktionshierarchie IV: Beispiel für die Verbindung einer Abstraktion durch Klassifikation mit einer Abstraktion durch Aggregation ... 84
Abbildung 4.1: Umgekehrter Erfahrungskurveneffekt bei einer Verdoppelung der Anzahl der Varianten ... 88
Abbildung 4.2: Beispiel für die Entwicklung der Anzahl der Varianten ... 88
Abbildung 4.3: Wirkungsdiagramm: Auswirkungen der Veränderung der Zahl der Varianten auf die Stückkosten ... 90
Abbildung 4.4: Lineare Erzeugnisstruktur ... 92
Abbildung 4.5: Konvergierende Erzeugnisstruktur ... 92
Abbildung 4.6: Divergierende Erzeugnisstruktur ... 92
Abbildung 4.7: Umverteilende Erzeugnisstruktur ... 93
Abbildung 4.8: Generelle Erzeugnisstruktur ... 93
Abbildung 4.9: Differentialbauweise ... 94
Abbildung 4.10: Integralbauweise ... 94
Abbildung 4.11: Erzeugnisstruktur vor der Verlagerung des Variantenbestimmungspunktes ... 99
Abbildung 4.12: Erzeugnisstruktur nach der Verlagerung des Variantenbestimmungspunktes ... 99
Abbildung 4.13: Elemente eines flexiblen Fertigungssystems ... 117
Abbildung 4.14: Definitionsmerkmale von Fertigungssegmenten ... 122
Abbildung 4.15: Gestaltungsprinzipien von Fertigungssegmenten ... 122
Abbildung 5.1: Vertikale Differenzierung sowie Koordination durch Vorgaben ... 153
Abbildung 5.2: Vertikale Differenzierung sowie Koordination durch Vorgaben und Rückkopplung ... 153
Abbildung 5.3: Vertikale und horizontale Differenzierung sowie Koordination durch Vorgaben und Rückkopplung ... 153
Abbildung 5.4: Divergierende Struktur ... 154
Abbildung 5.5: Vertikale Differenzierung sowie Koordination durch Vorgabe ... 154
Abbildung 5.6: Grundstruktur des Closed Loop Material Requirements Planning ... 158

Abbildung 5.7: Grundstruktur des Manufacturing Resource Planning (MRP II) 163

Abbildung 5.8: Grundstruktur der Hierarchischen Produktionsplanung (HPP) am Beispiel des Ansatzes von Hax und Meal 174

Abbildung 5.9: Grundstruktur des Ansatzes der kapazitätsorientierten Produktionsplanung und -steuerung nach Drexl et al. 180

Abbildung 5.10: Erweiterte Beschreibung der Grundstruktur des Ansatzes der kapazitätsorientierten Produktionsplanung und -steuerung 188

Verzeichnis der Tabellen

Tabelle 2.1: Übersicht über die Aufgaben der Produktionsplanung und -steuerung 16

Tabelle 3.1: Ausprägungen unterschiedlicher Komplexitätsmaße 50

Verzeichnis der Abkürzungen

Anmerk. Des Verfas.	Anmerkung des Verfassers
Aufl.	Auflage
BAZ	Bearbeitungszentrum
bzgl.	bezüglich
bzw.	beziehungsweise
CLSP	Capacitated Lot-Sizing Problem
CNC	Computerized Numerical Control
CPOF	Capacity Planning Using Overall Factors
CRP	Capacity Requirements Planning
Diss.	Dissertation
DNC	Direct Numerical Control
durchges. (Aufl.)	durchgesehene (Auflage)
et al.	et alii
f.	folgende
ff.	ferner folgende
FFS	Flexibles Fertigungssystem
FFZ	Flexible Fertigungszelle
ggfs.	gegebenenfalls
HPP	Hierarchische Produktionsplanung
HPPP	Hauptproduktionsprogrammplanung
Hrsg.	Herausgeber
i. a. O.	in alphabetischer Ordnung
i. e. S.	im engeren Sinne
IMVP	International Motor Vehicle Program
insbes.	insbesondere
MIT	Massachusetts Institute of Technology
MLCLSP	Multi-Level Capacitated Lotsizing Problem
MLLSP	Multi-Level Lotsizing and Scheduling Problem
MLPLSP	Multi-Level Proportional Lotsizing and Scheduling Problem

MPS	Master Production Schedule
MRP	Material Requirements Planning
MRP II	Manufacturing Resource Planning
NC	Numerical Control
o. J.	ohne Jahr
o. S.	ohne Seite
o. V.	ohne Verfasser
PPS	Produktionsplanung und -steuerung
RCCP	Rough Cut Capacity Planning
RRP	Resource Requirements Planning
S.	Seite
SMED	Single Minute Exchange of Dies
sog.	sogenannte
Sp.	Spalte
SW	Stichwort
TH	Technische Hochschule
TPM	Total Productive Maintenance
u. a.	und andere
überarb. (Aufl.)	überarbeitete (Auflage)
Univ.	Universität
v. Chr.	vor Christus (vor Christi Geburt)
verb. (Aufl.)	verbesserte (Auflage)
vgl.	vergleiche
vollst. Überarb. (Aufl.)	vollständig überarbeitete (Auflage)
wesentl. Erw. (Aufl.)	wesentlich erweiterte (Auflage)
WiSt	Wirtschaftswissenschaftliches Studium
ZfbF	Schmalenbachs Zeitschrift für betriebswirtschaftliche Forschung
ZwF	Zeitschrift für wirtschaftliche Fertigung und Automatisierung

1 Fortgang der Untersuchung und Überblick über die wesentlichen Ergebnisse

Das auf diesen Überblick folgende zweite Kapitel vermittelt einen Überblick über den Aufgabenbereich der Produktionsplanung und -steuerung. Zunächst werden die Begriffe Produktion und Produktionssystem abgegrenzt, daran anschließend werden die Aufgabenbereiche der strategischen und taktischen Produktionsplanung sowie insbes. die Aufgabenbereiche der operativen Produktionsplanung und die prinzipielle Vorgehensweise im klassischen Konzept der Produktionsplanung und -steuerung beschrieben und die wesentliche Kritik an dieser Vorgehensweise zusammengefaßt. Die Ausführungen in diesem Kapitel dienen dazu, eine durch einen weitgehenden Konsens in der produktionswirtschaftlichen Literatur gefestigte Abgrenzung des Untersuchungsbereiches vorzunehmen.

Im dritten Kapitel werden die aus systemtheoretischer Sicht wesentlichen Grundlagen für eine abstraktionsbasierte hierarchische Planung der Produktion in komplexen Produktionssystemen erarbeitet. Eine zentrale Stellung nehmen in diesem Zusammenhang die Begriffe Komplexität, Hierarchie und Abstraktion ein.

Ausgehend von der auf Schiemenz zurückgehenden Unterscheidung in eine objektstrukturorientierte, eine objektverhaltensorientierte sowie eine subjektbezogene Sichtweise von Komplexität wird zunächst eine schrittweise Extension des Komplexitätsbegriffs hin zu einem umfassenden Komplexitätsbegriff vorgenommen, der die drei zuvor genannten Sichtweisen beinhaltet. Komplexität wird als eine Systemen immanente Eigenschaft verstanden, deren Veränderung entsprechende Anpassungs- bzw. Veränderungsprozesse in und zwischen Systemen initiiert, die letztlich der Handhabung von Komplexität dienen.

Besonders untersucht werden die Auswirkungen der Veränderung von Komplexität durch Wachstums- bzw. Reduktionsprozesse in Systemen. Da der hieraus in Anlehnung an Luhmann abgeleitete Mechanismus zur Handhabung von Komplexität einen wesentlichen Bestandteil der Argumentation auch in den folgenden Kapiteln bildet, soll dieser hier (verkürzt) zusammengefaßt werden:

Mit der aus Wachstumsprozessen resultierenden Zunahme der Anzahl der Objekte in einem System und dem hierdurch bedingten Ansteigen der Anzahl der prinzipiell möglichen Beziehungen zwischen den Objekten dieses Systems ergibt sich auf Grund einer immanenten Beschränkung der Verknüpfungskapazität der Objekte, die verhindert, daß ab einem gewissen Maß an Größenwachstum jedes Objekt mit jedem anderen Objekt in Beziehung steht, das zwingende Erfordernis, eine Auswahl der letztlich zu realisierenden Beziehungen aus den prinzipiell möglichen Beziehungen vorzunehmen, d. h. eine strukturelle Selektion vorzunehmen. Die Entscheidung für eine bestimmte Struktur innerhalb eines Systems mit der damit verbundenen Gestaltung der Komplexität kann jedoch nur in Abhängigkeit von der Umwelt des Systems erfolgen, die immer komplexer als das System selbst ist. Die auf Grund der immanenten Beschränkung der Verknüpfungskapazität des Systems erforderliche Selektion einer bestimmten Struktur innerhalb eines Systems ist somit nicht beliebig, sondern an der Umwelt des Systems auszurichten, welche die Möglichkeiten zur Veränderung der Komplexität limitiert. Wurde auf eine bestimmte Komplexität der Umwelt mit einer bestimmten Komplexität des Systems reagiert, indem eine bestimmte Struktur ausgewählt wurde, so verursachen Veränderungen in der Komplexität der Umwelt des Systems Anpassungsprozesse des Systems im Hinblick auf dessen Struktur.

Als zentrales Konzept zur Handhabung von Komplexität wird die Differenzierung von Systemen identifiziert, die es ermöglicht, die Komplexität des Systems zu reduzieren und hierdurch eine Anpassung des Systems an Veränderungen der Komplexität zu erreichen.

Als ein zweiter, in einer engen Beziehung zur Handhabung von Komplexität durch die Differenzierung von Systemen stehender Begriff wird anschließend Hierarchie untersucht: Die zur Handhabung von Komplexität erforderliche Differenzierung von Systemen führt zur Bildung von hierarchischen Systemen.

Bei der Betrachtung von auf unterschiedlichen Referenzebenen eingeordneten Systemen innerhalb von Hierarchien werden Systeme unterschiedlicher Komplexität betrachtet. Der Übergang zwischen unterschiedlichen Referenzebenen wird als ein Abstraktions- bzw. Detaillierungsvorgang interpretiert; das Konzept der Abstraktion stellt einen formales Instrument dar, um diesen Übergang zu beschreiben. Zur konkreten Realisierung von Abstraktionen im

Zusammenhang mit Differenzierungsprozessen zu hierarchischen Systemen werden die Abstraktionskonzepte Klassifikation, Generalisierung, Selektion, Assoziation und Aggregation beschrieben und die Möglichkeiten zur Bildung von Abstraktionshierarchien untersucht.

Mit den Begriffen Komplexität, Hierarchie und Abstraktion stehen somit drei leistungsfähige theoretische Konstrukte zur Verfügung, die in den folgenden Kapiteln einerseits auf Produktionssysteme und andererseits auf Produktionsplanungssysteme bezogen werden.

Im vierten Kapitel wird zunächst der Bezug zur Gestaltung von Produktionssystemen hergestellt, wobei sich die Struktur dieses Kapitels an der schon im zweiten Kapitel verwendeten Untergliederung in die Aufgaben der Produktionsprogrammplanung, der Produktionspotentialplanung und der Produktionsprozeßplanung orientiert.

Im Rahmen der Produktionsprogrammplanung werden zunächst die Auswirkungen der Veränderung der Anzahl der Enderzeugnisse und der Anzahl der Enderzeugnisvarianten sowie die Auswirkungen der Veränderung der Gestaltung des konstruktiven Aufbaus unter Komplexitätsaspekten untersucht. Im Rahmen der Produktionspotentialplanung werden anschließend insbes. die Möglichkeiten der Gestaltung von Beschaffungsstrategien unter Komplexitätsaspekten diskutiert.

Die Untersuchung der Gestaltungspotentiale im Bereich der Produktionsprozeßplanung nimmt in diesem vierten Kapitel eine zentrale Stellung ein. Es zeigt sich, daß der im dritten Kapitel entwickelte allgemeine Ansatz zur Erklärung der Notwendigkeit der Differenzierung von Systemen als Reaktion auf Veränderungen der Komplexität auch zur Erklärung der Notwendigkeit der Differenzierung von Produktionssystemen verwendet werden kann und eine Begründung für den Übergang auf spezielle Formen der Fertigungsorganisation liefert. Wachstums- bzw. Reduktionsprozesse in Produktionssystemen erfordern jeweils die Überprüfung bestehender Differenzierungen von Produktionssystemen.

Den Abschluß des vierten Kapitels bildet die Beschreibung von zwei umfassenden Ansätzen zur komplexitätsorientierten Gestaltung von Produktionssystemen, dem Ansatz der Fertigungssegmentierung und dem Ansatz der Lean Production.

Im fünften Kapitel wird der im dritten Kapitel entwickelte Ansatz auf die Gestaltung von Planungsansätzen bezogen. Wie schon in den vorausgehenden Kapiteln orientieren sich die Ausführungen an den zentralen Begriffen Komplexität, Hierarchie und Abstraktion.

Die Differenzierung von Planungssystemen, in diesem Zusammenhang in der Regel als Dekomposition oder Problemzerlegung bezeichnet, die hierarchische Anordnung von Teilproblemen und die Generierung abstrakter Planungsobjekte sind zentrale Prinzipien, die bei der Gestaltung von Planungssystemen Berücksichtigung finden und die der Handhabung von Komplexität dienen. Überträgt man den im dritten Kapitel entwickelten Ansatz zur Beschreibung der Handhabung von Komplexität als Reaktion auf Wachstums- bzw. Reduktionsprozesse auf die Gestaltung von Produktionsplanungssystemen, so führt dies zu der These, daß auch Produktionsplanungssysteme, die aus noch genauer zu untersuchenden Gründen Wachstums- bzw. Reduktionsprozessen unterworfen sind, gleichfalls die bestehende Differenzierung verändern müssen, um hierdurch eine Handhabung der Veränderung der Komplexität zu ermöglichen. Je stärker sich die Differenzierung des Planungssystems an den im dritten Kapitel beschriebenen Gestaltungsprinzipien orientiert, um so einfacher können diese Anpassungsprozesse zur Handhabung von Komplexität vollzogen werden.

Diese These wird auf drei besonders exponierte und exemplarisch beschriebene Ansätze zur abstraktionsbasierten hierarchischen Planung der Produktion bezogen, die jeweils eine spezifische Forschungsrichtung zur Weiterentwicklung des klassischen Konzeptes der Produktionsplanung- und -steuerung repräsentieren und damit an den am Ende des zweiten Kapitels formulierten Kritikpunkten ansetzen.

Im einzelnen ist dies zunächst der Ansatz des Manufacturing Resource Planning (MRP II), dessen konzeptionelle Grundstruktur neueren PPS-Systemen zugrundeliegt und dem deshalb eine besondere praktische Relevanz zugesprochen werden kann. Es zeigt sich, daß sich die Dekomposition der Gesamtplanungsaufgabe und die hierarchische Anordnung von Teilproblemen sowie die Generierung abstrakter Planungsobjekte implizit an den im dritten Kapitel formulierten Gestaltungsprinzipien orientiert und hierdurch ein Anpassungspotential dieses Ansatzes vorhanden ist. Die zur Reaktion auf Veränderungen der Komplexität der Planungsaufgabe notwendigen umfangreichen Veränderungen der Differenzierung der Planungsaufgabe führen jedoch zu einer grundlegenden Veränderung der konzeptionellen Grundstruktur dieses Ansatzes.

Die Bewertung des Ansatzes der Hierarchischen Produktionsplanung (HPP), der sich explizit auf die Konstruktionsprinzipien Dekomposition, Hierarchie und Abstraktion bezieht, kommt zu dem Ergebnis, daß bedingt durch die spezifische Struktur der Differenzierung der Planungsaufgabe ein großes Potential zur Anpassungen an Veränderungen der Komplexität der Planungsaufgabe besteht. Einschränkend ist jedoch festzustellen, daß mit diesem Ansatz nur ein begrenzter Ausschnitt aus dem umfassenden Aufgabenbereich der Produktionsplanung abgedeckt wird und somit nur beschränkte Aussagen abgeleitet werden können.

Als letzter Ansatz wird schließlich der Ansatz der kapazitätsorientierten Produktionsplanung und -steuerung untersucht. Auch dieser Ansatz bezieht sich explizit auf die Konstruktionsprinzipien Dekomposition, Hierarchie und Abstraktion und greift auch die im vierten Kapitel beschriebenen unterschiedlichen Aspekte der Gestaltung von Produktionssystemen auf. Während MRP II und HPP jedoch als in sich geschlossene Ansätze aufzufassen sind, kann der Ansatz der kapazitätsorientierten Produktionsplanung und -steuerung hier als ein sehr umfassender und flexibler Ansatz interpretiert werden, der es ermöglicht, eine Anpassung der Differenzierung der Planungsaufgaben als Reaktion auf Veränderungen der Komplexität der Planungsaufgabe flexibel vorzunehmen.

2 Einführender Überblick über die Aufgabenbereiche der Produktionsplanung und -steuerung

2.1 Begriff der Produktion

Der Begriff der Produktion wird in der Literatur unterschiedlich weit gefaßt. So versteht Kosiol „[...] unter Produktion im Gegensatz zur Konsumtion jede Art von werteschaffender Erzeugung (Werteerzeugung) [...]“[1]. Produktion vollzieht sich nach dieser Sichtweise in allen betrieblichen Funktionsbereichen und umfaßt sowohl die Erstellung von Sachgütern als auch die Erstellung von Dienstleistungen. Nach Gutenberg ist eine Leistungserstellung, „[...] die außer Arbeitsleistungen und Betriebsmitteln auch den Faktor Werkstoff enthält, [...] eine Produktion.“[2] Wesentliches Merkmal der Produktion in Gutenbergs Sinne ist somit die Kombination der Elementarfaktoren Arbeitsleistung, Betriebsmittel sowie Werkstoffe und des dispositive Faktors.

Dieses Merkmal wird i. d. R. auch in Definitionen anderer Autoren aufgegriffen. So interpretiert Heinen Produktion allgemein als „[...] die planmäßige Verbindung der Produktionsfaktoren Arbeit, Betriebsmittel und gegebenenfalls Werkstoffe“ zur Erstellung von Sach- und Dienstleistungen.[3] Zäpfel deutet Produktion als „Kombination von Produktionsfaktoren zum Zwecke der Erstellung von Sach- und/oder Dienstleistungen“[4]. Auch Schweitzer versteht unter Produktion „[...] die Kombination und Transformation von Einsatzgütern zum Zweck der Erstellung von Ausbringungsgütern [...]. Dabei können die Einsatz- und Ausbringungsgüter sowohl materielle als auch immaterielle Güter sein.“[5] Produktion umfaßt somit nach diesem Verständnis alle Arten von be-

---

1 **Kosiol, Erich**: Betriebswirtschaftslehre, 1968, Seite 29.

2 **Gutenberg, Erich**: Die Produktion, 1971, Seite 3f. An anderer, früherer Stelle wird von Gutenberg zwischen dem Begriff der betrieblichen Leistungserstellung und dem Begriff der Produktion unterschieden, der ausschließlich auf die Sachgüterproduktion in Fabrikationsbetrieben bezogen wird. **Gutenberg, Erich**: Betriebswirtschaftslehre, 1958, Seite 57.

3 **Heinen, Edmund**: Betriebswirtschaftslehre, 1982, Seite 131.

4 **Zäpfel, Günther**: Operatives Produktionsmanagement, 1982, Seite 1.

5 **Schweitzer, Marcell**: Fertigungswirtschaft, 1994, Seite 573. Ähnliche Aussagen finden sich auch in: **Schweitzer, Marcell**: Produktion, 1993, Spalte 3328. **Schweitzer, Marcell; Küpper, Hans-Ulrich**: Produktionstheorie, 1997, Seite 41. **Schiemenz, Bernd**: Komplexität, 1996, Spalte 895.

trieblichen Leistungserstellungsprozessen, in denen die Kombination von Produktionsfaktoren erfolgt.[6,7]

Als Basis für die weiteren Überlegungen erscheint die folgende umfassende Definition von Kern als besonders geeignet. Kern beschreibt Produktion als „[...] die sich in betrieblichen Systemen oder Subsystemen vollziehende, auf Wiederholung angelegte, systematische Bildung von Faktorkombinationen. Diese erfolgt durch Anwenden technischer oder konzeptioneller Verfahren, welche für die Erfüllung des Systemzwecks (Sachziel) nötig sind und die beabsichtigte nutzensteigernde Veränderung derjenigen materiellen und/oder immateriellen Güter ermöglichen, die die materielle oder immaterielle Hauptleistung des Systems (Produkt) darstellen."[8] Eine Eingrenzung auf den Bereich der industriellen Produktion kann, soweit erforderlich, über die Konkretisierung des Sachziels von Industriebetrieben, die Erstellung von Sachleistungen, erreicht werden.

2.2 Begriff des Produktionssystems

Mit obiger Definition erfolgt der Übergang zu einer systemtheoretisch orientierten Sichtweise der Produktion, die zum Begriff des Produktionssystems führt. Zur Abgrenzung dieses Begriffs ist es erforderlich, zunächst in allgemeiner Form den zentralen Begriff des Systems einzuführen. Nach Schiemenz besteht ein System „aus einer Menge von Elementen (Objekten, Systemen niedrigerer Ordnung, Subsystemen) mit Attributen und den zwischen diesen gegebenen Beziehungen. Zugleich ist das System Bestandteil eines umfassenderen Systems (System höherer Ordnung, Supersystem), mit dem es in-

---

6 **Kern, Werner**: Erkenntnisbereich, 1976, Seite 759f. Die Sichtweise „Kombination von Produktionsfaktoren" findet sich bspw. auch bei: **Kilger, Wolfgang**: Industriebetriebslehre, 1986, Seite 1f. **Reichwald, Ralf; Dietel, Bernhard**: Produktionswirtschaft, 1991, Seite 399.

7 Es ist darauf hinzuweisen, daß in der Literatur die Begriffe Produktion, Herstellung und Fertigung nicht durchgängig synonym verwendet werden. Eine synonyme Verwendung findet man bspw. bei **Schweitzer, Marcell**: Fertigungswirtschaft, 1994, Seite 573. Auch im folgenden werden die Begriffe Produktion, Fertigung und Herstellung synonym verwendet.

8 **Kern, Werner**: Produktionswirtschaft, 1992, Seite 12. [Anmerk. des Verf.: Die Hervorhebungen des Originals wurden nicht übernommen.]

teragiert. Sowohl die Elemente als auch das umfassendere System können dabei wiederum als Systeme im definierten Sinne aufgefaßt werden."[9]

Versucht man, aus dieser allgemeinen Definition die Anforderungen an eine speziellere Definition des Begriffs Produktionssystem abzuleiten, so müssen in dieser zumindest die folgenden Aspekte Berücksichtigung finden:

Ein Produktionssystem besteht aus einer Menge von Produktionssystemen niedriger Ordnung (Produktionssubsystemen) und den zwischen diesen bestehenden Beziehungen. Ein Produktionssystem ist Bestandteil eines umfassenderen Produktionssystems, mit dem es in Beziehung steht. Die Produktionssysteme niedriger Ordnung können wiederum aus Produktionssystemen niedriger Ordnung bestehen. Das umfassendere Produktionssystem kann wiederum Bestandteil eines noch umfassenderen Produktionssystems sein. Schließlich ist diese Definition noch dahingehend zu erweitern, daß der oben abgegrenzte Begriff der Produktion in dieser Definition Verwendung findet.

Untersucht man die in der Literatur übliche Verwendung des Begriffs Produktionssystem, so stellt man fest, daß nicht alle zuvor angeführten Aspekte durchgängig Berücksichtigung finden. So wird der Begriff Produktionssystem von einigen Autoren einer primär funktionsorientierten Sichtweise folgend zur Abgrenzung eines speziellen Subsystems der Unternehmung von den anderen betrieblichen Subsystemen eingesetzt. Corsten[10] bspw. interpretiert das Produktionssystem als ein Subsystem der Unternehmung, welches zu anderen Subsystemen, explizit aufgeführt werden das Beschaffungs-, das Absatz-, das Technologie-, das Finanz- und das Personalsubsystem, in vielfältigen Interaktionsbeziehungen steht. Die Systemgrenzen werden über die Aufgaben bestimmt, die einerseits in der Produktion und andererseits in der Beschaffung der erforderlichen Produktionsfaktoren, Technologien, Mitarbeiter und Finanzmittel sowie im Absatz der erstellten Leistungen liegen. Das System Unternehmung wiederum wird schichtweise eingebettet in ein technologisches, ein ökonomisches, ein soziales, politisches und rechtliches sowie ein ökologisches Umsystem, im dem Beschaffungs-, Absatz-, Technologie-, Kapital- und

9 **Schiemenz, Bernd**: Systemtheorie, 1993, Spalte 4128. Auch in: **Schiemenz, Bernd**: Komplexe Probleme, 1994, Seite 9. Eine ähnliche Definition findet sich auch bei **Hall, A. D.; Fagen, R. E.**: System, 1956, Seite 18.

10 **Corsten, Hans**: Produktionswirtschaft, 1996, Seite 2f.

Arbeitsmarkt als relevante Systeme identifiziert werden. In ähnlicher Weise findet der Begriff des Produktionssystems auch bei Zahn et al.[11] Verwendung, wo er als Oberbegriff für alle Systeme, die industrielle Produktionsprozesse in ihrer Gesamtheit abbilden, interpretiert wird. Eingebettet ist das Produktionssystem hier in ein ökonomisches Umsystem, dem auf gleicher Ebene das technologische, das soziale und das ökologische Umsystem gegenübergestellt werden.

Eine Kennzeichnung der Elemente des Produktionssystems erfolgt bei diesen Autoren in der Regel über die bekannte Makro-Struktur Input, Throughput und Output.[12] Vielfach wird die Deutung von Produktionssystemen auf diese Makro-Struktur zurückgeführt. So ist nach Dinkelbach bspw. ein „Produktionssystem [...] ein spezielles Input-Output-System, das dadurch gekennzeichnet ist, daß der Output-Strom aus Gütern besteht, die der Bedürfnisbefriedigung dienen, es sich beim Input-Strom um Güter handelt, auf deren alternative Verwendung verzichtet wird und schließlich die Transformation durch Einsatz einer Technologie erfolgt, die den Input in den Output transformiert".[13]

Nach Zäpfel umfaßt ein Produktionssystem die „Produktiveinheiten und die zwischen den Produktiveinheiten bestehenden Beziehungen [...], die als Ganzes ein Produkt oder eine Gruppe von Produkten schaffen."[14] Einzelne Produktiveinheiten werden dabei als sachlich-räumliche Einheiten von Potentialfaktoren verstanden, die jeweils in der Lage sind, bestimmte Arbeitsvorgänge auszuführen und damit Produktionsaufgaben zu erfüllen; Produkte sind als am Markt abzusetzende Enderzeugnisse zu interpretieren.[15] Auch in dieser Definition werden die Systemgrenzen nicht als frei wählbar betrachtet, sondern

11 **Zahn, Erich; Schmidt, Uwe**: Produktionswirtschaft, 1996, Seite 110.

12 Bspw. bei: **Corsten, Hans**: Produktionswirtschaft, 1996, Seite 8f. **Zahn, Erich; Schmidt, Uwe**: Produktionswirtschaft, 1996, Seite 111. **Zäpfel, Günther**: Operatives Produktionsmanagement, 1982, Seite 2f.

13 **Dinkelbach, Werner**: Ökologische Aspekte, 1996, Spalte 1338.

14 **Zäpfel, Günter**: Operatives Produktionsmanagement, 1982, Seite 9.

15 Formal wird ein Produktionssystem S bei Zäpfel in der Form S = {A, P, R, g} beschrieben, wobei A die Menge aller Produktionsaufgaben, die durch das Produktionssystem gelöst werden können, P die Menge der Produktiveinheiten des Produktionssystems, R eine Interdependenzmatrix zwischen den Produktiveinheiten und g eine Zuordnung von Produktionsaufgaben zu Produktiveinheiten symbolisiert. **Zäpfel, Günther**: Operatives Produktionsmanagement, 1982, Seite 9.

durch den Bezug auf die zur Produktion von bestimmten Enderzeugnissen erforderlichen Produktiveinheiten fixiert.

Diese Einengung wird von einer weiteren Gruppe von Autoren erkannt. So weist Kern darauf hin, daß produktive Kombinationen in unterschiedlich engen oder weiten Bereichen (z. B. Arbeitsplatz, Werkstatt oder Gesamtbetrieb) vorgenommen werden und es sich deshalb anbietet, „einen jeden solcher Bereiche als ein eigenständiges System - ggfs. bestehend aus mehreren Subsystemen - anzusprechen."[16] Auch Weber[17] verwendet den Begriff Produktionssystem je nach Untersuchungsobjekt für einen Betrieb als Ganzes, einen betrieblichen Funktionsbereich, einen Teil dieses Funktionsbereiches, einen selbständigen Arbeitsplatz oder für ein einzelnes Produktionsmittelsystem. Weiterhin führt Weber eine Unterscheidung zwischen elementaren Produktionssystemen und Produktionssystemen höherer Ordnung ein. „Unter einem elementaren Produktionssystem sei dabei die kleinste Einheit verstanden, die selbständig eine Sachleistung zu erstellen in der Lage ist. Systeme höherer Ordnung setzen sich aus elementaren Systemen zusammen."[18] Ähnliche Aussagen findet man bei Eversheim[19] und Zahn et al.[20]

Eine sehr allgemeingültig gehaltene Definition stammt von Zschocke, der Produktionssysteme beschreibt als „(reale) ökonomische Systeme, die [...] (1) aus Gütern bestehen und Güter produzieren, (2) eine Umgebung besitzen und aus dieser Güter entnehmen oder an diese Güter abgeben können."[21] Güter werden ohne einschränkende Konkretisierung als Output des Produktionssystems definiert, hierdurch wird eine freie Wahl der Systemgrenzen möglich. Speziell unterschieden wird bei Zschocke zwischen Mikro- und Makro-Produktionssystemen. Als Beispiel für letztere werden „regional ausgeweitete

16 **Kern, Werner**: Produktionswirtschaft, 1992, Seite 12. Exemplarisch nennt Kern Arbeitsplätze, Werkstätten oder Gesamtbetriebe als mögliche Produktionssysteme. [Anmerk. des Verfas.: Die Hervorhebungen des Originals wurden nicht übernommen.]

17 **Weber, Hans-Josef**: Produktionstechnik, 1979, Spalte 1605.

18 **Weber, Hans-Josef**: Produktionstechnik, 1979, Spalte 1606.

19 **Eversheim, Walter**: Produktionstechnik und -verfahren, 1996, Spalte 1537. **Eversheim, Walter**: Produktionssysteme, 1992, Spalte 2059. Als Beispiele für Produktionssysteme genannt werden hier ein Unternehmensverbund, ein Unternehmen, ein einzelner Produktionsbereich (z.B. Gießerei, Dreherei) oder ein einzelner Arbeitsplatz.

20 **Zahn, Erich; Schmidt, Uwe**: Produktionswirtschaft, 1996, Seite 111.

21 **Zschocke, Dietrich**: Betriebsökonomie, 1974, Seite 35. [Anmerk. des Verfas.: Die Hervorhebungen des Originals wurden nicht übernommen.]

Systeme wie „Industrien“, „Branchen“, oder das Produktionssystem eines Landes“ genannt.[22] Eichhorn greift diese Definition auf und deutet ein Produktionssystem als ein „reales ökonomisches, von Menschen gemachtes und betriebenes System, das (i) aus Gütern (Waren, Sachen und Dienstleistungen) besteht und Güter herstellt und das (ii) eine Umgebung besitzt und aus dieser Güter entnehmen oder an diese Güter abgeben kann.“[23]

Verbindet man diese allgemeingültig gehaltenen Deutungen des Begriffs Produktionssystem mit der oben vorgeschlagenen systemtheoretisch orientierten Deutung des Begriffs Produktion nach Kern, so gelangt man zu folgender Definition: Ein Produktionssystem ist ein reales, von Menschen gemachtes betriebliches System, in dem eine auf Wiederholung angelegte, systematische Bildung von Faktorkombinationen erfolgt. Diese erfolgt durch Anwendung technischer oder konzeptioneller Verfahren, welche für die Erfüllung des Systemzwecks (Sachziel) nötig sind und die die beabsichtigte nutzensteigernde Veränderung derjenigen materiellen und/oder immateriellen Güter ermöglichen, welche die materielle oder immaterielle Hauptleistung des Produktionssystems darstellen. Es besteht aus einer Menge interdependenter Produktionssysteme niedrigerer Ordnung und ist Bestandteil eines umfassenderen Produktionssystems höherer Ordnung. Sowohl die Produktionssysteme niedrigerer Ebene als auch das Produktionssystem höherer Ordnung können wiederum als Produktionssysteme im definierten Sinne aufgefaßt werden.

Diese umfassende Definition ermöglicht es, sowohl einzelne Arbeitsplätze als auch die Vielfalt der in der betrieblichen Praxis möglichen Gruppierungen dieser Arbeitsplätze, wie bspw. Werkstätten, Bearbeitungszentren, flexible Fertigungszellen, -systeme und -linien, Fertigungssegmente, Abteilungen, Werksteile, Werke, aber auch einzelne Industriesektoren, die gesamte Industrie einer Volkswirtschaft oder eines Kontinentes oder die Weltwirtschaft als Produktionssystem aufzufassen.

---

22 **Zschocke, Dietrich**: Betriebsökonomie, 1974, Seite 37.

23 **Eichhorn, Wolfgang**: Produktionskorrespondenzen, 1996, Spalte 3443. [Anmerk. des Verfas.: Die Hervorhebungen des Originals wurden nicht übernommen.] Auch hier werden als Beispiele für Produktionssysteme örtliche Produktionsstätten (Betriebe), Unternehmungen, Industriesektoren sowie die gesamte Industrie der Volkswirtschaft eines Landes genannt.

2.3 Aufgabenbereiche der Produktionsplanung und -steuerung

Reichwald et al. verstehen unter Produktionsplanung „die zielorientierte Gestaltung des Produktionsfaktoreinsatzes in der Weise, daß die Realisierung des industriellen Leistungsprogramms zum Zwecke der Erreichung der Unternehmensziele gedanklich vorweggenommen wird.“[24] Nach Zäpfel umfaßt Produktionsplanung alle die Planungsaktivitäten, „in deren Mittelpunkt die systematische Suche und Festlegung der gegenwärtigen Handlungsmöglichkeiten steht, um die zukünftigen Zustände im Produktionsbereich festzulegen.“[25] Unter Produktionssteuerung wird die Durchsetzung des Planes in der Realität verstanden.[26, 27]

Hoitsch unterscheidet zwischen Produktionsplanung, Produktionssteuerung und Produktionskontrolle.[28] Aufgabe der Produktionsplanung ist die „Gestaltung und Lenkung der betrieblichen Leistungserstellung unter Beachtung ökonomischer und sozialer Ziele“.[29]

Die auf Gutenberg zurückgehende, an den Aufgaben ansetzende klassische Einteilung der Produktionsplanung unterscheidet „[...] die Planung des Produktionsprogramms, die Planung der Bereitstellung jener Produktionsfaktoren, die zur Produktion der Erzeugnisse des Unternehmens benötigt werden, und die Planung des Produktionsprozesses“[30] als Teilbereiche der Produktionsplanung. Bereitstellungsplanung und Prozeßplanung werden von Gutenberg

---

24 **Reichwald, Ralf; Dietel, Bernhard**: Produktionswirtschaft, 1991, Seite 400. Eine ähnliche Aussage findet sich auch bei **Wöhe, Günter**: Betriebswirtschaftslehre, 1990, Seite 490.

25 **Zäpfel, Günther**: Produktionsplanung und- steuerung, 1996, Spalte 1392. Eine ähnliche Aussage findet sich auch bei **Zäpfel, Günther**: Operatives Produktionsmanagement, 1982, Seite 33.

26 **Reichwald, Ralf; Dietel, Bernhard**: Produktionswirtschaft, 1991, Seite 401. **Zäpfel, Günther**: Produktionsplanung und-steuerung, 1996, Spalte 1392.

27 Zu Recht weist Zäpfel darauf hin, daß der Begriff Produktionssteuerung korrekterweise durch den Begriff Produktionsregelung zu ersetzen ist. **Zäpfel, Günther**: Produktionsplanung und -steuerung, 1996, Spalte 1392. Da jedoch in Theorie und Praxis nahezu durchgängig der Begriff Produktionssteuerung Verwendung findet, soll dieser auch in den folgenden Ausführungen beibehalten werden. Zu den Lenkungskonzepten Steuerung und Regelung vgl. **Schiemenz, Bernd**: Regelungstheorie, 1972, Seite 35ff. **Schiemenz, Bernd**: Betriebskybernetik, 1982, Seite 27ff., **Schiemenz, Bernd**: Systemtheorie, 1993, Spalte 4132f.

28 **Hoitsch, Hans-Jürgen**: Produktionsplanung, 1993, Spalte 3450f.

29 **Hoitsch, Hans-Jürgen**: Produktionsplanung, 1993, Spalte 3450.

30 **Gutenberg, Erich**: Die Produktion, 1971, Seite 149.

unter dem Begriff der Vollzugs- bzw. Durchführungsplanung[31] zusammengefaßt. Aufgabe der Produktionsprogrammplanung ist die Festlegung der in einem Planungszeitraum herzustellenden Erzeugnisarten und -mengen. Die Bereitstellungsplanung hat die Aufgabe, die nach Art, Menge und Termin für die Erstellung des Produktionsprogrammes erforderlichen Produktionsfaktoren zu ermitteln und ihre Bereitstellung sicherzustellen. Aufgabe der Produktionsprozeßplanung schließlich ist die Planung des Ablaufes des eigentlichen Produktionsprozesses. Im einzelnen werden hier von Gutenberg insbes. die Aufgaben der Auftragslosgrößenplanung[32], der Terminplanung[33] und der Auftragsreihenfolgeplanung[34] genannt.

Bei Kern[35] findet man eine Unterteilung der Aufgaben der Produktionsplanung in die Planungsbereiche Produkt- und Programmplanung, Potentialplanung und Prozeß-(ablauf-)planung. Der Produkt- und Programmplanung werden hier insbes. Aufgaben der Produktgestaltung, der Produktfeld- und Sortimentsplanung sowie der Produktionsprogrammplanung zugeordnet. Der Potentialplanung werden Aufgaben der Personalwirtschaft, der Anlagenwirtschaft und der Materialwirtschaft zugeordnet. Die Prozeßplanung schließlich beinhaltet Aufgaben der Materialflußgestaltung und der Fertigungsterminplanung. Eine mit Kern inhaltlich weitgehend übereinstimmende Unterteilung der Aufgaben der Produktionsplanung findet man auch bei Hoitsch[36], der eine Differenzierung der Aufgaben der Produktionsplanung in die Teilbereiche Festlegung des Produkt- und Produktionsprogrammes im Rahmen der Produktionsprogrammplanung (bzw. Output-Planung), Ermittlung des zur Realisierung erforderlichen Faktoreinsatzes im Rahmen der Produktionsfaktorplanung (bzw. Input-Planung) sowie Entwurf der Struktur des Transformationsprozesses im Rahmen der Produktionsprozeßplanung (bzw. Throughput-Planung) vornimmt.

---

31 **Gutenberg, Erich**: Die Produktion, 1971, Seite 171f.

32 **Gutenberg, Erich**: Die Produktion, 1971, Seite 201ff.

33 **Gutenberg, Erich**: Die Produktion, 1971, Seite 221ff.

34 **Gutenberg, Erich**: Die Produktion, 1971, Seite 215ff.

35 **Kern, Werner**: Produktionswirtschaft, 1992, Seite 71. Corsten stellt in **Corsten, Hans**: Produktionsmanagement, 1994, Seite 10 und **Corsten, Hans**: Produktionswirtschaft, 1996, Seite 30 für diese Unterteilung eine zunehmende Akzeptanz in der produktionswirtschaftlichen Literatur fest.

36 **Hoitsch, Hans-Jörg**: Produktionsplanung, 1993, Spalte 3450f.

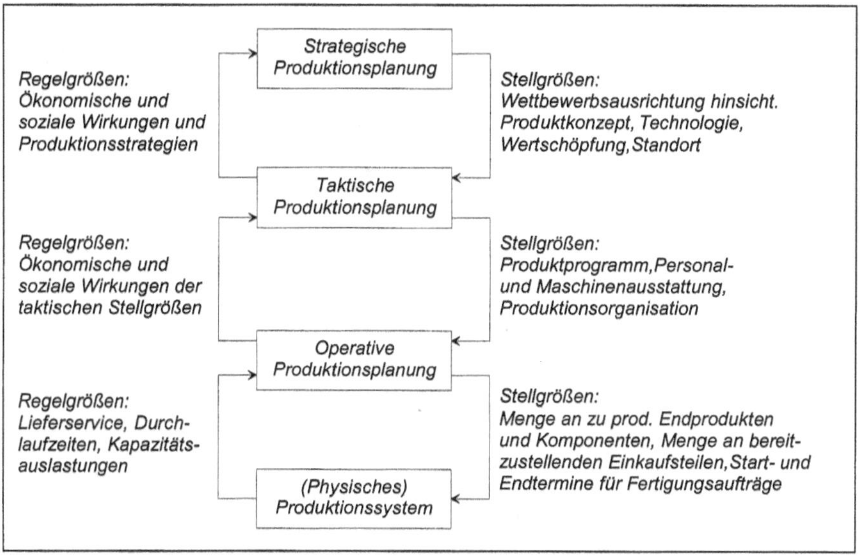

Abbildung 2.1: Vermaschte Regelkreise der strategischen, taktischen und operativen Produktionsplanung[37]

Dieser Untergliederung kann eine an der Stärke und Dauer der Erfolgswirkungen[38] ansetzende Strukturierung der Aufgaben der Produktionsplanung gegenübergestellt werden. Zäpfel[39] nimmt auf oberster Gliederungsebene eine Unterteilung der Aufgaben der Produktionsplanung hinsichtlich der Tragweite der Aufgaben für das Unternehmen in die Teilbereiche strategische, taktische und operative Produktionsplanung vor. Aufgabe der strategischen Produktionsplanung ist die Schaffung und Erhaltung einer wettbewerbsfähigen Produktion. Der taktischen Produktionsplanung wird die Konkretisierung der Vor-

37 Abbildung 2.1 entnommen aus: **Zäpfel, Günther**: Produktionsplanung und -steuerung, 1996, Spalte 1394. Vgl. auch die detaillierte Abbildung in **Zäpfel, Günther**: Strategisches Produktionsmanagement, 1989, Seite 4.

38 **Corsten, Hans**: Produktionsmanagement, 1994, Seite 28.

39 **Zäpfel, Günther**: Produktionsplanung und -steuerung, 1996, Spalte 1392. Abweichend von dieser Unterteilung findet man in der Literatur auch eine Zweiteilung in strategische und operative Produktionsplanung, bspw. bei: **Hoitsch, Hans-Jörg**: Produktionsplanung, 1993, Spalte 3454ff. **Hahn, Dietger; Laßmann, Gert**: Produktionswirtschaft, 1986, Seite 113, **Zahn, Erich; Schmidt, Uwe**: Produktionswirtschaft, 1996, Seite 146ff., die insbes. mit Abgrenzungsproblemen zwischen strategischer und taktischer Produktionsplanung begründet wird. Für die folgenden Ausführungen wird die oben angeführte Dreiteilung zugrunde gelegt.

gaben der strategischen Produktionsplanung übertragen, wobei diese in die Planung der Leistungsfelder, der Produktionspotentiale und der Produktionsorganisation unterteilt wird. Aufgabe der operativen Produktionsplanung schließlich ist die Ermittlung des konkreten Produktprogrammes, der für die Durchführung erforderlichen Produktionsfaktoren und des wirtschaftlichen Produktionsprozesses.

Wird die von Kern vorgeschlagene Untergliederung in die Planungsbereiche Produkt- und Programmplanung, Potentialplanung und Prozeßplanung mit der von Zäpfel vorgeschlagenen Untergliederung hinsichtlich der Stärke und Dauer der Erfolgswirkungen kombiniert, so ergeben sich die in Tabelle 2.1 zusammengefaßten Teilaufgaben der Produktionsplanung und -steuerung.

Elemente / ***Stärke und Dauer der Erfolgswirkung***	***Produkt- und Produktions-programmplanung***	***Potential-planung***	***Prozeß-planung***
Strategische Produktionsplanung	*Strategische Produktions-programmplanung*	*Strategische Produktions-potentialplanung*	*Strategische Produktions-prozeßplanung*
Taktische Produktionsplanung	*Taktische Produktions-programmplanung*	*Taktische Produktions-potentialplanung*	*Taktische Produktions-prozeßplanung*
Operative Produktionsplanung	*Operative Produktions-programmplanung*	*Operative Produktions-potentialplanung*	*Operative Produktions-prozeßplanung*

Tabelle 2.1: Übersicht über die Aufgaben der Produktionsplanung und -steuerung[40]

2.3.1 Überblick über die Aufgabenbereiche der strategischen Produktionsplanung

Im Mittelpunkt der strategischen Produktionsplanung stehen die in Gutenbergs Sinne als echte Führungsentscheidungen[41] einzuordnenden Entschei-

40 Tabelle 2.1 in Anlehnung an **Corsten, Hans**: Produktionswirtschaft, 1996, Seite 31.

41 Weist eine Entscheidung die drei Merkmale: „ [...] besondere Bedeutsamkeit für das Unternehmen, Beschlußfassung nur aus Kenntnis der Gesamtlage des Unternehmens heraus und Nichtübertragung an nachgeordnete Dienststellen [...] " auf, so kann diese als eine echte Führungsentscheidungen im Sinne Gutenbergs eingeordnet werden. Explizit werden von Gutenberg die fünf Entscheidungen „ [...] α) Festlegung der Unternehmenspolitik auf weite Sicht, β) Koordinierung der großen betrieblichen Teilbereiche, γ) Beseitigung

dungen über die zur Schaffung und Erhaltung einer wettbewerbsfähigen Produktion geeigneten Strategien.[42] Diese Aufgaben werden weiter konkretisiert, indem man zwischen den Aufgaben der strategischen Produktionsprogrammplanung, der strategischen Potentialplanung und der strategischen Prozeßplanung unterscheidet.

Im Rahmen der strategischen Produktionsprogrammplanung sind die Produktfelder auszuwählen, auf denen die Unternehmung tätig werden will, d. h. es ist das grundsätzliche Betätigungsfeld der Unternehmung festzulegen.[43] In einem Produktfeld erfolgt eine Zusammenfassung von Produkten, die bestimmte verwendungs- oder technologieorientierte Gemeinsamkeiten aufweisen[44] und die gedanklich auf ein bestimmtes Grundprodukt zurückgeführt werden können. Die einem Produktfeld zugeordneten Produkte stellen somit spezifische Erscheinungsformen eines Grundproduktes dar. Jeweils die Kombination von Produktfeldern und Marktgebieten, auf denen diese Produkte abgesetzt werden sollen, bilden ein Geschäftsfeld. Die Auswahl einzelner Geschäftsfelder orientiert sich an dem aktuellen und zukünftigen Nachfragepotential, der aktuellen und zukünftigen Konkurrenzsituation, den Vor- und Nachteilen gegenüber den Konkurrenten und den zu realisierenden Synergieeffekten.

Aus der strategischen Produktionsprogrammplanung werden im Rahmen der strategischen Produktionspotentialplanung die erforderlichen Potentialfaktoren abgeleitet. Insbes. wird das langfristig angestrebte Leistungsvermögen des Produktionssystems festgelegt. Ziel ist es, die aus der langfristig prognostizierten Nachfrage für die im Rahmen der strategischen Produktionspro-

---

von Störungen außergewöhnlicher Art im laufenden Betriebsprozeß, δ) Geschäftliche Maßnahmen von außergewöhnlicher betrieblicher Bedeutung, ε) Besetzung der Führungsstellen im Unternehmen [...]" als echte Führungsentscheidungen aufgezählt. **Gutenberg, Erich**: Die Produktion, 1971, Seite 140.

42 **Zäpfel, Günther**: Produktionsplanung und -steuerung, 1996, Spalte 1393. **Zäpfel, Günther**: Strategisches Produktionsmanagement, 1989, Seite 2.

43 **Jacob, Herbert**: Produktions- und Absatzprogrammplanung, 1996, Spalte 1469. **Jacob, Herbert**: Produktions- und Absatzprogramm, 1990, Seite 406. **Schweitzer, Marcell**: Fertigungswirtschaft, 1994, Seite 656f. **Hahn, Dietger**: Produktionsplanung, 1996, Spalte 1532f.

44 **Kern, Werner**: Produktionswirtschaft, 1992, Seite 125. **Jacob, Herbert**: Produktions- und Absatzprogramm, 1990, Seite 409f.

grammplanung formulierten Geschäftsfelder resultierenden Anforderungen erfüllen zu können.[45] Eng mit dieser strategischen Kapazitätsplanung verbunden ist die strategische Standortplanung, bei der die Planung der langfristig angestrebten räumlichen Verteilung der Kapazitäten auf die existierenden und neu zu errichtenden Produktionsstandorte erfolgt.[46] Weiterhin ist im Rahmen der strategischen Technologieplanung festzulegen, welche Produktionstechnologien grundsätzlich zum Einsatz kommen sollen[47]. Auch die Aufgaben der langfristigen Personalentwicklung[48] und der Planung der langfristigen Beschaffungsstrategie[49] werden der strategischen Produktionspotentialplanung zugeordnet.

Im Rahmen der strategischen Prozeßgestaltung schließlich erfolgt eine Festlegung der grundsätzlichen Produktionsabläufe, d.h. eine Grundsatzentscheidung für einen bestimmten Organisationstyp der Produktion.[50]

2.3.2 Überblick über die Aufgabenbereiche der taktischen Produktionsplanung

Wurde im Rahmen der strategischen Produktionsprogrammplanung die Entscheidung für bestimmte Produktfelder in bestimmten Marktgebieten getroffen, so erfolgt auf der Ebene der taktischen Produktionsprogrammplanung eine Konkretisierung der den einzelnen Produktfeldern zugeordneten Produkte durch eine systematische Ideensuche, auf die Forschungs-, Entwicklungs- und Konstruktionsaufgaben folgen. Auf dieser Ebene sind sowohl die Qualität und Quantität der Produkte innerhalb eines Produktfeldes als auch die Qualität und Quantität der Produkte über alle Produktfelder zu ermitteln.[51] Unterschieden werden kann einerseits die Anzahl der verschiedenen Grundprodukte so-

45 **Zäpfel, Günther**: Strategisches Produktionsmanagement, 1989, Seite 139ff.

46 **Zäpfel, Günther**: Strategisches Produktionsmanagement, 1989, Seite 146ff.

47 **Zäpfel, Günther**: Strategisches Produktionsmanagement, 1989, Seite 119ff.

48 **Corsten, Hans**: Produktionswirtschaft, 1996, Seite 31. **Hoitsch, Hans-Jürgen**: Produktionsplanung, 1993, Spalte 3457f.

49 **Corsten, Hans**: Produktionswirtschaft, 1996, Seite 31. **Hoitsch, Hans-Jürgen**: Produktionsplanung, 1993, Spalte 3457.

50 **Corsten, Hans**: Produktionswirtschaft, 1996, Seite 31f.

51 **Corsten, Hans**: Produktionswirtschaft, 1996, Seite 31f. **Schweitzer, Marcell**: Fertigungswirtschaft, 1994, Seite 655. **Zäpfel, Günther**: Programmplanung, 1979, Spalte 1700.

wie andererseits die Anzahl der verschiedenen Ausführungsformen eines jeden Grundproduktes. Grundprodukte weisen wesentliche Unterschiede auf, während zwischen den Ausführungsformen eines Grundproduktes, sog. Varianten, nur Differenzierungen hinsichtlich Form, Größe, Abmessung, Qualität, Farbe oder Ausstattung bestehen.[52] Auch ist zu ermitteln, in welchen Mengen in welchen Zeitabschnitten diese Grundprodukte produziert und abgesetzt werden sollen. Ist die Breite des Produktionsprogramms konkretisiert, so ist weiterhin auf dieser Ebene auch die Tiefe des Produktionsprogramms zu bestimmen. Die Tiefe des Produktionsprogramms wird definiert durch die Anzahl unterschiedlicher Produktionsstufen, die ein Erzeugnis innerhalb des Unternehmens im Verhältnis zu der insgesamt erforderlichen Anzahl von Produktionsstufen durchläuft.[53] Aus dem so fixierten taktischen Produktionsprogramm werden die Produktionsaufgaben und die zu ihrer Durchführung erforderlichen Potentialfaktoren im Rahmen der taktischen Potentialplanung abgeleitet. Insbes. sind Art, Umfang und Qualifikation des erforderlichen Personals sowie die konkrete Ausgestaltung und Dimensionierung der erforderlichen Betriebsmittel zu ermitteln.[54] Durch eine Gegenüberstellung der vorhandenen und erforderlichen Potentiale können dann Impulse für die Investitionsplanung bzw. Personalplanung gegeben werden.

Die zwischen taktischer Programm- und Potentialplanung derart bestehenden wechselseitigen Interdependenzen, daß einerseits zur Ermittlung des Potentialfaktorbedarfs Kenntnis über die Breite und Tiefe des Produktionsprogramms erforderlich ist, eine Entscheidung über letzteres aber nur vor dem Hintergrund eines bekannten Produktionspotentials möglich ist, führen zu Entscheidungsmodellen zur integrierten Produktionsprogramm- und Potentialplanung. Solche Modelle werden bspw. von Zäpfel[55] und Jacob[56] vorgeschlagen.

---

52 **Zäpfel, Günther**: Produktionsprogrammplanung, 1979, Spalte 1702ff. **Zäpfel, Günther**: Operatives Produktionsmanagement, 1982, Seite 50.

53 **Zäpfel, Günther**: Operatives Produktionsmanagement, 1982, Seite 51.

54 **Zäpfel, Günther**: Produktionsprogrammplanung, 1979, Spalte 1707.

55 **Zäpfel, Günther**: Produktionsprogrammplanung, 1979, Spalte 1709ff.

56 **Jacob, Herbert**: Produktions- und Absatzprogramm, 1990, Seite 471.

Im Rahmen der taktischen Produktionsprozeßplanung schließlich stehen vor allem Fragen der innerbetrieblichen Standortplanung (Layoutplanung) im Vordergrund.[57]

2.3.3 Aufgabenbereiche und prinzipielle Vorgehensweise im klassischen Konzept der operativen Produktionsplanung und -steuerung

Mit strategischer und taktischer Produktionsplanung sind die Rahmenbedingungen für die operative Produktionsplanung vorgegeben. Auch im Bereich der operativen Planung ist wiederum eine Differenzierung zwischen den Aufgaben der operativen Produktionsprogrammplanung, der operativen Produktionspotentialplanung sowie der operativen Produktionsprozeßplanung möglich. Während bei der Betrachtung der übergeordneten Planungsebenen der Bereich der Produktionssteuerung von geringerem Interesse war, kann der Bereich der operativen Produktionssteuerung nun in die Beschreibungen integriert werden.

2.3.3.1 Aufgabenbereiche der operativen Produktionsprogrammplanung

Aufgabe der operativen Produktionsprogrammplanung ist es, im Rahmen der Vorgaben der übergeordneten Planungsebenen die Entscheidung darüber zu treffen, welche Erzeugnisse (qualitative Komponente des Produktionsprogrammes) in welchem Umfang (quantitative Komponente) zu welchen Zeitpunkten (zeitliche Komponente) herzustellen sind.[58] Die Vorgaben bestehen dabei einerseits in dem aus der taktischen Produktionsprogrammplanung abgeleiteten und im Rahmen der Absatzplanung weiter konkretisierten und aktualisierten Absatzprogramm, andererseits insbes. aus den im Rahmen der taktischen Potentialplanung fixierten Kapazitäten.

---

57 **Corsten, Hans**: Produktionswirtschaft, 1996, Seite 31.

58 **Zäpfel, Günther**: Operatives Produktionsmanagement, 1982, Seite 46. Nach Gutenberg besteht die Aufgabe der operativen Produktionsprogrammplanung darin, „zu bestimmen, welche Mengen von jeder Erzeugnisart hergestellt werden müssen, damit der Gesamtgewinn der Planungsperiode so groß wie möglich wird." **Gutenberg, Erich**: Die Produktion, 1971, Seite 151.

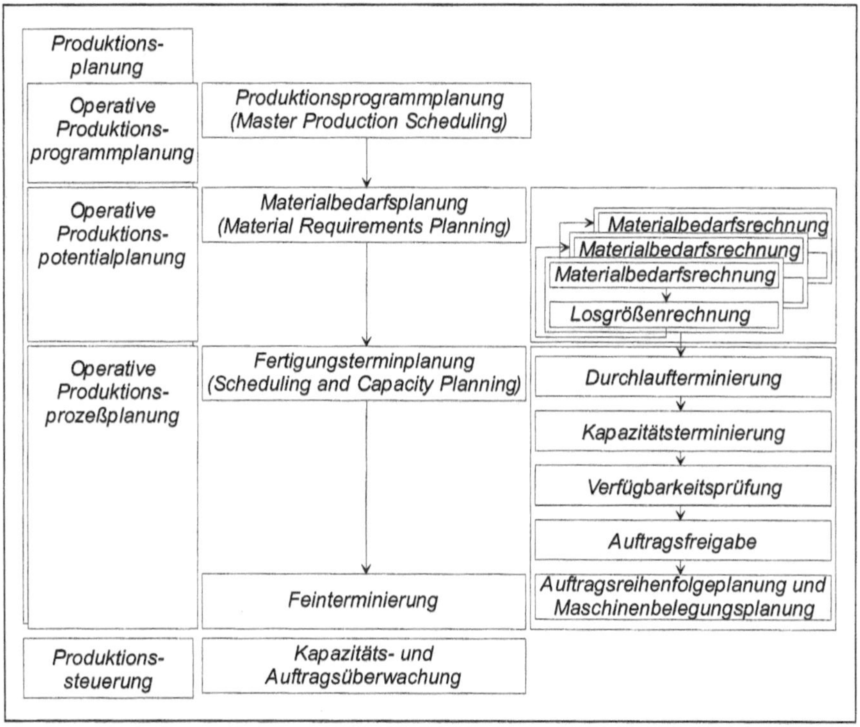

Abbildung 2.2: Grundstruktur der klassischen Produktionsplanung und -steuerung

Zur Unterstützung der operativen Produktionsprogrammplanung wird i. d. R. die Formulierung von linearen Optimierungsproblemen und deren Lösung über den Simplex-Algorithmus vorgeschlagen. In der Literatur findet sich eine Vielzahl von Beschreibungen einfacher Problemformulierungen zur operativen Produktionsprogrammplanung[59], die als statisches, einperiodiges einstufiges

59 Diese Standardansätze zur operativen Produktionsprogrammplanung finden sich einerseits in einführenden produktionswirtschaftlichen Standardwerken, wie bspw. bei: **Adam, Dietrich**: Produktionsmanagement, 1997, Seite 205ff., **Corsten, Hans**: Produktionswirtschaft, 1996, Seite 205ff., **Domschke, Wolfgang; et al.**: Produktionsplanung, 1993, Seite 10, **Jacob, Herbert**: Produktions- und Absatzprogrammplanung, 1996, Spalte 1476f., **Kahle, Egbert**: Produktion, 1986, Seite 61f., **Kern, Werner**: Produktionswirtschaft, 1992, Seite 144, **Kilger, Wolfgang**: Produktions- und Absatzplanung, 1973, Seite 99, **Kistner, Klaus-Peter; Steven, Marion**: Produktionsplanung, 1993, Seite 232ff., **Kurbel, Karl**: Produktionsplanung, 1993, Seite 120, **Sabel, Hermann**: Produktionsprogrammplanung, 1979, Spalte 1689, **Schneeweiß, Christoph**: Produktionswirtschaft, 1997, Seite 141ff., **Schweitzer, Marcell**: Fertigungswirtschaft, 1994, Seite 666f., **Vah-**

deterministisches Modell die Zielsetzung der Maximierung des Deckungsbeitrages des Produktionsprogramms auf Enderzeugnisebene unter Berücksichtigung beschränkter detaillierter Kapazitäten (und einer Reihe weiterer einschränkender Annahmen) verfolgen. Die praktische Relevanz dieser Ansätze wird im allgemeinen als äußerst gering erachtet.[60] Neben diesen Problemformulierungen findet sich auch eine große Zahl von erweiterten Problemformulierungen.[61]

Überlagert werden diese Ansätze von neueren Ansätzen, die eine operative Produktionsprogrammplanung in Form einer abstraktionsbasierten Planung vorschlagen und die zunehmend an Bedeutung gewinnen.[62] Einzelne Ansätze zur abstraktionsbasierten Produktionsprogrammplanung werden im Abschnitt 5.2ff. beschrieben.

---

renkamp, Richard: Produktionsmanagement, 1996, Seite 80ff., **Zahn, Erich; Schmidt, Uwe**: Produktionswirtschaft, 1996, Seite 265f., **Zäpfel, Günther**: Operatives Produktionsmanagement, 1982, Seite 92ff. und andererseits in einführenden Schriften zu Operations Research wie beispielsweise: **Domschke, Wolfgang; Drexl, Andreas**: Operations Research, 1995, Seite 4f.

60 So bspw. **Hoitsch, Hans-Jürgen**: Produktionsplanung, 1993, Spalte 3459. Eine bei **Sabel, Hermann**: Produktionsprogrammplanung, 1979, Spalte 1697 zitierte empirische Untersuchung aus den Jahren 1973 und 1974, auf die auch **Schweitzer, Marcell**: Fertigungswirtschaft, 1994, Seite 667 verweist, zeigt, daß nur 30% bzw. 25% der untersuchten Unternehmen im Bereich der operativen Produktionsprogrammplanung mit linearen Entscheidungsmodellen arbeiten. Neuere empirische Studien, die den Funktionsumfang von Standard-PPS-Systemen untersuchen, zeigen, daß nur 7% der untersuchten PPS-Systeme den Einsatz von linearen Entscheidungsmodellen unterstützen. Vgl. bspw. **Schotten, Martin**: Marktübersicht, 1995, Seite 210. **Fandel, Günter; et al.**: PPS-Systeme, 1994, Seite 94.

61 **Kilger, Wolfgang**: Produktions- und Absatzplanung, 1973, Seite 164ff. **Kistner, Klaus-Peter; Steven, Marion**: Produktionsplanung, 1993, Seite 235ff. und 241ff. **Sabel, Hermann**: Produktionsprogrammplanung, 1979, Spalte 1690ff. **Zäpfel, Günther**: Operatives Produktionsmanagement, 1982, Seite 298ff

62 Vereinzelt wird die operative Produktionsprogrammplanung auch mit einer abstraktionsbasierten operativen Produktionsprogrammplanung gleichgesetzt, so bspw. bei: **Drexl, Andreas; et al.**: Kapazitätsorientierte PPS-Systeme, 1994, Seite 1025. **Günther, Hans-Otto; Tempelmeier, Horst**: Produktion, 1994, Seite 140. **Laakmann, Jürgen; et al.**: Aachener PPS-Modell, 1995, Seite 138. **Mertens, Peter**: Integrierte Informationsverarbeitung, 1995, Seite 138.

Ergebnis der operativen Produktionsprogrammplanung ist ein mit dem operativen Absatzprogramm einerseits und/oder den verfügbaren Kapazitäten andererseits grob abgestimmter Produktionsplan.[63]

2.3.3.2 Aufgabenbereiche der operativen Produktionspotentialplanung

Zentraler Bestandteil der operativen Produktionspotentialplanung ist die Materialbedarfsplanung[64]. Aufgabe der Materialbedarfsplanung ist es, unter Berücksichtigung der Vorgaben der strategischen und taktischen Potentialplanung sicherzustellen, daß die für die Erstellung des operativen Produktionsprogrammes erforderlichen Materialien nach Art, Menge und Termin bereitgestellt werden. Diese Aufgabenstellung kann durch den Einsatz unterschiedlicher Vorgehensweisen, die sich hinsichtlich der grundsätzlichen Art und Weise der Aufgabenerfüllung, hinsichtlich der Anforderungen an die Struktur und Genauigkeit der zugrundegelegten Daten, hinsichtlich des Umfanges der durchzuführenden Informationsverarbeitungsaufgaben sowie hinsichtlich der Detaillierung und Verläßlichkeit der Planungsergebnisse unterscheiden,[65] gelöst werden.

Ausgangspunkt der verbrauchsgesteuerten Materialbedarfsplanung[66] ist der in den zurückliegenden Planungsperioden tatsächlich angefallene Verbrauch

---

63 In der englischsprachigen Literatur findet sich für den (tendenziell operativen) Produktionsplan die Bezeichnung „Master Production Schedule (MPS)". Vgl. hierzu bspw.: **Zäpfel, Günther; Missbauer, Hubert**: New Concepts, 1993, Seite 298.

64 Zu dem hier verwendeten Begriff „Materialbedarfsplanung" synonym werden in der Literatur eine Vielzahl ähnlicher Begriffe verwendet. Dies sind beispielsweise: „Mengenplanung" bei **Zäpfel, Günther**: Entwicklungsstand, 1994, Seite 722 oder „Materialbedarfsermittlung" bei **Kern, Werner**: Produktionswirtschaft, 1992, Seite 221f. In der englischsprachigen Literatur findet der Begriff „Material Requirements Planning (MRP)" Verwendung. Vgl. hierzu bspw.: **Browne, Jimmie; et al.**: Production Management Systems, 1988, Seite 57. **Vollmann, Thomas; et al.**: Manufacturing Planning Systems, 1997, Seite 5. **Wight, Oliver W.**: MRP II, 1984, Seite xvii.

65 **Witte, Thomas**: Materialbedarfsplanung, 1996, Spalte 1169.

66 Zu dem hier verwendeten Begriff der „verbrauchsgesteuerten Materialbedarfsplanung" synonym werden in der Literatur eine Vielzahl ähnlicher Begriffe verwendet, die sich aus den beiden Bestandteilen {verbrauchsgesteuert; verbrauchsgebunden; verbrauchsorientiert; stochastisch} und {Materialbedarfsplanung; Materialdisposition; Bedarfsrechnung; Bedarfsermittlung} zusammensetzen. Im einzelnen sind dies beispielsweise: „verbrauchsgebundene Materialdisposition" bei **Geiger, Werner**: Produktionsplanung und -steuerung, 1992, Seite 79, „verbrauchsgebundene Bedarfsermittlung" bei **Zäpfel, Günther**: Operatives Produktionsmanagement, 1982, Seite 181, „verbrauchsgebundene Materialbedarfsplanung" bei **Zahn, Erich; Schmidt, Uwe**: Produktionswirtschaft, 1996,

an Erzeugnissen. Es wird versucht, ohne auf das aktuell ermittelte operative Produktionsprogramm zurückzugreifen, durch den Einsatz statistischer Verfahren[67] aus dem bekannten Verbrauch der Vergangenheit den zukünftig zu erwartenden Verbrauch zu prognostizieren. Als ein Vorteil der verbrauchsgesteuerten Materialbedarfsplanung wird der im Vergleich zur programmgesteuerten Materialbedarfsplanung geringere Planungsaufwand herausgestellt.[68] Kritisiert wird insbes. die dieser Vorgehensweise zugrundeliegende Annahme, daß die zukünftige Bedarfsentwicklung aus dem Bedarfsverlauf der Vergangenheit abgeleitet werden kann. Abweichungen des aktuell ermittelten operativen Produktionsprogramms von dem für die Vergangenheit typischen Produktionsprogramm werden bei der verbrauchsgesteuerten Materialbedarfsplanung nicht erfaßt und müssen durch eine vergrößerte Lagerhaltung aufgefangen werden.[69] Zum Einsatz kommt die verbrauchsgesteuerte Materialbedarfsplanung deshalb nur in Situationen, in denen die für die Durchführung der programmgesteuerten Materialbedarfsplanung erforderlichen Informationen nicht vorliegen oder nicht mit vertretbarem Aufwand ermittelt werden können[70], die zu ermittelnden Einsatzfaktoren nur einen geringen Wert aufweisen[71] oder die zu ermittelnden Einsatzfaktoren in einer so großen Zahl in unterschiedliche

---

Seite 346, „verbrauchsorientierte Bedarfsrechnung" bei **Günther, Hans-Otto; Tempelmeier, Horst**: Produktion, 1994, Seite 175 oder „stochastische Materialdisposition" bei **Geiger, Werner**: Produktionsplanung und -steuerung, 1992, Seite 79.

67 Zum Einsatz kommen prinzipiell die gleichen Prognoseverfahren wie schon bei der Primärbedarfsplanung. Dies sind bspw: Verfahren der einfachen und gleitenden Mittelwertbildung, Verfahren zur exponentiellen Glättung 1. und 2. Ordnung, Verfahren zur Trendextrapolation oder Verfahren zur Zeitreihendekomposition. Vgl. bspw.: **Corsten, Hans**: Produktionswirtschaft, 1996, Seite 355ff, **Günther, Hans-Otto; Tempelmeier, Horst**: Produktion, 1994, Seite 147ff., **Zahn, Erich; Schmidt, Uwe**: Produktionswirtschaft, 1996, Seite 371ff.

68 **Zäpfel, Günther**: Operatives Produktionsmanagement, 1982, Seite 181. Berücksichtigt werden muß jedoch der Aufwand beim Einsatz unterschiedlicher Prognoseverfahren, der teilweise mit dem bei der programmgesteuerten Materialbedarfsplanung zu betreibenden Aufwand vergleichbar ist.

69 **Zäpfel, Günther**: Operatives Produktionsmanagement, 1982, Seite 181. **Witte Thomas**: Materialbedarfsplanung, 1996, Spalte 1170.

70 **Zahn, Erich; Schmidt, Uwe**: Produktionswirtschaft, 1996, Seite 376. **Zäpfel, Günther**: Operatives Produktionsmanagement, 1982, Seite 179.

71 An dieser Stelle wird in der Literatur in der Regel die Durchführung einer ABC-Analyse vorgeschlagen, durch welche die Komponenten mit einem geringen Wert ermittelt werden. Siehe hierzu bspw.: **Zahn, Erich; Schmidt, Uwe**: Produktionswirtschaft, 1996, Seite 367. **Zäpfel, Günther**: Operatives Produktionsmanagement, 1982, Seite 179.

Erzeugnisse eingehen, daß ihr Bedarf unabhängig von Veränderungen des Produktionsprogrammes einen kontinuierlichen Verlauf annimmt und somit verläßliche Prognosen möglich werden.[72]

Im Gegensatz zur verbrauchsgesteuerten Materialbedarfsplanung basiert die programmgesteuerte Materialbedarfsplanung[73] auf dem im operativen Produktionsprogramm nach Art, Menge und Termin vorgegebenen Bedarf an Enderzeugnissen, aus dem analytisch exakt der Bedarf an untergeordneten Komponenten abgeleitet wird[74]. Ausgangspunkt für die programmgesteuerte Materialbedarfsplanung ist der im operativen Produktionsprogramm vorgegebene Primärbedarf. Der Primärbedarf eines jeden Erzeugnisses wird, so weit dies noch nicht im Rahmen der Produktionsprogrammplanung erfolgt ist, mit dem verfügbaren Lagerbestand abgeglichen und so der Nettoprimärbedarf ermittelt. Liegen für ein Enderzeugnis mehrere zu unterschiedlichen Terminen benötigte Nettoprimärbedarfe vor, erfolgt ggfs. im Rahmen der Losgrößenplanung eine Bündelung der Nettoprimärbedarfe zu Fertigungsaufträgen. Anschließend vollzieht sich die Grobterminierung dieser Fertigungsaufträge auf der Basis von geschätzten durchschnittlichen Durchlaufzeiten und ggfs. unter Berücksichtigung von Vorlaufverschiebungen. Sind diese ersten Planungsschritte für alle Enderzeugnisse durchgeführt, werden jeweils die den einzelnen Enderzeugnissen untergeordneten Erzeugnisse bestimmt und für diese die Brutto-

---

72 **Zahn, Erich; Schmidt, Uwe**: Produktionswirtschaft, 1996, Seite 367.

73 Zu dem im folgenden verwendeten Begriff der „programmgesteuerten Materialbedarfsplanung“ synonym werden in der Literatur eine Vielzahl von Begriffen verwendet, die sich aus den beiden Bestandteilen {programmgesteuert; programmgebunden; programmorientiert; deterministisch} und {Materialbedarfsplanung; Materialdisposition; Bedarfsrechnung; Bedarfsermittlung} zusammensetzen. Im einzelnen sind dies bspw.: „programmgebundene Materialdisposition“ bei **Geiger, Werner**: Produktionsplanung und -steuerung, 1992, Seite 79, „programmgebundene Bedarfsermittlung“ bei **Zäpfel, Günther**: Operatives Produktionsmanagement, 1982, Seite 181, „programmgebundene Materialbedarfsplanung“ bei **Zahn, Erich; Schmidt, Uwe**: Produktionswirtschaft, 1996, Seite 346, „programmorientierte Bedarfsrechnung“ bei **Günther, Hans-Otto; Tempelmeier, Horst**: Produktion, 1994, Seite 175, „deterministische Materialdisposition“ bei **Geiger, Werner**: Produktionsplanung und -steuerung, 1992, Seite 79.

74 Die folgenden Ausführungen geben einen (vereinfachten) Überblick über die Vorgehensweise bei der „programmgesteuerten Materialbedarfsplanung nach dem Dispositionsstufenverfahren“. Neben diesem hier beschriebenen Verfahren, welches eine große Akzeptanz in der Literatur aufweist, können weiterere Verfahren zum Einsatz kommen, deren Vorgehensweise sich von der hier dargestellten Vorgehensweise unterscheidet und die bei prinzipiell gleicher Ausgangssituation zu unterschiedlichen Planungsergebnissen führen können.

Sekundärbedarfe ermittelt. Diese werden wiederum zu den verfügbaren Lagerbeständen in Beziehung gesetzt und die entsprechenden Netto-Sekundärbedarfe ermittelt, welche wiederum zu Fertigungsaufträgen zusammengefaßt werden können.

Ergebnis der operativen Produktionspotentialplanung sind einerseits grobterminierte Fertigungsaufträge, andererseits terminierte Beschaffungsaufträge.

2.3.3.3 Aufgabenbereiche der operativen Produktionsprozeßplanung

Im Rahmen der operativen Produktionsprozeßplanung besteht die Aufgabe, unter Berücksichtigung der Vorgaben der operativen Produktionspotentialplanung einerseits und der taktischen Produktionsprozeßplanung andererseits die Durchführung des Produktionsprozesses vorzubereiten. Als Teilaufgaben können Durchlaufterminierung, Kapazitätsterminierung, Verfügbarkeitsprüfung, Auftragsfreigabe sowie Auftragsreihenfolgeplanung und Maschinenbelegungsplanung identifiziert werden.

2.3.3.3.1 Durchlaufterminierung

Bei der Durchlaufterminierung werden die Start- und Endtermine der einzelnen mit den im Rahmen der Materialbedarfsplanung gebildeten Fertigungsaufträgen verbundenen Arbeitsgänge ermittelt. Der Detaillierungsgrad der Durchlaufterminierung ist dabei größer als bei der Materialbedarfsplanung. Zentrale Planungsobjekte sind nun einzelne Arbeitsgänge, denen durchschnittliche, auf der Basis von Vergangenheitswerten ermittelte Durchlaufzeiten zugeordnet werden. Auch im Rahmen der Durchlaufterminierung findet die Verfügbarkeit von Kapazitäten keine Berücksichtigung.

Alternative Verfahren zur Durchlaufterminierung sind Vorwärtsterminierung (progressives Verfahren), Rückwärtsterminierung (retrogrades Verfahren)[75]

75 **Geiger, Werner**: Produktionsplanung und -steuerung, 1992, Seite 103f. Geiger weist darauf hin, daß bei der Vorwärtsterminierung i. d. R. Termine berechnet werden, die früher als die entsprechenden, im Rahmen der vorgehenden Materialbedarfsplanung ermittelten Termine liegen und somit damit zu rechnen ist, daß die bei der Materialbedarfsplanung periodengenau berücksichtigten zukünftigen Materialeingänge infolge noch offener Fertigungs- oder Beschaffungsaufträge nicht erfolgt sind und sich insofern die Durchführung der progressiv terminierten Arbeitsgänge als unmöglich erweist.

sowie Mittelpunktsterminierung. Bei der Vorwärtsterminierung werden ausgehend vom aktuellen Planungstermin unter Berücksichtigung der arbeitsgangbezogenen Durchlaufzeiten und der technologisch bedingten Arbeitsgang- und Auftragsreihenfolgen die frühesten Start- und Endtermine für die jeweils zu einem Auftragsnetz gehörenden Arbeitsgänge und Fertigungsaufträge bestimmt. Ausgangspunkt der Rückwärtsterminierung bilden die im Rahmen der Materialbedarfsrechnung festgelegten spätest möglichen Bereitstellungstermine der Fertigungsaufträge. Als Ergebnis der Durchlaufterminierung liegen terminierte Arbeitsgänge vor. Die Starttermine einzelner Arbeitsgangfolgen können dabei in der Vergangenheit liegen. Um eine termingerechte Fertigstellung des gesamten Arbeitsgangnetzes zu gewährleisten, sind in diesem Fall geeignete Maßnahmen zur Reduzierung der Durchlaufzeiten zu ergreifen.

Eine erste Möglichkeit zur Anpassung besteht in der Reduktion der geplanten Übergangszeiten[76] bei den kritischen Arbeitsgängen. Die angestrebte Verkürzung der Durchlaufzeiten kann als eine zweite Möglichkeit auch durch eine Überlappung von Arbeitsgängen[77] erreicht werden. Eine Überlappung von Arbeitsgängen liegt dann vor, wenn zwei direkt aufeinander folgende Arbeitsgänge teilweise parallel ausgeführt werden, also nicht für alle Teile eines Fertigungungsauftrages ein Arbeitsgang vollständig durchgeführt und dann geschlossen zur Durchführung des folgenden Arbeitsganges an den nächsten Arbeitsplatz weitergegeben wird, sondern schon die Weitergabe von Teillosen erfolgt. Insbes. bei relativ großen Fertigungslosen lassen sich durch die Überlappung von Arbeitsvorgängen beträchtliche Reduzierungen der Durchlaufzeiten erreichen. Der hiermit verbundene zusätzliche Planungsaufwand (bedingt durch die erforderliche feinere Terminierung, die genauere Fortschrittskontrolle, die Planung zusätzlicher Transportvorgänge und den zusätzlichen Aufwand in der Arbeitsvorbereitung) macht ein genaueres Abwägen erforderlich. Dies gilt insbes. vor dem Hintergrund der zugrundeliegenden Annahme einer freien Verfügbarkeit der erforderlichen Ressourcen unter Vernachlässigung entsprechender Interdependenzen, welche es nicht ermöglicht abzuschätzen, wie die konkrete Belegung der von der Überlappung betroffenen

---

76 **Wiendahl, Hans-Peter**: Belastungsorientierte Fertigungssteuerung, 1987, Seite 31f. **Zäpfel, Günther**: Operatives Produktionsmanagement, 1982, Seite 229.

77 **Geiger, Werner**: Produktionsplanung und -steuerung, 1992, Seite 107f. **Wiendahl, Hans-Peter**: Belastungsorientierte Fertigungssteuerung, 1987, Seite 34f.

Arbeitsplätze aussehen wird. Ein weiteres Problem ist in der theoretischen Möglichkeit einer vollständigen Eliminierung der ablaufbedingten Wartezeiten zu sehen, die keine ausreichenden Pufferzeiten für die Feinterminierung mehr vorsieht und die somit zu einer nicht mehr einzuhaltenden Terminierung führt.

Eine dritte Möglichkeit zur Reduzierung der Durchlaufzeiten stellt das Splitten von Arbeitsgängen[78] dar. Statt die Bearbeitung eines Loses ausschließlich an einem Arbeitsplatz durchzuführen, teilt man es in mehrere Teillose auf, die parallel an zwei oder mehreren gleichartigen Arbeitsplätzen hergestellt werden. Unterschieden werden kann hier zwischen Mengensplit und Zeitsplit.[79] Ein steigender Planungsaufwand resultiert beim Splitting von Fertigungsaufträgen aus dem erforderlichen feineren Planungsraster, aus den für die Teillose erforderlichen zusätzlichen Arbeitsplänen, Werkzeugen und NC-Programmen. Eher grundsätzlicher Natur ist auch hier wieder die Kritik an der zugrundeliegenden Annahme der freien Verfügbarkeit der entsprechenden Ressourcen sowie das Abweichen von den im Rahmen der Losgrößenplanung ermittelten Produktionslosen. Eine letzte Möglichkeit besteht schließlich in der Teilung von im Rahmen der Losgrößenplanung aus dem Bedarf verschiedener Perioden ermittelten Fertigungslosen[80] in die zu unterschiedlichen Terminen bereitzustellenden Teillose. Auch hier ist insbes. das Abweichen von den im Rahmen der Losgrößenplanung ermittelten Produktionslosgrößen zu kritisieren.

Ergebnis der Durchlaufterminierung ist ein (unter der Voraussetzung der Verfügbarkeit des erforderlichen Kapazitätsangebotes) zulässiger operativer Produktionsplan.

---

78 **Geiger, Werner**: Produktionsplanung und -steuerung, 1992, Seite 109f. **Glaser, Horst; et al.**: PPS, 1992, Seite 176. **Wiendahl, Hans-Peter**: Belastungsorientierte Fertigungssteuerung, 1987, Seite 35f. **Zäpfel, Günther**: Operatives Produktionsmanagement, 1982, Seite 229.

79 **Wiendahl, Hans-Peter**: Belastungsorientierte Fertigungssteuerung, 1987, Seite 35. Während bei Mengensplit ein Fertigungslos in Teillose gleicher Menge zerlegt wird, berücksichtigt der Zeitsplit mögliche Unterschiede in den Rüst- und Durchführungszeiten der parallel eingesetzten Betriebsmittel und nimmt eine entsprechende Aufteilung vor.

80 **Zäpfel, Günther**: Operatives Produktionsmanagement, 1982, Seite 230.

2.3.3.3.2 Kapazitätsterminierung

Im Rahmen der sich an die Durchlaufterminierung anschließenden Kapazitätsterminierung[81] erfolgt ein Abgleich der sich aus den im Rahmen der Durchlaufterminierung terminierten Arbeitsvorgänge ergebenden Kapazitätsnachfrage mit dem zu den entsprechenden Terminen verfügbaren Kapazitätsangebot.

Zunächst werden im Rahmen der Kapazitätsbelastungsrechnung die sich aus den terminierten Arbeitsvorgängen ergebende Kapazitätsnachfrage und das in dem entsprechenden Planungszeitraum verfügbare Kapazitätsangebot bestimmt, welche in tabellarischer oder graphischer Form in Belastungs- und Kapazitätsprofilen gegenübergestellt werden und so die Identifikation von Abweichungen von Kapazitätsangebot und Kapazitätsnachfrage ermöglichen.

Stimmen Kapazitätsangebot und Kapazitätsnachfrage nicht überein, indem die Kapazitätsnachfrage das Kapazitätsangebot in einzelnen Perioden übersteigt oder ungewünschte Unterbeschäftigung herrscht, erfolgt anschließend im Rahmen des Kapazitätsabgleichs eine Abstimmung von Kapazitätsangebot und Kapazitätsnachfrage mit dem Ziel einer Beschäftigungsglättung. Unterschieden werden können Maßnahmen zur Anpassung der Kapazitätsnachfrage an das Kapazitätsangebot, Maßnahmen zur Anpassung des Kapazitätsangebotes an die Kapazitätsnachfrage und Kombinationen beider Vorgehensweisen.[82]

Eine Anpassung der Kapazitätsnachfrage an das Kapazitätsangebot kann durch (a) die zeitliche Verlagerung einzelner Arbeitsvorgänge aus Teilperio-

---

81 **Zäpfel, Günther**: Operatives Produktionsmanagement, 1982, Seite 232. **Corsten, Hans**: Produktionswirtschaft, 1996, Seite 426ff. **Wiendahl, Hans-Peter**: Belastungsorientierte Fertigungssteuerung, 1987, Seite 37f.

82 **Zäpfel, Günther**: Operatives Produktionsmanagement, 1982, Seite 233. Bei **Zahn, Erich; Schmidt, Uwe**: Produktionswirtschaft, 1996, Seite 481f. findet man für die Anpassung der Kapazitätsnachfrage an das Kapazitätsangebot die Bezeichnung „Kapazitätsabgleich i. e. S." und für die Anpassung des Kapazitätsangebotes an die Kapazitätsnachfrage die Bezeichnung „Kapazitätsanpassung." Diese Bezeichnungen finden sich auch bei **Wiendahl, Hans-Peter**: Belastungsorientierte Fertigungssteuerung, 1987, Seite 37ff., wo eine Untergliederung der Kapazitätsterminierung in die drei Phasen „Belastungsrechnung", „Kapazitätsanpassung" und „Kapazitätsabgleich" vorgenommen wird, wobei allerdings in der Phase „Kapazitätsanpassung" sowohl Möglichkeiten der Anpassung der Kapazitätsnachfrage an das Kapazitätsangebot als auch Möglichkeiten der Anpassung des Kapazitätsangebotes an die Kapazitätsnachfrage untersucht werden.

den mit Kapazitätsnachfrageüberhang in Teilperioden mit Kapazitätsangebotsüberhang innerhalb des Planungszeitraumes, (b) die zeitliche Verlagerung einzelner Arbeitsvorgänge aus Teilperioden mit Kapazitätsnachfrageüberhang in zeitlich nachgelagerte Planungszeiträume bzw. die zeitliche Vorverlagerung einzelner Arbeitsvorgänge aus folgenden Planungszeiträumen, (c) die zeitliche Verlagerung von Instandhaltungsmaßnahmen aus Teilperioden mit Kapazitätsnachfrageüberhang in Teilperioden mit Kapazitätsangebotsüberhang innerhalb des Planungszeitraumes oder in bzw. aus folgenden Planungszeiträumen, (d) die Fremdvergabe einzelner Arbeitsvorgänge (bzw. Fertigungsaufträge) oder die Eigenfertigung bisher fremdvergebener Arbeitsvorgänge (bzw. Fertigungsaufträge) erreicht werden.

Eine Anpassung des Kapazitätsangebotes an die Kapazitätsnachfrage kann insbes. durch intensitätsmäßige, quantitative und zeitliche Anpassung vollzogen werden.[83] Eine intensitätsmäßige Anpassung[84,85] liegt dann vor, wenn die Produktionsfaktoren mit einer unterschiedlichen Intensität genutzt werden und hiermit die Ausbringungsmenge pro Zeiteinheit verändert werden kann. Die quantitative Anpassung[86] ist dadurch gekennzeichnet, daß einzelne Betriebsteile temporär stillgelegt bzw. in Betrieb genommen werden. Bei der zeit-

83 **Gutenberg, Erich**: Die Produktion, 1971, Seite 355. **Zäpfel, Günther**: Operatives Produktionsmanagement, 1982, Seite 233. Bei **Corsten, Hans**: Produktionswirtschaft, 1996, Seite 429f. werden nur die Möglichkeiten der zeitlichen und intensitätsmäßigen Anpassung unterschieden; die hier vorgenommene Einordnung von temporären Stillegungen bzw. Inbetriebnahmen von Betriebsteilen als quantitative Anpassung wird als eine Form der zeitlichen Anpassung aufgefaßt.

84 **Gutenberg, Erich**: Die Produktion, 1971, Seite 355 und 361ff.

85 Abweichend von der hier vorgenommenen Einordnung der intensitätsmäßigen Anpassung als eine Möglichkeit zur Anpassung des Kapazitätsangebotes an die Kapazitätsnachfrage findet sich bei **Geiger, Werner**: Produktionsplanung und -steuerung, 1992, Seite 119f. und **Glaser, Horst; et al.**: PPS, 1992, Seite 182 eine Einordnung der intensitätsmäßigen Anpassung als eine Möglichkeit zur Anpassung der Kapazitätsnachfrage an das Kapazitätsangebot. Die Autoren stellen heraus, daß die Variation der Leistungsintensität mit dem Ziel eines Kapazitätsausgleiches zu einer Veränderung der Zeit führt, die in dem betrachteten Produktionssystem ein bestimmter Fertigungsauftrag in Anspruch nimmt. Hierdurch wird eine Veränderung der Kapazitätsnachfrage und nicht des Kapazitätsangebotes bewirkt. Nur wenn Kapazitätsangebot und -nachfrage in Leistungseinheiten (z.B. Umdrehungen pro Minute) gemessen werden, kann die intensitätsmäßige Anpassung als eine Möglichkeit zur Anpassung des Kapazitätsangebotes an die Kapazitätsnachfrage eingeordnet werden.

86 **Gutenberg, Erich**: Die Produktion, 1971, Seite 371ff.

lichen Anpassung[87,88] schließlich erfolgt eine Variation der Betriebszeit (Kurzarbeit, Feierschichten, Schichtabbau bzw. Überstunden, Sonderschichten, Schichtaufbau).

Vorteilhaft bei der Anpassung des Kapazitätsangebotes an die Kapazitätsnachfrage ist es, daß die im Rahmen der Durchlaufterminierung ermittelten Start- und Endtermine für die einzelnen Arbeitsvorgänge beibehalten werden können, während die Maßnahmen zur Anpassung der Kapazitätsnachfrage an das Kapazitätsangebot zu weitreichenden Veränderungen des gesamten Arbeitsvorgangnetzes sowohl in zeitlicher als auch in mengenmäßiger Hinsicht führen.

Ergebnis der Kapazitätstermininierung ist ein mit den verfügbaren Kapazitäten abgestimmter operativer Produktionsplan.

2.3.3.3.3 Verfügbarkeitsprüfung und Auftragsfreigabe

Auf die Kapazitätsterminierung folgt i. d. R. eine Verfügbarkeitsprüfung[89], in der überprüft wird, ob die zur Durchführung der geplanten Fertigungsaufträge erforderlichen Produktionsfaktoren zu den vorgesehenen Terminen auch zur Verfügung stehen. Fällt diese Verfügbarkeitsprüfung positiv aus, werden die entsprechenden Produktionsfaktoren auftragsspezifisch reserviert. Ziel ist es, die anschließende Freigabe von offensichtlich nicht durchführbaren Aufträgen zu vermeiden.[90] Die Notwendigkeit einer solchen Überprüfung ergibt sich aus dem konzeptionellen Problem, daß Veränderungen der mengenmäßigen und zeitlichen Struktur des Auftragsnetzes im Rahmen der Kapazitätsterminierung

---

87 **Gutenberg, Erich**: Die Produktion, 1971, Seite 356 und 371ff. Gutenberg ordnet die zeitliche Anpassung als eine Vorstufe (und Sonderform) der quantitativen Anpassung ein.

88 **Corsten, Hans**: Produktionswirtschaft, 1996, Seite 429 faßt die temporäre Stillegung bzw. Inbetriebnahme von Betriebsteilen nicht als quantitative, sondern als zeitliche Anpassungsmaßnahme auf.

89 Abweichend von der Einordnung der Verfügbarkeitsprüfung als eine Aufgabe der operativen Produktionsplanung wird bei **Hackstein, Rolf**: Produktionsplanung und -steuerung, 1989, Seite 15 die Verfügbarkeitsprüfung der Auftragsveranlassung im Rahmen der Produktionssteuerung zugeordnet. Auch **Much, Detlef; et al.**: Aufgabenmodell, 1997, Seite 22 und **Zahn, Erich; Schmidt, Uwe**: Produktionswirtschaft, 1996, Seite 517 ordnen die Verfügbarkeitsprüfung der Produktionssteuerung zu.

90 **Geiger, Werner**: Produktionsplanung und -steuerung, 1992, Seite 124. **Mertens, Peter**: Integrierte Informationsverarbeitung, 1995, Seite 165.

wahrscheinlich sind, diese jedoch nicht zu einer Neuplanung auf den übergeordneten Planungsebenen führen[91]. Eine weitere Begründung findet die Verfügbarkeitsprüfung in der größeren zeitlichen Differenz zwischen den Zeitpunkten der Durchführung von Materialbedarfsplanung, Durchlaufterminierung sowie Kapazitätsterminierung einerseits und den durch die Verfügbarkeitsprüfung vorbereiteten Planungsaufgaben andererseits[92], die selbst bei im Rahmen der Kapazitätsterminierung nicht verändertem Auftragsnetz eine Berücksichtigung von zwischenzeitlich eingetretenen nicht antizipierten Veränderungen erforderlich macht.

In der anschließend vorzunehmenden Auftragsfreigabe[93] werden nun aus der Menge derjenigen Aufträge, für welche die Verfügbarkeitsprüfung positiv verlaufen ist, diejenigen Aufträge ausgewählt, die für die eigentliche Produktion freigegeben werden.

2.3.3.3.4 Feinterminierung

Die Aufgabe der Feinterminierung[94, 95] schließlich besteht in der detaillierten Festlegung der Bearbeitungstermine der einzelnen Arbeitsgänge der von der übergeordneten Planungsebene freigegebenen Fertigungsaufträge unter Berücksichtigung der vorhandenen Kapazitäten. Da i. a. mehrere funktionsgleiche Betriebsmittel zur Verfügung stehen, an denen einzelne Arbeitsgänge alternativ durchgeführt werden können, beinhaltet die Feinterminierung auch eine Auswahl des zur Durchführung eines speziellen Arbeitsganges einzusetzenden Betriebsmittels. Durch die Terminierung der Arbeitsgänge erfolgt

---

91 **Geiger, Werner**: Produktionsplanung und -steuerung, 1992, Seite 124.

92 **Mertens, Peter**: Integrierte Informationsverarbeitung, 1995, Seite 165.

93 Abweichend von der hier vorgenommenen Einordnung der Auftragsfreigabe wird bei **Hackstein, Rolf**: Produktionsplanung und -steuerung, 1989, Seite 15 auch die Auftragsfreigabe der Auftragsveranlassung im Rahmen der Produktionssteuerung zugeordnet.

94 **Geiger, Werner**: Produktionsplanung und -steuerung, 1992, Seite 125. **Zahn, Erich; Schmidt, Uwe**: Produktionswirtschaft, 1996, Seite 487. **Günther, Hans-Otto; Tempelmeier, Horst**: Produktion, 1994, Seite 225ff.

95 Synonym zum Begriff Feinterminierung finden in der Literatur auch die folgenden Begriffe Verwendung: Ablaufplanung bei **Geiger, Werner**: Produktionsplanung und -steuerung, 1992, Seite 125; Werkstattsteuerung, Kapazitätsterminierung, Produktionssteuerung sowie Fertigungssteuerung bei **Mertens, Peter**: Integrierte Informationsverarbeitung, 1995, Seite 169. In der englischsprachigen Literatur finden sich die Bezeichnungen finite loading bzw. shop scheduling. Vgl. bspw.: **Vollmann, Thomas E.; et al.**: Manfacturing Planning Systems, 1997, Seite 123.

gleichzeitig auch eine Festlegung der zeitlichen Reihenfolge, in der die einzelnen Arbeitsgänge bzw. Aufträge an den einzelnen Betriebsmitteln durchgeführt werden. Die Feinterminierung schließt somit eine Auftragsreihenfolgeplanung und Maschinenbelegungsplanung mit ein. Hauptanliegen der Fertigungsterminplanung ist es, diejenige Auftragsreihenfolge zu ermitteln, welche die Ziele der Produktionssteuerung möglichst gut erfüllt. Hinsichtlich dieser Ziele erfolgt in der Literatur eine intensive Diskussion. Besondere Bedeutung wird den Zielen kurze Durchlaufzeit, hohe Kapazitätsauslastung sowie geringe Terminabweichung zugesprochen.[96]

Zur Ermittlung von Auftragsreihenfolgen bzw. Maschinenbelegungsplänen wird eine Vielzahl von Lösungsansätzen vorgeschlagen. Neben exakten Lösungsverfahren[97], deren praktische Einsatzfähigkeit durchgängig kritisch beurteilt wird, finden auf der Warteschlangentheorie basierende heuristische Verfahren Berücksichtigung, sog. Prioritätsregelverfahren. Als Prioritätsregel wird in diesem Zusammenhang eine Auswahlvorschrift bezeichnet, die angibt, wie derjenige Fertigungsauftrag bzw. Arbeitsgang zu ermitteln ist, der an einem bestimmten Betriebsmittel als nächster zu bearbeiten ist. Unterschieden werden kann zwischen elementaren[98] und kombinierten[99] Prioritätsregeln. Auch deren praktische Relevanz wird i. d. R. kritisch beurteilt.[100]

---

96 **Zäpfel, Günther**: Operatives Produktionsmanagement, 1982, Seite 248f.

97 Vgl. bspw. **Zäpfel, Günter**: Operatives Produktionsmanagement, 1982, Seite 262 und die dort jeweils angegebene Literatur.

98 Im einzelnen finden sich in der Literatur u. a. die folgenden gängigen Prioritätsregeln: FCFS (First Come First Served); KOZ (Kürzeste Operationszeit); LOZ (Längste Operationszeit); FIS (First in System); FFT (Frühester Fertigstellungstermin); GSZ (Geringste Schlupfzeit); KGB (Kürzeste Gesamtbearbeitungszeit9; LGB (Längste Gesamtbearbeitungszeit); KRB (Kürzeste Restbearbeitungszeit); LRB (Längste Restbearbeitungszeit); HWE (Höchster Wert des Endproduktes); HWZ (Höchster Wert des Zwischenproduktes). Vgl. bspw.: **Corsten, Hans**: Produktionswirtschaft, 1996, Seite 447. **Kern, Werner**: Produktionswirtschaft, 1992, Seite 308. **Zäpfel, Günther**: Operatives Produktionsmanagement, 1982, Seite 273f. **Geiger, Werner**: Produktionsplanung und -steuerung, 1992, Seite 430f.

99 **Zäpfel, Günther**: Operatives Produktionsmanagement, 1982, Seite 273. **Corsten, Hans**: Produktionswirtschaft, 1996, Seite 448.

100 So stellt Kurbel fest, daß der Beitrag zur Lösung des Reihenfolgeproblems durch Prioritätsregeln oft überschätzt wird. **Kurbel, Karl**: Produktionsplanung, 1993, Seite 175. Eine ähnliche Aussage findet sich auch bei **Adam, Dietrich**: Produktionsmanagement, 1997, Seite 625.

2.3.3.4 Aufgabenbereiche der operativen Produktionssteuerung

Mit Abschluß der Feinterminierung erfolgt der Übergang von der operativen Produktionsplanung hin zur Produktionssteuerung und damit der Übergang von der Generierung von Planungsvorgaben hin zu der Durchsetzung dieser Vorgaben.[101] Als zentrale Aufgaben der Produktionssteuerung sind die Kapazitäts- und Auftragsüberwachung einzuordnen. Im Rahmen der Auftragsüberwachung wird kontinuierlich überprüft, ob sich der Produktionsfortschritt der Fertigungsaufträge entsprechend der vorgegebenen Planwerte nach Qualität, Menge und Terminen verhält oder ob Abweichungen des Istzustandes vom Sollzustand auftreten. Ggfs. werden Eingriffe in den Produktionsprozeß ausgelöst. Die Kapazitätsüberwachung erfaßt die betriebsmittelbezogenen sowie die mitarbeiterbezogenen Daten.[102]

2.3.4 Zusammenfassung der wesentlichen Kritikpunkte am klassischen Konzept der Produktionsplanung und -steuerung

Kritik am klassischen Konzept der Produktionsplanung und -steuerung[103] in der in den vorausgehenden Abschnitten beschriebenen Form wird von vielen Seiten formuliert. Im Kern lassen sich diese Kritikpunkte darauf zurückführen, daß im Rahmen des klassischen Konzeptes der Produktionsplanung und -steuerung von dem Idealtyp einer vollständig integrierten simultanen Planung auf der Basis sog. Totalmodelle oder monolithischer Modelle[104] abgewichen und die Planung in Form einer Sukzessivplanung vorgenommen wird.

2.3.4.1 Fehlende Kapazitätsorientierung

Ein zentraler Kritikpunkt[105] an der beschriebenen Vorgehensweise im klassischen Konzept der Produktionsplanung und -steuerung ist, daß die begrenzte Verfügbarkeit der Ressourcen erst im Rahmen der sich innerhalb der Ferti-

---

101 **Zäpfel, Günther**: Produktionsplanung und -steuerung, 1996, Spalte 1397.

102 **Zäpfel, Günther**: Produktionsplanung und -steuerung, 1996, Spalte 1397

103 Die zuvor beschriebene Vorgehensweise bei der operativen Produktionsplanung und -steuerung soll im folgenden als klassisches Konzept der Produktionsplanung und -steuerung bezeichnet werden.

104 **Neumann, Klaus**: Produktionsmanagement, 1996, Seite 193.

105 **Drexl, Andreas; et al.**: Kapazitätsorientierte PPS-Systeme, 1994, Seite 1026.

gungsterminplanung an die Durchlaufterminierung anschließenden Kapazitätsterminierung explizit erfaßt und berücksichtigt wird. Dies führt zu der Feststellung, daß die Planungsergebnisse als eine Aneinanderreihung heuristischer Improvisationen angesehen werden können, „deren in Wissenschaft und Praxis beklagte geringe Qualität nicht überraschen kann.“[106]

2.3.4.2 Fehlende wechselseitige Abstimmung

Die Abstimmung zwischen den einzelnen Planungsebenen im klassischen Konzept der Produktionsplanung und -steuerung basiert ausschließlich auf dem konzeptionell einfachen Konzept der Koordination durch Vorgabe. Es ist somit nicht vorgesehen, daß Vorgaben einer übergeordneten Planungsebene, deren Umsetzung sich bei der weiteren Planung auf den untergeordneten Planungsebenen als nicht realisierbar erweist, auf der übergeordneten Planungsebene revidiert werden. Die hierfür erforderlichen Rückkopplungsbeziehungen sind nicht vorgesehen.[107]

2.3.4.3 Fehlende Berücksichtigung der Interdependenzen innerhalb der Losgrößenplanung

Kritik wird auch an der oben beschriebenen prinzipiellen Vorgehensweise bei der Materialbedarfsplanung formuliert.[108] Wie dargestellt, erfolgt im Rahmen der Materialbedarfsplanung auf jeder Auflösungsstufe für die dort angeordneten Erzeugnisse jeweils eine isolierte Ermittlung der Produktionslosgröße. In mehrstufigen Erzeugnisstrukturen beeinflußt die Größe der so auf einer übergeordneten Dispositionsstufe ermittelten Produktionslose direkt den Bedarf der auf den untergeordneten Auflösungsstufen eingeordneten Erzeugnisse, welcher wiederum die Grundlage für die Produktionslosgrößenplanung auf dieser Ebene darstellt. Zwischen den auf unterschiedlichen Dispositionsstufen durchgeführten Produktionslosgrößenermittlungen bestehen jedoch Interde-

106 **Drexl, Andreas; et al.**: Kapazitätsorientierte PPS-Systeme, 1994, Seite 1026.

107 **Kleeberg, Kai**: Kapazitätsorientierte Produktionssteuerung, 1993, Seite 50f.

108 Beispielsweise bei: **Drexl, Andreas; et al.**: Kapazitätsorientierte PPS-Systeme, 1994, Seite 1025f. **Fleischmann, Bernhard**: Operations-Research-Modelle, 1988, Seite 350. **Fleischmann, Bernhard**: Operations-Research, 1996, Spalte 1364. **Kimms, Alf**: Lot Sizing and Scheduling, 1997, Seite 6ff. **Stadtler, Hartmut**: Hierarchische Produktionsplanung, 1996, Spalte 639. **Zäpfel, Günther**: Entwicklungsstand, 1994, Seite 725.

pendenzen in kostenmäßiger Hinsicht, die bei der beschriebenen Vorgehensweise keine Berücksichtigung finden können: Die ermittelten Produktionslose können bei isolierter Betrachtung einzelner Lose (in Abhängigkeit von der Eignung des eingesetzten Algorithmus[109]) zwar durchaus 'optimale' Produktionslose sein, bei integrierter Betrachtung aller im Rahmen der Materialbedarfsplanung ermittelten Produktionslose ist jedoch keinesfalls sichergestellt, daß auch ein globales Optimum gefunden wurde.

Weiterhin wird kritisiert[110], daß bei der isolierten Losgrößenplanung jeweils unterstellt wird, daß die entsprechenden Produktionskapazitäten verfügbar sind; d. h., bei der Ermittlung der Produktionslosgröße werden keine Kapazitätsrestriktionen berücksichtigt. In der Tat bestehen jedoch Interdependenzen derart, daß einzelne Erzeugnisse um die gleichen Produktionskapazitäten konkurrieren und dies bei der Losgrößenermittlung Berücksichtigung finden muß. Werden diese Interdependenzen vernachlässigt, werden unter Umständen Produktionslose gebildet, die unter Berücksichtigung der für die Produktionsdurchführung erforderlichen Ressourcen nicht realisiert werden können.

2.3.4.4 Fehlende Berücksichtigung der Interdependenzen zwischen Durchlaufterminierung und Kapazitätsbelastungsrechnung

Die Durchlaufterminierung erfolgt auf der Basis von auf Erfahrungswerten basierenden durchschnittlichen geplanten Durchlaufzeiten. Zwischen diesen geplanten Durchlaufzeiten und den realen Durchlaufzeiten besteht jedoch i. d. R. nur eine geringe Übereinstimmung. Die realen Durchlaufzeiten hängen stark von der aktuellen Belastungssituation im Produktionssystem ab und sind deshalb großen Schwankungen unterworfen[111]. Es ist deshalb fraglich, ob die im Rahmen der Durchlaufterminierung ermittelten Termine, auf denen die auf die Durchlaufterminierung folgende Kapazitätsterminierung aufbaut, zuverlässig sind, ob das Ziel der Kapazitätsterminierung, einen unter Kapazitätsas-

---

109 Neumann verweist darauf, daß i. d. R. nur einfachste Heuristiken wie beispielsweise die klassische Losgrößenformel zum Einsatz kommen. **Neumann, Klaus**: Produktionsmanagement, 1996, Seite 221.

110 Beispielsweise bei: **Drexl, Andreas; et al.**: Kapazitätsorientierte PPS-Systeme, 1994, Seite 1025f., **Günther, Hans-Otto; Tempelmeier, Horst**: Produktion, 1994, Seite 193, **Kimms, Alf**: Lot Sizing and Scheduling, 1997, Seite 6ff.

111 **Wiendahl, Hans-Peter**: Belastungsorientierte Fertigungssteuerung, 1987, Seite 40f.

pekten zulässigen Produktionsplan zu erstellen, auch erreicht wird[112] und ob der bei der Kapazitätsbelastungsrechnung betriebene Aufwand insgesamt gerechtfertigt ist[113].

2.3.4.5 Durchlaufzeitsyndrom

Aus den stark schwankenden realen Durchlaufzeiten resultiert weiterhin die Tendenz, Fertigungsaufträge früher als erforderlich zur Produktion freizugeben. Dies führt zu einer Vergrößerung der Bestände mit der Folge steigender mittlerer Durchlaufzeiten. Auf das Ansteigen der mittleren Durchlaufzeiten wird mit einer Erhöhung der geplanten Durchlaufzeiten reagiert, was zu einer weiteren verfrühten Auftragsfreigabe führt. Dieses unter dem Namen Durchlaufzeitsyndrom bekannte Phänomen wird als eine der wichtigsten Ursachen für das Auftreten unzuverlässiger und hoher Durchlaufzeiten verantwortlich gemacht.[114]

---

112 **Zäpfel, Günther**: Entwicklungsstand, 1994, Seite 725.

113 **Wiendahl, Hans-Peter**: Belastungsorientierte Fertigungssteuerung, 1987, Seite 39.

114 **Zäpfel, Günther**: Traditionelle Systeme, 1988, Seite 77. **Zäpfel, Günther**: Entwicklungsstand, 1994, Seite 725. **Zäpfel, Günther**: Strategisches Produktionsmanagement, 1989, Seite 218.

3 Systemtheoretischer Gestaltungsrahmen

3.1 Komplexität

3.1.1 Einführender Überblick zur Annäherung an die unterschiedlichen Sichtweisen des Komplexitätsbegriffs

Nach Schiemenz lassen sich die in der Literatur verwendeten Komplexitätsbegriffe in objektstrukturbezogene Komplexitätsbegriffe, objektverhaltensorientierte Komplexitätsbegriffe und subjektbezogene Komplexitätsbegriffe unterscheiden.[115] Zu beachten ist, daß es sich hierbei nicht um disjunkte Sichtweisen dieses Begriffs handelt, sondern daß diese unterschiedlichen Sichtweisen als eine schrittweise Extension des Komplexitätsbegriffs interpretiert werden können.

3.1.1.1 Objektstrukturorientierte Sichtweise von Komplexität

Die überwiegend zur Einführung in den Begriff der Komplexität verwendete objektstrukturbezogene Sichtweise beschreibt Komplexität mit den Kategorien Element (auch: Objekt, System niedrigerer Ordnung, Subsystem) und Relation (auch: Beziehung)[116]. Eine solche objektstrukturbezogene Definition findet man bspw. bei Bronner[117], der Komplexität i. e. S. über die Anzahl der Elemente und ihrer Relationen beschreibt. Luhmann verwendet als Ausgangspunkt zur Einführung des Begriffs der Komplexität eines Systems die drei Dimensionen Zahl der Objekte, Zahl der in diesem System möglichen Beziehungen zwischen den Objekten und die Verschiedenartigkeit dieser Beziehungen.[118] Klaus und Liebscher interpretieren die Komplexität von Systemen als „eine Größe, die mit der Zahl der Elemente, der Zahl der Zustände dieser Elemente und der Zahl der Kopplungen zwischen den Elementen des Systems wächst.“[119]

---

115 **Schiemenz, Bernd**: Komplexität, 1996, Spalte 896ff. **Schiemenz, Bernd**: Geschäftsprozesse, 1997, Seite 109f.

116 **Schiemenz, Bernd**: Komplexität, 1996, Spalte 897.

117 **Bronner, Rolf**: Komplexität, 1992, Spalte 1122. **Bronner, Rolf**: Experimente, 1990, Seite 215.

118 **Luhmann, Niklas**: Komplexität, 1971, Spalte 940. **Luhmann, Niklas**: Komplexität, 1975, Seite 207. **Luhmann, Niklas**: Komplexität, 1980, Spalte 1065.

119 **Klaus, Georg; Liebscher, Heinz**: Kybernetik, 1976, Seite 797.

Eine Eingrenzung erfährt die objektstrukturbezogene Sichtweise von Komplexität durch die auf Weaver zurückzuführende Unterscheidung in Systeme einfacher Zusammenhänge (Problems of Simplicity[120]), Systeme unorganisierter Komplexität (Problems of Disorganized Complexity[121]) und Systeme organisierter Komplexität (Problems of Organized Complexity[122]). Unter Systemen (organisierter) einfacher Zusammenhänge werden von Weaver solche Systeme eingeordnet, zu denen ein relativ unproblematischer (ad hoc-) Zugang möglich ist. Diese Systeme bestehen aus einer geringen Anzahl von Objekten, zwischen denen nur wenige und relativ einfache Beziehungen bestehen. Im Gegensatz hierzu sind die Systeme unorganisierter Komplexität durch eine extrem große Zahl von Objekten und zwischen diesen bestehender Beziehungen gekennzeichnet. Einzelne Objekte können hier zwar unter Umständen identifiziert werden, der Zugang zu solchen Systemen kann jedoch nur über statistische Verfahren erfolgen. Zwischen diesen beiden Extremen werden die Systeme organisierter Komplexität angesiedelt. Diese bestehen aus einer großen Anzahl von Objekten, zwischen denen vielfältige Beziehungen bestehen. Die Zahl der Objekte ist so groß, daß auf der einen Seite ein ad-hoc Zugang wie bei den Systemen einfacher Zusammenhänge nicht mehr möglich ist bzw. die Zurückführung auf ein solches System eine unzulässige Vereinfachung darstellen würde, auf der anderen Seite jedoch die Zahl der Objekte für eine statistische Beschreibung des Systems nicht ausreicht. Systeme organisierter Komplexität weisen als ein wesentliches Charakteristikum Organisiertheit (essential feature of organization)[123] auf. Willke spricht in diesem Zusammenhang auch von „geordneter Komplexität“[124], Luhmann von „bestimmter (bzw. bestimmbarer) Komplexität“[125] und Röpke von „interaktionaler Komplexität“[126].

120 **Weaver, Warren**: Complexity, 1991, Seite 449f.

121 **Weaver, Warren**: Complexity, 1991, Seite 450f.

122 **Weaver, Warren**: Complexity, 1991, Seite 451f.

123 **Weaver, Warren**: Complexity, 1991, Seite 452.

124 **Willke, Helmut**: Systemtheorie II, 1994, Seite 67.

125 **Luhmann, Niklas**: Komplexität, 1975, Seite 209. **Luhmann, Niklas**: Soziale Systeme, 1991, Seite 46.

126 **Röpke, Jochen**: Innovation, 1977, Seite 12. Röpke weist darauf hin, daß die Unterscheidung in die drei Systemtypen vornehmlich aus heuristischen Gründen erfolgt, in Wirklichkeit jedoch ein Kontinuum besteht.

Schon die objektstrukturorientierte Sichtweise von Komplexität macht deutlich, daß, unter Begrenzung auf den Bereich der bestimmbaren oder organisierten Komplexität, jedes System als ein komplexes System interpretiert werden kann.

3.1.1.2 Objektverhaltensorientierte Sichtweise von Komplexität

Die objektverhaltensorientierte Sichtweise von Komplexität berücksichtigt nicht nur die Kategorien der objektstrukturorientierten Sichtweise, sondern berücksichtigt darüber hinaus auch die Veränderung der Elemente und der zwischen diesen Elementen bestehenden Beziehungen im Zeitablauf.

So nimmt bspw. Röpke[127] eine Differenzierung des Begriffs Komplexität in die Kategorie Kompliziertheit und die Kategorie Dynamik vor. Die Kompliziertheit eines Systems resultiert aus der Zahl der Elemente dieses Systems, der Verschiedenartigkeit dieser Elemente und der Verteilung der Elemente. Die Dynamik eines Systems ergibt sich aus der Häufigkeit, mit der sich die Elemente verändern, aus der Stärke und Richtung der Veränderungen sowie aus der Ungewißheit, mit der diese Veränderungen auftreten.

Kompliziertheit	*Dynamik*
↓	↓
Anzahl der Elemente	*Häufigkeit der Veränderung der Elemente*
Verschiedenartigkeit der Elemente	*Stärke und Richtung der Veränderungen*
Verteilung der Elemente	*Ungewißheit der Veränderungen*

Abbildung 3.1: Komplexitätskategorien nach Röpke

Bei Malik wird Komplexität definiert als die Tatsache, „dass reale Systeme ungeheuer viele Zustände aufweisen können“[128], wobei eine Quantifizierung der Komplexität über die Varietät, dort interpretiert als „die Anzahl der unterscheidbaren Zustände eines Systems, bzw. die Anzahl der unterscheidbaren

127 **Röpke, Jochen**: Innovation, 1977, Seite 256f.

128 **Malik, Fredmund**: Komplexe Systeme, 1984, Seite 186. Eine ähnliche Aussage fndet sich auch in: **Malik, Fredmund**: Turbulenzen, 1993, Seite 25.

Elemente einer Menge"[129], erfolgt. Auch Schwaninger definiert Komplexität „als Eigenschaft [eines Systems], viele Zustände annehmen zu können."[130]

Bleicher ordnet dem Begriff Komplexität die beiden Kategorien strukturale Komplexität und prozessuale Komplexität zu. Unter strukturaler Komplexität versteht Bleicher „[...] die Vernetztheit eines Systems, die sich aus der Anzahl und Diversität der Elemente und [...] [der] Vielfalt und Interaktivität der Beziehungen zwischen ihnen ergibt. Prozessual ist es dagegen die Dynamik eines Systems, die sich in der Anzahl von Zuständen ausdrückt, die es einnehmen kann."[131] Mit der strukturalen Kategorie werden somit die Aspekte der objektstrukturbezogenen Sichtweise beschrieben, die prozessuale Kategorie bildet die Ergänzung hin zur objektverhaltensorientierten Sichtweise. An anderer Stelle wird von Bleicher ausschließlich letztere Sichtweise verwendet und Komplexität als die „Eigenschaft von Systemen [...], in einer gegebenen Zeitspanne eine grosse Anzahl von verschiedenen Zuständen annehmen zu können, was deren geistige Erfassung und Beherrschung durch den Menschen erschwert," [132] interpretiert.

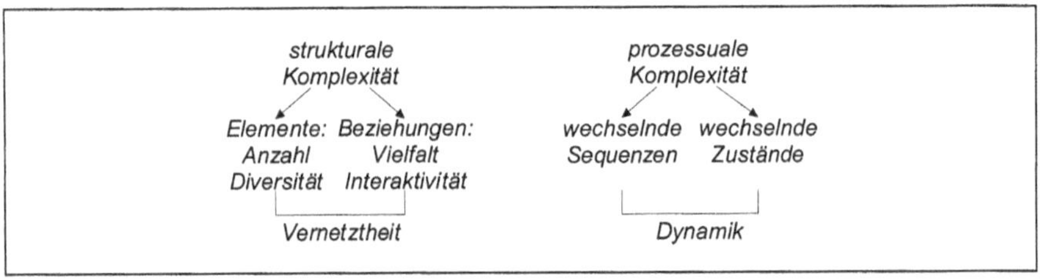

Abbildung 3.2: Komplexitätskategorien nach Bleicher[133]

Auch bei Ulrich und Probst findet sich eine gleichgerichtete Unterscheidung, nur daß hier diese beiden Kategorien mit Kompliziertheit und Komplexität be-

129 **Malik, Fredmund**: Komplexe Systeme, 1984, Seite 186.

130 **Schwaninger, Markus**: Managementsysteme, 1994, Seite 18. [Anmerk. des Verfas.: Einfügungen in [ ] vorgenommen; Hervorhebungen des Originals wurden nicht übernommen.] Eine ähnliche Aussage findet sich auch bei **Schwaninger, Markus**: Systemtheorie, 1996, Spalte 1947.

131 **Bleicher, Knut**: Normatives Management, 1994, Seite 36. [Anmerk. des Verfas.: Einfügungen in [ ] vorgenommen.]

132 **Bleicher, Knut**: Integriertes Management, 1995, Seite 19.

133 Abbildung 3.2 in Anlehnung an: **Bleicher, Knut**: Normatives Management, 1994, Seite 38.

nannt werden. Mit Kompliziertheit wird bei Ulrich und Probst die Art der Zusammensetzung von Systemen in Abhängigkeit von der Anzahl und Verschiedenartigkeit der Elemente und der Anzahl und Verschiedenartigkeit der Beziehungen zwischen den Elementen beschrieben[134]; Komplexität, auch hier definiert als „Fähigkeit eines Systems, in einer gegebenen Zeitspanne eine grosse Zahl von Zuständen annehmen zu können“[135], wird in Abhängigkeit von der Vielfalt der Verhaltensmöglichkeiten der Elemente und der Veränderlichkeit der Wirkungsverläufe zwischen den Elementen beschrieben.[136]

Dieser von Malik, Schwaninger, Ulrich und Probst vorgenommenen Einengung des Komplexitätsbegriffs auf eine ausschließlich objektverhaltensorientierte Sichtweise soll hier nicht gefolgt werden. Vielmehr erscheint es sinnvoll, die objektverhaltensorientierte Sichtweise als eine umfassende Sichtweise des Komplexitätsbegriffs zu interpretieren, welche die objektstrukturorientierten Kategorien beinhaltet.

	Vielzahl	*Vielfalt*	*Vieldeutigkeit*	*Veränderlichkeit*
Elementen-komplexität	*Größe*	*Diversität*	*Freiheitsgrade*	*Dynamik*
Relationen-komplexität	*Kopplungsgrad*	*Divergenz*	*Unschärfe*	*Chaos*

Abbildung 3.3: Komplexitätskategorien nach Reiß[137]

Auch Reiß[138] und darauf aufbauend Leisten[139] und Höge[140] berücksichtigen Veränderungen der Elemente und der zwischen diesen bestehenden Beziehungen und führen neben den beiden Komplexitätsdimensionen Vielzahl und Vielfalt die beiden Komplexitätsdimensionen Vieldeutigkeit und Veränderlich-

134 **Ulrich, Hans; Probst, Gilbert J. B.**: Anleitung, 1995, Seite 61.

135 **Ulrich, Hans; Probst, Gilbert J. B.**: Anleitung, 1995, Seite 58.

136 **Ulrich, Hans; Probst, Gilbert J. B.**: Anleitung, 1995, Seite 60.

137 Abbildung 3.3 in Anlehnung an: **Reiß, Michael**: Komplexitätsmanagement I, 1993, Seite 58.

138 **Reiß, Michael**: Komplexitätsmanagement I, 1993, Seite 58. **Reiß, Michael**: Komplexitätsmanagement, 1995, Seite 466.

139 **Leisten, Rainer**: Iterative Aggregation, 1996, Seite 8f.

140 **Höge, Robert**: Organisatorische Segmentierung, 1995, Seite 26ff.

keit ein, die jeweils weiter in die Teilkategorien Elementenkomplexität und Relationenkomplexität differenziert werden.

Der Aspekt der Vielzahl umfaßt bei Reiß die Anzahl der Elemente und die Anzahl der Beziehungen in einem System. Zugeordnet wird der Anzahl der Elemente der Begriff Größe und der Anzahl der Beziehungen der Begriff Kopplungsgrad. Die Komplexitätsdimension Vielfalt berücksichtigt die Verschiedenartigkeit der Elemente und der Beziehungen zwischen den Elementen. Die Verschiedenartigkeit der Elemente wird unter den Begriff Diversität zusammengefaßt, der Vielfalt der Beziehungen wird der Begriff Divergenz zugeordnet. Neben diesen beiden traditionellen Kapazitätsdimensionen[141] werden die beiden Dimensionen Vieldeutigkeit und Veränderlichkeit eingeführt. Der Aspekt der Vieldeutigkeit von Elementen „bezeichnet Schwierigkeiten bei dem Versuch, sich ein „klares Bild“ vom betreffenden System zu machen. Verantwortlich für derartige Unbestimmtheiten, Unsicherheiten, Risiken, Vagheiten, Ambiguitäten, Ambivalenzen sind meist Defizite im Wissen über das System [...]“.[142] Der Vieldeutigkeit von Elementen wird der Begriff Freiheitsgrade zugeordnet. Die Vieldeutigkeit von Beziehungen besteht in deren möglicher Unschärfe. Veränderlichkeit schließlich bezeichnet das Zeitverhalten von vieldeutigen Systemen. Der Veränderlichkeit von Elementen wird der Begriff Dynamik zugeordnet, für die Veränderlichkeit von Beziehungen erfolgt eine Zuordnung des Begriffes Chaos. Hiermit wird die Unschärfe von Beziehungen im Zeitablauf charakterisiert.

Auch Willke greift den Aspekt der Veränderungen der Elemente und der zwischen diesen bestehenden Beziehungen auf und verwendet zur Beschreibung von Komplexität die Kategorien Vielschichtigkeit, Vernetzung und Folgelastigkeit (eines Entscheidungsfeldes)[143]. Der Aspekt der Vielschichtigkeit, bei Willke beschrieben als der „Grad der funktionalen Differenzierung eines Sozialsystems und die Zahl der bedeutsamen Referenzebenen (das sind Ebenen, die analytisch und empirisch unterschieden werden müssen - z.B. Individuum, Gruppe, Organisation - weil Aussagen im Kontext einer Ebene nicht notwendig

141 **Reiß, Michael**: Komplexitätsmanagement I, 1993, Seite 58.
142 **Reiß, Michael**: Komplexitätsmanagement I, 1993, Seite 59.
143 **Willke, Helmut**: Systemtheorie, 1987, Seite 16.

auch im Kontext einer anderen Ebene gelten)"[144] weist zunächst darauf hin, daß Systeme unterschiedlich stark in Subsysteme differenziert und auf verschiedenen hierarchischen (Referenz-)Ebenen betrachtet werden können sowie daß Komplexität sich in Abhängigkeit von den gebildeten Subsystemen und Referenzebenen unterschiedlich darstellt. Der Aspekt der Vernetzung, erläutert als „Art und Grad wechselseitiger Abhängigkeit zwischen Teilen, sowie zwischen Teil und Ganzem [...]"[145] weist weiterhin darauf hin, daß die zwischen den Objekten bestehenden Beziehungen Abhängigkeiten bedingen. Der Aspekt der Folgelastigkeit, erläutert als „Zahl und Gewicht der durch eine bestimmte Entscheidung in Gang gesetzten Kausalketten oder Folgeprozesse innerhalb des in Frage stehenden Handlungssystems"[146], hebt schließlich besonders hervor, daß die Veränderlichkeit von Objekten und Beziehungen auch Veränderungen anderer Objekte und Beziehungen initiiert bzw. durch diese initiiert wird. Mit dem Begriff des Enscheidungsfeldes erfolgt eine Erweiterung hin zur subjektbezogenen Sichtweise.

3.1.1.3 Subjektbezogene Sichtweise von Komplexität

Die subjekt- bzw. beobachterbezogene Sichtweise von Komplexität schließlich berücksichtigt zusätzlich neben den in den beiden vorausgehenden Abschnitten genannten Kategorien das beobachtende und lenkende Subjekt.[147]

So weist Klir darauf hin, daß „[...] the complexity of an object for a particular human beeing depends on the way he interacts with it (i.e., on his interests and capabilities). More poetically, we may say that the complexity of an object is in the eyes of the observer."[148] Bronner stellt fest, daß „sich Komplexität nicht nur aus objektiven Eigenschaften, sondern auch aus subjektiven Wahr-

144 **Willke, Helmut**: Systemtheorie, 1987, Seite 16.

145 **Willke, Helmut**: Systemtheorie, 1987, Seite 16.

146 **Willke, Helmut**: Systemtheorie, 1987, Seite 16.

147 **Schiemenz, Bernd**: Komplexität, 1996, Spalte 897. **Schiemenz, Bernd**: Geschäftsprozesse, 1997, Seite 110.

148 **Klir, George J.**: Systems Science, 1991, Seite 114. [Anmerk. des Verfas.: Die Hervorhebungen des Originals wurden nicht übernommen.] Bei Ashby findet man hierzu folgendes Beispiel: „To the neurophysiologist the brain, as a feltwork of fibers and a soup of enzymes, is certainly complex; and equally the transmission of a detailed description of it would require much time. To a butcher the brain is simple, for he has to distinguish it from only about thirty other „meats" [...] " **Ashby, W. Ross**: Introduction, 1965, Seite 73.

nehmungen ergibt."[149] Besonders Dörner[150] macht deutlich, daß Komplexität keine objektive, sondern nur eine subjektive Größe darstellt. Komplex „ist ein System mithin immer im Hinblick auf einen bestimmten Akteur mit seinem Superzeichenvorrat. Der aber kann individuell sehr verschieden sein."[151] Der individuelle Superzeichenvorrat resultiert dabei aus individuellen Erfahrungen, die es einem Akteur ermöglichen, ein bestimmtes System auf unterschiedlichen Referenzebenen wahrzunehmen.[152] Auch bei Willke[153] wird über den Bezug der Komplexität auf ein bestimmtes Entscheidungsfeld die subjektbezogene Sichtweise zum Ausdruck gebracht. Ebenfalls andere, in den beiden vorangegangenen Abschnitten erwähnte Autoren, verweisen auf den Aspekt der Subjektorientierung.[154] Schiemenz definiert in Anlehnung an Willke Komplexität als „[...] den vom Superzeichenvorrat des Akteurs abhängigen Grad der Vielschichtigkeit, Vernetzung und Folgelastigkeit eines Entscheidungsfeldes [...]."[155]

3.1.2 Analyse des Komplexitätsbegriffs

Für die folgenden Überlegungen soll zunächst eine objektstrukturorientierte Sichtweise von Komplexität zugrunde gelegt werden. Die Komplexität eines Systems wird somit über die Anzahl der Objekte, die Anzahl der in diesem

149 **Bronner, Rolf**: Komplexität, 1992, Spalte 1122. Eine ähnliche Aussage findet sich auch bei **Hauschildt, Jürgen**: Komplexität, 1990, Seite 134.

150 **Dörner, Dietrich**: Mißlingen, 1991, Seite 61f.

151 **Dörner, Dietrich**: Mißlingen, 1991, Seite 62.

152 Der Beitrag der Abstraktion zur Handhabung von Komplexität wird in Abschnitt 3.3.2 wieder aufgegriffen.

153 **Willke, Helmut**: Systemtheorie, 1987, Seite 16.

154 Bspw.: **Bleicher, Knut**: Normatives Management, 1994, Seite 37: „Da die Messung der Kompexität von der Definition des betrachteten Systems und dem Wahrnehmungs- und Beurteilungsapparat des Betrachters abhängt, erscheint die Varietät eher als eine subjektive Größe". **Reiß, Michael**: Komplexitätsmanagement, 1993, Seite 57: „Für unterschiedliche Personen stellt der gleiche Komplexitätsbedarf (Belastung) jeweils unterschiedliche Beanspruchungen dar (individualisierter Komplexitätsbegriff). Außerdem nehmen verschiedene Personen ein und denselben Komplexitätsbedarf unterschiedlich wahr [...] (subjektiver Komplexitätsbegriff)." Ähnliche Aussagen finden sich auch bei: **Ulrich, Hans; Probst, Gilbert J. B.**: Anleitung, 1995, Seite 107ff. **Röpke, Jochen**: Innovation, 1977, Seite 21: „Ein System ist komplex, wenn ein Beobachter es nicht mehr vollständig beobachten und beeinflussen [...] kann."

155 **Schiemenz, Bernd**: Geschäftsprozesse, 1997, Seite 110.

System möglichen Beziehungen[156], die Verschiedenartigkeit der Objekte und die Verschiedenartigkeit der zwischen diesen bestehenden Beziehungen beschrieben werden. Ein Rückgriff auf die Kombinatorik zeigt, daß schon bei einer geringen Zahl von Objekten die Zahl der zwischen diesen Objekten möglichen (denkbaren) Beziehungen sehr große Dimensionen erreicht[157].

Beispiel 3.1: Im Systemdiagramm 3.1[158] ist beispielhaft ein einfaches, nur aus fünf Objekten bestehendes System dargestellt. Zwischen den fünf Objekten dieses Systems sind, wenn man die Richtung einer Beziehung nicht berücksichtigt und auch keine unterschiedlichen Arten von Beziehungen unterscheidet, 10 mögliche Beziehungen zu identifizieren (vgl. Systemdiagramm 3.2). Unterscheidet man, wie dies in Systemdiagramm 3.3 dargestellt ist, die Beziehungen hinsichtlich ihrer Richtung, so sind 20 mögliche Beziehungen zwischen den Objekten des Systems zu identifizieren.

Allgemein kann die Anzahl der möglichen Beziehungen zwischen den n (Komplexitätsmaß $V_1 = n$) unterschiedlichen Objekten eines Systems im Fall ungerichteter Beziehungen nach der Formel $V_2 = n * (n-1) / 2$ und im Fall gerichteter Beziehungen nach der Formel $V_3 = n * (n - 1)$ ermittelt werden. Können m unterschiedliche Arten von Beziehungen zwischen zwei Objekten unterschieden werden, so bestimmt sich die Anzahl der möglichen Beziehungen zwischen den n unterschiedlichen Objekten nach der Formel $V_4 = m * n * (n - 1) / 2$.

---

156 Ausdrücklich soll zunächst das abstrakte Relationierungspotential in Form aller denkbaren Beziehungen zwischen allen Objekten untersucht werden, welches die Grundlage für die Bildung von Strukturen darstellt.

157 Ähnliche Beispiele findet man bspw. bei: **Beer, Stafford**: Kybernetik, 1959, Seite 27f. **Flood, Robert. L.; Carson, Ewart R.**: Complexity, 1995, Seite 27. Vor dem Hintergrund seiner ausschließlich subjektbezogenen Sichtweise werden diese kombinatorischen Überlegungen von Dörner recht kritisch beurteilt. **Dörner, Dietmar**: Mißlingen, 1991, Seite 61.

158 In den folgenden Ausführungen werden Systemdiagramme zur beispielhaften Erläuterung eingesetzt. Um einen einfachen Zugang zu diesen Beispielen zu ermöglichen, werden in diesen Systemdiagrammen in der Regel nur aus fünf Objekten bestehende Systeme dargestellt. Diese im engeren Sinne als Systeme einfacher Zusammenhänge zu interpretierenden Systeme sollen im folgenden als Systeme organisierter Komplexität angesehen werden. Weiterhin ist auch darauf hinzuweisen, daß die Darstellung als geschlossenes System aus Gründen der Vereinfachung immer dann gewählt wird, wenn die Beziehungen zur Umwelt des Systems in dem betrachteten Zusammenhang zunächst ausgeklammert werden können.

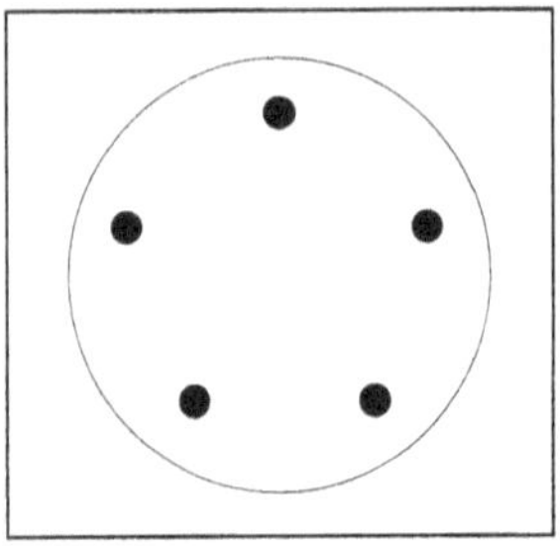

Systemdiagramm 3.1

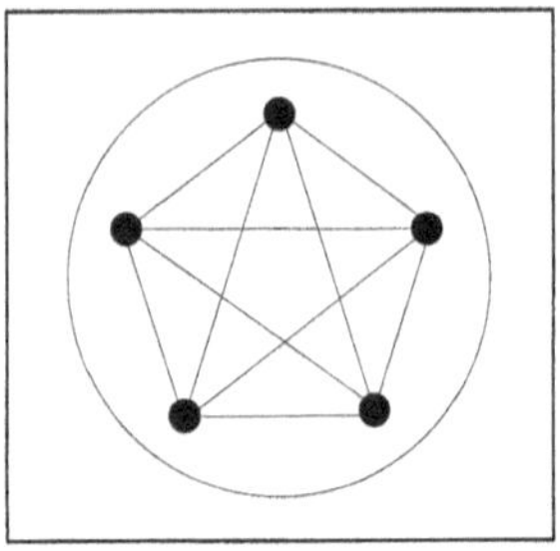

Systemdiagramm 3.2

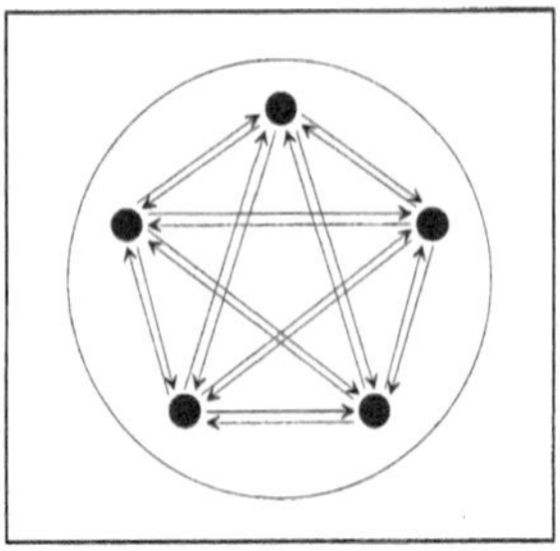

Systemdiagramm 3.3

Mit steigender Zahl von Objekten in einem System wird es immer schwerer, alle zwischen den Objekten des Systems möglichen Beziehungen zu erfassen. Aus einer großen Zahl von Objekten bestehende Systeme stehen deshalb unter Selektionszwang.[159] Die Anzahl aller denkbaren und möglichen Beziehungen zwischen den einzelnen Objekten in ihrer ganzen kombinatorischen Vielfalt ist durch die Einschränkung auf die Erfassung nur bestimmter und die Nicht-Erfassung aller anderen Beziehungen zu reduzieren. Zwischen den Extremen der vollständigen Erfassung oder der vollständigen Nicht-Erfassung aller Beziehungen bestehen in einem sehr großen Umfang alternative Kombinationen von selektierten und nicht-selektierten Beziehungen, unter denen eine Auswahl zu treffen ist. Eine konkrete Kombination von einzelnen ausgewählten Beziehungen soll hier als Struktur[160] bezeichnet werden.

Beispiel 3.2: Welchen großen Umfang schon bei einem aus nur wenigen Objekten bestehenden System diese Wahlmöglichkeiten annehmen können, zeigt folgendes Beispiel: Für das in Systemdiagramm 3.2 dargestellte, aus fünf Objekten bestehende System mit 10 denkbaren Beziehungen erhalten wir nun 1.024 mögliche Strukturen (vgl. Systemdiagramm 3.4 und Tabelle 3.1). Werden, wie in Systemdiagramm 3.3 dargestellt, gerichtete Relationen angenommen, so ergeben sich über eine Million möglicher Strukturen, unter denen eine Auswahl zu treffen ist (vgl. Systemdiagramm 3.5 und Tabelle 3.1). Die Anzahl der maximal

159 **Luhmann, Niklas**: Komplexität, 1980, Spalte 1065.

160 In diesem Sinne findet der Begriff Struktur auch bei Luhmann Verwendung, der damit die zwischen den Objekten eines Systems zugelassenen konkreten Beziehungen beschreibt. **Luhmann, Niklas**: Komplexität, 1971, Spalte 941. Auch **Klaus, Georg; Liebscher, Heinz**: Kybernetik, 1976, Seite 796 verwenden den Begriff Struktur in diesem Sinne. Beer verwendet zur Beschreibung einer bestimmten Struktur von ausgewählten bzw. realisierten Beziehungen eines Systems den Begriff Zustand des Systems. **Beer, Stafford**: Kybernetik, 1959, Seite 59.

möglichen Strukturen S_1 kann allgemein nach der Formel $S_1 = 2^{V_2}$ (im Fall ungerichteter Beziehungen bzw. $S_2 = 2^{V_3}$ im Fall gerichteter Beziehungen) bestimmt werden.

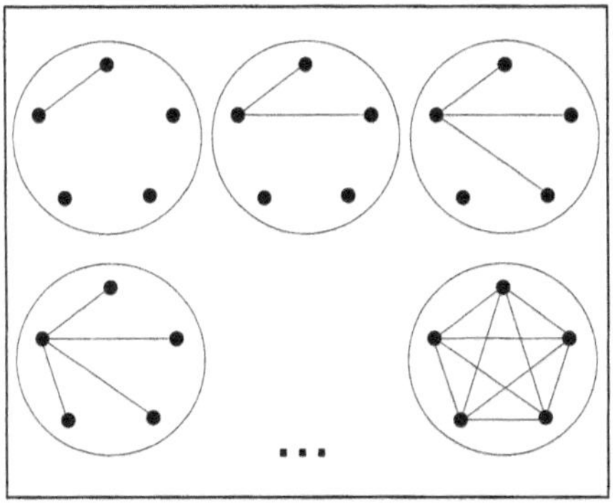

Systemdiagramm 3.4: Mögliche Strukturen bei ungerichteten Beziehungen

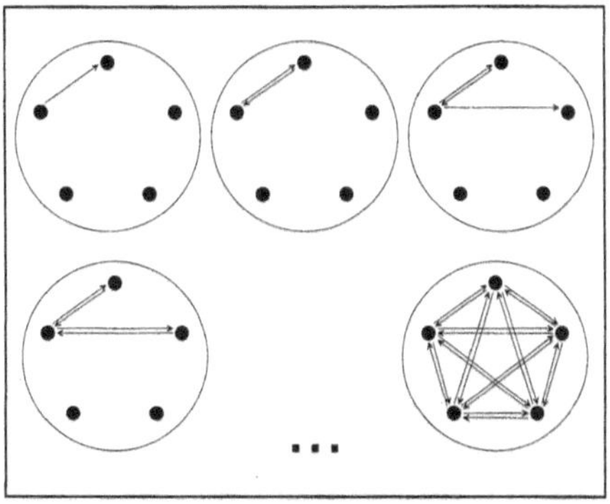

Systemdiagramm 3.5: Mögliche Strukturen bei gerichteten Beziehungen

Die kombinatorischen Untersuchungen können nicht nur an den Verknüpfungsmöglichkeiten der Objekte eines Systems ansetzen, sondern sich auch direkt auf die einzelnen Objekte eines Systems beziehen.[161] Ein Objekt wird durch eine Vielzahl von Merkmalen beschrieben. Jedes dieser Merkmale kann wiederum unterschiedlichste Merkmalsausprägungen annehmen. Ist ein Objekt durch c unterschiedliche Merkmale charakterisiert und sind für jedes dieser c Merkmale z verschiedene Merkmalsausprägungen zulässig, so kann dieses Objekt z^c unterscheidbare Zustände annehmen. Besteht das betrachtete Sys

tem aus n Objekten, die jeweils unabhängig voneinander z^c unterscheidbare Zustände annehmen können, dann sind für das gesamte System $Z = (z^c)^n$ unterscheidbare Zustände möglich. Man erkennt, daß die Erfassung aller für ein System möglichen Zustände mit steigender Zahl von Objekten, diesen Objekten zugeordneten Merkmalen und deren möglichen Merkmalsausprägungen entsprechend Grenzen gesetzt sind.

Es wird eine Selektion erforderlich, bei der eine gezielte Beschränkung auf bestimmte Merkmale und eine Verkleinerung der Domänen erfolgt. Auch hier bestehen im großen Umfang alternative Kombinationen von selektierten und nicht-selektierten Merkmalen und deren möglichen Ausprägungen: Bei z^c für

161 **Malik, Fredmund**: Komplexe Systeme, 1984, Seite 187ff. **Klir, George J.**: Systems Science, 1991, Seite 123. **Klir, George J.**: Reconstructability Analysis, 1991, Seite 401.

ein Objekt möglichen unterschiedlichen Zuständen ergeben sich $(2^z)^c$ verschiedene Kombinationen von Zuständen für ein einzelnes Objekt[162], unter denen eine Auswahl getroffen werden kann.

Beispiel 3.3: Welchen großen Umfang schon bei einem aus nur wenigen Objekten bestehenden System die Anzahl der möglichen unterscheidbaren Zustände dieses Systems annehmen kann, soll das folgende Beispiel in Systemdiagramm 3.6 zeigen: Jedes Objekt dieses Systems kann jeweils durch das Merkmal <Farbe> mit den beiden Merkmalsausprägungen <weiß> und <schwarz> sowie das Merkmal <Form> mit den Merkmalsausprägungen <rund> und <quadratisch> beschrieben werden. Man erkennt, daß ein Objekt jeweils eine der vier Merkmalsausprägungskombinationen □, ■, ○ und ● annehmen kann. Das aus fünf Objekten bestehende System insgesamt kann $Z = (2^2)^5 = 1.024$ mögliche unterscheidbare Zustände annehmen (vgl. auch Tabelle 3.1).

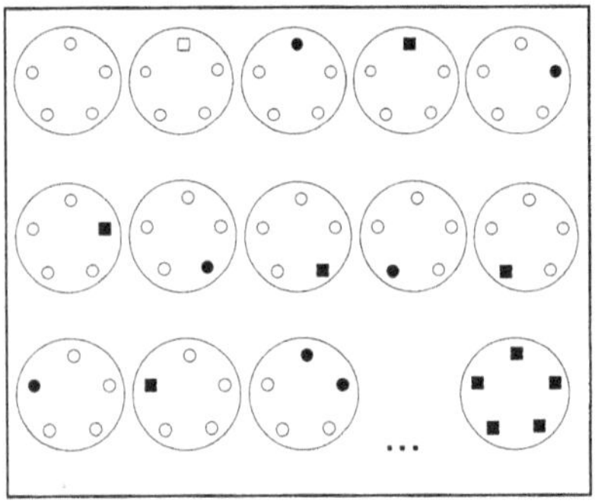

Systemdiagramm 3.6

V_1	V_2	V_3	Z	S_1	S_2
1	0	0	4	1	1
2	1	2	16	2	4
3	3	6	64	8	64
4	6	12	256	64	4.096
5	**10**	**20**	**1.024**	**1.024**	**1.048.576**
6	15	30	4.096	32.768	$1{,}073 * 10^{9}$
7	21	42	16.384	2.097.152	$4{,}398 * 10^{12}$
8	28	56	65.536	$2{,}68 * 10^{8}$	$7{,}205 * 10^{16}$
9	36	72	262.144	$6{,}87 * 10^{10}$	$4{,}722 * 10^{21}$
10	45	90	1.048.576	$3{,}51 * 10^{13}$	$1{,}237 * 10^{27}$

Tabelle 3.1: Übersicht

In oben stehender Tabelle 3.1 sind die Beziehungen zwischen der Anzahl an Objekten V_1 und der Anzahl der zwischen ihnen möglichen Beziehungen V_2 und V_3 sowie die sich hieraus ergebende Anzahl möglicher Strukturen S_1 und S_2 für $n = 1, ..., 10$ Objekte zusammengefaßt. Auch findet sich in der Spalte Z die Beziehung zwischen der Anzahl der Objekte n, der Anzahl der diesen Objekten zugeordneten Merkmale c und der Anzahl der Merkmalsausprägungen z für $c=2$, $z=2$ und $n=(1,...,10)$ Objekte.

Nachdem bisher im Rahmen einer rein objektstrukturorientierten Sichtweise von Komplexität die Anzahl der Objekte eines Systems, die Verschiedenartigkeit dieser Objekte und die unterschiedlichen möglichen Zustände des Systems sowie die Anzahl der in einem System möglichen Beziehungen, die Verschiedenartigkeit dieser Beziehungen und die Zahl der möglichen Strukturen betrachtet wurde, kann auf dieser Grundlage nun im Rahmen einer Erweite-

162 **Klir, George J.**: Reconstructability Analysis, 1991, Seite 401.

rung hin zu einer objektverhaltensorientierten Sichtweise von Komplexität auch der Aspekt der Veränderlichkeit von Systemen in die Überlegungen mit einbezogen werden. Dies erfolgt zunächst unter Ausklammerung von sich in der Zeit vollziehenden Wachstums- oder Schrumpfungsprozessen, d.h. unter der Annahme einer gegebenen Anzahl an Objekten.

Die Veränderlichkeit von Systemen im Zeitablauf, interpretiert als „die Eigenschaft von Systemen [...], in einer gegebenen Zeitspanne eine grosse Anzahl von unterschiedlichen Zuständen annehmen zu können“[163], betrifft sowohl die Objekte als auch die zwischen diesen Objekten möglichen Beziehungen. Die Veränderlichkeit von Objekten kann mit einer Veränderung des Zustandes eines Objektes beschrieben werden. Die Veränderlichkeit von Beziehungen resultiert entsprechend aus der möglichen Veränderlichkeit von Strukturen. Komplexitätsmaße sind die Häufigkeit und Frequenz dieser Veränderungen.

Beispiel 3.4: Im vorangegangen Beispiel 3.3 wurden für das aus fünf Objekten bestehende System insgesamt $Z = (z^2)^5$ unterscheidbare mögliche Zustände ermittelt, mit denen das Potential der Veränderlichkeit in Abhängigkeit von der Häufigkeit und Frequenz der Veränderungen beschrieben werden kann. Weiterhin wurden im Beispiel 3.2 $S_2 = 2^{V_3}$ unterscheidbare mögliche Strukturen bestimmt, mit denen nun das Potential der Veränderlichkeit der Strukturen, wiederum in Abhängigkeit von Häufigkeit und Frequenz der Veränderungen, beschrieben werden kann.

Mit Vernetzung wird bei Willke „Art und Grad wechselseitiger Abhängigkeit zwischen Teilen, sowie zwischen Teil und Ganzem“[164] bezeichnet. Eine ähnliche Aussage findet sich auch bei Dörner, der feststellt, daß nicht allein die Existenz einer Vielzahl von Objekten und zwischen diesen bestehenden Beziehungen die Komplexität bestimmt, sondern daß erst „die Vernetztheit, also die zwischen den Variablen des Systems existierenden Verknüpfungen, [...] die gleichzeitige Beachtung sehr vieler Merkmale notwendig [macht] “[165]. „Ein Eingriff, der einen Teil des Systems betrifft oder betreffen soll, wirkt immer auch auf viele andere Teile des Systems . [...] Vernetztheit bedeutet, daß die

163 Vgl. nochmals: **Bleicher, Knut**: Integriertes Management, 1995, Seite 19.

164 Vgl. nochmals: **Willke, Hemut**: Systemtheorie, 1987, Seite 16.

165 **Dörner, Dietrich**: Mißlingen, 1991, Seite 60f. [Anmerk. des Verfas.: Einfügungen in [ ] vorgenommen.]

Beeinflussung einer Variablen nicht isoliert bleibt, sondern Neben- und Fernwirkungen hat.“[166]

Eng verbunden mit dem Aspekt der Vernetzheit ist der Aspekt der Folgelastigkeit. Mit Folgelastigkeit bezeichnet Willke „Zahl und Gewicht der durch eine bestimmte Entscheidung in Gang gesetzten Kausalketten oder Folgeprozesse [...]“.[167] Übertragen auf das bisher eingesetzte formale Schema kann Folgelastigkeit als die aus der Veränderung des Zustandes eines Objektes resultierende Veränderung sowohl des Zustandes eines oder mehrerer anderer Objekte oder als auch der zwischen diesen Objekten bestehenden Beziehungen beschrieben werden.

Mit den objektstrukturorientierten Kategorien einerseits und den objektverhaltensorientierten Kategorien Veränderlichkeit, Vernetzung und Folgelastigkeit andererseits liegt somit ein formales Schema vor, das eine Beschreibung der Komplexität von Systemen ermöglicht.

3.1.3 Handhabung von Komplexität

Auf der Basis dieses durch die Extension des Komplexitätsbegriffs gewonnenen formalen Schemas kann in einem nächsten Schritt die Notwendigkeit zur Handhabung von Komplexität abgeleitet werden. Handhabung von Komplexität soll hier als ein in Systemen und zwischen Systemen zu vollziehender Anpassungs- oder Veränderungsprozeß interpretiert werden.

3.1.3.1 Veränderung von Komplexität durch Wachstumsprozesse in Systemen und deren Auswirkungen

Wachstum eines Systems und damit verbunden eine Steigerung der Komplexität kann nach Luhmann aus zwei Richtungen erfolgen:[168]

Zum einen kann sich im Rahmen von Vergrößerungsprozessen, Luhmann spricht hier von einem „Wachstum nach außen“[169], die Zahl der Objekte eines Systems vermehren. Zum anderen kann durch einen Übergang auf eine ande-

166 **Dörner, Dietrich**: Mißlingen, 1991, Seite 61.
167 Vgl. nochmals: **Willke, Helmut**: Systemtheorie, 1987, Seite 16.
168 **Luhmann, Niklas**: Komplexität, 1980, Spalte 1066.
169 **Luhmann, Niklas**: Komplexität, 1980, Spalte 1066.

re Referenzebene, bei dem einzelne Objekte in Objekte niedrigerer Ordnung aufgespalten werden, sowohl die Zahl der Objekte als auch die Zahl der zwischen diesen bestehenden Beziehungen erhöht werden. Sowohl ein solches „Wachstum nach innen“[170] als auch das „Wachstum nach außen“ erhöhen die Komplexität. Mit einem Größenwachstum auf der Ebene der Objekte durch „Wachstum nach innen“ steigen die kombinatorischen Möglichkeiten der Verknüpfung der Objekte. Bestimmt man Komplexität über die Anzahl der Objekte eines Systems und die zwischen diesen Objekten möglichen Beziehungen, so ist auch mit diesem Wachstum eine überproportionale Steigerung der Komplexität verbunden.

Beispiel 3.5: Durch das mit der Überleitung auf eine niedrigere Referenzebene verbundene Wachstum nach innen, dargestellt durch den Übergang von Systemdiagramm 3.7 auf Systemdiagramm 3.8, erhöht sich die Anzahl der möglichen Relationen zwischen den Objekten. Wird beispielsweise jedes der fünf Objekte nun in fünf Objekte aufgespalten, so steigt die Anzahl der zwischen den Objekten möglichen Beziehungen auf 300 ungerichtete (bzw. 600 gerichtete Beziehungen)[171]. Die Anzahl der Wahlmöglichkeiten steigt entsprechend auf 2^{300} (bzw. 2^{600})[172]. In Systemdiagramm 3.9 ist eine dieser möglichen Strukturen dargestellt.

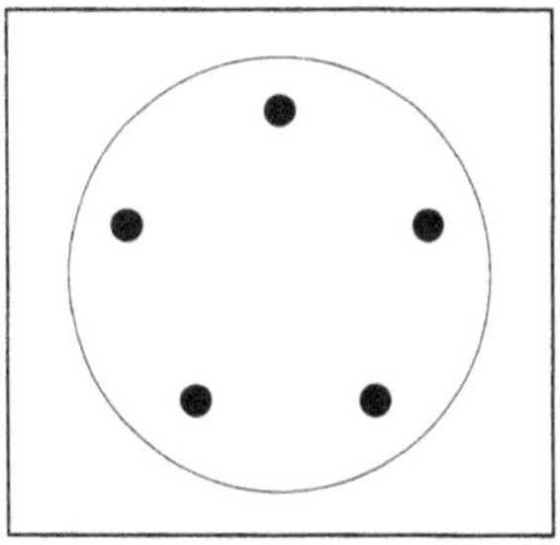

Systemdiagramm 3.7

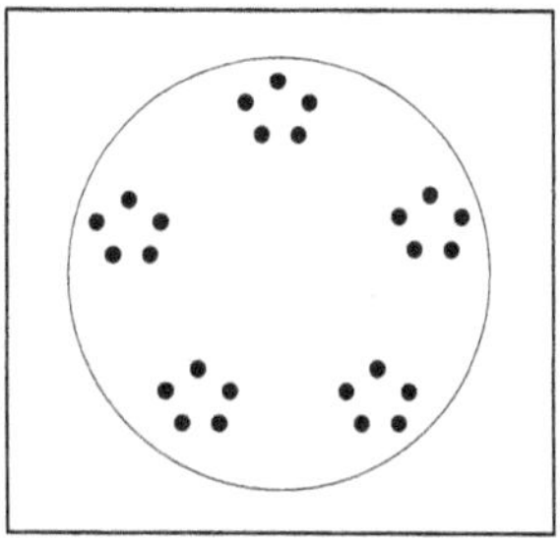

Systemdiagramm 3.8

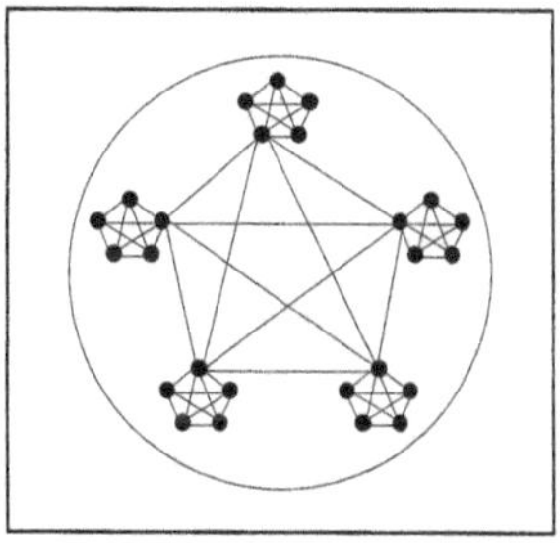

Systemdiagramm 3.9

Untersucht man die quantitativen Auswirkungen eines Wachstums nach außen, so erhöht sich durch die Hinzunahme eines weiteren Objektes, wie durch den Übergang von Systemdiagramm 3.10 auf Systemdiagramm 3.11 dargestellt wird, die Zahl der möglichen Beziehungen bei ungerichteten Beziehungen auf 15 (bzw. bei gerichteten Beziehungen auf

170 **Luhmann, Niklas**: Komplexität, 1980, Spalte 1066.

171 $V_2 = n * (n-1) / 2$ nimmt bei $n = 5$ den Wert 10 und bei $n = 25$ den Wert 300 an; $V_3 = n * (n-1)$ nimmt bei n=5 den Wert 20 und bei n=25 den Wert 600 an.

172 $S_1 = 2^{V_2}$ nimmt bei $V_2 = 10$ den Wert 1.024 und bei $V_2 = 300$ den Wert $2{,}037*10^{90}$ an; $S_2 = 2^{V_3}$ nimmt bei $V_3 = 20$ den Wert 1.048.576 und bei $V_3 = 600$ den Wert $4{,}149*10^{180}$ an.

30).[173] An möglichen Strukturen sind nun jeweils etwa 32.000 (bzw. 2^{30})[174] zu berücksichtigen. In Systemdiagramm 3.12 ist eine dieser möglichen Strukturen dargestellt.

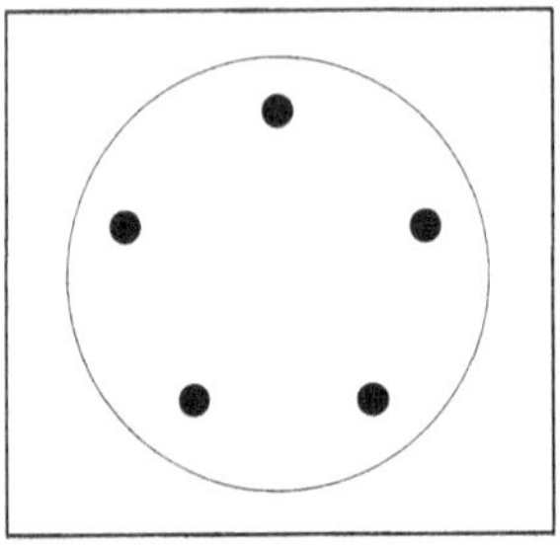

Systemdiagramm 3.10

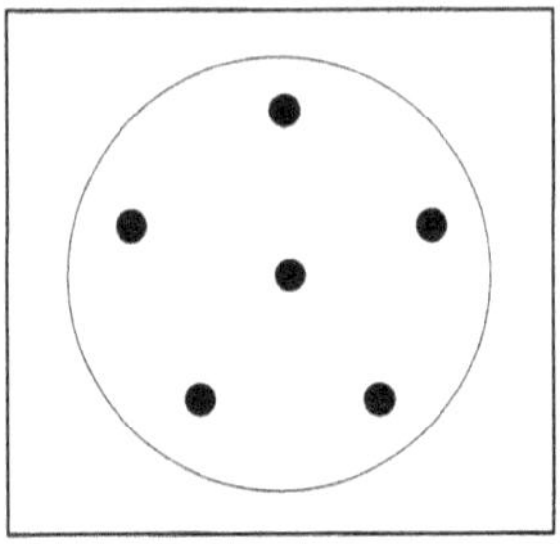

Systemdiagramm 3.11

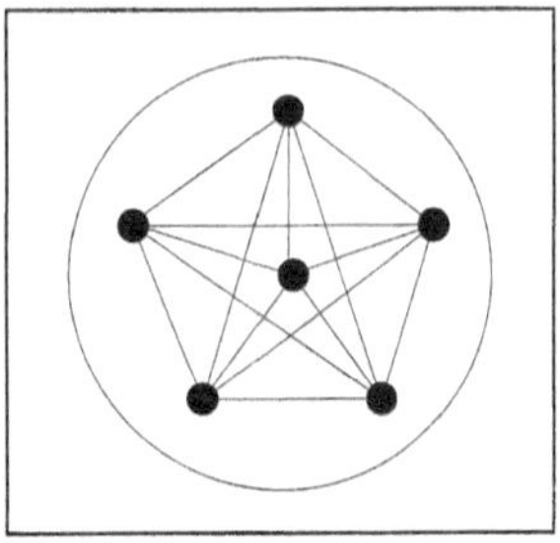

Systemdiagramm 3.12

Mit der Zunahme der Anzahl von Objekten in einem System und dem dadurch bedingten Ansteigen der Anzahl der möglichen Beziehungen zwischen diesen Objekten ergibt sich für jedes System auf Grund immanenter Beschränkungen der Verknüpfungskapazität der Objekte das zwingende Erfordernis, eine Auswahl aus diesen Beziehungen zu treffen, eine strukturelle Selektion vorzunehmen.[175] Sowohl jede neu hinzukommende mögliche Beziehung als auch jede bestehende Beziehung muß einer Überprüfung unterzogen werden. Positiv ist, daß hierdurch entsprechend die Selektionsschärfe jeder schließlich realisierten Beziehung ansteigt. Auch die negative, eliminierte Selektivität[176] in Bezug auf die nichtrealisierten Beziehungen wächst. Mit dem extremen Ansteigen dieser Wahlmöglichkeiten steigt auch die Anzahl der nicht realisierten Beziehungen überproportional an. Damit nimmt sowohl die Kontin-

173 $V_2 = n * (n-1) / 2$ nimmt bei $n = 5$ den Wert 10 und bei $n = 6$ den Wert 15 an; $V_3 = n * (n-1)$ nimmt bei n=5 den Wert 20 und bei n=6 den Wert 30 an.

174 $S_1 = 2^{V2}$ nimmt bei $V_2 = 10$ den Wert 1.024 und bei $V_2 = 15$ den Wert 32.768 an; $S_2 = 2^{V3}$ nimmt bei $V_3 = 20$ den Wert 1.048.576 und bei $V_3 = 30$ den Wert $1{,}073*10^9$ an.

175 **Luhmann, Niklas**: Komplexität, 1975, Seite 206. **Luhmann, Niklas**: Soziale Systeme,1991, Seite 46. Dort: „Der Begriff <immanente Beschränkungen> verweist auf die für das System nicht verfügbare Binnenkomplexität der Elemente, die zugleich deren <Einheitsfähigkeit> ermöglicht. Insofern ist Komplexität ein sich selbst bedingender Sachverhalt: Dadurch, daß schon die Elemente komplex konstruiert sein müssen, um als Einheit für höhere Ebenen der Systembildung fungieren zu können, ist auch ihre Verknüpfungsfähigkeit limitiert, und dadurch reproduziert sich Komplexität als unausweichliche Gegebenheit auf jeder höheren Ebene der Systembildung."

176 **Luhmann, Niklas**: Komplexität, 1975, Seite 207.

genz als auch die Nichtbeliebigkeit einer bestimmten Strukturwahl zu.[177] Mit dem Begriff der Kontingenz wird die Möglichkeit bezeichnet, „daß etwas ist oder auch nicht ist"[178], daß „das, was ist, als auch-anders-möglich bewußt wird."[179] Eine bestimmte Strukturwahl aus vielen zur Wahl stehenden Strukturen macht deutlich, daß sie auch anders möglich ist.

Komplexität wird deshalb von Luhmann nicht nur auf die Menge der Objekte und die zwischen ihnen möglichen Beziehungen bezogen, sondern in einer erweiterten Definition auf die Selektivität einer bestimmten Struktur: „Von höherer Komplexität kann man in Bezug auf Systeme dann sprechen, wenn die Selektivität der nach der Größe und Struktur des Systems möglichen Beziehungen zunimmt."[180] Auf diese Weise wird erreicht, daß Komplexität nicht mehr allein durch die Angabe eines kombinatorischen Potentials beschrieben wird.

Gleichzeitig wird deutlich, daß sich aus einem Größenwachstum „[...] für jedes System der Zwang, aber auch die Chance [ergibt], mit eigenen Möglichkeiten der Relationierung selektiv zu verfahren und sich bei Bedarf zu differenzieren"[181], somit eine Subsystembildung vorzunehmen.

3.1.3.2 Veränderung von Komplexität durch Reduktionsprozesse in Systemen und deren Auswirkungen

Ebenso wie das Wachstum eines Systems kann auch die Reduktion bzw. Schrumpfung eines Systems aus zwei Richtungen erfolgen: Zum einen kann sich im Rahmen von Reduktionsprozessen die Zahl der Objekte eines Systems verringern (Reduktion von außen). Zum anderen kann durch einen Übergang auf eine höhere Referenzebene (Reduktion von innen), bei dem einzelne Objekte auf einer niedrigeren Referenzebene zu Objekten auf einer höheren Referenzebene verdichtet werden, sowohl die Zahl der Objekte als auch die Zahl der zwischen diesen bestehenden Beziehungen verringert werden.

---

177 **Luhmann, Niklas**: Komplexität, 1975, Seite 207. **Luhmann, Niklas**: Soziale Systeme, 1991, Seite 46f.

178 **Willke, Helmut**: Systemtheorie, 1987, Seite 19.

179 **Luhmann, Niklas**: Komplexität, 1980, Spalte 1063.

180 **Luhmann, Niklas**: Komplexität, 1975, Seite 207.

Beide Formen der Reduktion verändern die Komplexität eines Systems. So, wie sich mit einer Zunahme der Anzahl der Objekte in einem System und dem dadurch bedingten Ansteigen der Anzahl der mögliche Beziehungen zwischen diesen Objekten für jedes System das zwingende Erfordernis ergibt, eine Auswahl aus diesen möglichen Beziehungen zu treffen, so bietet sich mit der Verringerung der Anzahl der Objekte in einem System die Möglichkeit, eine strukturelle Selektion vorzunehmen. Überprüft werden können sowohl die weiterhin bestehenden Beziehungen, d. h. die Beziehungen zu Objekten, die von der Verringerung der Anzahl der Objekte nicht betroffen sind als auch die weiterhin möglichen, bisher aber nicht realisierten Beziehungen. Im Rahmen von Reduktionsprozessen wird deutlich, daß mit der Verringerung der Anzahl der Objekte für jedes System das Potential entsteht, auch bestehende Differenzierungen aufzugeben.

3.1.3.3 Komplexität eines Systems in Relation zur Umwelt

Die Beschreibung von Systemen über objektstrukturorientierte und objektverhaltensorientierte Kategorien erlauben Aussagen über die Komplexität eines Systems; bspw. derart, daß ein System mit einer bestimmten Anzahl an Objekten und einer bestimmten Anzahl an Beziehungen zwischen diesen Objekten bei gegebener Veränderlichkeit und Folgelastigkeit eine vergleichsweise größere oder kleinere Komplexität aufweist als ein anderes System. Aussagen darüber, in welchem Ausmaß eine Steigerung bzw. Reduktion von Komplexität dieses betrachteten Systems im Hinblick auf ein als besonders günstig erachtetes Maß an Komplexität erfolgen kann, können nicht abgeleitet werden.

Die Aussagen über die Komplexität eines Systems gewinnen jedoch an Gehalt, wenn man von einer ausschließlich „systeminternen" Betrachtung der Komplexität zu einer Betrachtung der Komplexität eines Systems in Relation zur Komplexität der Umwelt dieses Systems übergeht. Die Entscheidung für eine bestimmte Struktur innerhalb eines Systems mit einer damit verbundenen Gestaltung der Komplexität kann nur in Abhängigkeit von der Umwelt des

181 **Luhmann, Niklas**: Komplexität, 1975, Seite 206. [Anmerk. des Verfas.: Einfügungen in [ ] vorgenommen.]

Systems erfolgen. Die auf Grund immanenter Beschränkungen der Verknüpfungskapazität erforderliche Selektion einer bestimmten Struktur innerhalb eines Systems ist somit nicht beliebig, sondern an der Umwelt dieses Systems auszurichten[182]; die Umwelt des Systems limitiert die Möglichkeiten der Steigerung (bzw. Reduktion) der Komplexität[183] des Systems. Erklärt werden kann dies durch das zwischen dem betrachteten System und dessen Umwelt bestehende Komplexitätsgefälle: Die Umwelt eines Systems ist immer komplexer als das System selbst.[184] Dieses Gefälle zwischen der Komplexität der Umwelt und der Komplexität des Systems verhindert es, zwischen allen Objekten des Systems und allen Objekten der Umwelt Beziehungen herzustellen.[185] So, wie es innerhalb eines Systems erforderlich ist, aus der Menge der zwischen den Objekten möglichen Beziehungen bestimmte Beziehungen auszuwählen, so ist es auch erforderlich, nur zwischen ausgewählten Objekten der Umwelt und ausgewählten Objekten des Systems Beziehungen herzustellen. Die Zahl der möglichen Beziehungen zwischen den Objekten des Systems und den Objekten der Umwelt ist dabei sehr groß, wesentlich größer als die der möglichen Beziehungen innerhalb des Systems. Entsprechend ist mit der Entscheidung für eine bestimmte Struktur eine Entscheidung gegen eine sehr große Zahl von anderen, möglichen, aber nicht realisierten Strukturen verbunden. Es besteht ein zweifaches Selektionsrisiko in Bezug auf das Erkennen der richtigen Objekte des Systems und der richtigen Objekte der Umwelt.

Hat man auf eine bestimmte Komplexität der Umwelt mit einer ganz bestimmten Komplexität des Systems reagiert, indem eine bestimmte Struktur ausgewählt wurde, so erfordern Veränderungen der Komplexität der Umwelt eines Systems Anpassungsprozesse des Systems im Hinblick auf dessen Struktur.

182 **Luhmann, Niklas**: Komplexität, 1975, Seite 210.

183 **Luhmann, Niklas**: Komplexität, 1980, Spalte 1067.

184 **Luhmann, Niklas**: Komplexität, 1975, Seite 210. **Luhmann, Niklas**: Kommunikation, 1990, Seite 33. **Luhmann, Niklas**: Soziale Systeme, 1991, Seite 47f.

185 **Luhmann, Niklas**: Komplexität, 1980, Spalte 1068.

3.1.3.4 Differenzierung von Systemen als zentrales Konzept zur Handhabung von Komplexität

Das zentrale Anpassungskonzept zur Handhabung von Komplexität stellt die Bildung von Subsystemen dar. Die Bildung von Subsystemen, Luhmann verwendet den Begriff Systemdifferenzierung[186], reduziert die Eigenkomplexität des Systems und ermöglicht damit eine Anpassung des Systems an die Veränderungen durch Wachstums- bzw. Schrumpfungsprozesse.

Mit den Voraussetzungen für eine Subsystembildung beschäftigt sich Herbert A. Simon in dem Aufsatz „The Architecture of Complexity".[187] Simon nimmt dort eine Unterscheidung in dekomponierbare Systeme („decomposable systems"[188]), annähernd dekomponierbare Systeme (oder „quasi dekomponierbare Systeme", „nearly decomposable systems"[189], „annähernd zerlegbare" Systeme[190]) und nicht dekomponierbare Systeme (nondecomposable systems) vor.

Dekomponierbar ist nach Simon ein System dann, wenn zwischen den einzelnen zu diesem System gehörenden Subsystemen bzw. den diesem System zugeordneten Objekten keine oder nur sehr schwache Beziehungen bestehen, die von gleicher Bedeutung oder Intensität sind. Annähernd dekomponierbar ist ein System, bei dem zwischen den einzelnen Subsystemen bzw. zwischen den einzelnen Objekten dieses Systems sowohl starke als auch schwache Beziehungen identifiziert werden können. Die Bedeutung dieser schwachen Beziehungen ist auf kurzfristige Sicht jedoch so gering, daß eine annähernde Unabhängigkeit der durch diese in Beziehung gesetzten Objekte unterstellt werden kann. Auf lange Sicht ist für annähernd dekomponierbare Systeme charakteristisch, daß das Verhalten der einzelnen Objekte eines sol-

---

186 **Luhmann, Niklas**: Organisation, 1964, Seite 76. **Luhmann, Niklas**: Komplexität, 1980, Spalte 1068. **Luhmann, Niklas**: Soziale Systeme, 1991, Seite 37. „Systemdifferenzierung ist nichts weiter als Wiederholung der Systembildung in Systemen. Innerhalb von Systemen kann es zur Ausdifferrenzierung weiterer System/Umwelt-Differenzen kommen. Die System/Umwelt-Differenz wird also redupliziert, das Gesamtsystem multipliziert sich selbst als Vielheit interner System-Umwelt-Differenzen. Jede Differenz von Teilsystemen und interner Umwelt ist wiederum das Gesamtsystem - aber dies in je verschiedener Perspektive. [...]" **Luhmann, Niklas**: Soziale Systeme, 1991, Seite 37f.

187 **Simon, Herbert A.**: Architecture, 1962.

188 **Simon, Herbert A.**: Architecture, 1962, Seite 474.

189 **Simon, Herbert A.**: Architecture, 1962, Seite 473.

chen Systems nur in einer Gesamtbeziehung vom Verhalten der anderen Objekte abhängt.[191] Nicht dekomponierbar schließlich sind solche Systeme, bei denen die Beziehungen zwischen den einzelnen zu diesem System gehörenden Subsystemen bzw. zwischen den diesem System zugeordneten Objekten durchgängig so stark ausgeprägt sind, daß diese im Rahmen der Subsystembildung nicht durchtrennt werden können.

Beispiel 3.6: Zur Erläuterung der annähernden Dekomponierbarkeit von Systemen wählt Simon[192] das Beispiel eines Gebäudes, dessen Außenwände (idealtypischerweise) eine perfekte Wärmeisolierung aufweisen. Dieses Gebäude besteht aus einer großen Zahl von Räumen, deren Wände eine gute, aber nicht perfekte Wärmeisolierung bieten. Jeder dieser Räume ist in eine Anzahl von Kabinen unterteilt, deren Trennwände wiederum nur über eine unzureichende Wärmeisolierung verfügen. Als Ausgangszustand wird angenommen, daß zwischen den einzelnen Kabinen des Gebäudes ein thermisches Ungleichgewicht besteht: die Temperatur in jeder dieser Kabinen ist unterschiedlich hoch. Bei einer ersten Untersuchung zu einem späteren Zeitpunkt stellt man fest, daß sich zunächst die Temperaturunterschiede zwischen den einzelnen Kabinen eines Raumes ausgeglichen haben, zwischen einzelnen Räumen jedoch noch Temperaturunterschiede bestehen. Bei einer anschließenden Untersuchung zu einem noch späteren Zeitpunkt stellt man dann auch fest, daß sich die Temperaturunterschiede zwischen den einzelnen Räumen ausgeglichen haben.

Formal kann dieser Ausgleichsprozeß in Form einer quadratischen Strukturmatrix dargestellt werden. Die Matrixelemente r_{ij} geben dabei an, mit welcher Geschwindigkeit ein direkter Wärmeaustausch zwischen der i-ten Kabine zur j-ten Kabine erfolgt. Besteht zwischen zwei Kabinen i und j keine Wand, d. h. grenzen diese beiden Kabinen nicht direkt aneinander, dann nimmt dieser Koeffizient den Wert Null an. Der Koeffizient r_{ij} nimmt einen großen Wert an, wenn zwischen den Kabinen nur eine schlecht isolierende Trennwand besteht, liegen die Kabinen in unterschiedlichen Räumen, so wird r_{ij} klein, aber nicht null. Bei geeigneter Anordnung erhält man eine Koeffizientenmatrix, in der entlang der Hauptdiagonalen die Matrixelemente mit großen Koeffizienten liegen. Diese Matrixelemente können wiederum zu quadratischen Submatrizen zusammengefaßt werden.

Interpretiert man das Gebäude in Simon´s Beispiel als ein annähernd dekomponierbares System, die einzelnen Kabinen dieses Gebäudes als Objekte und die zwischen den Kabinen stattfindenden Wärmeaustauschprozesse als Beziehungen zwischen diesen Objekten, dann ergibt sich eine Dekomposition in einzelne Subsysteme an Hand der Zuordnung von Kabinen (Objekten) zu den einzelnen Räumen (Subsystemen). Die Beziehungen zwischen den einem Subsystem zugeordneten Objekten sind stark ausgeprägt und werden nicht durchtrennt, zwi-

190 **Schiemenz, Bernd**: Hierarchie, 1994, Seite 287.
191 **Simon, Herbert A.**: Architecture, 1962, Seite 474.
192 **Simon, Herbert A.**: Architecture, 1962, Seite 474f.

schen verschiedenen Subsystemen zugeordneten Objekten bestehen keine oder nur sehr schwache Beziehungen.

Einer Subsystembildung sind der Unterscheidung von Simon folgend dekomponierbare und nicht-dekomponierbare Systeme nicht zugänglich: Einerseits können in dekomponierbaren Systemen keine Beziehungen zwischen einzelnen Objekten identifiziert werden, es fehlt somit der Ansatzpunkt für eine Subsystembildung. Andererseits können innerhalb nicht-dekomponierbarer Systeme zwar Beziehungen identifiziert werden, nicht aber in schwache und starke Beziehungen differenziert werden. Auch hier fehlt somit der Ansatzpunkt für eine Subsystembildung. Nur bei annähernd dekomponierbaren Systemen können Beziehungen zwischen den Objekten des Systems sowohl identifiziert als auch differenziert werden, die Voraussetzungen für eine Dekomposition liegen somit vor.

Man erkennt, daß sich die Bildung von Subsystemen in annähernd dekomponierbaren Systemen somit an einer Unterscheidung der zwischen den Objekten eines Systems bestehenden Beziehungen zu orientieren hat. Die von Gagsch formulierte Regel: „Fasse Elemente so zu Subsystemen zusammen, daß die Beziehungen innerhalb der Subsysteme möglichst zahlreich und die Beziehungen zwischen den Subsystemen möglichst gering sind"[193], reicht somit nicht zur Beschreibung der prinzipiellen Vorgehensweise bei der Differenzierung von Systemen aus, da hier ausschließlich die Quantität und nicht die Qualität von Beziehungen berücksichtigt wird.

Beispiel 3.7: Zur Veranschaulichung wird nochmals auf die mit Beispiel 3.1 eingeführten Systemdiagramme zurückgegriffen. Analysiert werden zunächst Wachstumsprozesse. Wir betrachten weiterhin ein aus n = 5 Objekten bestehendes System, zwischen dessen Objekten m=2 unterschiedliche Arten von gerichteten Beziehungen unterschieden werden können und das wir im Sinne Simons als ein annähernd dekomponierbares System interpretieren. In Systemdiagramm 3.13 ist dieses System dargestellt. Man erkennt, daß zwischen den drei Objekten auf der linken Seite jeweils starke Beziehungen, dargestellt durch durchgezogene Pfeile, bestehen, während diese Objekte nur in schwachen Beziehungen, dargestellt durch gestrichelte Pfeile, zu den Objekten auf der rechten Seite stehen. Umgekehrt stehen die beiden Objekte auf der rechten Seite in starken Beziehungen zueinander, während sie nur in schwachen Beziehungen zu den drei Objekten auf der linken Seite stehen. Ein System mit

193 **Gagsch, Siegfried**: Subsystembildung, 1980, Spalte 2165. [Anmerk. des Verfas.: Die Hervorhebungen des Originals wurden nicht übernommen.]

einer solchen Struktur kann, wie in Systemdiagramm 3.14 dargestellt, im Rahmen der Subsystembildung in zwei Subsysteme zerlegt werden.[194]

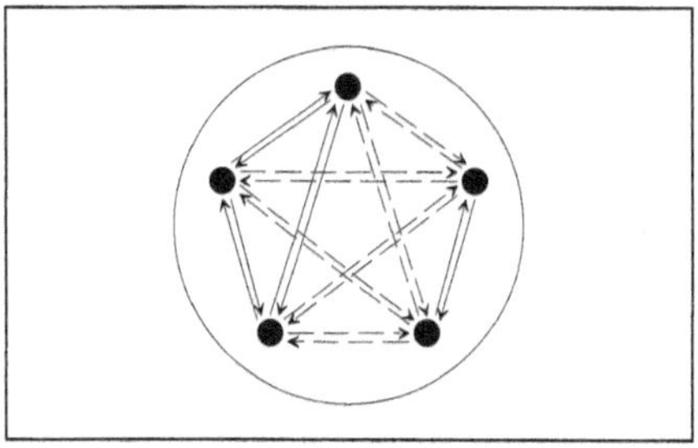

Systemdiagramm 3.13

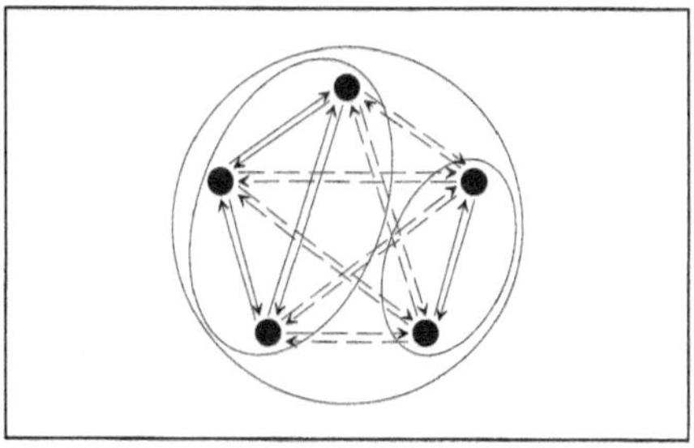

Systemdiagramm 3.14

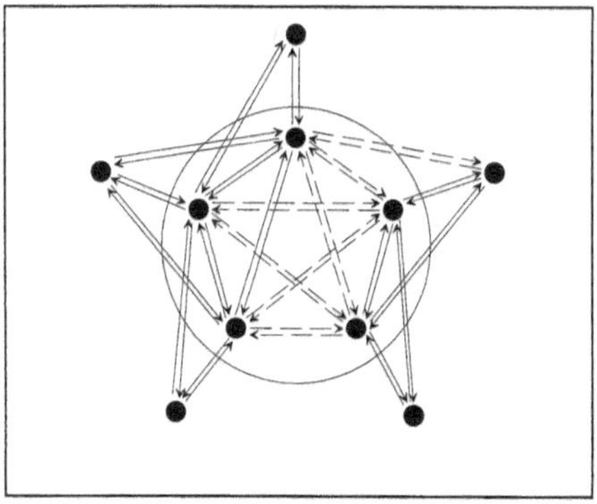

Systemdiagramm 3.15

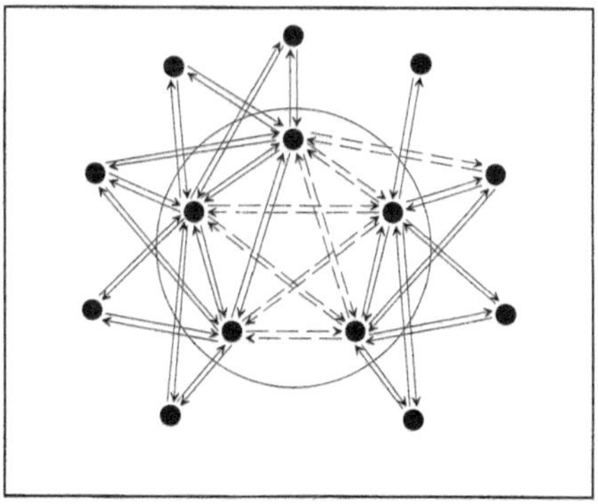

Systemdiagramm 3.16

Erweitert man die Betrachtung auf die Umwelt des Systems und die zwischen den Objekten des Systems und (einzelnen selektierten) Objekten der Umwelt bestehenden Beziehungen, wie dies in Systemdiagramm 3.15 am Beispiel einer möglichen (idealtypischen) Struktur dargestellt ist, so führt eine Veränderung der Komplexität der Umwelt, hier dargestellt durch die Hinzunahme weiterer Objekte, zu denen Beziehungen aufgenommen werden, wie in Systemdiagramm 3.16 dargestellt, zu einer Steigerung der Komplexität des Systems.

194 Allgemein kann die Anzahl möglicher disjunkter Partitionen einer aus n Objekten bestehenden Menge in k Teilmengen (Subsysteme, Partitionen) durch die Stirling'sche Zahl zweiter Art S (n,k) bestimmt werden:

$$S(n,k) = \frac{1}{k!} \cdot \sum_{i=0}^{k} (-1)^i \cdot \binom{k}{i} \cdot (k-i)^n$$

Speziell für den Fall k=2 ergibt sich $S(n,2) = 2^{n-1}-1$. Bei n = 5 sind somit 15 unterscheidliche Partitionen möglich. **Steinhausen, Detlef; Langer, Klaus**: Clusteranalyse, 1977, Seite 17.

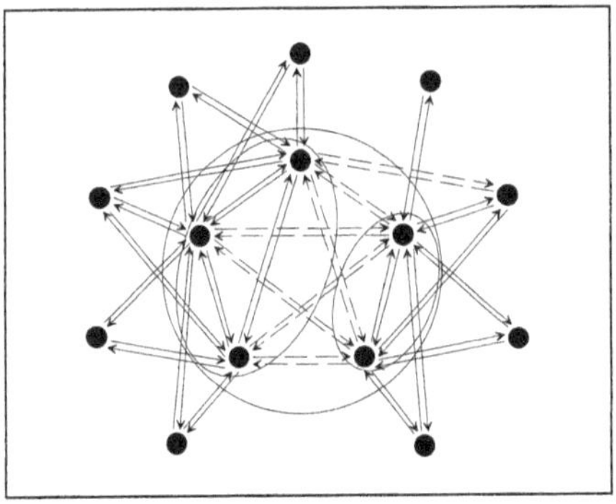

Systemdiagramm 3.17

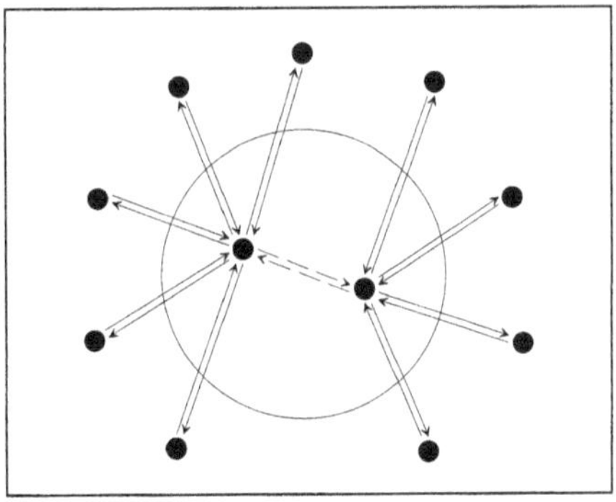

Systemdiagramm 3.18

Besteht nun eine immanente Beschränkung der Verknüpfungskapazität der Objekte des Systems bspw. derart, daß ein Objekt nicht zu mehr als fünf anderen Objekten starke wechselseitige Beziehungen unterhalten kann, so entsteht das Erfordernis einer Subsystembildung. Diese Subsystembildung, in Systemdiagramm 3.17 sind die Systemgrenzen eingefügt, diese Abbildung stellt quasi eine Durchsicht über zwei Referenzebenen dar, reduziert deutlich die Komplexität (bei Betrachtung der oberen Referenzebene), wie dies in Systemdiagramm 3.18 skizziert ist. Für die beiden gebildeten Subsysteme, nun dargestellt als jeweils ein Objekt, wird die Beschränkung der Verknüpfungskapazität eingehalten.

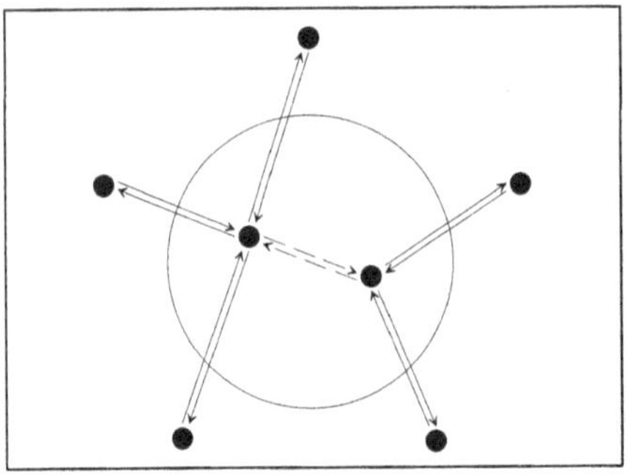

Systemdiagramm 3.19

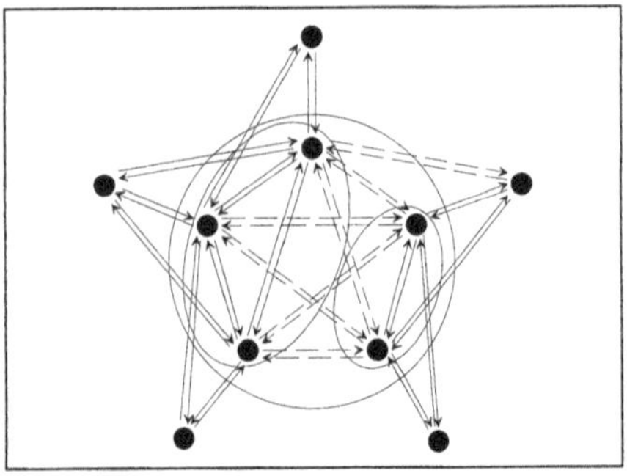

Systemdiagramm 3.20

Beispiel 3.8: Ähnlich kann auch die Argumentation im Hinblick auf die Veränderung bestehender Systemdifferenzierungen als Reaktion auf Reduktionsprozesse geführt werden. Eine mögliche Ausgangssituation wird durch Systemdiagramm 3.18 beschrieben, wobei weiterhin angenommen wird, daß eine immanente Beschränkung der Verknüpfungskapazität derart besteht, daß ein Objekt zu nicht mehr als fünf anderen Objekten starke wechselseitige Beziehungen unterhalten kann.

Werden im Rahmen von Selektionsprozessen weniger Objekte der Umwelt als relevant angenommen, wie dies durch einen Übergang von Systemdiagramm 3.18 auf Systemdiagramm 3.19 verdeutlicht wird, so besteht bei gegebener Verknüpfungskapazität die Möglichkeit, einen Übergang auf eine niedrigere Referenzebene (Wachstum nach innen) vorzunehmen, ohne daß die Beschränkungen der Verknüpfungskapazität überschritten werden (vgl. Systemdiagramm 3.20). Gleichzeitig entfällt in diesem Fall das Erfordernis, eine Differenzierung des Systems vorzunehmen. Eine weitere Möglichkeit besteht jedoch auch darin, eine Intensivierung der Beziehungen zu den verbleibenden Objekten vorzunehmen und das durch den Reduktionsprozeß entstandene Potential der Verknüpfungskapazität auszulasten. In diesem Fall bleibt die Notwendigkeit zur Systemdifferenzierung erhalten.

Wie in Abschnitt 3.1.3.1 beschrieben wurde, führen Wachstumsprozesse in Systemen zu einer Steigerung der Komplexität. Aus der immanenten Beschränkung der Verknüpfungskapazität der Objekte ergibt sich das zwingende Erfordernis, eine strukturelle Selektion vorzunehmen. In Abschnitt 3.1.3.2 wurde weiterhin beschrieben, daß Schrumpfungsprozesse in Systemen zu einer Reduktion der Komplexität führen und daß sich hieraus das Potential ergibt, eine strukturelle Selektion vorzunehmen.

Aus Wachstumsprozessen entsteht der Zwang, eine Systemdifferenzierung vorzunehmen bzw. bestehende Differenzierungen zu verändern, aus Schrumpfungsprozessen entsteht die Möglichkeit, bestehende Differenzierungen aufzugeben bzw. zu anderen Differenzierungen überzugehen. Interpretiert man Handhabung von Komplexität als einen sich in Systemen und zwischen Systemen vollziehenden Anpassungs- oder Veränderungsprozeß, so führt dieser Anpassungsprozeß sowohl bei Wachstumsprozessen als auch bei Schrumpfungsprozessen von Systemen zu einer Veränderung der Differenzierung.

Die Differenzierung von Systemen kann somit als ein wesentliches Konzept zur Handhabung von Komplexität eingeordnet werden; zwischen Wachstums- bzw. Reduktionsprozessen einerseits und der Differenzierung von Systemen andererseits besteht ein unmittelbarer und nicht zu trennender Zusammenhang. In diesem Kontext kann somit der Vorstellung widersprochen werden, daß die Reduktion von Komplexität als ein eigenständiges Konzept zur Handhabung von Komplexität interpretiert werden kann, da hierbei die sich aus einer Reduktion von Komplexität ergebenden Veränderungsprozesse im Hinblick auf die Differenzierung von Systemen ausgeklammert werden.

3.2 Hierarchie

Der Aspekt der Differenzierung von Systemen im Rahmen der Anpassung an Veränderungen der Komplexität als Reaktion auf Wachstums- bzw. Schrumpfungsprozesse leitet über zum Aspekt der Hierarchie. Die Differenzierung von Systemen führt zur Entwicklung von hierarchischen Strukturen in Systemen.

3.2.1 Hierarchische Strukturierung komplexer Systeme

In dem schon erwähnten Aufsatz geht Simon auch der Frage nach, welche strukturellen Bedingungen das Entstehen komplexer Systeme fördern.[195] Simon kommt zu der Erkenntnis, daß komplexe Systeme sich sehr viel schneller aus einfachen Systemen entwickeln können, wenn die Möglichkeit besteht, stabile Zwischenformen in der Form von Subsystemen zu bilden, als wenn solche Zwischenformen nicht existieren.

Beispiel 3.9: Zur Erläuterung wählt Simon[196] die Parabel von den beiden Uhrmachern Hora und Tempus: Beide Uhrmacher stellen Uhren her, die sich aus jeweils insgesamt 1.000 Einzelteilen zusammensetzen. Die Uhr von Tempus ist so konstruiert, daß, wenn der Uhrmacher während des Zusammensetzens unterbrochen wird und die Uhr aus der Hand legt, diese sofort in ihre Einzelteile zerfällt und er mit dem Zusammensetzen wieder neu beginnen muß. Hora hingegen hat seine Uhr so konstruiert, daß jeweils 10 Einzelteile zu einem stabilen Modul zusammengefügt werden können, welches, einmal fertiggestellt, bei einer Unterbrechung nicht wieder in seine Einzelteile zerfällt. Jeweils 10 dieser Module können zu einem weiteren stabilen Aggregat zusammengesetzt werden, und 10 dieser Aggregate bilden die fertige Uhr.

Nimmt man bspw. an, daß die Wahrscheinlichkeit einer Unterbrechung während des Einfügens eines Teiles für beide Uhrmacher $p = 0{,}01$ beträgt, so wird Tempus mit der Wahrscheinlichkeit von $q = (1-0{,}01)^{1000} = 4{,}32 * 10^{-5}$ ungestört seine aus 1.000 Einzelteilen bestehende Uhr zusammensetzen können und im Durchschnitt 23.263 Versuche für die Fertigstellung einer Uhr benötigen. Hora hingegen wird mit einer Wahrscheinlichkeit von $q = (1-0{,}01)^{10} = 9{,}04 * 10^{-1}$ eines der 111 Module ohne Unterbrechung zusammenfügen können und im Durchschnitt für ein Modul 1,1057 Versuche benötigen. Die gesamte Uhr wird Hora im Durchschnitt in $111 * 1{,}1057 \cong 123$ Versuchen zusammengesetzt haben, demnach im Vergleich zu Tempus nur in 0,5 % der Anzahl der von diesem benötigten Versuche.

Noch deutlicher wird der Vorteil von Hora, wenn man die unterschiedliche Zeit berücksichtigt, die für jeweils einen Versuch erforderlich ist: Bei der angenommenen Wahrscheinlichkeit

195 **Simon, Herbert A.**: Architecture, 1962, Seite 473.

von p = 0,01 für eine Störung wird Tempus beim Einfügen jedes 100sten Teiles gestört werden, und er wird die gesamte Zeit verlieren, die er bis dorthin aufgewendet hat. Hora hingegen wird nur die Zeit verlieren, die er in das letzte gerade bearbeitete Modul investiert hat, im Durchschnitt die für das Zusammenfügen von 5 Teilen. Der zeitliche Aufwand für einen Versuch ist somit bei Tempus 20mal so groß wie bei Hora. Insgesamt ist die durchschnittliche von Tempus benötigte Zeit 3791mal größer als die von Hora benötigte.

Interpretiert man das Zusammenfügen der Uhren im obigen Beispiel als einen (vereinfachten) evolutorischen Prozeß[197], in dem komplexe Systeme entstehen, so wird deutlich, daß dieser durch die Bildung von stabilen Subsystemen wesentlich beschleunigt wird. „Unter den möglichen Systemen einer gegebenen Größe und Komplexität haben hierarchisch gegliederte Systeme, die sich aus Subsystemen zusammensetzen, die größte Chance, aus evolutionären Prozessen hervorzugehen."[198] „Among possible complex forms, hierarchies are the ones that have the time to evolve."[199] Erst hierdurch wird es Systemen ermöglicht, eine Komplexität zu entwickeln, die ohne diese besondere Strukturierung nicht möglich wäre. In Umkehrung läßt sich schließen, daß komplexe Systeme i. d. R. einer Subsystembildung zugänglich sind.[200]

3.2.2 Unterscheidung zwischen Inter-Systemhierarchien und Intra-Systemhierarchien

An dieser Stelle ist es erforderlich, eine Unterscheidung der Begriffe Inter-Systemhierarchie und Intra-Systemhierarchie einzuführen:

Werden die einer bestimmten Referenzebene R_i zugeordneten Subsysteme durch die Vereinigung von einzelnen Objekten bzw. Subsystemen einer nied-

---

196 **Simon, Herbert A.**: Architecture, 1962, Seite 470.

197 **Luhmann, Niklas**: Kommunikation, 1990, Seite 35ff.

198 **Simon, Herbert A.**: Perspektiven, 1966, Seite 113.

199 **Simon, Herbert A.**: Architecture, 1962, Seite 473.

200 Luhmann weist darauf hin, daß „man jedoch nicht davon ausgehen kann, daß die Evolution Komplexität mehr oder weniger zwangsläufig in die Form von Hierachien [im Sinne von: Intra-Systemhierarchien] bringt. Ganz offensichtlich haben auch andere Formen einer sehr viel chaotischeren Differenzierung Möglichkeiten gefunden, sich zu bewähren und zu überleben" **Luhmann, Niklas**: Soziale Systeme, 1991, Seite 39. [Anmerk. des Verfas.: Einfügungen in [ ] vorgenommen.] Führt man etwa in das Beispiel 3.9 einen dritten Uhrmacher ein, dessen Uhr so konstruiert ist, daß bei gleicher Anzahl von Einzelteilen einmal eingefügte Einzelteile fest mit der Uhr verbunden sind und sich auch

rigeren Referenzebene R_{i-1} gebildet, oder entstehen diese durch Auflösung von Systemen einer höheren Referenzebene R_{i+1}, und besteht zwischen diesen Systemen eine formale Ordnungsrelation „enthalten in“ bzw. „besteht aus“[201], so bilden diese betrachteten Systeme eine Intra-Systemhierarchie.[202]

Bestehen hingegen zwischen den Systemen einer Ebene E_i und den Objekten bzw. Systemen einer untergeordneten Ebene E_{i-1} bzw. den Systemen einer übergeordneten Ebene E_{i+1} Beziehungen, die beispielsweise durch die Formulierungen „steuert“ bzw. „wird gesteuert von“ oder „ist Vorgesetzter von“ bzw. „ist Untergebener von“ beschrieben werden können[203], so bilden diese Systeme eine Inter-Systemhierarchie[204].

Beispiel 3.10: In der Abbildung 3.4 ist ein Beispiel zu einer Intra-Systemhierarchie dargestellt. Man erkennt, daß die fünf auf der (mittleren) Referenzebene R_i angeordneten Subsysteme einerseits gemeinsam das auf der (übergeordneten) Referenzebene R_{i+1} angeordnete System bilden, andererseits jedes dieser Systeme, wie der Übergang auf die (untergeordnete) Referenzebene R_{i-1} zeigt, wiederum in fünf Subsysteme aufgespalten werden kann. Im Gegensatz dazu zeigt die in Abbildung 3.5 beispielhaft dargestellte Inter-Systemhierarchie, daß die auf der (mittleren) Ebene E_i angeordneten fünf Systeme einerseits dem auf der Ebene E_{i+1} angeordneten System untergeordnet sind und daß andererseits jedes dieser Systeme auf der Ebene E_i jeweils fünf auf der Ebene E_{i-1} angeordneten Systemen übergeordnet ist.

---

nach einer Unterbrechung nicht wieder von dieser lösen, so benötigt dieser Uhrmacher nur ein 123zigstel der Zeit, die Hora für das Zusammenfügen der Uhr benötigt.

201 **Gagsch, Siegfried**: Subsystembildung, 1980, Spalte 2160. Nach Luhmann erleichtert eine hierarchische Sichtweise die Beobachtung eines Systems einschließlich der wissenschaftlichen Analyse. Wenn man eine Hierarchie voraussetzen kann, „kann der Beobachter die Tiefenschärfe seiner Wahrnehmung und Beschreibung danach regeln, wieviele hierarchische Ebenen er erfassen kann.“ **Luhmann, Niklas**: Soziale Systeme, 1991, Seite 39.

202 **Schiemenz, Bernd**: Komplexitätsbewältigung, 1990, Seite 364. **Schiemenz, Bernd**: Systemtheorie, 1993, Spalte 4136. Ähnlich auch **Scholz, Christian**: Hierarchie, 1981, Seite 15f. Auch Luhmann bezieht den Begriff Hierarchie im hier betracheten Zusammenhang ausschließlich auf Intra-Systemhierarchien. Mit Hierarchie „ist kein Instanzenzug und keine Weisungskette von oben nach unten gemeint. Vielmehr bedeutet Hierarchie [...], daß Teilsysteme wieder Teilsysteme ausdifferenzieren können und daß auf diese Weise ein transitives Verhältnis des Enthaltenseins im Enthaltensein entstehen.“ **Luhmann, Niklas**: Soziale Systeme, 1991, Seite 38.

203 **Gagsch, Siegfried**: Subsystembildung, 1980, Spalte 2160.

204 **Schiemenz, Bernd**: Komplexitätsbewältigung, 1990, Seite 364. **Schiemenz, Bernd**: Systemtheorie, 1993, Spalte 4136.

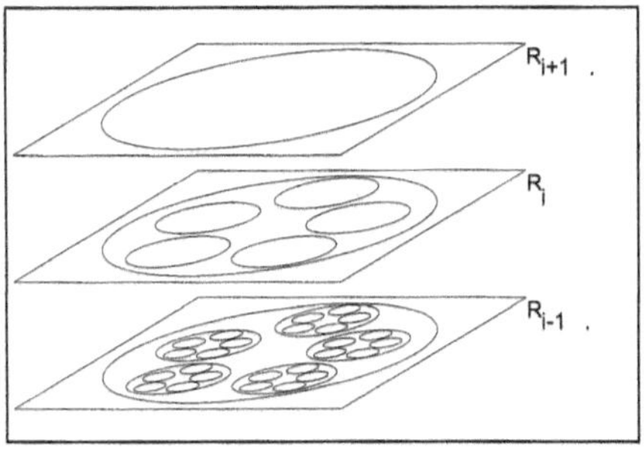

Abbildung 3.4: Beispiel einer Intra-Systemhierarchie

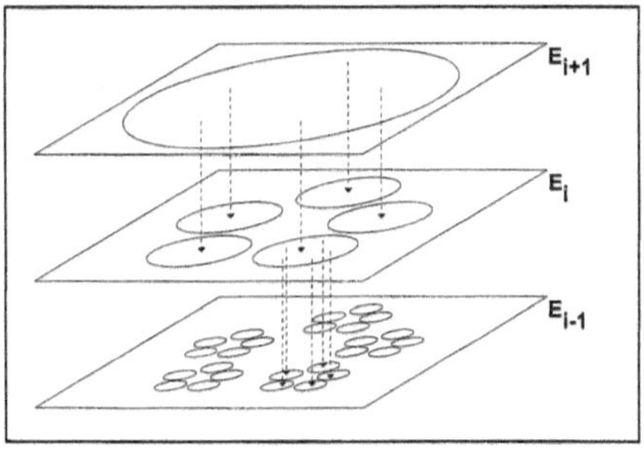

Abbildung 3.5: Beispiel einer Inter-Systemhierarchie

Wird im folgenden im Zusammenhang mit Komplexitätsbetrachtungen der Begriff der Hierarchie verwendet, so erfolgt dies im Sinne einer Intra-Systemhierarchie.

Hierarchie kann als ein Konzept zur Handhabung von Komplexität interpretiert werden[205], das in einem engen Bezug zum zentralen Konzept der Handhabung von Komplexität durch Differenzierung von Systemen steht. Erst durch die Differenzierung von Systemen entsteht das Verhältnis des „Enthaltenseins im Enthaltensein"[206] zwischen Systemen.

3.3 Abstraktion

3.3.1 Zum Begriff der Abstraktion

Der Begriff der Abstraktion durchzieht die philosophische Literatur von Aristoteles bis zur Gegenwart[207]. In den folgenden Ausführungen sollen einzelne Aspekte der Diskussion dieses Begriffes[208] aufgegriffen werden, die es ermög-

205 **Schiemenz, Bernd**: Komplexitätsbewältigung, 1990, Seite 375.

206 **Luhmann, Niklas**: Soziale Systeme, 1991, Seite 38.

207 So wurde das lateinische Wort <abstraktio> erstmals von Boethius um 500 als Übersetzung des von Aristoteles (384 bis 322 v. Chr.) verwendeten Begriffes αφαιρσιζ in die philosophische Sprache eingeführt. **Aubenque, Pierre**: Abstrakt, 1971, Spalte 33f. Bei Aristoteles benennt die aphairesis den Prozeß, „durch den die mathematischen Wesenheiten (τα μαθηματικα) aus den sinnlich Wahrnehmbaren (εκ των αισθητων) her konstruiert werden." **Aubenque, Pierre**: Abstraktion, 1971, Spalte 42.

208 Dem interessierten Leser sei insbes. das von Ritter herausgegebene Historische Wörterbuch der Philosophie empfohlen. Dort findet sich eine Zusammenfassung der philosophischen Diskussion über eine der grundlegenden und schwierigsten Fragen der Er-

lichen, die vielfach unreflektiert verwendeten Termini abstrakt, abstrahieren und Abstraktion einzuordnen.

In einer ersten Charakterisierung kann der Begriff Abstraktion als „[...] der Denkvorgang des Absehens von individuellen Merkmalen der Dinge zugunsten des Übrigbleibens gemeinsamer Beschaffenheiten [...]“[209] oder als „der Vorgang wie das Ergebnis des Abziehens (des Blicks) vom Besonderen, Zufälligen, Unwesentlichen, um das Allgemeine, Notwendige, Wesentliche zu erhalten“[210], beschrieben werden. „Im phil. Sprachgebrauch wird nicht das Ablösen eines konkreten, wirklich trennbaren Teils von einem Ganzen (zB des Astes vom Baum) A[bstraktion] genannt, sondern nur das Herausheben eines unselbständigen, getrennten Daseins nicht fähigen (abstrakten) Merkmals (zB Farbe, Gestalt) aus einem konkreten, anschaulich gegebenen Ganzen.“[211] Das Verb abstrahieren (lat: abstrahere: fortschleppen, rauben, abziehen, wegziehen) beschreibt entsprechend den Vorgang, „von etwas abzusehen; die wesentlichen Merkmale von den unwesentlichen abzusondern.“[212]

Das Ergebnis einer Abstraktion ist ein Abstraktum oder das Abstrakte.[213]

---

kenntnistheorie sowie eine große Anzahl von weiterführenden Quellenangaben. **Ritter, Joachim**: Philosophie, 1971.

209 **Neuhäusler, Anton**: Grundbegriffe, 1967, Seite 21.

210 **Hoffmeister, Johannes**: Philosophische Begriffe, 1955, Seite 10.

211 **Brugger, Walter**: Philosophisches Wörterbuch, 1967, Seite 4. [Anmerk. des Verf.: Einfügungen in [ ] vorgenommen.]

212 **Brockhaus**: SW: abstrahieren, 1966, Seite 72. Bei Hoffmeister findet sich der Hinweis: „Wir müssen nicht sagen: etwas abstrahieren (abstrahere aliquid), sondern von etwas abstrahieren (abstrahere ab aliquo) ... Abstrakte Begriffe sollte man eigentlich abstrahierende (conceptus abstrahentes) nennen (Kant, Log. § 6).“ **Hoffmeister, Johannes**: Philosophische Begriffe, 1955, Seite 9. [Anmerk. des Verfas.: Die Hervorhebungen des Originals wurden nicht übernommen.]

213 **Brockhaus**: SW: abstrakt, 1966, Seite 72. **Mittelstraß, Jürgen**: Philosophie, 1980, Seite 37. Dem Adjektiv abstrakt wird als Gegenteil i. d. R. das Adjektiv konkret gegenübergestellt. Im folgenden soll von dieser in der phil. Literatur üblichen Begriffsverwendung abgewichen werden und die Begriffspaare <detailliert, abstrakt> und <Abstraktion, Detaillierung> verwendet werden. Das Ergebnis der Abstraktion eines detaillierten Objektes ist somit ein abstraktes Objekt, das Ergebnis der Abstraktion einer Menge detaillierte Objekte oder detaillierten Menge ist eine Menge abstrakter Objekte oder abstrakte Menge. Eine Detaillierung ist die Umkehrung einer Abstraktion. Um die Steigerungsrelationen <detailliert, detaillierter, ...> und <abstrakt, abstrakter, ...> zu vermeiden, wird in Abhängigkeit vom Kontext einer gewählten Referenzebene ein abstraktes Objekt auch als detailliertes Objekt oder eine abstrakte Menge auch als detaillierte Menge et vice versa bezeichnet.

Die insbes. von Lorenzen[214] geprägte moderne Abstraktionstheorie versteht Abstraktion als eine logische Operation, die Aussagen über konkrete Gegenstände auf gewisse Eigenschaften dieser Gegenstände einschränkt. Ein typisches auf Paeno zurückgehendes Beispiel für Abstraktion in diesem Sinne ist der Übergang von Ziffern auf Zahlen[215]: Vernachlässigt man den Unterschied in der Beschaffenheit der Ziffern <5>, <V> oder <IIII>, so kann man dann von Zahlen statt von Ziffern sprechen, wenn die Geltung dieser Aussage sich auf die Anzahl von Zählschritten und nicht auf die Art und Gestaltung der Ziffern bezieht. Man gewinnt aus konkreten Ziffern abstrakte Zahlen durch Abstraktion in bezug auf die Äquivalenzrelation <gleichviele Zählschritte> zwischen Ziffern.

Hinsichtlich der Erkenntnis der Realität sind zwei sich ergänzende Sichtweisen zu unterscheiden. Nimmt man die detaillierten Gegenstände oder Objekte der Realität und die zu ihrer Beschreibung verwendeten Merkmale als bekannt an, dann kann unter Abstraktion „[...] das Heraussondern bestimmter Merkmale in der Absicht, das Gleichbleibende und Wesentliche verschiedener Gegenstände zu erkennen, um so zu allgemeinen Begriffen und Gesetzen zu kommen [...]“[216] verstanden werden. Mit dem Übergang von detaillierten Begriffen oder Objekten zu allgemeineren Begriffen oder abstrakten Objekten wird ein Beitrag zur Reduktion von Komplexität geleistet, indem die Vielfalt und Verschiedenartigkeit der detaillierten Objekte reduziert wird. Dieser ersten Sichtweise gegenüber steht bspw. die auf Hayek zurückzuführende Sichtweise von Malik[217]. Malik nimmt an, daß sich die Gesamtheit der detaillierten Objekte der Realität einer vollständigen Erfassung entzieht, da die Realität zu mannigfaltig und reichhaltig ist und es die Komplexität der Realität verhindert, alle relevanten Details der Realität zu erfassen. Abstraktionen basieren somit nicht auf der detaillierten Kenntnis der konkreten Realität, sondern erst durch Abstraktion wird die Wahrnehmung der Realität ermöglicht, indem die Verwendung abstrakter Verhaltensregeln und Interpretationsschemata eine Anpassung an die

---

214 **Lorenzen, Paul**: Wissenschaftstheorie, 1987.

215 **Mittelstraß, Jürgen**: Abstraktion, 1971, Spalte 63. **O.V.**: Abstraktion, 1966, Seite 73. Vgl. auch die ausführliche Erläuterung in: **Lorenzen, Paul**: Wissenschaftstheorie, 1987, Seite 161ff.

216 **Brockhaus**: SW: Abstraktion, 1966, Seite 73.

217 **Malik, Fredmund**: Komplexe Systeme, 1984, Seite 305ff.

nach dieser Sichtweise unvermeidliche Unkenntnis der Details erlaubt[218]. Der Beitrag der Abstraktion zur Handhabung von Komplexität besteht dann nicht darin, die Vielfalt und Verschiedenartigkeit der erkannten detaillierten Objekte zu begrenzen, sondern darin, trotz unvollständiger Kenntnis der detaillierten Objekte auf einer übergeordneten Ebene diese insgesamt wahrnehmen zu können.

Es ist offensichtlich, daß sich beide Sichtweisen nicht ausschließen, sondern einen ergänzenden Charakter haben. Die zweite Sichtweise betont, daß abstrakte Konzepte vielfach erst die Voraussetzung bilden, die konkrete Realität[219] zu erfassen. Die erste Sichtweise hingegen weist darauf hin, daß in Kenntnis der detaillierten Objekte durch den Übergang auf eine abstrakte Ebene eine Reduktion von Komplexität erreicht werden kann.

Besonders im Hinblick auf diese Sicht ist eine weitere Unterscheidung von Bedeutung: Einerseits kann Abstraktion als ein Verfahren angesehen werden, um von den bewußt als unwesentlich eingestuften Merkmalen eines Objektes abzusehen. Von dem, was als unwesentlich erachtet wird, wird abstrahiert.[220] Im Sinne einer negativen Ausgrenzung führt diese Sichtweise dazu, daß bestimmte und ausdrücklich genannte Merkmale eines Objektes in den folgenden abstrakten Betrachtungen nicht mehr berücksichtigt werden und man sich auf die Betrachtung der anderen, nicht ausdrücklich genannten Merkmale konzentriert. Die relevanten Merkmale werden somit nur negativ ausgegrenzt und folglich auch nur unscharf bestimmt.

Andererseits kann man bei der Abstraktion aber auch den umgekehrten Weg wählen. Im Sinne einer positiven Ausgrenzung führt diese Sichtweise dazu, daß nur bestimmte und ausdrücklich genannte Merkmale eines Objektes in der folgenden abstrakten Betrachtung berücksichtigt werden und man auf die Betrachtung der anderen, nicht genau genannten Merkmale verzichtet.[221] Abstraktion kann dann als ein Verfahren angesehen werden, um die bewußt als wesentlich eingestuften Eigenschaften eines Objektes hervorzuheben.

---

218 **Malik, Fredmund**: Komplexe Systeme, 1984, Seite 306.

219 **Malik, Fredmund**: Komplexe Systeme, 1984, Seite 306.

220 **Wedekind, Hartmut**: Datenbanksysteme, 1991, Seite 107.

221 **Wedekind, Hartmut**: Datenbanksysteme, 1991, Seite 109. Auch: **O.V.**: Abstraktion, 1955, Seite 10.

Beide hier unterschiedenen Sichtweisen auf Abstraktion ermöglichen durch die Ausgrenzung bestimmter Merkmale die Bildung allgemeiner Begriffe oder Objekte. Durch eine negative Ausgrenzung von Merkmalen, die als nicht wesentlich erachtet werden bzw. die Objekten nicht gemeinsam sind, wird die Betrachtung auf das Wesentliche von Objekten bzw. auf Objekte konzentriert, die Gemeinsamkeiten aufweisen. Ebenso wird durch die positive Ausgrenzung von Merkmalen, die als wesentlich angesehen werden bzw. die Objekten gemeinsam sind, die Betrachtung auf diese fokussiert. Vorteilhaft ist, daß bei dieser Sichtweise die Notwendigkeit entfällt, eine vollständige Aufzählung der Merkmale, die nicht berücksichtigt werden, vorzunehmen. Gleichzeitig birgt diese Sichtweise jedoch den Nachteil, daß die Umkehrung einer Abstraktion (Detaillierung) nicht möglich ist, da die Merkmale, die nicht als wesentlich erachtet wurden bzw. die Objekten nicht gemeinsam sind, nicht bekannt sind. Zulässig ist es jedoch, im Rahmen einer stufenweisen Abstraktion die Sichtweisen zu wechseln, also zunächst eine positive Ausgrenzung von Merkmalen vorzunehmen und auf der Basis dieser positiven Ausgrenzung in folgenden Abstraktionsschritten eine negative Ausgrenzung vorzunehmen.

Liegt der Fokus in den folgenden Ausführungen primär auf dem Aspekt der Abstraktion und tritt der Aspekt der Detaillierung in den Hintergrund, so wird im allgemeinen eine positive Ausgrenzung vorgenommen werden, tritt jedoch der Aspekt der Detaillierung mit in den Vordergrund, so wird eine negative Ausgrenzung vorgenommen.

3.3.2 Handhabung von Komplexität durch Abstraktion

Wie schon in der vorangegangenen Einführung in den Begriff der Abstraktion zu erkennen ist, kann Abstraktion als ein Instrument zur Handhabung von Komplexität interpretiert werden. Schon die hier zugrundegelegte systemtheoretische Sichtweise an sich stellt eine Form der Abstraktion dar. Die einem System zugeordneten Objekte sind das Ergebnis einer Abstraktion wie auch die diesen Objekten zugeordneten Merkmale. Setzt man die detaillierten Gegenstände oder Objekte der Realität und die zu ihrer Beschreibung verwendeten Merkmale als bekannt voraus, dann wird mit dem Übergang von detaillierten Begriffen und Objekten zu allgemeineren Begriffen oder abstrakten Objekten, die als Objekte eines Systems interpretiert werden, zunächst ein nicht zu unterschätzender Beitrag zur Handhabung von Komplexität im objektstrukturorientierten Sinne geleistet. Einerseits wird aus der Vielzahl möglicher Gegenstände oder Objekte der Realität eine Auswahl getroffen und andererseits werden die diesen Gegenständen zugeordneten Merkmale bzw. Merkmalsausprägungen auf die in einem spezifischen Kontext als relevant erachteten Merkmale bzw. Merkmalsausprägungen beschränkt.

In der Regel wird auf dieser Ebene eine positive Ausgrenzung der Merkmale bzw. Merkmalsausprägungen vorzunehmen sein, da die Anzahl der als nicht relevant zu erachtenden Merkmale bzw. Merkmalsausprägungen die Anzahl der als relevant zu erachtenden Merkmale bzw. Merkmalsausprägungen bei weitem übertreffen wird. Die komplexitätsreduzierende Wirkung dieser Abstraktion ist enorm und steht in einer engen Beziehung zur Handhabung von Komplexität im subjektbezogenen Sinne, da sie vielfach erst zur Schaffung von Wahrnehmungsfähigkeit führt.

Interpretiert man nun weiterhin ein gegebenes System als einen Bestandteil eines umfassenderen Systems, so stellt dieses gleichermaßen eine Abstraktion, nunmehr auf einer höherer Abstraktionsstufe dar. Sowohl der gezielte Übergang von detaillierten Begriffen und Objekten zu allgemeineren Begriffen oder abstrakten Objekten, die als Objekte eines Systems interpretiert werden, also der ursprüngliche Übergang auf die Systemsicht, als auch der gezielte Übergang von diesen allgemeinen Begriffen und abstrakten Objekten hin zu allgemeineren Begriffen und abstrakteren Objekten bedarf jeweils der Konkretisierung der Merkmale, die als wesentliche Merkmale in der abstrakten Betrachtung weiterhin (nicht) berücksichtigt werden. Soll der wahlfreie Übergang von einer Abstraktionsebene auf eine höhere Abstraktionsebene (Abstraktion) und damit der Übergang auf ein geringeres Komplexitätsniveau und/oder auf eine niedrigere Abstraktionsebene (Detaillierung) und damit auf ein höheres Komplexitätsniveau möglich sein, so bedarf dies entweder der vollständigen Dokumentation aller erreichten Abstraktionsebenen oder der ausschließlich positiven Ausgrenzung von Merkmalen.

Mit steigender Anzahl der den Objekten zugeordneten Merkmale bzw. Merkmalsausprägungen ergibt sich das zwingende Erfordernis, eine immer deutlichere Auswahl der als wesentlich zu erachtenden Merkmale bzw. Merkmalsausprägungen zu treffen, hinsichtlich der eine Abstraktion vorgenommen werden soll. Jedes Merkmal bzw. jede Merkmalsausprägung sowie jede Kombination von Merkmalen bzw. Merkmalsausprägungen ist in einem gegebenen Kontext auf die mögliche Einbeziehung in die Abstraktion hin zu überprüfen. Hierdurch wächst einerseits die Schärfe einer schließlich realisierten Abstraktion, andererseits nimmt sowohl die Kontingenz als auch die Nichtbeliebigkeit einer bestimmten Abstraktion zu. Ebenso ist jede strukturorientierte Abstraktion mit einer hohen Kontingenz verbunden. Es erfolgt nicht nur die Auswahl einer bestimmten Struktur aus einer Vielzahl von möglichen Beziehungen zwischen den Objekten, sondern im Rahmen von gegebenen Strukturen erfolgt bei der strukturorientierten Abstraktion eine Entscheidung darüber, welche konkreten Beziehungsarten im Rahmen einer Abstraktion zu berücksichtigen sind. Mit der Entscheidung für eine bestimmte strukturorientierte Abstraktion erfolgt damit wiederum eine Entscheidung gegen eine Vielzahl von anderen denkbaren, in einer konkreten Situation aber nicht realisierten Abstraktionen.

3.3.3 Übersicht über formale Abstraktionskonzepte

Im folgenden Abschnitt sollen im Anschluß an die Annäherung an den Begriff der Abstraktion in den beiden vorangegangenen Abschnitten konkrete formale Konzepte definiert (und an einem Beispiel beschrieben) werden. Im einzelnen sind dies die Abstraktionskonzepte Klassifikation, Generalisierung, Selektion, Assoziation und Aggregation.[222]

3.3.3.1 Abstraktionskonzept Klassifikation

Das erste hier zu untersuchende Abstraktionskonzept ist das der Klassifikation. Bei der Abstraktion durch Klassifikation werden detaillierte Objekte unter Beibehaltung aller individuellen Merkmale als Elemente einer abstrakten Menge, der Klasse, interpretiert. Die Zuordnung der einzelnen detaillierten Objekte zu der abstrakten Menge erfolgt auf der Basis der Gleichheit aller Merkmale,

222 Die Unterscheidung der Abstraktionskonzepte Klassifikation, Generalisierung, Selektion, Assoziation und Aggregation folgt der bei **Winter, Robert**: Mehrstufige Produktionsplanung, 1991, Seite 19ff. und 215ff. zu findenden Untergliederung. Dort wird eine umfassende Analyse der Konstruktionsoperatoren unterschiedlicher semantischer Datenmodelle (Entity-Relationship-Modell (ERM) von Chen; Semantic Hierarchie Model (SHM) von Smith und Smith; Relational Model von Codd; Semantic Database Model (SDM) von Hammer, McLeod und King sowie Objekttypenmodell von Ortner und Wedekind) vorgenommen, als deren Ergebnis diese fünf Operatoren identifiziert werden. Vgl. auch die dort angegebene Literatur.

mit denen die einzelnen Objekte beschrieben werden können.[223] Durch Klassifikation wird die Ordnung einer Menge von beliebigen detaillierten Objekten ermöglicht, indem die Menge der detaillierten Objekte in disjunkte Teilmengen mit einer geringeren Kardinalität überführt wird. Auf die durch die Klassifikation entstandenen Abstraktionen kann dann als ein Ganzes zugegriffen werden, wobei man die individuellen Merkmalsausprägungen, welche die detaillierten Objekte kennzeichnen, nicht berücksichtigt.[224]

In dieser Strukturierung einer Menge von beliebigen detaillierten Objekten hinsichtlich der Gleichheit ihrer Merkmale ist die Abstraktionswirkung der Klassifikation zu sehen. Sie dient vor allem als erforderliche Grundlage für weitere Abstraktionen[225]. Indem detaillierte Objekte bestimmten Klassen zugeordnet werden und auf Klassen weitere Abstraktionen erfolgen, können diese Abstraktionen auf einer vorstrukturierten Grundgesamtheit aufsetzen.

Beispiel 3.11: An dieser Stelle soll in ein ausführliches Beispiel eingeführt werden, welches zur Erläuterung der in diesem und in den folgenden vier Abschnitten beschriebenen Abstraktionskonzepte dienen soll:

In Abbildung 3.6 sind neun Hexaeder dargestellt. Diese können durch das Merkmal <Kantenlänge>, welches hier im Beispiel die drei Merkmalsausprägungen <kurz>, <mittel> und <lang> annehmen kann, durch das Merkmal <Farbe>, welches hier die Merkmalsausprägungen <weiß>, <grau> und <schwarz> annehmen kann sowie durch das Merkmal <Anzahl der Flächen> mit der Merkmalsausprägung <6> beschrieben werden. In Kenntnis der (konkreten) Ausprägung des Merkmals <Kantenlänge> eines Hexaeders können weiterhin auch die Ausprägungen der Merkmale <Volumen> und <Oberfläche> bestimmt werden. Weiterhin sind in Abbildung 3.7 neun Tetraeder dargestellt. Auch diese können durch das Merkmal <Kantenlänge> mit den drei Merkmalsausprägungen <kurz>, <mittel> und <lang>, das Merkmal <Farbe> mit den drei Merkmalsausprägungen <weiß>, <grau> und <schwarz> und das Merkmal <Anzahl der Flächen> mit der Ausprägung <4> beschrieben werden. Ist die Kantenlänge des Tetraeders bekannt, so kann auch für diesen das Volumen und die Oberfläche des Körpers bestimmt werden.

---

223 **Stahlknecht, Peter; Hasenkamp, Ulrich**: Wirtschaftsinformatik, 1997, Seite 347. **Scheer, August-Wilhelm**: Wirtschaftsinformatik, 1994, Seite 36. **Wedekind, Hartmut**: Schemaentwicklung, 1992, Seite 29ff. **Winter, Robert**: Mehrstufige Produktionsplanung, 1991, Seite 26.

224 **Meininger, Klaus-Ulrich**: Produktionsplanung, 1994, Seite 34.

225 **Winter, Robert**: Mehrstufige Produktionsplanung, 1991, Seite 26.

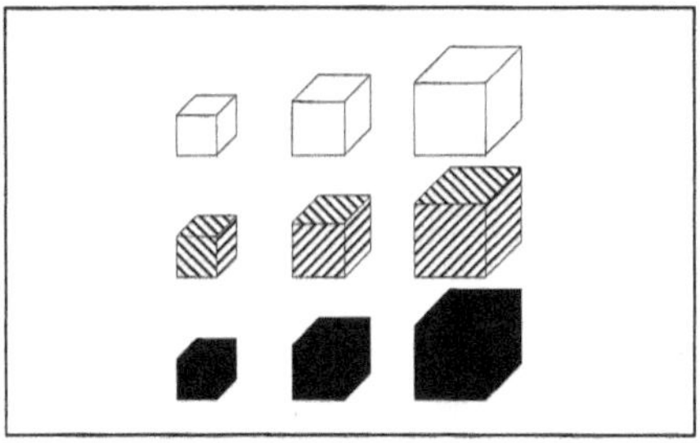

Abbildung 3.6: Die im Beispiel verwendeten neun Hexaeder

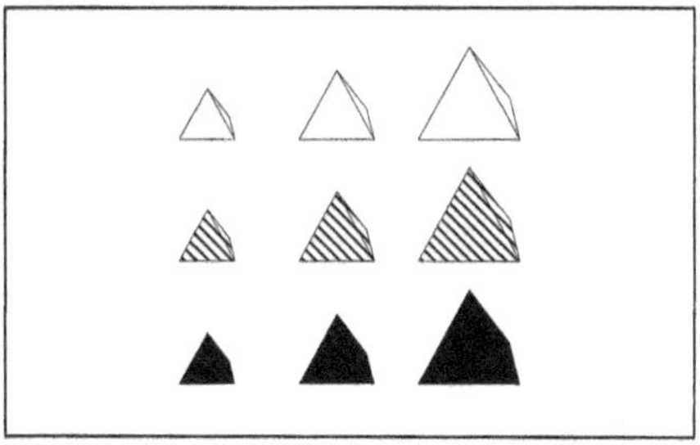

Abbildung 3.7: Die im Beispiel verwendeten neun Tetraeder

In der Abbildung 3.8 sind weiterhin neun senkrechte Kreiszylinder dargestellt. Diese können jeweils durch das Merkmal <Höhe>, das die Merkmalsausprägungen <klein>, <mittel> und <groß> annehmen kann, durch das Merkmal <Radius>, das ebenfalls die Merkmalsausprägungen <klein>, <mittel> und <groß> annehmen kann sowie durch das Merkmal <Farbe> mit den Merkmalsausprägungen <weiß>, <grau> und <schwarz> beschrieben werden. In Kenntnis der Höhe und des Radius sind die Oberfläche und das Volumen des Zylinders zu berechnen. In Abbildung 3.9 schließlich sind neun senkrechte Kreiskegel dargestellt. Wie die Zylinder können diese Körper mit den Merkmalen <Höhe>, <Radius> und <Farbe> eindeutig beschrieben werden. Ist bei einem Kreiskegel die Höhe und der Radius bekannt, so kann die Oberfläche und das Volumen berechnet werden.

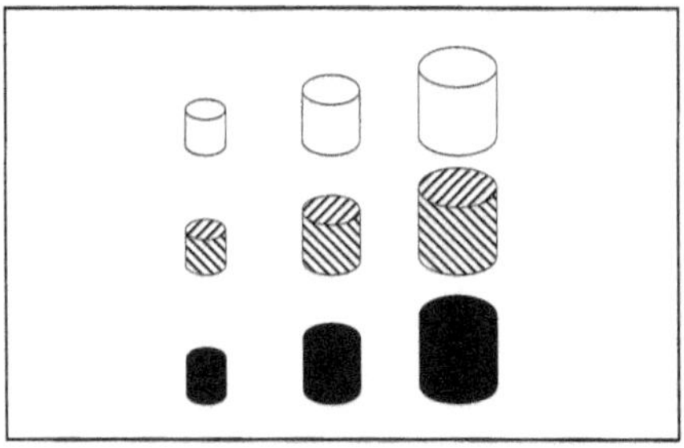

Abbildung 3.8: Die im Beispiel verwendeten neun senkrechten Kreiszylinder

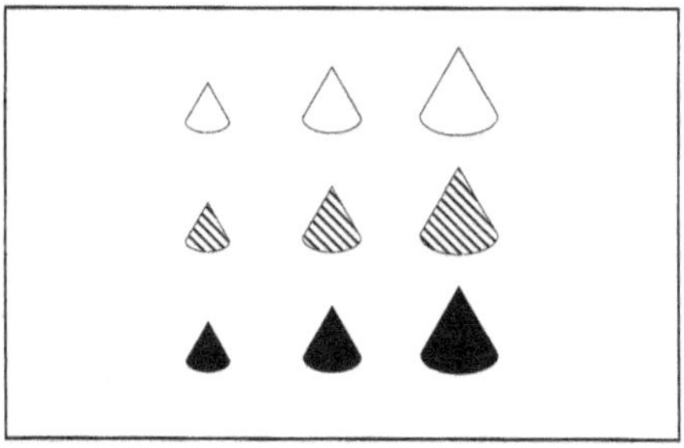

Abbildung 3.9: Die im Beispiel verwendeten neun senkrechten Kreiskegel

Die in Abbildung 3.6 bis Abbildung 3.9 beschriebenen detaillierten 36 Objekte bilden im folgenden Beispiel die Menge der detaillierten Objekte, die in der Abbildung 3.10 auf der Ebene E_1 angeordnet sind. Von dieser Menge detaillierter Objekte soll nun durch eine Klassifikation abstrahiert werden. Ziel dieser Klassifikation ist es, die Menge der detaillierten Objekte in eine oder mehrere Mengen geringerer Kardinalität zu überführen. Sowohl die Hexaeder als auch die Tetraeder können durch die Merkmale <Farbe>, <Kantenlänge> und <Anzahl der Flächen> beschrieben werden. Auch bei den senkrechten Kreiszylindern und den senkrechten Kreiskegeln findet sich das Merkmal <Farbe>, hinzu kommen jedoch hier die Merkmale <Höhe> und <Radius>. Diese Übereinstimmung der zur Beschreibung erforderlichen Merkmale bei Hexaedern und Tetraedern einerseits und bei Kreiszylindern und Kreiskegeln andererseits führt zu einer Zuordnung der einzelnen detaillierten Objekte entweder zu der Klasse der <Rotationskörper> oder aber zu der Klasse der <Regulären Polyeder>, die hier auf der Ebene E_2 dargestellt sind.

Ebenso, wie detaillierte Objekte durch Merkmale mit spezifischen Merkmalsausprägungen beschrieben werden können und eine Menge von detaillierten Objekten in disjunkte (abstrakte) Teilmengen mit dem Ziel, die Kardinalität der Menge der weiterhin zu betrachtenden Objekte zu reduzieren, überführt werden können, können auch die zwischen detaillierten Objekten bestehenden Beziehungen durch Merkmale mit spezifischen Merkmalsausprägungen beschrieben werden und die Menge der detaillierten Beziehungen zwischen Objekten in disjunkte (abstrakte) Teilmengen von Beziehungen überführt werden. Somit ist eine formale Unterscheidung zwischen einer primär an Objekten orientierten Abstraktion durch Klassifikation und einer primär an Beziehungen orientierten Abstraktion durch Klassifikation vorstellbar.

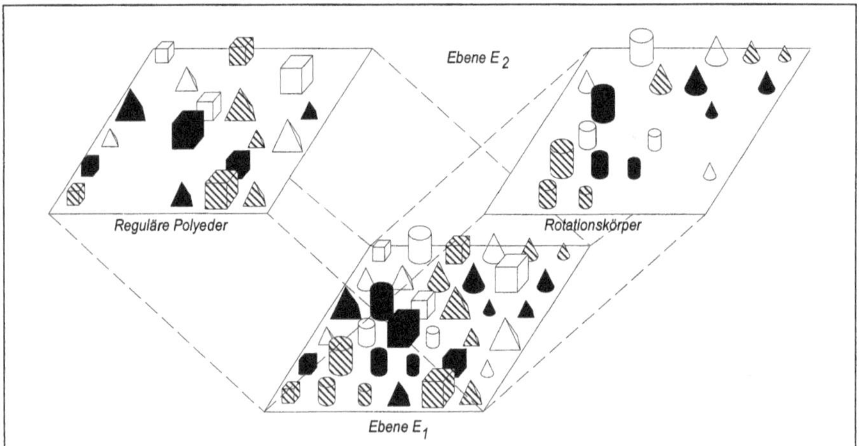

Abbildung 3.10: Beispiel für eine Abstraktion durch Klassifikation

Von besonderem Interesse sind die mit einer an Objekten orientierten Abstraktion durch Klassifikation verbundenen Auswirkungen auf die zwischen detaillierten Objekten bestehenden Beziehungen. Während die zwischen detaillierten Objekten einer Klasse bestehenden Beziehungen weiterhin in detaillierter Form bestehen bleiben und somit auch anschließenden Abstraktionen weiterhin zugänglich sind, werden die zwischen detaillierten Objekten unterschiedlicher Klassen bestehenden detaillierten Beziehungen hingegen bei abstrakter Betrachtung auf zwischen Klassen bestehende Relationen beschränkt. Dies macht eine Klassifikation dieser Beziehungen erforderlich.

3.3.3.2 Abstraktionskonzept Generalisierung

Das zweite hier vorzustellende Abstraktionskonzept ist das der Generalisierung. Betrachtet man die Abstraktion durch Generalisierung zunächst aus der Sichtweise einzelner detaillierter Objekte, so werden verschiedene Mengen von detaillierten Objekten, die zuvor jeweils durch eine Klassifikation unter Beibehaltung aller individueller Eigenschaften gebildet wurden, jetzt unter Vernachlässigung bestimmter Eigenschaften wiederum als gleichartige Elemente einer abstrakten Menge auf einer übergeordneten Ebene interpretiert[226]. Beschränkt sich die Sichtweise auf die an der Abstraktion durch Generalisierung beteiligten Klassen, so führt die Generalisierung zu einer verallgemeinernden Betrachtung von Klassen und kann immer dann durchgeführt werden, wenn bestimmte Klassen hinsichtlich bestimmter Eigenschaften Übereinstimmungen aufweisen und daher in bezug auf diese Eigenschaften verallgemeinert werden können.[227]

Beispiel 3.12: Die Abstraktionshierarchie in Abbildung 3.11 verdeutlicht die stufenweise Verbindung einer Abstraktion durch Klassifikation mit einer Abstraktion durch Generalisierung in Form einer Abstraktionshierarchie. Aus der Menge der detaillierten Objekte auf der Ebene E_1 wurden zunächst, wie schon im vorangegangenen Beispiel beschrieben, im Rahmen einer Abstraktion durch Klassifikation die beiden auf der Ebene E_2 angeordneten Klassen der <Rotationskörper> und der <Regulären Polyeder> isoliert. Bei der sich anschließenden Abstraktion durch Generalisierung werden die beiden gebildeten Klassen zu der übergeordneten Klasse (Superklasse, Oberklasse) der <Körper> zusammengefaßt. Alle dieser übergeordneten Klasse zugeordneten detaillierten Objekte können durch die gemeinsamen Merkmale <Farbe>, <Volumen> und <Oberfläche> beschrieben werden, die den beiden Klassen nicht gemeinsamen Merkmale <Kantenlänge> und <Anzahl der Flächen> sowie

226 **Winter, Robert**: Mehrstufige Produktionsplanung, 1991, Seite 21.

227 **Ferstl, Otto; Sinz, Elmar**: Wirtschaftsinformatik, 1993, Seite 98 und 155. **Stahlknecht, Peter; Hasenkamp, Ulrich**: Wirtschaftsinformatik, 1997, Seite 208 und 348. **Scheer, August-Wilhelm**: Wirtschaftsinformatik, 1994, Seite 36f. **Meininger, Klaus-Ulrich**: Produktionsplanung, 1994, Seite 36.

<Höhe> und <Radius> werden vernachlässigt. Da im hier betrachteten speziellen Fall die Menge der detaillierten Objekte ausschließlich aus Objekten besteht, die der Oberklasse der Körper zugeordnet werden können, stimmten die auf den Ebenen E_1 und E_3 dargestellten Mengen überein.

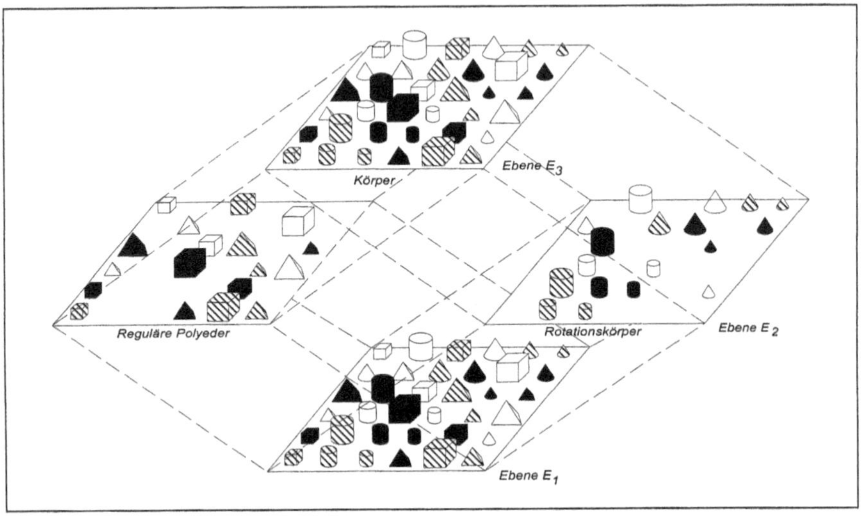

Abbildung 3.11: Abstraktionshierarchie I: Beispiel für die Verbindung einer Abstraktion durch Klassifikation mit einer Abstraktion durch Generalisierung

Wie die Klassifikation setzt die Generalisierung an den Merkmalen eines Objektes und nicht an den individuellen Merkmalsausprägungen an. Die Möglichkeit der Generalisierung richtet sich dabei nach der durch bestimmte Merkmale verursachten Ähnlichkeit bestimmter detaillierter Objekte mit anderen detaillierten Objekten. Das angesetzte Maß für die erforderliche Ähnlichkeit ist dabei prinzipiell frei wählbar, d.h. mindestens zwei und höchstens beliebig viele aus detaillierten Objekten bestehende Klassen können jeweils in einem Generalisierungsschritt zusammengefaßt werden.

3.3.3.3 Abstraktionskonzept Selektion

Das dritte hier vorzustellende Abstraktionskonzept ist das der Selektion. Bei der Abstraktion durch Selektion wird eine detaillierte Menge von Objekten in eine abstrakte Menge von Objekten transformiert, die eine geringere Kardinalität aufweist.[228] Hierbei werden aus der Menge der detaillierten Objekte diejenigen Objekte, die eine oder mehrere jener Merkmale aufweisen, die im Kontext als relevant erachtet werden, bzw. diejenigen Objekte, bei denen eine bestimmte Merkmalsausprägung festzustellen ist, ausgewählt und in einer abstrakten Menge detaillierter Objekte zusammengefaßt.

Durch eine geeignete Wahl der Selektionskriterien kann die Kardinalität der durch eine Selektion entstehenden abstrakten Menge eingestellt werden. Zwischen einer totalen Selektion, bei der alle Objekte der detaillierten Menge in die abstrakte Menge überführt werden und einer trivialen Selektion, bei der keine Objekte der detaillierten Menge in die abstrakte Menge überführt werden, bestehen viele mögliche Zwischenstufen. Diese können besonders durch die schrittweise oder direkte Verknüpfung von mehreren Eigenschaften als Selektionskriterium erreicht werden. Die Anzahl der möglichen Ebenen einer solchen Selektionshierarchie wird dabei durch die Anzahl der relevanten Eigenschaften sowie durch deren logische Verknüpfung bestimmt.

Die Anzahl der durch Selektion möglichen Partitionen der detaillierten Menge ist abhängig von den im Kontext als relevant erachteten Eigenschaften bzw. von den Domänen der diesen Eigenschaften zugeordneten Eigenschaftswerten. So kann sich die Selektion sowohl an einer oder mehreren Eigenschaften und deren logischen Verknüpfungen orientieren als auch an einem oder mehreren Eigenschaftswerten eines bestimmten Merkmals.

Beispiel 3.13: Die Abstraktionshierarchie in Abbildung 3.12 zeigt die stufenweise Verbindung einer merkmalsorientierten Abstraktion durch Klassifikation mit einer merkmalsorientierten Abstraktion durch Selektion in Form einer Abstraktionshierarchie. Aus der Menge der detaillierten Objekte auf der Ebene E_1 wird zunächst, wie schon oben beschrieben, im Rahmen einer Klassifikation die auf der Ebene E_2 angeordnete Klasse der <regulären Polyeder> isoliert. Bei der anschließenden Abstraktion durch Selektion werden alle die Objekte aus der Klasse der <regulären Polyeder>, die hinsichtlich des Merkmals <Farbe> die Merkmalsausprägung <schwarz> aufweisen, ausgewählt. Das Ergebnis sind die auf der Ebene E_3 angeordneten sechs Objekte.

Man erkennt, daß die beschriebene Selektion nur eine von sehr vielen möglichen Selektionen darstellt. Alternative Selektionen könnten beispielsweise an den Ausprägungen

228 **Hammer, Michael; McLeod, Dennis**: Database Description, 1981, Seite 358f. **Winter, Robert**: Abstraktionskonzepte, 1988, Seite 493. **Winter, Robert:** Hierarchische Fertigungsplanung, 1989, Seite 302. **Winter, Robert**: Mehrstufige Produktionsplanung, 1991, Seite 26.

<grau> oder <weiß> des Merkmals <Farbe> oder auch an den unterschiedlichen Ausprägungen des Merkmals <Kantenlänge> oder <Anzahl Flächen> ansetzen und würden jeweils zu unterschiedlichen Ergebnissen führen. Durch die logische Verknüpfung verschiedener Merkmalsausprägungen könnten so auch beispielsweise die beiden Objekte selektiert werden, bei denen das Merkmal <Farbe> die Ausprägung <schwarz> und das Merkmal <Kantenlänge> die Ausprägung <mittel> aufweist oder diejenigen acht Objekte, bei denen das Merkmal <Farbe> nicht die Ausprägung <schwarz> aufweist und das Merkmal <Kantenlänge> nicht die Ausprägung <mittel> hat.

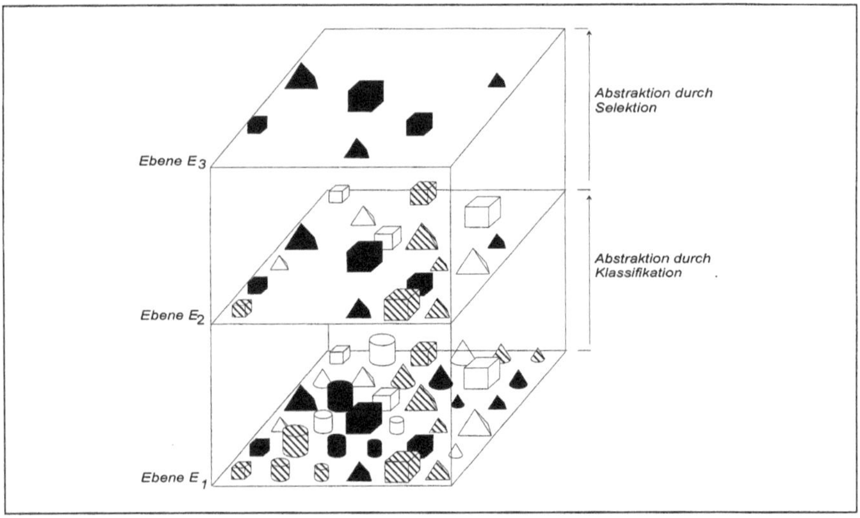

Abbildung 3.12: Abstraktionshierarchie II a: Beispiel für die Verbindung einer Abstraktion durch Klassifikation mit einer Abstraktion durch Selektion

Von einer an Objekten orientierten Abstraktion durch Selektion betroffen sind auch die zwischen den Objekten bestehenden Beziehungen. Mit dem Übergang von der detaillierten Ebene auf abstrakte Ebenen verbunden ist eine Reduktion der auf abstrakter Ebene abgebildeten Beziehungen auf solche Beziehungen, die ausschließlich zwischen selektierten Objekten bestehen. Diese Beziehungen sind weiterhin über ihre individuellen Merkmale bzw. Merkmalsausprägungen identifizierbar.

Beispiel 3.14: In dem in Abbildung 3.13 skizzierten Ausschnitt der Abstraktionshierarchie aus Abbildung 3.12 erkennt man, daß bspw. jeweils zwischen einem selektierten Hexaeder und einem selektierte Tetraeder aus der Klasse der <regulären Polyeder>, bei denen das Merkmal <Kantenlänge> die gleiche Merkmalsausprägung aufweist, detaillierte Beziehungen identifiziert werden können.

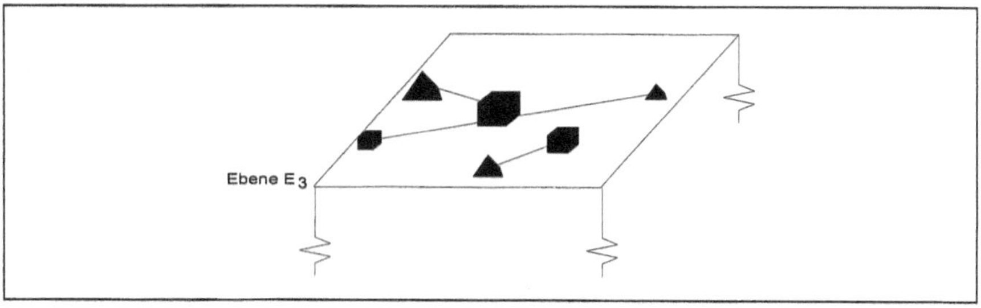

Abbildung 3.13: Abstraktionshierarchie II b: Ausschnitt aus Abstraktionshierarchie II a mit möglichen detaillierten Beziehungen

3.3.3.4 Abstraktionskonzept Assoziation

Das vierte hier vorzustellende Abstraktionskonzept ist das der Assoziation. Die Assoziation ist im Gegensatz zur Selektion eine zusammenfassende Abstraktion, bei der eine Gruppe als gleichartig erachteter detaillierter Objekte nicht zu einer abstrakten Menge, sondern zu einem einzigen abstrakten Objekt zusammengefaßt wird[229]. Hierbei werden aus der Menge der detaillierten Objekte diejenigen Objekte, die eine oder mehrere Merkmale, die im Kontext als relevant erachtet werden, aufweisen, bzw. diejenigen Objekte, bei denen eine bestimmte Merkmalsausprägung festzustellen ist, ausgewählt und zu einem abstrakten Objekt zusammengefaßt.

Zur Ermittlung der Merkmalsausprägungen für das durch Assoziation gebildete abstrakte Objekt werden diese aus den individuellen Merkmalsausprägungen aller an der Assoziation beteiligten Objekte abgeleitet[230] und ergeben sich oft durch Summenbildung, Durchschnittsbildung, Maximum- oder Minimumfunktionen[231].

Werden bestimmte detaillierte Objekte zu einem abstrakten Durchschnittsobjekt zusammengefaßt, so ergibt sich die Ausprägung eines Merkmals dieses abstrakten Objektes durch eine ungewichtete (arithmetische oder geometrische) Durchschnittsbildung der Werte dieses Merkmals der zugrundeliegen-

229 **Hammer, Michael; McLeod, Dennis**: Database Description, 1981, Seite 359ff. **Winter, Robert**: Database Approach, 1990, Seite 64. **Winter, Robert**: Mehrstufige Produktionsplanung, 1991, Seite 22.

230 **Meininger, Klaus-Ulrich**: Produktionsplanung, 1994, Seite 53.

231 **Switalski, Marion**: Aggregation, 1988, Seite 388. **Winter, Robert**: Mehrstufige Produktionsplanung, 1991, Seite 23.

den detaillierten Objekte. Die Gewichte der Merkmalswerte der einzelnen detaillierten Objekte sind dabei gleich. Bei der Zusammenfassung bestimmter detaillierter Objekte zu einem abstrakten Mixobjekt hingegen werden die Merkmalswerte der zugrundeliegenden detaillierten Objekte mit unterschiedlichen Gewichtungen berücksichtigt. Es können aber auch die Merkmalsausprägungen eines als besonders typisch angesehenen detaillierten Objektes für das abstrakte Objekt übernommen werden. In diesem Fall kann man auch von einem Leit-Objekt[232] oder von einem natürlichen Stellvertreter sprechen. Die Generierung eines natürlichen Stellvertreters stellt eine besondere Ausprägung eines Mixobjektes dar, bei dem für die Merkmalswerte eines detaillierten Objektes das Gewicht 1 und für die Merkmalswerte der anderen zugrundeliegenden detaillierten Objekte das Gewicht Null angenommen wird.

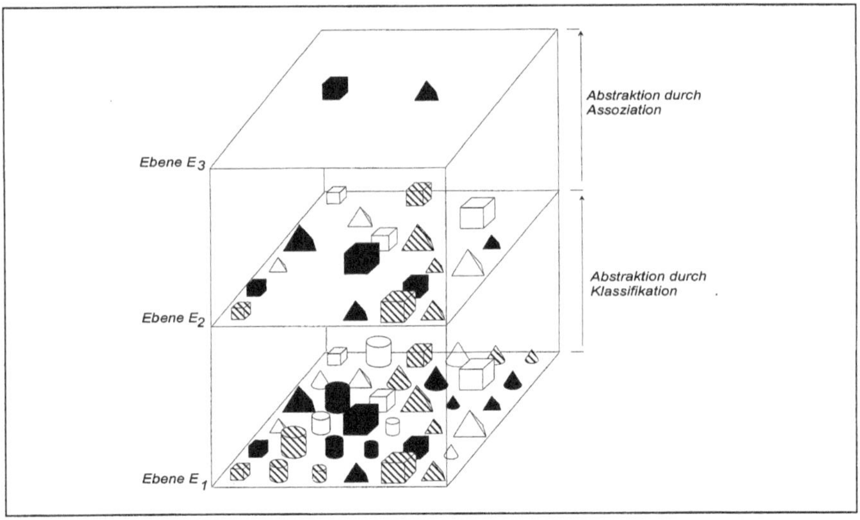

Abbildung 3.14: Abstraktionshierarchie III a: Beispiel für die Verbindung einer Abstraktion durch Klassifikation mit einer Abstraktion durch Assoziation

Beispiel 3.15: Abbildung 3.14 zeigt die Verbindung einer Abstraktion durch Klassifikation mit einer Abstraktion durch Assoziation in Form einer Abstraktionshierarchie. Auch hier werden zunächst aus der Menge der detaillierten Objekte auf der Ebene E_1 im Rahmen einer Abstraktion durch Klassifikation die der Klasse der <regulären Polyeder> zugeordneten Objekte isoliert. In einem zweiten Abstraktionsschritt wird dann eine Abstraktion durch Asso-

232 **Scheer, August-Wilhelm**: Produktionsplanung, 1976, Seite 62.

ziation vorgenommen. Bei dieser werden im vorliegenden Beispiel alle die detaillierten Objekte, bei denen das Merkmal <Anzahl Flächen> die Ausprägung <6> aufweist und bei denen das Merkmal <Farbe> die Ausprägung <schwarz> angenommen hat, zu einem Durchschnittsobjekt zusammengefaßt. Weiterhin werden alle die detaillierten Objekte, bei denen das Merkmal <Anzahl Flächen> die Ausprägung <4> aufweist und bei denen das Merkmal <Farbe> die Ausprägung <schwarz> hat, zu einem weiteren Durchschnittsobjekt zusammengefaßt. Diese beiden Durchschnittsobjekte repräsentieren dann jeweils die drei unterschiedlich großen schwarzen Hexaeder bzw. die drei unterschiedlich großen Tetraeder und haben eine durchschnittliche Kantenlänge, ein durchschnittlich großes Volumen und eine durchschnittlich große Oberfläche, wobei die funktionale Abhängigkeit zwischen Kantenlänge und Oberfläche sowie Volumen aufgegeben werden muß.

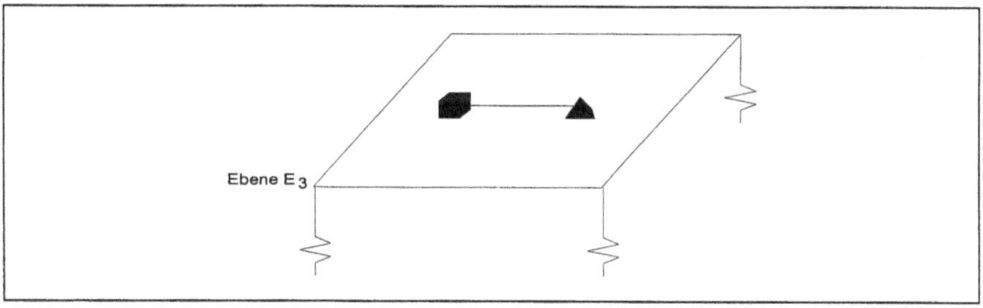

Abbildung 3.15: Abstraktionshierarchie III b: Ausschnitt aus Abstraktionshierarchie III a mit einer möglichen abstrakten Beziehung

Beispiel 3.16: In dem in Abbildung 3.15 dargestellten Ausschnitt der Abstraktionshierarchie aus Abbildung 3.14 erkennt man, daß beispielsweise zwischen dem abstrakten Hexaeder und dem abstrakten Tetraeder eine abstrakte Beziehung bestehen kann, welche die zwischen den detaillierten Objekten bestehenden Beziehungen repräsentiert.

3.3.3.5 Abstraktionskonzept Aggregation

Das letzte hier vorzustellende Abstraktionskonzept ist das der Aggregation. Wie die Assoziation ist die Abstraktion durch Aggregation eine zusammenfassende Abstraktion, bei der ein abstraktes Objekt generiert wird. Im Gegensatz zur Abstraktion durch Assoziation spielt jedoch nicht die Gleichartigkeit hinsichtlich eines bestimmten Merkmals bzw. einer bestimmten Merkmalsausprägung eine Rolle, sondern durch eine Abstraktion durch Aggregation soll das (physische oder virtuelle) Zusammenwirken[233] mehrerer detaillierter Objekte

233 **Winter, Robert**: Mehrstufige Produktionsplanung, 1991, Seite 20.

repräsentiert werden.[234] Aus der Menge der detaillierten Objekte werden diejenigen Objekte, die hinsichtlich eines konkretisierungsbedürftigen Aspektes zusammenwirken, als ein abstraktes Objekt interpretiert.

Dem abstrakten Objekt können all die Merkmale zugewiesen werden, die auch die beteiligten detaillierten Objekte aufweisen. Es können jedoch auch zusätzliche, ausschließlich das abstrakte Objekt beschreibende Merkmale hinzugenommen werden, die nicht die einzelnen detaillierten Objekte, wohl aber das abstrakte Objekt beschreiben. Soweit die Eigenschaften des abstrakten Objektes auf den Eigenschaften der detaillierten Objekte basieren, können die Eigenschaftswerte des Aggregates aus den Eigenschaftswerten der beteiligten detaillierten Objekte ermittelt werden.

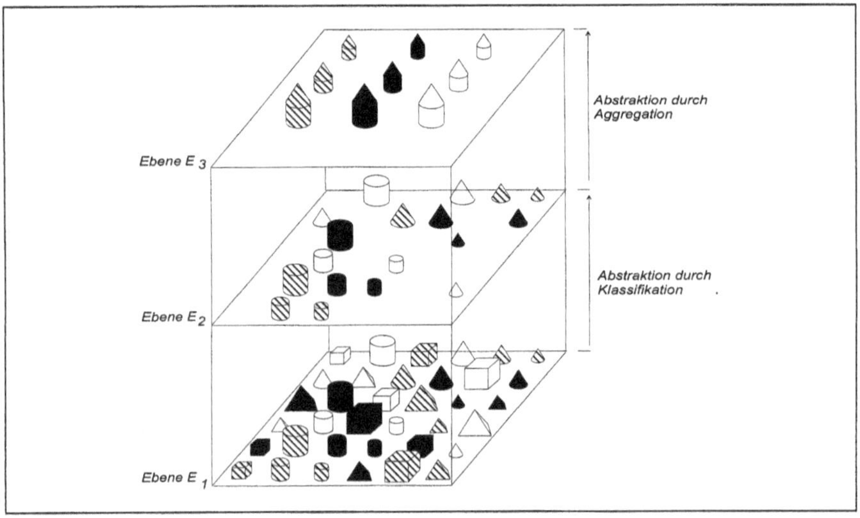

Abbildung 3.16: Abstraktionshierarchie IV: Beispiel für die Verbindung einer Abstraktion durch Klassifikation mit einer Abstraktion durch Aggregation

Beispiel 3.17: In der Abbildung 3.16 ist eine auf einer Abstraktion durch Klassifikation basierende Abstraktion durch Aggregation dargestellt. Aus den auf der Ebene E_1 angeordneten detaillierten Objekten wurden zunächst, wie man auf der Ebene E_2 erkennt, die der Klasse <Rotationskörper> zugeordneten senkrechten Kreiszylinder und senkrechten Kreiskegel iso-

234 **Ballwieser, Wolfgang**: Aggregation, 1993, Spalte 3449. **Ferstl, Otto; Sinz, Elmar**: Wirtschaftsinformatik, 1993, Seite 98. **Stahlknecht, Peter; Hasenkamp, Ulrich**: Wirtschaftsinformatik, 1997, Seite 209. **Scheer, August-Wilhelm**: Wirtschaftsinformatik, 1994, Seite 38f. **Meininger, Klaus-Ulrich**: Produktionsplanung, 1994, Seite 59.

liert. Es wird nun angenommen, daß jeweils zwischen einem Kreiszylinder einer bestimmten Höhe, eines bestimmten Radius und einer bestimmten Farbe und einem Kreiskegel gleicher Höhe, gleichen Radius und gleicher Farbe eine Beziehung besteht, welche die Bildung eines Aggregaten zuläßt. Dieses Zusammenwirken in einem Aggregat wird durch die auf der Ebene E_3 dargestellten Körper repräsentiert, die sich aus jeweils einem Kreiszylinder und einem Kreiskegel zusammensetzen. Diese wiederum können mit den Merkmalen <Höhe>, dessen Merkmalsausprägung sich hier als Summe der Merkmalswerte der beiden zugrunde liegenden Körper ergibt und durch die Merkmale <Radius> und <Farbe> beschrieben werden, deren Merkmalsausprägungen sich durch unveränderte Übernahme der Merkmalswerte eines der am Aggregat beteiligten detaillierten Objekte ergibt, beschrieben werden. Die zur Berechnung von Oberfläche und Volumen erforderlichen Formeln können nicht übernommen werden.

3.3.4 Formale Abstraktionskonzepte und hierarchische Systeme

Mit den zuvor erläuterten Abstraktionskonzepten Klassifikation, Generalisierung, Selektion, Assoziation und Aggregation stehen fünf theoretische Konstrukte zur Verfügung, die eine Formalisierung von Abstraktionsprozessen ermöglichen:

Bei der Abstraktion durch Klassifikation werden detaillierte Objekte unter Beibehaltung aller individuellen Merkmale als Elemente einer abstrakten Menge, der Klasse interpretiert. Eine verallgemeinernde Betrachtung von Klassen kann durch Abstraktion durch Generalisierung erreicht werden. Durch eine Abstraktion durch Selektion wird eine detaillierte Menge von Objekten in eine abstrakte Menge von Objekten transformiert, die eine geringere Kardinalität aufweist. Im Gegensatz hierzu ist die Abstraktion durch Assoziation eine zusammenfassende Abstraktion, bei der eine Gruppe als gleichartig erachteter detaillierter Objekte nicht zu einer abstrakten Menge, sondern zu einem einzigen abstrakten Objekt zusammengefaßt wird. Die Aggregation schließlich ist wie die Assoziation eine zusammenfassende Abstraktion, bei der ein abstraktes Objekt generiert wird. Im Vergleich zur Abstraktion durch Assoziation dominiert jedoch nicht die Gleichartigkeit hinsichtlich eines bestimmten Merkmals bzw. einer bestimmten Merkmalsausprägung, sondern durch eine Abstraktion durch Aggregation wird das Zusammenwirken mehrerer detaillierter Objekte abgebildet.

Wie in den vorangehenden Abschnitten gezeigt wurde, stellt die Möglichkeit der Bildung von Abstraktionshierarchien ein leistungsfähiges Instrument zur

Handhabung von Komplexität dar. In Abstraktionshierarchien können einerseits jeweils die gleichen Abstraktionskonzepte stufenweise eingesetzt werden, es besteht jedoch auch die Möglichkeit, unterschiedliche Abstraktionsverfahren stufenweise zu kombinieren. In Abhängigkeit von dem mit einer Abstraktion angestrebten Ziel ermöglichen es Abstraktionshierarchien, eine Menge von detaillierten Objekten, die jeweils durch eine Vielzahl von Merkmalen mit den unterschiedlichsten Merkmalsausprägungen beschrieben werden können, nahezu wahlfrei in eine Menge detaillierter Objekte geringerer Kardinalität oder eine Menge abstrakter Objekte gleicher Kardinalität zu überführen oder diese Objekte auch zu abstrakten Objekten zusammenzufassen.

Wie im Zusammenhang mit der Differenzierung von Systemen und der Bildung von Intra-Systemhierarchien beschrieben wurde, unterscheiden sich die Objekte auf einer bestimmten Referenzebene von den Objekten einer anderen, über- oder untergeordneten Referenzebene, ohne daß konkrete Aussagen darüber gemacht werden können, worin dieser Unterschied besteht. Allein die Relation des „Enthaltenseins im Enthaltensein“ ist bekannt. Mit dem Konzept der Abstraktion kann nun eine Beziehungen zwischen den auf unterschiedlichen Referenzebenen eingeordneten Objekten hergestellt werden, indem eine der Intra-Systemhierarchie entsprechende Abstraktionshierarchie gebildet wird, welche die Beziehungen zwischen den auf unterschiedlichen Referenzebenen eingeordneten Objekten abbildet. Hierdurch entsteht ein formalisiertes Konzept zur Beschreibung von Objekten auf unterschiedlichen Referenzebenen in hierarchischen Systemen.

4 Komplexitätsorientierte Gestaltung von Produktionssystemen

4.1 Einleitung

Die im dritten Kapitel beschriebenen Konzepte zur Handhabung von Komplexität sollen in diesem Kapitel auf die komplexitätsorientierte Gestaltung von Produktionssystemen bezogen werden. In den folgenden Abschnitten wird dabei der schon im zweiten Kapitel zugrundegelegten Gliederung der Aufgaben der Produktionsplanung in die Aufgabenbereiche Produktionsprogrammplanung, Produktionspotentialplanung und Produktionsprozeßplanung gefolgt.

4.2 Gestaltungspotentiale im Bereich der Produktionsprogrammplanung

Wie im zweiten Kapitel erläutert wurde, erfolgt im Rahmen der strategischen Produktionsprogrammplanung eine Auswahl der Produktfelder, in denen die Unternehmung tätig werden will. Im Rahmen der taktischen Produktionsprogrammplanung werden anschließend die den einzelnen Produktfeldern zugeordneten Produkte konkretisiert. Bestimmt werden sowohl die Qualität und Quantität der Produkte als auch die Qualität und Quantität der Produkte über alle Produktfelder. Weiterhin wird im Rahmen der Produktentwicklung der konstruktive Aufbau der Produkte festgelegt. Vorschläge zur komplexitätsorientierten Gestaltung beziehen sich einerseits auf eine Veränderung der Breite des Produktionsprogramms, andererseits auf eine Modifikation der Tiefe des Produktionsprogramms und den konstruktiven Aufbau der Produkte.

4.2.1 Breite des Produktionsprogramms

Die aus Komplexitätsaspekten motivierte Verringerung der Breite des Produktionsprogramms wird in der Regel auf eine Verringerung der Anzahl der Enderzeugnisvarianten bezogen, vereinzelt findet sich jedoch auch die Forderung nach einer Verringerung der Anzahl der Enderzeugnisse, insbes. der Verringerung des Diversifikationsgrades.[235] Richtet sich die Aufmerksamkeit auf die im Rahmen der taktischen Produktionsplanung festgelegte Anzahl an

235 **Frese, Erich**: Produktion, 1992, Spalte 2051.

Varianten, so werden Erzeugnisse betrachtet, die sich durch einen vergleichsweise hohen Grad an Ähnlichkeit sowohl hinsichtlich ihres konstruktiven Aufbaus als auch hinsichtlich der zu ihrer Herstellung erforderlichen Verfahrensschritte auszeichnen.

Zwischen der Zahl der Varianten eines Produktes sowie der Anzahl der insgesamt in einem Unternehmen hergestellten Varianten einerseits und der Höhe der Stückkosten andererseits besteht eine enge Korrelation.

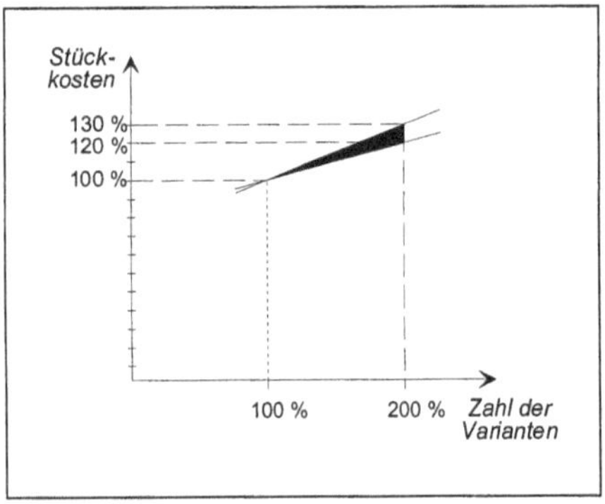

Abbildung 4.1: Umgekehrter Erfahrungskurveneffekt bei einer Verdoppelung der Anzahl der Varianten[236]

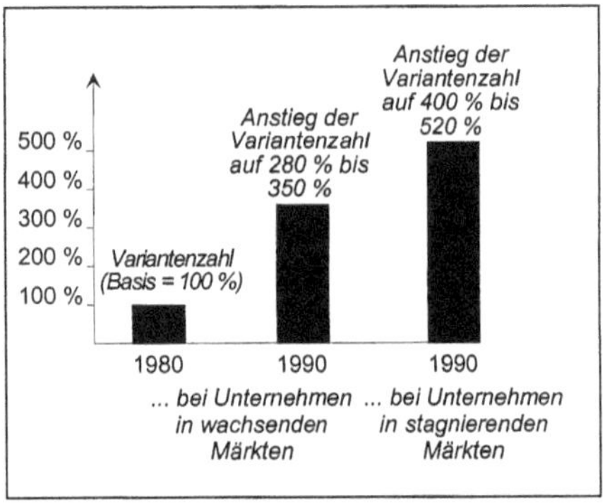

Abbildung 4.2: Beispiel für die Entwicklung der Anzahl der Varianten[237]

Auf der Basis dieser Feststellung wird von Wildemann[238] ein „umgekehrtes Erfahrungskurvengesetz"[239] formuliert: Jede Verdopplung der Anzahl der Vari-

---

236 Abbildung 4.1 in Anlehnung an: **Wildemann, Horst**: Just-In-Time, 1988, Seite 13. **Wildemann, Horst**: Variantenmanagement, 1990, Seite 37.

237 Abbildung 4.2 in Anlehnung an: **Wildemann, Horst**: Just-In-Time, 1988, Seite 315. **Wildemann, Horst**: Variantenmanagement, 1990, Seite 38.

238 **Wildemann, Horst**: Just-In-Time, 1988, Seite 13 und 315. **Wildemann, Horst**: Variantenmanagement, 1990, Seite 37. In der dort zitierten Studie wurde über einen Zeitraum von 1980 bis 1990 in 29 Unternehmen die Entwicklung der Anzahl der erstellten Varianten untersucht. In diesem Zeitraum konnten n = 12 Unternehmen ihren Produktionswert in wachsenden Märkten verdoppeln. Bei diesen Unternehmen wurde ein Anstieg der Variantenzahl auf das 1,8 bis 2,5-fache ermittelt. Bei n = 17 Unternehmen, die im gleichen Zeitraum bedingt durch stagnierende Märkte ihren Produktionswert um bis zu 20% reduzieren mußten, wurde ein deutlicher Anstieg der Variantenzahl auf das 3 bis 4,2-fache festgestellt. Vgl. auch Abbildung 4.2. Ähnliche Aussagen finden sich auch bei: **Roever, Michael**: Programmgestaltung, 1994, Seite 117.

239 Unter einer Erfahrungskurve wird eine auf das Gesamtunternehmen im Rahmen der (strategischen) Unternehmensplanung bezogene Verallgemeinerung des Lernkurven-

anten führt (unter der Prämisse der Beibehaltung der bestehenden Fertigungsorganisation) zu einer Steigerung der Stückkosten um 20 % bis 30 %.[240]

Die zentrale Ursache für diesen Effekt ist die mit der Zunahme der Anzahl der Varianten verbundene Anzahl, Verschiedenartigkeit und Veränderlichkeit der Planungsobjekte, aus der eine Zunahme der Anzahl, Verschiedenartigkeit und Veränderlichkeit der Fertigungsaufträge resultiert. Eine steigende Zahl von Varianten führt tendenziell zu einer Verkleinerung der durchschnittlichen Auftragslosgrößen für eine Variante und/oder zu einer Verringerung der durchschnittlichen Auflagehäufigkeit. Bedingt durch die Verringerung der durchschnittlichen Auftragslosgrößen steigen die anteiligen Rüstkosten an. Auch führt dies zu einer Einschränkung von Lernkurveneffekten. Diese Wirkung wird wiederum durch die Verringerung der Auflagenhäufigkeit weiter verstärkt. Weiterhin sinkt die Qualität der variantenbezogenen Absatzprognosen, woraus tendenziell steigende Lagerbestände resultieren, die zu einer weiteren Steigerung der Stückkosten beitragen.[241] Schließlich ist mit der Erhöhung der Zahl der Varianten auch in den indirekten Bereichen eine Erhöhung des Entwicklungs- und Konstruktionsaufwandes sowie des Aufwandes bei der Arbeitsplanerstellung und -verwaltung sowie der Werkzeugerstellung verbunden[242]. Auch dieser zusätzliche Aufwand kann beträchtliche Ausmaße annehmen[243] und schlägt sich in einer Erhöhung der Stückkosten nieder.

---

ansatzes verstanden. Eine Lernkurve beschreibt den empirisch festgestellten statistischen Zusammenhang zwischen bisher gewonnener Erfahrung (beispielsweise gemessen in der kumulierten Produktionsmenge eines Erzeugnisses) und der direkten Fertigungszeit bzw. den Grenzkosten der letzten hergestellten Leistungseinheit. Eine typische Lernkurve zeigt, daß mit einer Verdoppelung der kumulierten Produktionsmenge die Stückkosten um 20% bis 30% gesenkt werden können. **Mochty, Ludwig**: Lernen, 1996, Spalte 1075. **Bohr, Kurt**: Economies, 1996, Spalte 378.

240 Durch die Einführung von Fertigungssegmentierung kann diese Kostensteigerung auf 10% bis 15% begrenzt werden. **Wildemann, Horst**: Variantenmanagement, 1990, Seite 37. Vgl. zum Konzept der Fertigungssegmentierung auch Abschnitt 4.5.1.1.

241 **Rosenberg, Otto**: Variantenfertigung, 1996, Spalte 2122. **Habenicht, Walter**: Teilefamilienbildung, 1996, Spalte 2040.

242 **Rosenberg, Otto**: Variantenfertigung, 1996, Spalte 2122.

243 Ehrlenspiel zeigt am Beispiel des Dieselmotorenherstellers MTU, daß sich allein die Kosten für die Verwaltung und Speicherung einer zusätzlichen Konstruktionszeichnung im Laufe von 10 Jahren auf das 350-fache der ursprünglich bei der Erstellung angefallenen Kosten steigern können. **Ehrlenspiel, Klaus**: Produktentwicklung, 1995, Seite 610f.

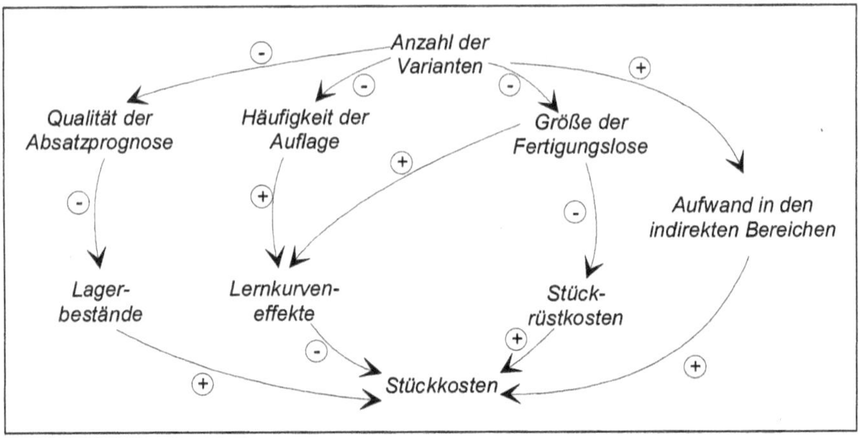

Abbildung 4.3: Wirkungsdiagramm: Auswirkungen der Veränderung der Zahl der Varianten auf die Stückkosten

Untersucht man die Möglichkeiten zur Handhabung der aus einer großen Anzahl von Varianten resultierenden Komplexität, so besteht eine naheliegende Möglichkeit in der kritischen Überprüfung der Breite des Produktionsprogramms mit dem Ziel der Reduzierung der Anzahl der gefertigten Varianten.[244]

Voraussetzung hierfür ist die Implementierung eines Variantenmanagements,[245] welches eine systematische Ermittlung der Anzahl der Varianten, die kontinuierliche Verfolgung der Entwicklung der Variantenzahl, eine Bewertung der bestehenden Varianten und der beabsichtigten Einführung von neuen Varianten vornimmt.[246] Auf der Basis von Kennzahlen (bspw. Anzahl der Varianten absolut und im Vergleich zu Wettbewerbern, Absatz- und Produktionsmenge je Variante, Produktionsintervalle je Variante, Deckungsbeitrag je Variante usw.[247]) sind einerseits insbes. die Wirkungen einer Veränderung der An-

244 **Wildemann, Horst**: Just-In-Time, 1988, Seite 249f. **Wildemann, Horst**: Variantenmanagement, 1990, Seite 39. **Rosenberg, Otto**: Variantenmanagement, 1996, Spalte 2127f. **Roever, Michael**: Programmgestaltung, 1994, Seite 125. **Meffert, Heribert**: Marketing, 1998, Seite 962. **Adam, Dietrich; Johannwille, Joachim**: Komplexitätsfalle, 1998, Seite 25.

245 **Ehrlenspiel, Klaus**: Produktentwicklung, 1995, Seite 608. **Ehrlenspiel, Klaus**: Konstruktion, 1996, Spalte 920. **Eversheim, Walter**: Prozeßorientierung, 1995, Seite 171. **Kestel, Ralf**: Variantenvielfalt, 1995, Seite 179ff.

246 **Rosenberg, Otto**: Variantenfertigung, 1996, Spalte 2128.

247 **Kestel, Ralf**: Variantenvielfalt, 1995, Seite 195.

zahl der Varianten auf den Produktionsbereich und andererseits die Auswirkungen auf den Absatzbereich zu untersuchen. Vorgeschlagen wird bspw. die Durchführung einer am Deckungsbeitrag der Varianten orientierten ABC-Analyse.[248]

Auch wenn bedingt durch marketingpolitische Individualisierungserfordernisse sowie durch die mit der Prognose der Auswirkungen auf den Absatzbereich verbundenen Probleme dieser Lösungsansatz auf breiter Basis als nicht durchführbar erachtet[249] bzw. auf die Streichung von offensichtlichen Exoten reduziert wird[250], bietet er doch ein zu berücksichtigendes Potential.[251]

Eng verbunden mit einer Überprüfung der Breite des Produktionsprogramms ist die Überprüfung der Kundenstruktur. Während sich die Reduktion der Breite des Produktionsprogramms am Deckungsbeitrag der Varianten orientiert und anschließend eine Analyse der Auswirkungen der Eliminierung einzelner Varianten auf den Produktions- und Absatzbereich folgt, wird in diesem Zusammenhang, aufbauend auf einer am Umsatz orientierten Analyse der Kundenstruktur untersucht, welche Auswirkungen auf die Anzahl der Varianten aus dem bewußten Verzicht auf einzelne Kunden resultieren. Wird der bewußte Verzicht auf einzelne Kunden als zu weitgehend empfunden, so wird als indirekter Ansatzpunkt die Einführung von Mindestauftragsmengen und Mindestmengenaufschlägen vorgeschlagen.[252]

---

248 **Wildemann, Horst**: Just-In-Time, 1988, Seite 252. **Kestel, Ralf**: Variantenvielfalt, 1995, Seite 195.

249 **Wildemann, Horst**: Just-In-Time, 1988, Seite 252. **Wildemann Horst**: Variantenmanagement, 1990, Seite 39. **Meffert, Heribert**: Marketing, 1998, Seite 963.

250 **Rosenberg, Otto**: Variantenfertigung, 1996, Spalte 2128.

251 Ein Beispiel für das mögliche Potential dieses Ansatzes findet man bei **Eidenmüller, Bodo**: Logistik, 1987, Seite 38. Dort wird eine Beziehung zwischen der Anzahl der Varianten, dem durch diese Varianten erzielten Umsatz sowie den Lagerbeständen dieser Varianten hergestellt. Exemplarisch wird dort 60% aller Varianten ein Umsatzanteil von nur insges. 1% und ein Lagerbestandsanteil von insges. 34% zugeordnet.

252 **Wildemann, Horst**: Just-In-Time, 1988, Seite 252. **Roever, Michael**: Programmgestaltung, 1994, Seite 128. **Adam, Dietrich**: Produktionsmanagement, 1997, Seite 30 und 60. **Adam, Dietrich; Johannwille, Joachim**: Komplexitätsfalle, 1998, Seite 25. **Meffert, Heribert**: Marketing, 1998, Seite 962.

4.2.2 Gestaltung von Erzeugnisstrukturen

Wurde zunächst im Rahmen der taktischen Produktionsprogrammplanung die Breite des Produktionsprogramms konkretisiert, so wird in einem weiteren Schritt der konstruktive Aufbau der einzelnen Erzeugnisse festgelegt. Die sich unter Berücksichtigung konstruktions- und produktionstechnisch bedingter Restriktionen vorzuschlagenden Möglichkeiten zur Gestaltung der Erzeugnisstruktur beeinflussen die Anzahl der in eine gegebene Menge von Enderzeugnissen bzw. Enderzeugnisvarianten eingehenden untergeordneten Komponenten, die Verschiedenartigkeit dieser Komponenten, die Anzahl und Verschiedenartigkeit der Beziehungen zwischen den Komponenten sowie deren Veränderlichkeit hinsichtlich möglicher Variationen des Produktionsprogramms. Im Mittelpunkt der folgenden Ausführungen steht somit die Komplexität von Erzeugnisstrukturen bzw. Produktsystemen.

4.2.2.1 Konstruktiver Aufbau der Erzeugnisse

Zur Beschreibung des konstruktiven Aufbaus von Erzeugnissen sollen zunächst die folgenden Typen von Erzeugnisstrukturen unterschieden werden:[253]

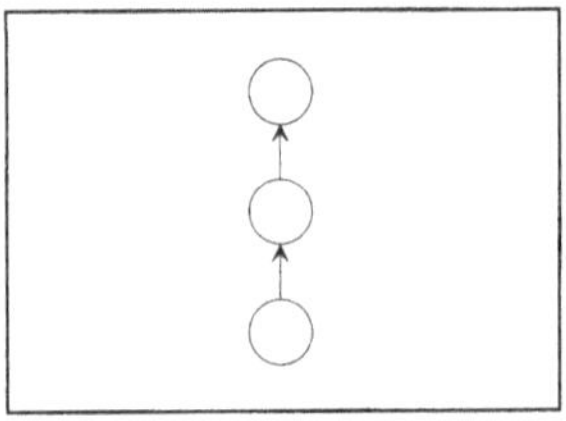

Abbildung 4.4: Lineare Erzeugnisstruktur[254]

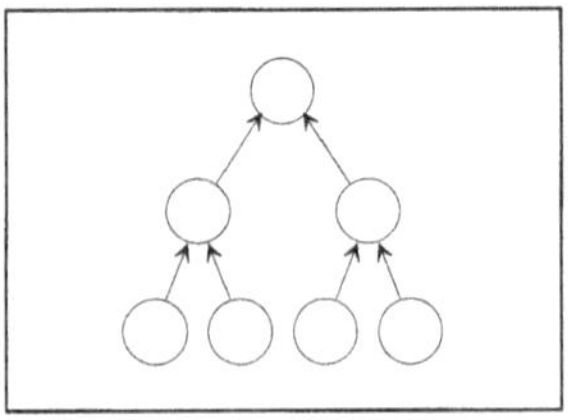

Abbildung 4.5: Konvergierende Erzeugnisstruktur

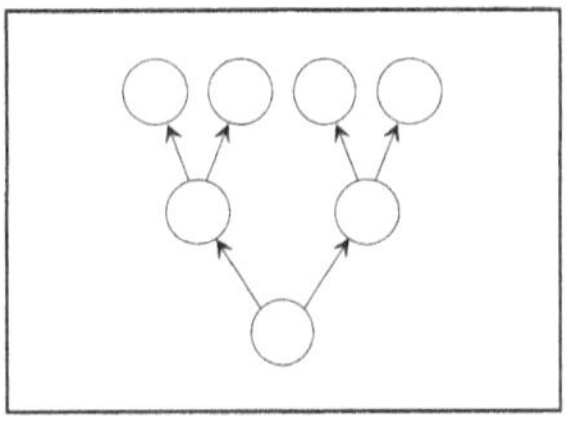

Abbildung 4.6: Divergierende Erzeugnisstruktur

Eine lineare (glatte, serielle oder durchgängige) Erzeugnisstruktur (vgl. Abbildung 4.4) ist dadurch gekennzeichnet, daß ein Erzeugnis jeweils maximal einen direkten Vorgänger und maximal einen direkten Nachfolger hat. Bei

253 **Domschke, Wolfgang; et al.**: Produktionsplanung, 1993, Seite 13. **Günther, Hans-Otto; Tempelmeier, Horst**: Produktion, 1994, Seite 181.

254 Abbildung 4.4 bis Abbildung 4.8 in Anlehnung an: **Domschke, Wolfgang; et al.**: Produktionsplanung, 1993, Seite 13. Ähnliche Abbildungen finden sich bspw. auch bei: **Günther, Hans-Otto; Tempelmeier, Horst**: Produktion, 1994, Seite 181. **Küpper, Hans-Ulrich; Helber, Stefan**: Ablauforganisation, 1995, Seite 15.

einer konvergierenden Erzeugnisstruktur (vgl. Abbildung 4.5) hat jedes Erzeugnis mehrere direkte Vorgänger, jedoch maximal einen direkten Nachfolger; bei einer divergierenden Erzeugnisstruktur (vgl. Abbildung 4.6) hingegen hat jedes Erzeugnis maximal einen direkten Vorgänger, jedoch mehrere direkte Nachfolger.

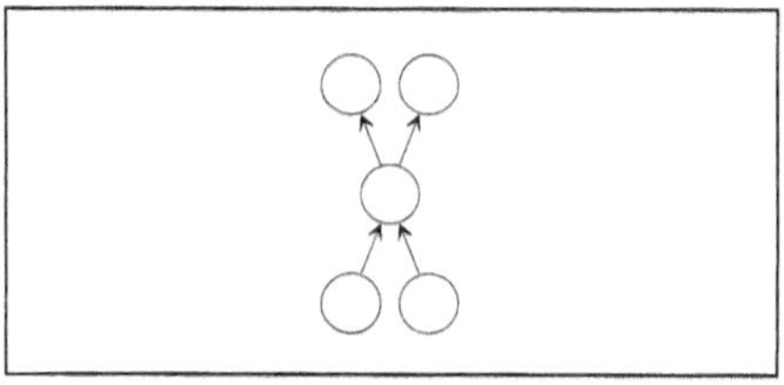

Abbildung 4.7: Umverteilende Erzeugnisstruktur

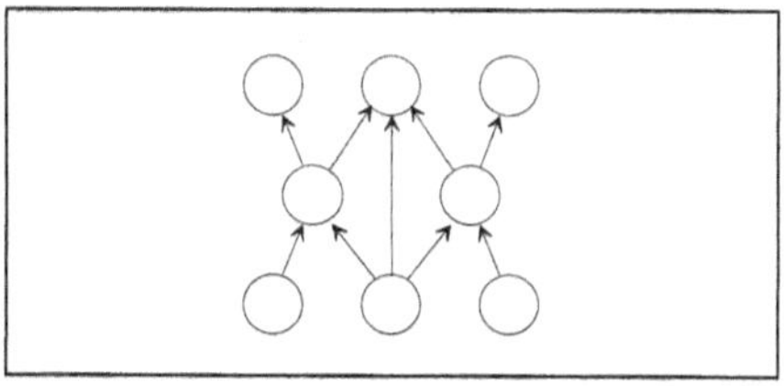

Abbildung 4.8: Generelle Erzeugnisstruktur

Besteht zwischen einer konvergierenden und einer divergierenden Erzeugnisstruktur eine Verbindung über genau ein Erzeugnis, so erhält man eine umverteilende Erzeugnisstruktur (vgl. Abbildung 4.7). Sind in einer Erzeugnisstruktur lineare, konvergierende und divergierende Teilstrukturen enthalten, so wird dies als eine generelle oder allgemeine Erzeugnisstruktur (vgl. Abbildung 4.8) bezeichnet.

Betrachtet man den für ein Enderzeugnis bzw. eine Enderzeugnisvariante isolierten Ausschnitt aus einer eine gegebene Menge von Enderzeugnissen bzw. Enderzeugnisvarianten beschreibenden Gesamtstruktur, so können die Anzahl und Verschiedenartigkeit der zur Herstellung dieses Enderzeugnisses eingesetzten Komponenten sowie die Anzahl und Verschiedenartigkeit der zwischen diesen Komponenten bestehenden Beziehungen bestimmt werden. Auch lassen sich aus dieser Erzeugnisstruktur die zur Herstellung des Enderzeugnisses erforderlichen Fertigungs- und Montageschritte und die bei der Herstellung anfallenden Güterströme ableiten.

Untersucht man die sich hinsichtlich der Gestaltung eines Erzeugnisses im Bereich des konstruktiven Aufbaus ergebenden Möglichkeiten, so kann eine Unterscheidung zwischen den Gestaltungsprinzipien der Differentialbauweise und der Integralbauweise vorgenommen werden:[255]

255 **Ehrlenspiel, Klaus**: Produktentwicklung, 1995, Seite 418f.

Mit der Integralbauweise wird angestrebt, im Konstruktionsprozeß eine Verringerung der insgesamt in ein gegebenes Erzeugnis eingehenden Komponenten durch die Zusammenfassung unterschiedlicher Komponenten zu einer integrierten Komponente zu erreichen. Bei der Differentialbauweise hingegen wird versucht, durch die Aufteilung einer Komponente in mehrere einfachere Komponenten die Anzahl der insges. in ein gegebenes Erzeugnis eingehenden Komponenten bei der Konstruktion zu erhöhen.[256] Differential- und Integralbauweise führen somit für ein gegebenes Erzeugnis zu unterschiedlichen Erzeugnisstrukturen, die eine unterschiedliche Anzahl an Komponenten und eine unterschiedliche Anzahl an Beziehungen zwischen diesen Komponenten aufweisen. In Abbildung 4.9 und Abbildung 4.10 sind bspw. die sich für ein nach Differential- und Integralbauweise konstruiertes Erzeugnis ergebenden Erzeugnisstrukturen dargestellt.

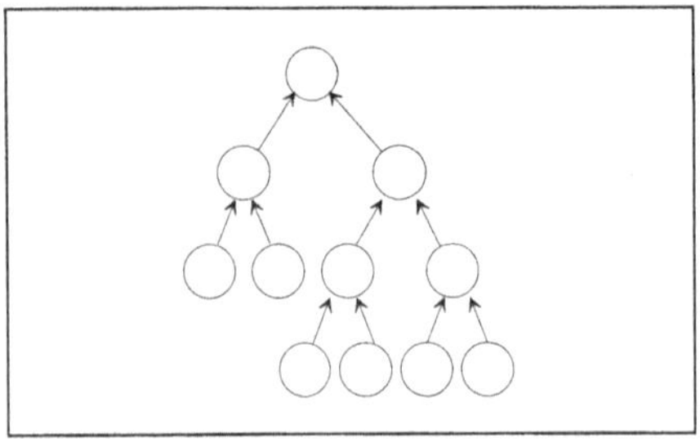

Abbildung 4.9: Differentialbauweise

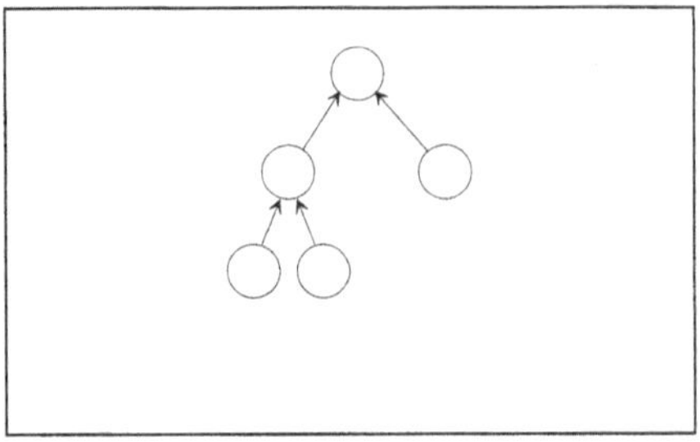

Abbildung 4.10: Integralbauweise

Die Vorteile der Integralbauweise liegen primär in der Verringerung der insges. in ein Erzeugnis eingehenden untergeordneten Komponenten, jedoch auch in der Einsatzmöglichkeit vergleichsweise einfacher Fertigungsverfahren und der Verringerung des Montageaufwandes. Als wesentliche Nachteile sind die vergleichsweise höheren Kosten für Modelle, Formen sowie ggfs. erforderliche Maschinen und Werkzeuge zu nennen.[257] Vorteile der Differentialbauweise sind das vergleichsweise geringere Fertigungsrisiko, die größeren Möglichkeiten zur Verwendung standardisierter Komponenten, die größeren Möglichkeiten zur Parallelisierung des Produktionsprozesses sowie die vereinfachte Möglichkeit der Anpassung des Erzeugnisses an sich verändernde

256 **Ehrlenspiel, Klaus**: Produktentwicklung, 1995, Seite 418f.
257 **Ehrlenspiel, Klaus**: Produktentwicklung, 1995, Seite 420f.

Anforderungen durch den Austausch einzelner Komponenten.[258] Mit steigenden voraussichtlichen Produktionsstückzahlen wird ein Übergang von der Differentialbauweise hin zur Integralbauweise für sinnvoll erachtet.[259]

4.2.2.2 Standardisierung

Einen weiteren Ansatzpunkt zur Gestaltung der aus der Gesamterzeugnisstruktur resultierenden Komplexität mit dem Ziel, die Anzahl der bei der Herstellung insges. Verwendung findenden Komponenten zu verringern, bietet die Standardisierung. Gegenstand der Standardisierung ist die Vereinheitlichung von Gegenständen und Verfahren. Bei der Standardisierung von Gegenständen wird allgemein zwischen Normung[260] und Typisierung (syn.: Typung)[261] unterschieden, wobei Normung auf die Standardisierung von Einzelteilen und Baugruppen und Typisierung auf die Standardisierung von Enderzeugnissen bezogen wird.[262] Vor dem Hintergrund der Reduktion der Anzahl, Verschiedenartigkeit und Veränderlichkeit von eigengefertigten Einzelteilen und Baugruppen kommt hinsichtlich des Geltungsbereichs der Normierung den Werksnormen eine besondere Bedeutung zu.[263]

---

258 **Ehrlenspiel, Klaus**: Produktentwicklung, 1995, Seite 421f.

259 **Ehrlenspiel, Klaus**: Produktentwicklung, 1995, Seite 418f. Ehrlenspiel vergleicht einen aus 11 Einzelteilen verschraubten Funktionsträger mit einem entsprechenden Feingußteil, bei dessen Herstellung eine Fertigungszeitersparnis von 62% und eine Kostenersparnis von 72% realisiert werden konnte. **Erlenspiel, Klaus**: Produktentwicklung, 1995, Seite 420.

260 Nach DIN 820 ist die Normung eine „planmäßige, durch die interessierten Kreise gemeinschaftlich durchgeführte Vereinheitlichung von materiellen und immateriellen Gegenständen zum Nutzen der Allgemeinheit." **Deutsches Institut für Normung**: Normungsarbeit, 1987, Seite 81.

261 **Reese, Joachim**: Standardisierung, 1993, Spalte 3942. **Wiese, Harald; Geisler, Michael**: Standardisierung, 1996, Spalte 1897. Anders bei: **Berger, Karl-Heinz**: Normung und Typung, 1979, Spalte 1354. Dort werden Normung und Standardisierung synonym verwendet.

262 **Reese, Joachim**: Standardisierung, 1993, Spalte 3942. **Wiese, Harald; Geisler, Michael**: Standardisierung, 1996, Spalte 1897.

263 Auf der Ebene der Reduktion der Verschiedenartigkeit von fremdbezogenen Komponenten gewinnen in Abhängigkeit von dem gewählten Sourcing-Konzept auch Verbandsnormen sowie nationale und internationale Normen an Bedeutung. **Reese, Joachim**: Standardisierung, 1993, Spalte 3944. **Wiese, Harald; Geisler, Michael**: Standardisierung, 1996, Spalte 1905.

4.2.2.3 Baukastensysteme

Eine weitgehend durchgeführte Typung und Normung ist die Voraussetzung für die Implementierung eines Baukastensystems.[264] Ein Baukasten besteht aus einer Zahl von weitgehend standardisierten Objekten (Bausteinen, Baueinheiten oder Modulen[265]) mit jeweils unterschiedlichen Teilfunktionen. Diese Bausteine können in unterschiedlicher Auswahl und unterschiedlicher Beziehung zueinander zu verschiedenen Erzeugnissen mit unterschiedlicher Gesamtfunktion zusammengefügt werden.[266] Bei den eingesetzten Bausteinen können standardisierte Basisbausteine, die in jedem der Produktsysteme[267] vorzufinden sind, Spezialbausteine, welche die Charakteristika eines bestimmten Erzeugnisses, bspw. einer Variante, festlegen und Anpaß-Bausteine, die für eine Verbindung von Basis- und Spezialbausteinen erforderlich sind, unterschieden werden.[268] Gegebenenfalls können zusätzlich noch weitere, individualisierte Objekte eingesetzt werden, durch die eine über die Kombination der standardisierten Basis- und Spezialbausteine herausgehende Breite an Funktionen in den Produktsystemen hergestellt werden kann.[269]

Vor dem Hintergrund einer Reduktion der Anzahl der bei einer Betrachtung von Erzeugnisstrukturen zu berücksichtigenden Planungsobjekte stellt die Entwicklung von Baukastensystemen eine besonders anspruchsvolle Gestaltungsmöglichkeit dar. Deutlich werden in diesem Zusammenhang auch die Vorteile des hierarchischen Aufbaus von Systemen, auf die schon an früherer Stelle[270] hingewiesen wurde. Ein Baukastensystem kann in diesem Sinne als ein komplexes, hierarchisch gegliedertes Produktsystem interpretiert werden, dessen Gesamtkonzeption zwar einen hohen einmaligen Entwicklungs- und Konstruktionsaufwand verursacht[271], dem jedoch ein verringerter laufender

264 **Wiese, Harald; Geisler, Michael**: Standardisierung, 1996, Spalte 1902.

265 **Wiese, Harald; Geisler, Michael**: Standardisierung, 1996, Spalte 1902.

266 **Ropohl, Günter**: Baukastensysteme, 1979, Spalte 294.

267 **Kern, Werner**: Produktionswirtschaft, 1992, Seite 100.

268 **Ehrlenspiel, Klaus**: Produktentwicklung, 1995, Seite 629.

269 **Ehrlenspiel, Klaus**: Produktentwicklung, 1995, Seite 629.

270 Vgl. nochmals die Parabel der beiden Uhrmacher Hora und Tempus in Abschnitt 3.1.3.4 auf Seite 58.

271 **Child, Peter; et al.**: Complexity, 1991, Seite 74f. **Baldwin, Carliss Y.; Clark, Kim B.**: Modularisierung, 1998, Seite 42. **Ropohl, Günter**: Baukastensysteme, 1979, Spalte 299.

Entwicklungs- und Projektierungsaufwand gegenübergestellt werden kann.[272] Bei der Entwicklung von Baukastensystemen stellt sich die Aufgabe, ein bestehendes Spektrum an Enderzeugnissen bzw. Enderzeugnisvarianten durch eine begrenzte Zahl an Bausteinen bei gleichzeitiger Beibehaltung von Flexibilität abzubilden, also Veränderlichkeit durchaus zuzulassen, ohne eine Verzögerung des technischen Fortschritts zu verursachen. Die Stabilität im Zeitablauf eines solchen Baukastensystems wird allgemein als recht groß angesehen, ggfs. kann durch den Austausch einzelner Subsysteme/Bausteine Veränderungserfordernissen Rechnung getragen werden.

4.2.2.4 Verlagerung des Variantenbestimmungspunktes

Im Rahmen einer Strategie des assembly postponement kann weiterhin untersucht werden, ob bei gegebener Anzahl an Enderzeugnisvarianten durch eine gezielte Verlagerung des Variantenbestimmungs-[273] (bzw. Entkopplungs-[274]) Punktes eine weitere Reduktion der aus der Erzeugnisstruktur resultierenden Komplexität erreicht werden kann. Absicht ist es, durch das Aufschieben („postponement") der variantenbestimmenden Differenzierung im Produktionsprozeß ein Erzeugnis möglichst lange in einem neutralen, d.h. noch keiner Variante endgültig zugeordneten Zustand zu belassen und hierdurch auf untergeordneten Ebenen der Erzeugnisstruktur nur eine begrenzte Anzahl von verschiedenartigen Komponenten zu betrachten. Von Pfohl[275] werden hierzu unterschiedliche Konzepte diskutiert. Eine erste, nur mit geringen ablauforganisatorischen Veränderungen und geringen Konstruktionsänderungen zu realisierende Möglichkeit zur Verlagerung des Variantenbestimmungspunktes[276] bietet sich dann an, wenn ausschließlich die Etikettierung oder die Verpackung bei ansonsten identischen Erzeugnissen die variantenbestimmenden

---

272 **Ropohl, Günter**: Baukastensysteme, 1979, Spalte 294.

273 **Wildemann, Horst**: Just-In-Time, 1988, Seite 254.

274 **Pfohl, Hans-Christian**: Logistikmanagement, 1994, Seite 145, dort auch als Order-Penetration-Point oder Decoupling-Point bezeichnet. **Rupper, Peter**: Produktionslogistik, 1987, Seite 79. **Adam, Dietrich**: Produktionsmanagement, 1997, Seite 43 und 61. **Eversheim, Walter; et al.**: Komplexität, 1998, Seite 32. **Fischer, Thomas M.**: Kostenbestimmungsfaktoren, 1993, Seite 30. **Meffert, Heribert**: Marketing, 1998, Seite 963. Bei Rosenberg findet man auch den Begriff „späte Variantendifferenzierung", **Rosenberg, Otto**: Variantenfertigung, 1996, Spalte 2126.

275 **Pfohl, Hans-Christian**: Logistikmanagement, 1994, Seite 143f.

Einflußfaktoren darstellen. In diesem Fall kann die Festlegung einer Variante beispielsweise durch absatzländerspezifische Etikettierung oder Verpackung im Fertigwarenlager nach Eingang eines Kundenauftrages erfolgen.[277]

In der Regel besteht jedoch eine über Etikettierung oder Verpackung hinausgehende Differenzierung der Varianten, die für eine Verlagerung des Variantenbestimmungspunktes weitergehende Veränderungen sowohl bei der Fertigungsorganisation als auch bei der Konstruktion der Varianten erforderlich macht. Im Konstruktionsbereich bietet sich hier, aufbauend auf einer weitgehenden Standardisierung der einzelnen Komponenten, die Entwicklung und Einführung eines speziell auf eine möglichst späte Differenzierung ausgerichteten Baukastensystems an, bei dem zunächst nur Basisbausteine und erst zu einem späteren Zeitpunkt die variantenbestimmenden Spezialbausteine zum Einsatz kommen.

Ist die Identifikation und Verlagerung eines Variantenbestimmungspunktes nicht möglich, da beispielsweise durch den frühen konstruktionsbedingten Einsatz einzelner Spezialbausteine schon eine grobe Differenzierung der Varianten erfolgt, welche dann durch das sukzessive Hinzufügen weiterer Spezialbausteine eine zunehmende Differenzierung erfahren, besteht die Möglichkeit, mehrere (Teil-) Variantenbestimmungspunkte zu bestimmen und jeweils die Möglichkeiten zu deren Verlagerung zu untersuchen.[278]

Beispiel 4.1: In Abbildung 4.11 ist eine auf einem Baukastensystem basierende (fiktive) Erzeugnisstruktur für drei Enderzeugnisvarianten V_1, V_2 und V_3 dargestellt. Man erkennt, daß jeweils durch das Zusammenfügen der drei Spezialbausteine S_1, S_2 und S_3 mit dem Basisbaustein D eine frühzeitige Differenzierung der Varianten erfolgt. Im Gegensatz hierzu ist in Abbildung 4.12 eine alternativ mögliche Erzeugnisstruktur dargestellt, bei welcher der Variantenschwerpunkt verlagert wurde. Man erkennt, daß (unter den spezifischen Bedingungen dieses Beispiels) durch die Hinzunahme von zwei Basisbausteinen der Verzicht auf sechs Spezialbausteine ermöglicht wird.

276 **Wildemann, Horst**: Just-In-Time, 1988, Seite 254.
277 **Pfohl, Hans-Christian**: Logistikmanagement, 1994, Seite 144.
278 **Homburg, Christian; Weber, Jürgen**: Individualisierte Produktion, 1996, Spalte 662.

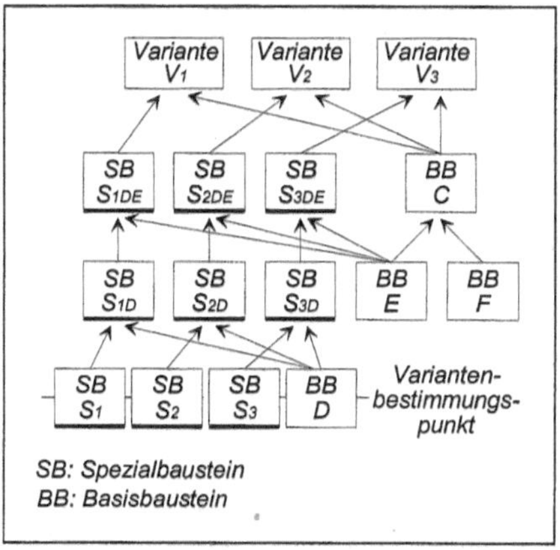

Abbildung 4.11: Erzeugnisstruktur vor der Verlagerung des Variantenbestimmungspunktes

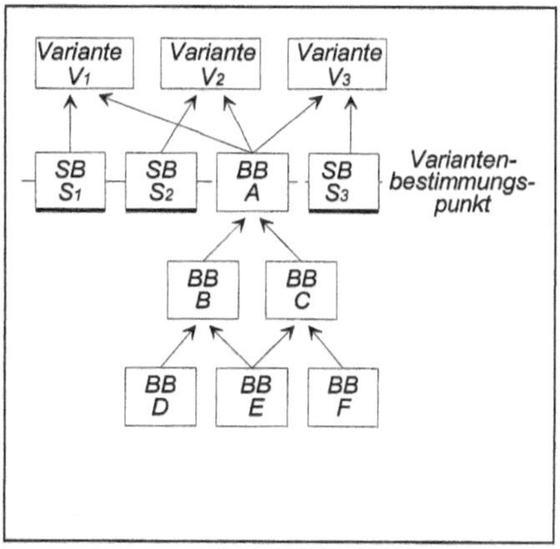

Abbildung 4.12: Erzeugnisstruktur nach der Verlagerung des Variantenbestimmungspunktes

Bei gegebener Anzahl herzustellender Enderzeugnisse bzw. Enderzeugnisvarianten kann durch die gezielte Gestaltung der Erzeugnisstruktur, insbes. durch die Verlagerung des Variantenschwerpunktes in Verbindung mit der Standardisierung untergeordneter Komponenten und der Entwicklung von Baukastensystemen die Anzahl der innerhalb der Erzeugnisstruktur zu berücksichtigenden Komponenten reduziert werden, wodurch jedoch die Verschiedenartigkeit der verbleibenden Komponenten zunimmt. Gleichzeitig wird die Anzahl der innerhalb der Erzeugnisstruktur bestehenden Strukturbeziehungen deutlich verringert, den verbleibenden Strukturbeziehungen fällt ein stärkeres Gewicht zu.

Durch eine gezielte Gestaltung der Erzeugnisstruktur unter Berücksichtigung der zuvor dargestellten Instrumente ist einerseits eine Verringerung der Komplexität des Produktsystem zu erwarten, andererseits wird auch eine teilweise Kompensation der aus einer Zunahme der Anzahl der Enderzeugnisse bzw. Enderzeugnisvarianten in Abschnitt 4.2.1 beschriebenen negativen Effekte auf den Produktionsprozeß realisiert. Vor dem Hintergrund der im Rahmen der Produktionsprozeßplanung in Abschnitt 4.4 noch zu beschreibenden Möglichkeiten der Differenzierung von Produktionssystemen ist jedoch darauf hinzuweisen, daß die durch die Gestaltung der Erzeugnisstruktur vorgenommene grobe Festlegung der Güterflüsse die dort verfügbaren Gestaltungspotentiale beeinflußt.

4.3 Gestaltungspotentiale im Bereich der Potentialplanung

Ist im Rahmen der taktischen Produktionsprogrammplanung die Entscheidung für den Fremdbezug bestimmter Inputfaktoren gefallen, so kann im Rahmen der taktischen Produktionspotentialplanung die grundsätzliche Entscheidung darüber getroffen werden, auf welche Art die Beschaffung dieser Inputfaktoren erfolgt. Der weite Bereich der Gestaltung von Beschaffungsstrategien unter Komplexitätsgesichtspunkten stellt einerseits auf die Anzahl der Lieferanten als relevante Objekte des Umsystems und den Grad der Intensität der zu den Lieferanten unterhaltenen Beziehungen und andererseits auf die Anzahl und Verschiedenartigkeit der von einem Lieferanten bezogenen Inputfaktoren ab.

Sourcing-Konzeptionen als grundlegende Bestandteile einer Beschaffungsstrategie können im wesentlichen hinsichtlich des Merkmals der Anzahl der Lieferanten, des Merkmals der Zusammensetzung der bezogenen Inputfaktoren, des Merkmals der räumlichen Ausdehnung der Beschaffungsaktivitäten sowie des Merkmals des Ortes der Wertschöpfung unterschieden werden.[279]

(1) Untersucht man das Merkmal der Anzahl der Lieferanten, von denen ein bestimmter Inputfaktor bezogen wird, so können als Merkmalsausprägungen die Konzepte Sole Sourcing, Single Sourcing, Dual Sourcing und Multiple Sourcing unterschieden werden.[280]

Sole Sourcing bezeichnet eine durch monopolistische Angebotsstruktur erzwungene Konzentration auf einen Lieferanten, während beim Single Sourcing die Beschaffung eines Inputfaktors bewußt bei nur einem ausgewählten Lieferanten erfolgt. Zu diesem wird eine langfristige und durch Rahmenvereinbarungen fixierte Bindung mit dem Ziel aufgebaut, Qualitäts- und Kostenvorteile zu realisieren. Den Vorteilen dieser einseitigen Orientierung steht als wesentlicher Nachteil die sich ergebende Abhängigkeit (hohe Austrittsbarrieren)

279 **Arnold, Ulli**: Sourcing-Konzepte, 1996, Spalte 1862.
280 **Arnold, Ulli**: Sourcing-Konzepte, 1996, Spalte 1864.

mit der Gefahr opportunistischen Verhaltens entgegen. Mit dem Konzept des Dual Sourcing wird versucht, diesem Nachteil durch eine Zusammenarbeit mit genau zwei Lieferanten zu begegnen. Ziel des Konzeptes des Multiple Sourcing hingegen ist es, durch geeignete Ausnutzung einer durch Zusammenarbeit mit mehreren Lieferanten entstehenden Wettbewerbssituation Kostenvorteile zu realisieren und gleichzeitig geringere Abhängigkeiten entstehen zu lassen. Geeignet erscheint diese Strategie für die Beschaffung von Inputgütern mit hohem Standardisierungsgrad. Angestrebt wird keine langfristige Lieferantenbeziehung.

Bei isolierter Betrachtung des Merkmals der Anzahl der Lieferanten erkennt man, daß mit der im Rahmen einer Single Sourcing- bzw. Dual Sourcing-Konzeption angestrebten Reduktion der Anzahl der Lieferanten eine gleichzeitige Steigerung der Intensität der Beziehungen mit diesen Lieferanten verbunden ist, die zudem auf eine im Zeitablauf geringere Veränderlichkeit ausgelegt ist. Im Gegensatz hierzu wird im Rahmen einer Multiple Sourcing Strategie versucht, auf die mit einer Zunahme der Anzahl der Objekte des Umsystems verbundenen Steigerung der Komplexität durch eine Verringerung der Intensität der letztlich resultierenden Beziehungen zu reagieren, wobei ein gleichzeitiges Ansteigen der zeitlichen Veränderlichkeit dieser Beziehungen angenommen wird.

Einer unter Komplexitätsgesichtspunkten vorgeschlagenen Verringerung der Anzahl der Lieferanten, ggfs. bis hin zum Konzept des Single Sourcing, wie man sie bspw. bei Adam[281], Wiendahl[282] oder Pfeiffer und Weiß[283] findet, kann gefolgt werden, wenn es gelingt, im Ausgleichsprozeß zwischen der Reduktion der Anzahl der Objekte der Umwelt sowie der damit verbundenen Reduktion der Anzahl der Beziehungen einerseits und der Intensivierung der verblei-

281 **Adam, Dietrich; Johannwille, Ulrich**: Komplexitätsfalle, 1998, Seite 25. Adam fordert im Zusammenhang mit der Beschreibung von konkreten Maßnahmen zur Komplexitätsreduktion: „Auch die Zahl der zu koordinierenden Beschaffungswege sollte durch Zusammenarbeit mit möglichst wenigen Zulieferern abgebaut werden (Single Sourcing)." Ähnlich Aussagen finden sich auch bei **Adam, Dietrich**: Produktionsmanagement, 1997, Seite 61.

282 **Wiendahl, Hans-Peter**: Herausforderungen, 1995, Seite 7.

283 **Pfeiffer, Werner; Weiß, Enno**: Lean Production, 1996, Spalte 1052.

benden Beziehungen andererseits mindestens eine Situation unveränderter Komplexität zu erhalten.[284]

(2) Erfolgt eine Abgrenzung von Sourcing-Konzepten hinsichtlich des Merkmals der Zusammensetzung der Inputfaktoren, so kann zwischen den Konzepten Unit Sourcing, Modular Sourcing und System Sourcing unterschieden werden:[285] Mit Unit Sourcing wird der Bezug einfacher Komponenten bezeichnet, während Modular Sourcing bzw. System Sourcing den Bezug von sich aus einer Vielzahl von untergeordneten Komponenten zusammensetzenden Modulen oder Bausteinen beinhaltet. Bei isolierter Betrachtung dieses Merkmals von Beschaffungsstrategien erkennt man, daß mit dem Übergang von einer Konzeption des Unit Sourcing hin zu einer Konzeption des Modular bzw. System Sourcing eine Verringerung der Anzahl der zu beschaffenden Inputfaktoren erreicht werden kann. Voraussetzung hierfür sind im Rahmen der taktischen Produktionsprogrammplanung geschaffene Rahmenbedingungen hinsichtlich der Gestaltung der Erzeugnisstruktur.

Gleichzeitig führt eine Konzeption des Modular bzw. System Sourcing tendenziell auch zu einer weiteren Reduktion der Anzahl der Lieferanten. Wiederum zu beachten ist in diesem Zusammenhang, daß eine Intensivierung der Beziehungen zu den Lieferanten erforderlich wird, die auf eine geringe Veränderlichkeit ausgelegt ist.

(3) Bezieht man weiterhin auch das Merkmal der räumlichen Ausdehnung der Beschaffungsaktivitäten mit in die Betrachtung ein, so kann eine Differenzierung zwischen den Konzepten Local Sourcing, Domestic Sourcing und Global Sourcing erfolgen:[286] Local Sourcing bezeichnet die Beschaffung eines Inputfaktors bei in enger räumlicher Nähe zum Bedarfsort angesiedelten Lieferanten, beim Domestic Sourcing wird der Aktionsradius auf ein ganzes Land und beim Global Sourcing schließlich auf den gesamten Weltmarkt ausgedehnt.

Aus dem Übergang von einer Konzeption des Local bzw. Domestic Sourcing hin zu einer Strategie des Global Sourcing resultieren weder eine Verände-

---

284 Vgl. nochmals Abschnitt 3.1.3.4, insbes. Beispiel 2.8.

285 **Arnold, Ulli**: Sourcing-Konzepte, 1996, Spalte 1865f.

286 **Arnold, Ulli**: Sourcing-Konzepte, 1996, Spalte 1866f.

rung der Anzahl der Lieferanten noch eine Veränderung der Anzahl der insges. bezogenen Inputfaktoren. Unter Komplexitätsgesichtspunkten ist vielmehr zu beachten, daß durch die weite Ausdehnung der Beschaffungsaktivitäten insbes. die Zahl der potentiellen Lieferanten stark ansteigt und somit die Selektionsproblematik ein besonderes Gewicht bekommt. Die Anforderungen an die Selektion der Objekte steigen an.

(4) Hinsichtlich des Merkmals des Objektes der Wertschöpfung durch den Lieferanten kann zwischen dem traditionellen Konzept der Herstellung der Inputfaktoren in der Produktionsstätte des Zulieferers, dem External Sourcing, und der räumlichen Integration im Rahmen des Internal Sourcing, bspw. durch die Integration von Produktionsstätten des Lieferanten in die Produktionsstätten des Abnehmers unter Beibehaltung der rechtlichen Unabhängigkeit der beteiligten Unternehmen, unterschieden werden.[287]

Auch der Übergang von einer Konzeption des External Sourcing hin zu einer Konzeption des Internal Sourcing beeinflußt bei isolierter Betrachtung nicht die Anzahl der Lieferanten oder die Anzahl der von diesen zu beziehenden Komponenten. Vielmehr stehen Aspekte der Intensivierung von Beziehungen und Aspekte der Reduktion von Veränderlichkeit dieser Beziehungen im Vordergrund.

Durch Kombination dieser vier beschriebenen Sourcing-Konzepte zu Beschaffungsstrategien[288] können unterschiedliche Strategien generiert werden, die sich hinsichtlich der Eignung in einem spezifischen Kontext und der Wirkungen hinsichtlich der Komplexität der Lieferantenbeziehungen unterscheiden:

(1) Für die Beschaffung von Inputfaktoren, die sich tendenziell durch einen hohen Spezialisierungsgrad bei geringer allgemeiner Verfügbarkeit und hoher Wertigkeit der Faktoren auszeichnen, wird eine durch die Merkmalsausprägungen Single Sourcing, System bzw. Modular Sourcing, Local Sourcing und Internal Sourcing gekennzeichnete Beschaffungsstrategie vorgeschlagen.[289] Diese Beschaffungsstrategie zeichnet sich durch die gezielte Selektion eines

287 **Arnold, Ulli**: Sourcing-Konzepte, 1996, Spalte 1866f.
288 **Arnold, Ulli**: Sourcing-Konzepte, 1996, Spalte 1872f.
289 **Arnold, Ulli**: Sourcing-Konzepte, 1996, Spalte 1872f.

Lieferanten aus, zu dem der Aufbau von intensiven und auf eine geringe Veränderlichkeit ausgerichteten Beziehungen erforderlich wird.

(2) Sind hingegen Inputfaktoren zu beschaffen, die sich tendenziell durch einen geringen Spezialisierungsgrad bei hoher allgemeiner Verfügbarkeit und einen relativ geringen Wert auszeichnen, so bietet sich eine durch die Merkmalsausprägungen Multiple Sourcing, Unit Sourcing, Global Sourcing und External Sourcing gekennzeichnete Beschaffungsstrategie an.[290] Charakterisiert werden kann diese Strategie durch den Aufbau von Beziehungen zu einer Vielzahl von Lieferanten, die jeweils nicht besonders intensiv ausgeprägt sind und die einer großen Veränderlichkeit unterworfen sein können.

(3) Im Zusammenhang mit dem Lean Production-Konzept wird der Übergang zu einer durch die Merkmalsausprägungen Single- bzw. Dual Sourcing, Modular Sourcing und Global Sourcing charakterisierten Beschaffungsstrategie angeregt.[291] Mit dem Übergang hin zu einer Konzeption des Single- bzw. Dual Sourcing sowie den Übergang hin zum Modular Sourcing wird wiederum der Aspekt der deutlichen Verringerung der Anzahl der Objekt der Umwelt bei gleichzeitig erforderlicher Intensivierung der zu diesen unterhaltenen Beziehungen aufgegriffen. Die Kombination dieser Merkmalsausprägungen wurde insbes. für die Beschaffung von Inputgütern mit einem hohen Spezialisierungsgrad bei allgemein geringer Verfügbarkeit sowie hoher Wertigkeit als besonders vorteilhaft eingeschätzt. Da auch die Anzahl der potentiellen Lieferanten für diese speziellen Inputfaktoren, zu denen Beziehungen aufgenommen werden könnten, vergleichsweise gering ist, entsteht zwar aus dem Übergang hin zu einer Global Sourcing Strategie weiterhin ein besonderes Problem hinsichtlich der Auswahl der geeigneten Lieferanten, dieses Selektionsproblem ist aber durchaus vergleichbar mit dem der Auswahl der geeigneten Lieferanten aus einer Vielzahl möglicher Lieferanten im Rahmen einer Local Sourcing Strategie zur Beschaffung von standardisierten Inputfaktoren.

---

290 **Arnold, Ulli**: Sourcing-Konzepte, 1996, Spalte 1872f.

291 Bei **Womack, James P.; Jones, Daniel T.**: Lean Thinking, 1997, Seite 26 wird am Beispiel der Porsche AG die Reduzierung der Anzahl der Zulieferer von 900 auf 300, von denen 60 als Systemlieferanten fungieren, beschrieben. In allgemeiner Form auch bei: **Pfeiffer, Werner; Weiß, Enno**: Lean Management, 1992, Seite 70ff. **Pfeiffer, Werner; Weiß, Enno**: Philosophie, 1993, Seite 33. Bei **Schneeweiß, Christoph**: Produktionswirtschaft, 1997, Seite 125 wird das Konzept der Lean Production ausschließlich auf das Merkmal der Verringerung der Fertigungstiefe reduziert.

Direkte Auswirkungen der Gestaltung von Beschaffungsstrategien auf den Produktionsprozeß werden insbes. aus einem Übergang hin zu einer Modular bzw. System Sourcing Konzeption resultieren. Wurden im Rahmen der Produktionsprogrammplanung die entsprechenden Voraussetzungen hinsichtlich der Gestaltung der Erzeugnisstruktur durch eine weitgehende Standardisierung sowie durch die Einführung eines auf die späte Differenzierung von Varianten ausgerichteten Baukastensystems geschaffen, so führt die mit einer Modular bzw. System Sourcing Konzeption verbundene Verringerung der Anzahl und Verschiedenartigkeit der Objekte zu einer weiteren Verringerung der Fertigungsbreite bzw. -tiefe.

4.4 Gestaltungspotentiale im Bereich der Prozeßplanung

Als zentrale Aufgaben der strategischen und taktischen Produktionsprozeßplanung wurden in den Abschnitten 2.3.1 und 2.3.2 die Festlegung der grundsätzlichen Produktionsabläufe, d. h. die Grundsatzentscheidungen über einen bestimmten Organisationstyp der Produktion[292] und die innerbetriebliche Layoutplanung identifiziert.

Das im dritten Kapitel entwickelte Schema zur allgemeinen Beschreibung von Komplexität und die hieraus abgeleiteten Mechanismen zur Handhabung von Komplexität sollen in diesem Abschnitt auf die Aufgabenbereiche der strategischen und taktischen Produktionsprozeßplanung bezogen werden. Eine besondere Stellung nimmt in diesem Zusammenhang wiederum der Aspekt der Differenzierung von Systemen als zentraler Anpassungsmechanismus ein, durch den eine Reaktion auf aus Wachstums- (bzw. Schrumpfungs-) prozessen resultierende Veränderung der Komplexität von Systemen ermöglicht wird. Bezogen auf die Differenzierung von Produktionssystemen soll hier erläutert werden, wie Wachstums- bzw. Schrumpfungsprozesse die Differenzierung von Produktionssystemen beeinflussen und somit zu bestimmten Organisationstypen der Produktion führen.

---

292 **Kern, Werner**: Produktionswirtschaft, 1992, Seite 91 und 153. Adam verwendet die Bezeichnung „Organisationsformen der Produktion", Kosiol die Bezeichnung „Typen der Fertigungsorganisation. **Adam, Dietrich**: Produktionsmanagement, 1997, Seite 17. **Kosiol, Erich**: Betriebswirtschaftslehre, 1968, Seite 189.

Es ist offensichtlich, daß die Differenzierung von Produktionssystemen eine wohlbekannte Form der Handhabung der Komplexität darstellt. Das hier zugrundegelegte formale Schema liefert jedoch eine Begründung dafür, wie aus der Veränderung der zwischen Produktionssystem und Umwelt bestehenden Komplexitätsdifferenzen der Übergang auf andere Formen der Differenzierung abgeleitet werden kann.

4.4.1 Organisationsbezogene Formen der Differenzierung von Produktionssystemen

Als ablauforganisatorisch bedeutsame Differenzierungsformen von Produktionssystemen sollen im folgenden zunächst die (polaren) Typen der Werkstattfertigung sowie der Fließfertigung und daran anschließend die Mischtypen der Werkstattfließfertigung und der Inselfertigung untersucht werden.

Die Synthese von Aufgaben nach dem Verrichtungsprinzip[293] führt zur Zusammenfassung gleichartige Tätigkeiten betreffender Aufgaben zu Aufgabenkomplexen, die jeweils verschiedene Objekte des gesamten Produktionsprogramms betreffen können. Eine typische Ausprägung dieser verrichtungsorientierten Bildung von Aufgabenkomplexen stellen Werkstätten dar, in denen Maschinen gleichen Typs zusammengefaßt sind.[294] Wird die Zusammenfassung von Aufgaben hingegen nach dem Objektprinzip[295] vorgenommen, so werden unterschiedliche Tätigkeiten bzw. Verrichtungen, die an einem bestimmten Objekt oder an einer Menge von Objekten vorgenommen werden, zu einem Aufgabenkomplex zusammengefaßt. Eine typische Ausprägung dieser (fertigungs-) objektorientierten Bildung von Aufgabenkomplexen stellt die Fließfertigung dar.[296]

Eine Entscheidung darüber, an welchen Kriterien sich die Bildung von Aufgabenkomplexen auszurichten hat, wird von einer Vielzahl von Faktoren beeinflußt. Kern nennt bspw. als Einflußfaktoren „[...] die Absatz- sowie die Produktionsprogramme jeweils in ihren qualitativen und quantitativen Dimensionen [...], die Arten der anzuwendenden Technologien [...], die Mentalität des

293 **Kosiol, Erich**: Betriebswirtschaftslehre, 1968, Seite 189.
294 **Kosiol, Erich**: Betriebswirtschaftslehre, 1968, Seite 189.
295 **Kosiol, Erich**: Betriebswirtschaftslehre, 1968, Seite 189.
296 **Kosiol, Erich**: Betriebswirtschaftslehre, 1968, Seite 189.

Personals [...], die räumliche Ausweitung [...] des Gesamtbetriebes und sein - außerbetriebliches - Umfeld [...].“[297]

4.4.1.1 Werkstattfertigung

Die klassische Grundform der verrichtungsorientierten Zusammenfassung von Teilaufgaben stellen Werkstätten dar; es wird eine räumliche Gruppierung von Betriebsmitteln vorgenommen, welche ähnliche oder gleiche Bearbeitungsaufgaben durchführen können. Die Fertigungsaufträge durchlaufen die zur Bearbeitung erforderlichen Werkstätten entsprechend ihrer individuellen, durch den Arbeitsplan festgelegten Arbeitsfolge.[298]

Als zentraler Vorteil einer solchen verrichtungsorientierten Differenzierung wird die hohe Elastizität und Flexibilität von Werkstätten gegenüber Veränderungen der Beschäftigung und Veränderungen des Produktionsprogramms herausgestellt. Hierbei kann es sich einerseits um die Flexibilität hinsichtlich möglicher Veränderungen der Schwerpunkte im bestehenden Produktionsprogramm als auch andererseits um Flexibilität hinsichtlich neu in das Produktionsprogramm aufgenommener Erzeugnisse handeln. Als weiterer Vorteil werden tendenziell geringere Rüstzeiten (bzw. Kosten) genannt.

Als Nachteile der reinen Werkstattfertigung werden tendenziell längere Durchlaufzeiten, längere Transportwege, höhere Bestände sowie eine geringe Transparenz hinsichtlich der Fertigungsabläufe angeführt.[299]

Eine besondere Eignung wird der Werkstattfertigung bei der kundenauftragsbezogenen Produktion individualisierter Erzeugnisse, die durch eine ständig variierende Auftragsstruktur mit stark schwankenden Materialflüssen gekennzeichnet ist, also insbes. im Bereich der Einzel- und Kleinserienfertigung, zugesprochen.[300]

---

297 **Kern, Werner**: Produktionswirtschaft, 1992, Seite 252f.

298 **Zäpfel, Günther**: Operatives Produktionsmangement, 1982, Seite 17. **Reichwald, Ralf; Dietel, Bernhard**: Produktionswirtschaft, 1991, Seite 437.

299 Zu den Vor- und Nachteilen der Werkstattfertigung vgl. auch die Übersichten bspw. bei: **Adam, Dietrich**: Produktionsmanagement, 1997, Seite 19. **Reichwald, Ralf; Dietel, Bernhard**: Produktionswirtschaft, 1991, Seite 437. **Eversheim, Walter**: Produktionstechnik, 1996, Seite 104. **Kortzfleisch, Gerd von**: Produktionsmethoden, 1990, Seite 170f. **Eversheim, Walter**: Produktionstechnik, 1996, Seite 104.

300 **Kreikebaum, Hartmut**: Unternehmensorganisation, 1994, Seite 187.

Beispiele 4.2 bis 4.6: Die in den Systemdiagrammen 4.1 bis 4.14 dargestellten Systeme sollen jeweils als Produktionssysteme interpretiert werden; die Objekte dieser Systeme repräsentieren Betriebsmittel, die gerichteten Kanten zwischen den Objekten repräsentieren im Zeitablauf mögliche Güterflüsse zwischen diesen Betriebsmitteln. Unterschiedlich dargestellte Objekte (bspw. ■ oder ●) sollen unterschiedlichen Klassen von Betriebsmitteln zugeordnete Betriebsmittel darstellen, unterschiedlich ausgeprägte gerichtete Kanten repräsentieren unterschiedlich ausgeprägte Güterflüsse, bspw. hinsichtlich der Häufigkeit ihres Auftretens und/oder der Menge der fließenden Güter. In den folgenden Ausführungen wird eine Unterscheidung von „prinzipiell möglichen Güterflüssen" und „zugelassenen Güterflüssen" verwendet, um einerseits das abstrakte Relationierungspotential in Form aller denkbaren Güterflüsse zwischen allen Betriebsmitteln eines Produktionssystems und andererseits die sich im Ergebnis aus Selektionsprozessen ergebende Struktur von Güterflüssen zu bezeichnen.

Die Komplexität des Produktionssystems kann der objektstrukturorientierten Sichtweise folgend über die Anzahl und Verschiedenartigkeit der Betriebsmittel sowie die Anzahl und Verschiedenartigkeit der Güterflüsse und der objektverhaltensorientierten Sichtweise folgend zusätzlich über deren Veränderlichkeit und Folgelastigkeit bestimmt werden.

Werden bei der Betrachtung von Wachstumsprozessen weitere Objekte einem System hinzugefügt, so entsprechen diese Objekte der jeweils im Kontext als relevant erachteten Klasse von Objekten.

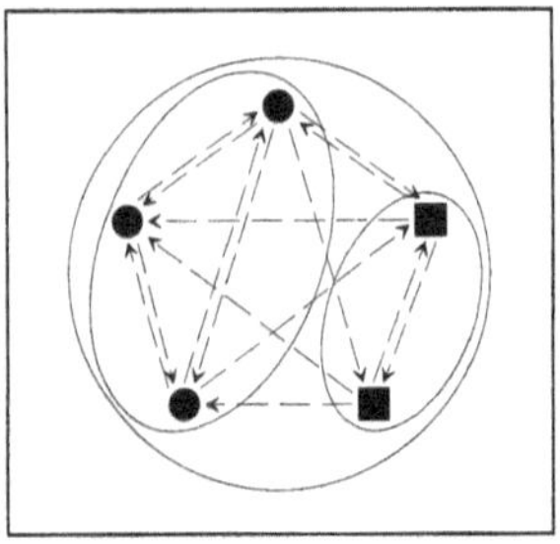

Systemdiagramm 4.1

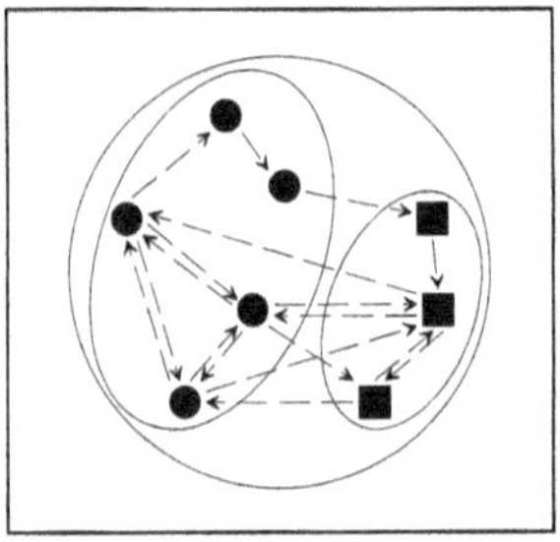

Systemdiagramm 4.2

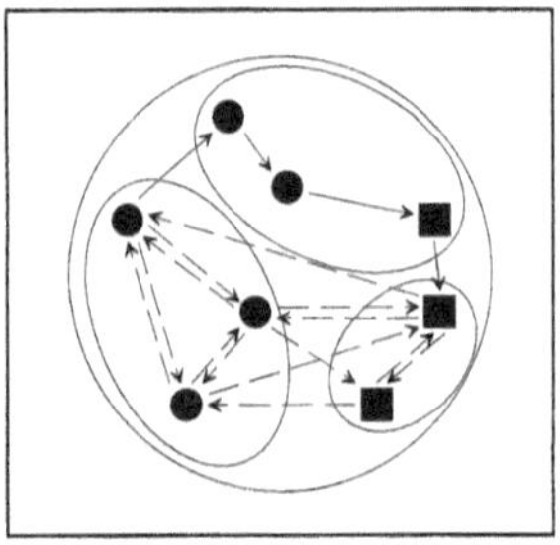

Systemdiagramm 4.3

Beispiel 4.2: Das in Systemdiagramm 4.1 dargestellte Produktionssystem kann als ein aus zwei Werkstätten bestehendes Produktionssystem interpretiert werden. Der oben beschriebene Aspekt der besonderen Flexibilität von Werkstätten hinsichtlich der Veränderlichkeit des Produktionsprogramms sowie der Aspekt der kundenauftragsbezogenen Produktion individualisierter Erzeugnisse zeigt sich darin, daß zwischen den Betriebsmitteln eine Vielzahl von Güterflüssen zugelassen sind, die jedoch nur schwach ausgeprägt sind; d. h. diese Güterflüsse treten im Zeitablauf selten auf und/oder umfassen nur eine geringe Anzahl an Gütern. Es handelt sich bei diesem Produktionssystem um ein vergleichsweise komplexes System.

Untersucht man die sich aus Wachstumsprozessen ergebende Veränderung der Komplexität dieses Produktionssystems, so führt die Hinzunahme weiterer Betriebsmittel in die Werkstätten zu einem Ansteigen der Anzahl der prinzipiell möglichen Güterflüsse und damit zu dem zwingenden Erfordernis, aus diesen prinzipiell möglichen Güterflüssen eine Auswahl der letztlich zugelassenen Güterflüsse vorzunehmen.

Während es in nur aus einer geringen Anzahl von Betriebsmitteln bestehenden Werkstätten durchaus noch vorstellbar erscheint und aus fertigungstechnischen Motiven auch zu begründen ist, daß die Anzahl der zugelassenen Güterflüsse innerhalb einer Werkstatt mit der Anzahl der prinzipiell möglichen Güterflüsse übereinstimmt, so muß mit zunehmender Anzahl der Betriebsmittel in den Werkstätten die Selektionsschärfe der im Ergebnis gewählten neuen Struktur zwangsläufig zunehmen. Auch die negative, eliminierte Selektivität steigt parallel an (vgl. Systemdiagramm 4.2). Werden die Möglichkeiten der Selektion von Güterflüssen durch die in Werkstätten geforderte Flexibilität beschränkt, die ein hohes Niveau an nicht eliminierter Selektivität in Form einer großen Zahl zugelassener Güterflüsse weiterhin erforderlich macht, so entsteht aus Wachstumsprozessen die Notwendigkeit, zur Handhabung von Komplexität eine weitergehende Differenzierung des Produktionssystems vorzunehmen, um das Dilemma zwischen Selektionserfordernis einerseits und Begrenzung von Selektivität andererseits aufzulösen. Dies führt in diesem Fall zur Bildung von Werkstätten in Werkstätten.

Gleiches gilt für die zwischen Werkstätten bestehenden Güterströme: Ist es noch bei einer geringen Anzahl von Betriebsmitteln vorstellbar, daß zwischen allen Betriebsmitteln auch werkstattübergreifende Güterströme bestehen können, so nimmt mit steigender Anzahl der Betriebsmittel die Notwendigkeit zu, eine Selektion der letztlich realisierten Güterströme aus der Menge der prinzipiell möglichen Güterströme vorzunehmen.

Mit steigender Selektionsschärfe der gewählten Struktur wird es jedoch gleichzeitig wahrscheinlicher, daß sich eine Struktur der Güterflüsse herausbildet, die einer weitergehenden Differenzierung zugänglich ist. So können sich Strukturen ergeben, die neben schwachen Güterströmen auch starke Güterflüsse aufweisen, d. h. Güterflüsse, die im Zeitablauf relativ häufig auftreten und/oder eine größere Anzahl von Gütern umfassen. Eine sich hieraus ergebende Möglichkeit der Differenzierung ist in Systemdiagramm 4.3 dargestellt.

4.4.1.2 Fließfertigung

Die klassische Grundform der (fertigungs-) objektorientierten Gestaltung von Produktionssystemen stellt die Fließfertigung dar, die zu einer am Produktionsablauf bzw. der Bearbeitungsreihenfolge einer Gruppe von Erzeugnissen orientierten Anordnung der Betriebsmittel führt.[301]

Als ein wesentlicher Vorteil der Fließfertigung[302] ist zunächst die Verkürzung der Auftragsdurchlaufzeiten zu sehen. Diese werden einerseits durch eine tendenziell höhere Produktionsgeschwindigkeit erreicht, welche auf eine verstärkt mögliche Spezialisierung und Arbeitsteilung zurückgeführt werden kann. Andererseits ist ein tendenziell höherer Anteil an produktiven Zeiten festzustellen, der aus den weitgehend entfallenden Rüst-, Transport- und Liegezeiten resultiert. In Verbindung mit einer Reduktion der (Zwischenlager-) Bestände führt dies zu einer Senkung der Kapitalbindung im Umlaufvermögen. Weiterhin wird auf den vergleichsweise geringeren Raumbedarf durch reduzierte Verkehrsflächen sowie die größere Transparenz der Materialflüsse hingewiesen. Diesen Vorteilen stehen als Nachteile die im Vergleich zur Werkstattfertigung geringere Elastizität bei Beschäftigungsschwankungen und Flexibilität

---

301 Nimmt man eine tiefergehende Untergliederung der Formen der Fließfertigung vor, so kann eine Unterscheidung hinsichtlich des Kriteriums der „zeitliche Abstimmung“ in Fließfertigung ohne Zeitzwang (ungebundene Fließfertigung, nichttaktierte Fließfertigung, Reihenfertigung) und Fließfertigung mit Zeitzwang (gebundene Fließfertigung, taktierte Fließfertigung) vorgenommen werden. Bei der Fließfertigung ohne Zeitzwang erfolgt die Anordnung der Betriebsmittel nach der Prozeßreihenfolge, die einzelnen Arbeitsgänge werden jedoch zeitlich unabhängig voneinander ausgeführt. Bei Fließfertigung mit Zeitzwang hingegen erfolgen sowohl die ausführenden Tätigkeiten als auch der Transport zwischen den einzelnen Betriebsmitteln in einem festen zeitlichen Rhythmus. Weiterhin von Interesse ist auch die Unterscheidung hinsichtlich des Kriteriums „Ursache der Realisierung“, wobei zwischen produktionstechnisch bedingter Fließfertigung (Zwangslauffertigung) und organisationsbedingter Fließfertigung unterschieden werden kann. Letztere wird nicht durch technologische Gegebenheiten bedingt, sondern stellt das Ergebnis gezielter organisatorischer Überlegungen dar. Vgl. bspw.: **Corsten, Hans**: Produktionswirtschaft, 1996, Seite 36. **Küpper, Hans-Ulrich; Helber, Stefan**: Ablauforganisation, 1995, Seite 20.

302 Zu den Vor- und Nachteilen der Fließfertigung vgl. auch die Übersichten bei: **Adam, Dietrich**: Produktionsmangement, 1997, Seite 19. **Kortzfleisch, Gerd von**: Produktionsmethoden, 1990, Seite 170f. **Küpper, Hans-Ulrich; Helber, Stefan**: Ablauforganisation, 1995, Seite 20.

bei grundlegenden Änderungen des Produktionsprogramms gegenüber. Auch sind tendenziell höhere Investitionen im Anlagevermögen erforderlich. Eine besondere Eignung der Fließfertigung wird im allgemeinen angenommen, wenn die Erstellung von standardisierten Erzeugnissen, für die eine hohe und gleichbleibende Nachfrage prognostiziert werden kann, in Form von Massen-, Großserien- und Sortenproduktion erfolgt.[303]

Beispiel 4.3: Das in Systemdiagramm 4.4 dargestellte Produktionssystem kann als ein Produktionssystem mit Fließfertigung interpretiert werden. Im Vergleich zu dem in Systemdiagramm 4.1 dargestellten Produktionssystem mit Werkstattfertigung erkennt man, daß dieses Produktionssystem als ein wesentlich weniger komplexes Produktionssystem beschrieben werden kann. Bei gleicher Anzahl und Verschiedenartigkeit der Betriebsmittel bestehen wesentlich weniger zulässige Güterströme, die dafür stark ausgeprägt sind, d.h. sehr häufig auftreten und/oder eine große Anzahl von Gütern umfassen. Hierdurch wird einerseits dem Aspekt der geringeren Flexibilität der Fließfertigung und andererseits dem Charakter der Massen-, Großserien- und Sortenfertigung entsprochen.

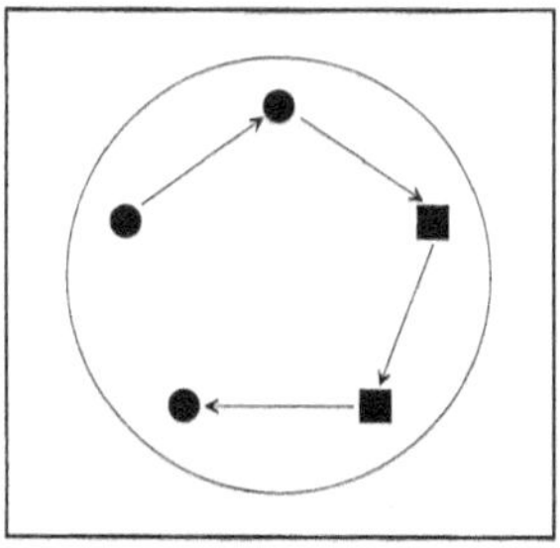

Systemdiagramm 4.4

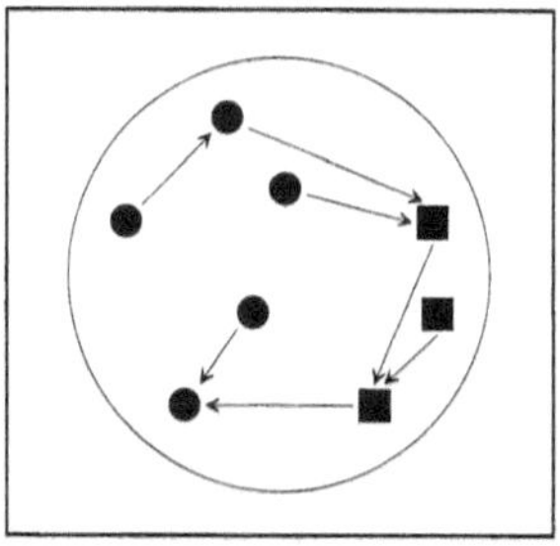

Systemdiagramm 4.5

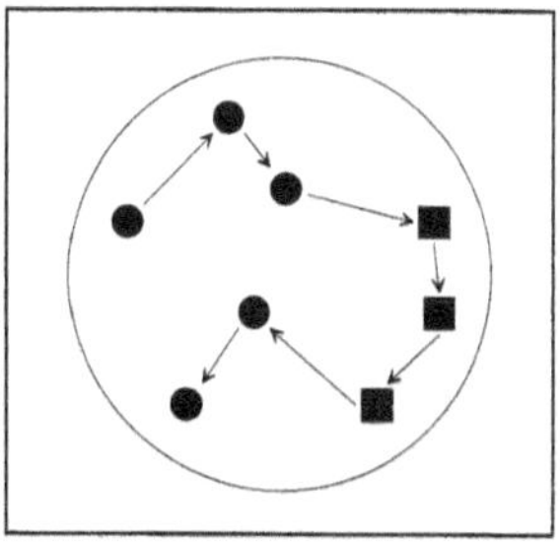

Systemdiagramm 4.6

Untersucht man wiederum die sich aus Wachstumsprozessen ergebende Veränderung der Komplexität dieses Produktionssystems und die hieraus resultierenden möglichen Anpassungsprozesse, so führt die Hinzunahme weiterer Betriebsmittel in das Produktionssystem zu einem Ansteigen der Anzahl der prinzipiell möglichen Güterflüsse und damit zur Notwendigkeit der Selektion der letztlich zu realisierenden Güterströme. Da sich schon die dem Wachstumsprozeß zugrunde liegende Struktur durch eine große Selektionsschärfe auszeichnet, d. h. im Rahmen der Entstehung dieser Struktur aus der Vielzahl von möglichen Güterflüsse nur einige wenige ausgewählt wurden, ist

303 **Adam, Dietrich**: Produktionsmanagement, 1997, Seite 19. **Corsten, Hans**: Produktionswirtschaft, 1996, Seite 36f. **Hahn, Dietger; Laßmann, Gerd**: Produktionswirtschaft,

davon auszugehen, daß im Rahmen der vorzunehmenden Überprüfung diese Struktur beibehalten werden kann. Da weiterhin auch hinsichtlich der negativen eliminierten Selektivität keine Begrenzungen bestehen, ergibt sich im Ergebnis eine Struktur, die weitgehend auf der ursprünglich gewählten Struktur aufbaut (vgl. als mögliche Beispiele Systemdiagramm 4.5 und Systemdiagramm 4.6).

4.4.1.3 Zwischentypen der organisationsorientierten Differenzierung von Produktionssystemen

Zwischen diesen beiden idealtypischen Grundtypen der organisationsorientierten Differenzierung von Produktionssystemen lassen sich Zwischentypen der Differenzierung von Produktionssystemen identifizieren, die versuchen, die Vorteile der Werkstattfertigung mit den Vorteilen der Fließfertigung zu verbinden.[304]

4.4.1.3.1 Werkstattfließfertigung

Der Organisationstyp der Werkstattfließfertigung[305] verknüpft eine an den Verrichtungen orientierte Gruppierung von Betriebsmitteln in Werkstätten mit einer flußorientierten Anordnung der gebildeten Werkstätten.

Im Vergleich zur reinen Werkstattfertigung kann hierdurch insbes. die Zahl der möglichen Transportbeziehungen tendenziell verringert werden, da nur Übergänge innerhalb der Werkstätten sowie zwischen direkt aufeinanderfolgenden Werkstätten vorgesehen werden.[306] Als besonders geeignet wird diese Form der Differenzierung von Produktionssystemen dann angesehen, wenn bei Sortenfertigung an allen betrachteten Erzeugnissen gleichartige Operationen in gleicher Reihenfolge durchzuführen sind, die Einrichtung einer reinen

1986, Seite 41. **Kern, Werner**: Produktionswirtschaft, 1992, Seite 93.

304 **Corsten, Hans**: Produktionswirtschaft, 1996, Seite 37. **Corsten, Hans**: Neuere Organisationsformen, 1996, Seite 3.

305 **Küpper, Hans-Ulrich; Helber, Stefan**: Ablauforganisation, 1995, Seite 20f. **Domschke, Wolfgang; et al.**: Produktionsplanung, 1993, Seite 7.

306 **Corsten, Hans**: Produktionswirtschaft, 1996, Seite 38.

Fließfertigung jedoch insbes. wegen schwankender Stückzeiten als unzweckmäßig angesehen wird.[307]

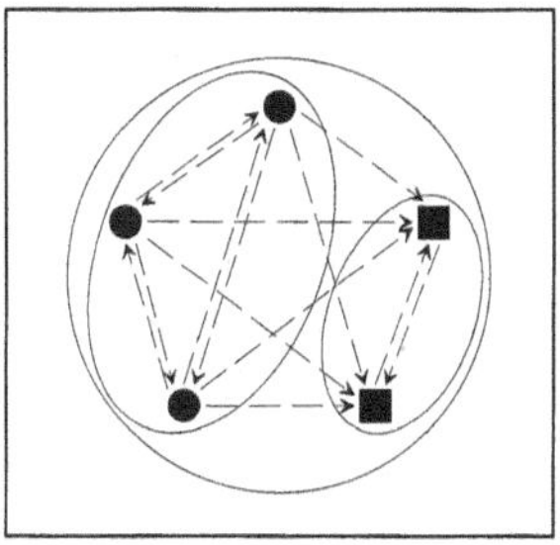

Systemdiagramm 4.7

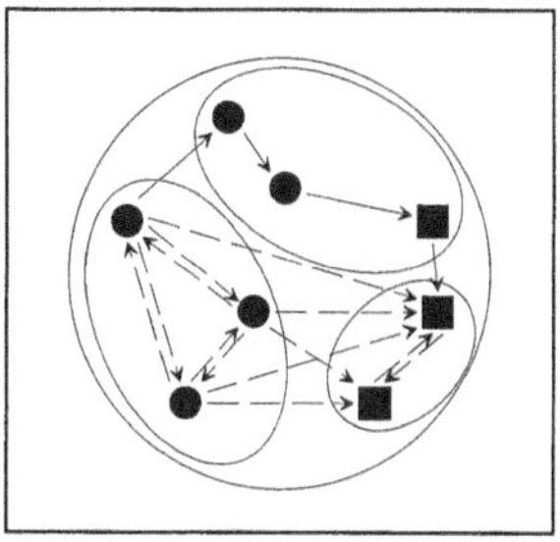

Systemdiagramm 4.8

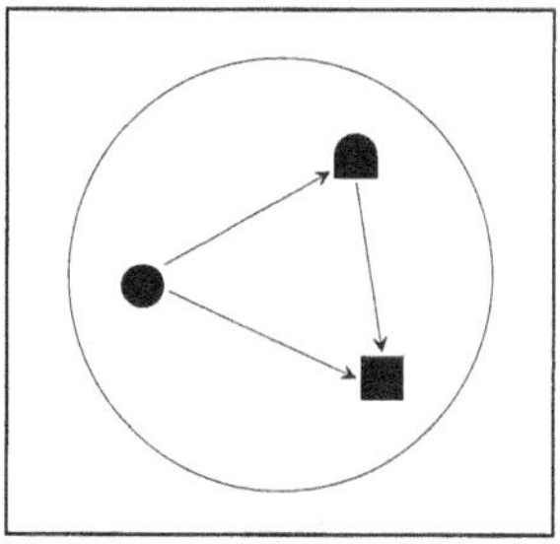

Systemdiagramm 4.9

Beispiel 4.4: Das in Systemdiagramm 4.7 dargestellte Produktionssystem kann als ein Produktionssystem mit Werkstattfließfertigung interpretiert werden. Man erkennt, daß, wie schon in Systemdiagramm 4.1, zwei Werkstätten gebildet wurden. Besonders charakterisierend für dieses Produktionssystem ist, daß zwischen den beiden Werkstätten jeweils nur Güterströme in eine Richtung fließen. Hierdurch wird der Aspekt der flußorientierten Anordnung der Werkstätten abgebildet. Während jedoch bei der Inselfertigung (vgl. Systemdiagramm 4.10) jeweils nur ein stark ausgeprägter Güterfluß zwischen den Produktionssystemen besteht, bestehen hier eine Vielzahl von zugelassenen Güterflüssen zwischen unterschiedlichen Betriebsmitteln der beiden Werkstätten.

Untersucht man wiederum die sich aus Wachstumsprozessen ergebende Veränderung der Komplexität dieses Produktionssystems, so führt die Hinzunahme von weiteren Betriebsmitteln in die Werkstätten zu einem Ansteigen der zwischen diesen Betriebsmitteln möglichen Güterströme und damit zu der Notwendigkeit, eine Auswahl der letztlich zu realisierenden zulässigen Güterströme vorzunehmen. Besteht die Notwendigkeit, ein bestimmtes Niveau an nicht eliminierter Selektivität aufrecht zu erhalten, so ergibt sich die Möglichkeit der Bildung von Werkstätten in Werkstätten. Besonders begünstigt durch die einseitige Ausrichtung der Güterströme zwischen den Werkstätten wird es als Folge von Wachstumsprozessen jedoch auch zunehmend wahrscheinlicher, daß sich unter Beibehaltung eines bestimmten Niveaus an nicht eliminierter Selektivität Strukturen herausbilden, die teilweise einer (fertigungs-) objektorientierten Differenzierung zugänglich sind, d. h. eine partielle Realisation

307 **Kreikebaum, Hartmut**: Unternehmensorganisation, 1994, Seite 190f. **Küpper, Hans-Ulrich; Helber, Stefan**: Ablauforganisation, 1995, Seite 20f.

von Fließfertigung ermöglich. Eine mögliche Struktur ist in Systemdiagramm 4.8 dargestellt.

Betrachtet man dieses Produktionssystem auf einer übergeordneten Referenzebene, so kann es als ein Produktionssystem bei Fließfertigung interpretiert werden (vgl. Systemdiagramm 4.9). Zur Interpretation von Wachstumsprozessen auf dieser Ebene können die in Abschnitt 4.4.1.2 beschriebenen Anpassungsmechanismen herangezogen werden.

4.4.1.3.2 Inselfertigung

Die Bildung von Fertigungs- bzw. Montageinseln[308] stellt wie die Werkstattfließfertigung eine mehrstufige Kombination von verrichtungsorientierter und (fertigungs-) objektorientierter Differenzierung von Produktionssystemen dar, nur daß bei dieser Form auf der untergeordneten Ebene zunächst eine (fertigungs-) objektorientierte Gruppierung der Betriebsmittel zu Fertigungsinseln erfolgt, welche auf einer übergeordneten Ebene verrichtungsorientiert angeordnet werden. Innerhalb der gebildeten Fertigungsinseln erfolgt eine mehrstufige Bearbeitung der Erzeugnisse. Der Materialfluß innerhalb einer Fertigungsinsel wird als variabel angenommen.[309]

Zentrales Differenzierungskriterium der Bildung von Fertigungsinseln stellen Erzeugnisse dar, die ähnliche Fertigungsanforderungen an die Betriebsmittel stellen und zu Teilefamilien oder Fertigungsfamilien zusammengefaßt werden können. Diesen Fertigungsfamilien werden die zur Herstellung erforderlichen Betriebsmittel zugeordnet, wobei das Ziel verfolgt wird, eine möglichst vollständige Bearbeitung einer Teilefamilie bzw. Fertigungsfamilie zu gewährleisten.[310]

Die Vorteile der Bildung von Fertigungsinseln liegen im Vergleich zur Werkstattfertigung insbes. in tendenziell geringeren Durchlaufzeiten, die aus geringeren Übergangszeiten resultieren. In Verbindung mit einer Reduktion der durchschnittlichen Bestände kann so eine Verringerung des Umlaufvermö-

---

308 **Reichwald, Ralf; Dietel, Bernhard**: Produktionswirtschaft, 1991, Seite 442f.

309 **Eversheim, Walter**: Produktionstechnik, 1996, Seite 105. **Hahn, Dietger; Laßmann, Gert**: Produktionswirtschaft, 1986, Seite 43. **Neumann, Klaus**: Produktionsmanagement, 1996, Seite 5.

310 **Corsten, Hans**: Neuere Organisationsformen, 1996, Seite 3.

gens erreicht werden. Die Verringerung der Anzahl der innerbetrieblichen Transporte, die im Idealfall einer vollständigen Bearbeitung der Erzeugnisse innerhalb einer Fertigungsinsel ausschließlich innerhalb dieser erfolgen, erhöht auch die Transparenz der Materialflüsse.[311]

Als ein wesentlicher mit der Bildung von Fertigungsinseln verbundener Nachteil ist zu nennen, daß die Betriebsmittel nicht im gleichen Maße ausgelastet werden können wie bei der Bildung von Werkstätten, da bedingt durch die eindeutige Zuordnung von Fertigungsaufträgen zu Fertigungsinseln die Möglichkeit eines inselübergreifenden Kapazitätsausgleichs entfällt.

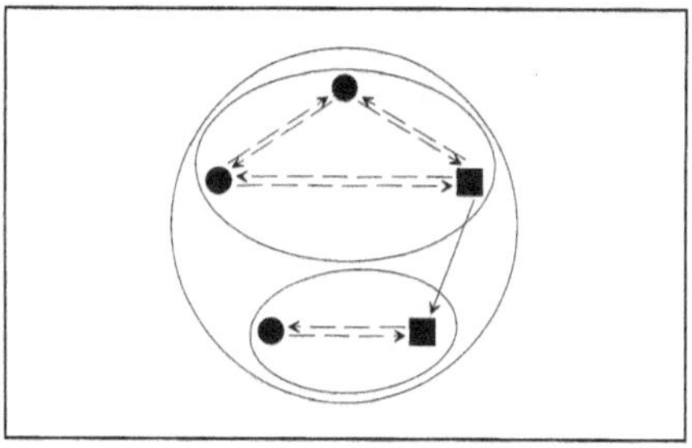

Systemdiagramm 4.10

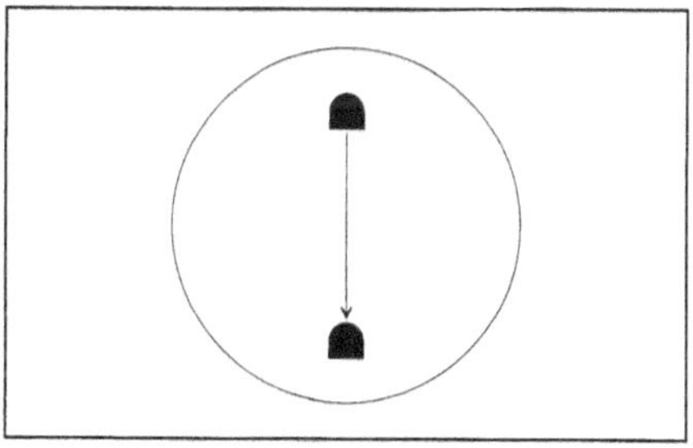

Systemdiagramm 4.11

Beispiel 4.5: Das in Systemdiagramm 4.10 dargestellte Produktionssystem kann als ein Produktionssystem mit Inselfertigung interpretiert werden. Gebildet wurden zwei Fertigungsinseln, in denen jeweils unterschiedlichen Klassen zugeordnete Betriebsmittel zusammengefaßt sind. Innerhalb einer Fertigungsinsel sind jeweils vielfältige und in der Regel vergleichsweise weniger stark ausgeprägte Güterflüsse zwischen den Betriebsmitteln zugelassen, zwischen den beiden Fertigungsinseln wird nur ein stark ausgeprägter gerichteter Güterfluß angenommen. Hierdurch wird der Aspekt der Komplettbearbeitung innerhalb einer Fertigungsinsel einerseits und der Aspekt der flußorientierten Anordnung der Fertigungsinseln andererseits abgebildet.

Untersucht man die sich aus Wachstumsprozessen innerhalb der einzelnen Fertigungsinseln ergebende Veränderung der Komplexität, so gelten wiederum die schon zuvor beschriebenen Mechanismen: Die Hinzunahme weiterer Betriebsmittel in eine Fertigungsinsel führt zu einem Ansteigen der prinzipiell möglichen Güterflüsse und damit zu der Notwendigkeit, aus diesen prinzipiell möglichen Güterflüssen eine Auswahl der letztlich zugelassenen Güterflüsse vorzunehmen. Die Selektionsschärfe der im Ergebnis gewählten Struktur

311 **Eversheim, Walter**: Produktionstechnik, 1996, Seite 105.

nimmt zu. Gleichzeitig wird es wahrscheinlicher, daß sich eine Struktur der Güterströme herausbildet, die einer weiteren Differenzierung zugänglich ist. Dies kann einerseits zur Bildung von Fertigungsinseln in Fertigungsinseln führen. Andererseits besteht jedoch auch die Möglichkeit, daß die bestehende Differenzierung aufgegeben wird und bspw. drei Fertigungsinseln gebildet werden.

Betrachtet man das beschriebene Produktionssystem auf einer höheren Referenzebene (vgl. Systemdiagramm 4.11), so kann dieses wiederum als ein Produktionssystem mit Fließfertigung beschrieben werden. Zur Interpretation von Wachstumsprozessen auf dieser Ebene können wiederum die in Abschnitt 4.4.1.2 beschriebenen Anpassungsmechanismen herangezogen werden.

4.4.2 Technologiebezogene Formen der Differenzierung von Produktionssystemen

Von den zuvor beschriebenen organisationsbezogenen Formen der Differenzierung von Produktionssystemen können die technologiebezogenen Formen der Differenzierung von Produktionssystemen unterschieden werden. Sie entsprechen im Prinzip dem Grundgedanken der Inselfertigung und verfolgen insgesamt das Ziel der Komplettbearbeitung von Werkstücken, beziehen sich jedoch nicht auf den Einsatz von konventionellen Technologien, sondern auf eine verstärkte Form der Automatisierung.[312]

Grundbaustein eines Flexiblen Fertigungssystems ist das Bearbeitungszentrum[313]. Ein Bearbeitungszentrum besteht aus einer numerisch gesteuerten Werkzeugmaschine, einem maschinennahen Werkzeugmagazin zur Aufnahme einer begrenzten Anzahl von Werkzeugen, einer automatischen Werkzeugwechseleinrichtung sowie einer automatischen Werkstückwechseleinrichtung.[314] Die in einem Bearbeitungszentrum zu bearbeitenden bzw. die bereits bearbeiteten Werkstücke können im begrenzten Umfang in einem maschinengebundenen Werkstückspeicher (Input-Output-Puffer) kurzfristig zwi-

---

312 **Schneeweiß, Christoph**: Produktionswirtschaft, 1997, Seite 13. **Neumann, Klaus**: Produktionswirtschaft, 1996, Seite 5.

313 **Zäpfel, Günther**: Operatives Produktionsmanagement, 1982, Seite 172.

314 **Tempelmeier, Horst**: Flexible Fertigungstechniken, 1996, Spalte 503.

schengespeichert werden. Durch diese Automatisierung der Fertigungshilfsprozesse wird es möglich, an einem Werkstück eine Reihe aufeinanderfolgender, unterschiedliche Werkzeuge benötigender Arbeitsgänge bis hin zur Komplettbearbeitung des Werkstückes vorzunehmen. Bedingt durch die begrenzte Werkstückspeichermöglichkeit können Bearbeitungszentren jedoch nur eine begrenzte Zeit ohne externe Versorgung arbeiten.[315] Eine Flexible Fertigungszelle entsteht durch die Erweiterung eines Bearbeitungszentrums um eine automatisierte Vorrichtung zum Einspannen der Werkstücke (Spannstation) sowie um einen maschinenunabhängigen Werkstückpuffer (Zentralpuffer) und um ein automatisiertes Werkstücktransportsystem.[316] Die Integration des maschinenunabhängigen Werkstückpuffers und des automatisierten Werkstücktransportsystems ermöglichen eine längere bedienerlose bzw. aufsichtsarme Fertigung.[317]

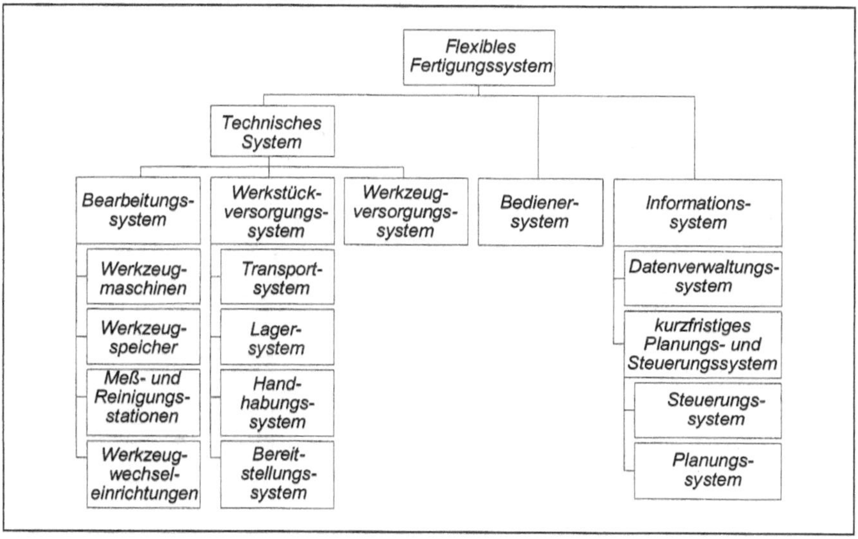

Abbildung 4.13: Elemente eines flexiblen Fertigungssystems[318]

315 **Tempelmeier, Horst; Kuhn, Heinrich**: Flexible Fertigungssysteme, 1993, Seite 5.

316 **Tempelmeier, Horst**: Flexible Fertigungstechniken, 1996, Spalte 504.

317 **Tempelmeier, Horst; Kuhn, Heinrich**: Flexible Fertigungssysteme, 1993, Seite 6.

318 Abbildung 4.13 in Anlehnung an: **Tempelmeier, Horst; Kuhn, Heinrich**: Flexible Fertigungssysteme, 1993, Seite 8.

Ein flexibles Fertigungssystem schließlich besteht aus mehreren Bearbeitungszentren, die über ein Werkstück- und Werkzeugversorgungssystem miteinander verbunden sind. Elemente des Bearbeitungssystems sind die einzelnen Werkzeugmaschinen, die diesen Maschinen jeweils angegliederten maschinennahen Werkzeugspeicher und -wechseleinrichtungen sowie weitere ergänzende Einrichtungen zum Reinigen und Prüfen.

In einem Bearbeitungssystem eingesetzt werden können sowohl NC- (Numerical Control), CNC- (Computerized Numerical Control) als auch DNC- (Direct Numerical Control) Maschinen. Hierbei kann es sich sowohl um Universalwerkzeugmaschinen, auf denen in Verbindung mit einem Werkzeug- und NC-Programmwechsel verschiedene Fertigungsverfahren durchgeführt werden können als auch um Spezialmaschinen handeln, auf denen ausschließlich ein Fertigungsverfahren durchgeführt werden kann. Die wichtigsten Elemente des Werkstückversorgungssystems eines Flexiblen Fertigungssystems sind das Werkstücktransportsystem, das Werkstücklagersystem, das Werkstückbereitstellungssystem und das Werkstückhandhabungssystem. Über das Werkstücktransportsystem wird die Verbindung zwischen den einzelnen Elementen des Bearbeitungssystems und dem Werkstücklager- und –bereitstellungssystem hergestellt. Das Werkstücklagersystem lagert die Werkstücke vor und nach den einzelnen Bearbeitungsschritten. Dabei stehen einerseits maschinengebundene lokale Speicherplätze an den Werkzeugmaschinen und andererseits maschinenungebundene zentrale Speicherplätze zur Verfügung.

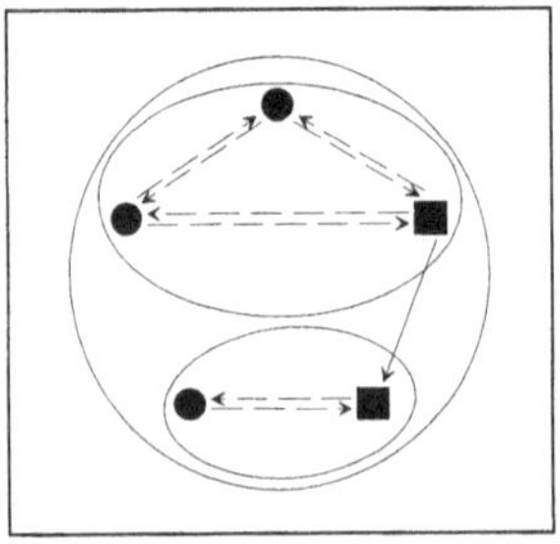
Systemdiagramm 4.12

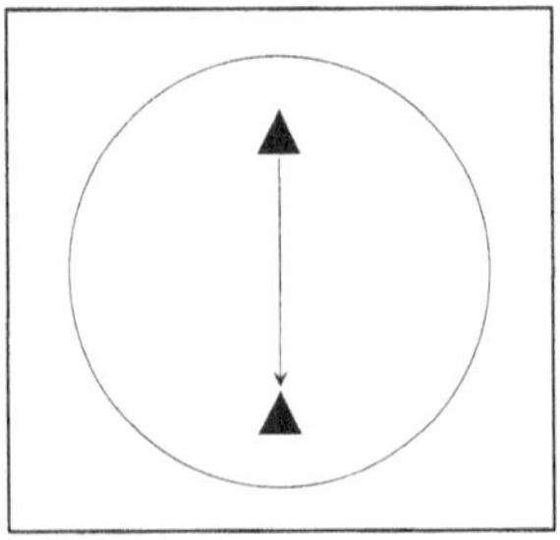
Systemdiagramm 4.13

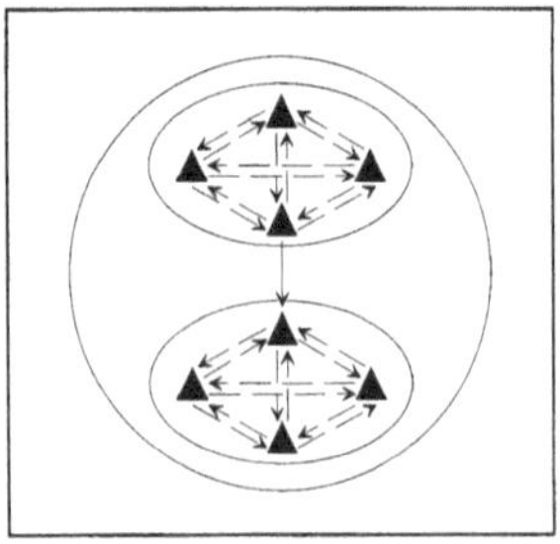
Systemdiagramm 4.14

Beispiel 4.6: Durch den Übergang von Systemdiagramm 4.12 auf Systemdiagramm 4.13 soll der Übergang von einer konventionellen Inselfertigung hin zu einer automatisierten Inselfertigung in Form eines flexiblen Fertigungssystems dargestellt werden. Wie man in

Systemdiagramm 4.13 erkennen kann, werden im Rahmen dieses Überganges jeweils die in einer Fertigungsinsel zusammengefaßten Betriebsmittel durch ein flexibles Fertigungssystem ersetzt. Der mit diesem Übergang verbundene Austauschprozeß kann als ein Reduktionsprozeß interpretiert werden, der zu einer Verringerung der Komplexität des betrachteten Produktionssystems führt. Gleichzeitig wird jedoch über ein Wachstum nach innen der Übergang auf eine niedrigere Referenzebene möglich. Ein solches Wachstum nach innen erfolgt, wenn nicht mehr das flexible Fertigungssystem als ein Ganzes betrachtet wird, sondern sich die Betrachtung auf die einzelnen oben beschriebenen Komponenten eines flexiblen Fertigungssystems bezieht. Wie man in Systemdiagramm 4.14 erkennt, stehen die einzelnen Komponenten des flexiblen Fertigungssystems jeweils in vielfältigen Beziehungen zueinander, während zwischen den einzelnen Komponenten unterschiedlicher flexibler Fertigungssysteme jeweils nur in einem sehr geringen Umfang Beziehungen bestehen.

4.4.3 Zusammenfassende Bewertung der Gestaltungspotentiale im Bereich der Produktionsprozeßplanung

Die in den beiden vorangegangenen Abschnitten beschriebenen Formen der organisationsorientierten und der technologieorientierten Differenzierung von Produktionssystemen können als Anpassungsformen im Rahmen einer komplexitätsorientierten Gestaltung von Produktionssystemen interpretiert werden.

Unter Bezug auf das im dritten Kapitel entwickelte formale Schema zur Beschreibung von Komplexität und der hieraus abgeleiteten Mechanismen zur Handhabung von Komplexität konnte gezeigt werden, daß die aus Wachstumsprozessen resultierende Veränderung der Komplexität zu einer Veränderung bestehender Differenzierungen von Produktionssystemen führen kann:

Ab einer bestimmten Anzahl der einem Produktionssystem zugeordneten Betriebsmittel, die es nicht mehr erlaubt, daß die zwischen den Betriebsmitteln zugelassenen Güterströme mit dem abstrakten Relationierungspotential in Form aller prinzipiell möglichen Güterflüsse übereinstimmt, besteht für ein Produktionssystem die Notwendigkeit, aus der Anzahl der prinzipiell möglichen Güterströme eine Auswahl der letztlich zugelassenen und realisierten Güterströme vorzunehmen.

Kommt dem für die Werkstattfertigung charakteristischen Aspekt der Flexibilität, hier interpretiert als die Notwendigkeit, eine große Anzahl von Güterflüssen zwischen den Betriebsmittel zuzulassen, eine besondere Bedeutung zu, dann besteht hinsichtlich der zuvor beschriebenen Selektionsmöglichkeiten eine Begrenzung. Es ist erforderlich, ein bestimmtes Niveau an nicht eliminierter Selektivität aufrecht zu erhalten. Nimmt als Folge von Wachstumsprozessen die Notwendigkeit zu, eine Auswahl der letztlich realisierten Güterflüsse vorzunehmen, dann kann der Widerspruch aus der zur Handhabung von Komplexität erforderlichen Selektion einzelner Güterflüsse einerseits und der zur Beibehaltung von Flexibilität erforderlichen Vielzahl von zugelassenen Güterflüssen andererseits nur durch eine Differenzierung des Produktionssystems aufgelöst werden. Bei Beibehaltung des ursprünglichen Typs der Fertigungsorganisation führt dies bspw. zur Bildung von Werkstätten in Werkstätten oder zur Bildung von Fertigungsinseln in Fertigungsinseln. Aus Reduktions- bzw. Schrumpfungsprozessen resultiert umgekehrt das Potential, bestehende Differenzierungen von Produktionssystemen zu überprüfen und ggfs. eine zuvor vorgenommene Differenzierung des Produktionssystems aufzugeben.

Gleichzeitig wurde auch gezeigt, daß als Folge von Wachstumsprozessen mit zunehmender Selektionsschärfe der zugelassenen Güterflüsse die Wahrscheinlichkeit zunimmt, daß sich spezifische Strukturen von Güterflüssen entwickeln, die neben schwach ausgeprägten Güterflüssen auch stark ausgeprägte Güterflüsse aufweisen können. Hierdurch wird ein Übergang hin zu einer flußorientierten Anordnung der Betriebsmittel in einzelnen Systemen ermöglicht. Unterstützt werden diese Entwicklungen durch die in den ersten beiden Abschnitten dieses Kapitels beschriebenen Bestrebungen im Rahmen einer Komplexitätsorientierung der Produktionsprogramm- und Produktionspotentialplanung, die tendenziell zu einer verstärkten Ausprägung einzelner Güterflüsse führen.

Wachstums- (bzw. Schrumpfungs-) prozesse können auf unterschiedlichen Referenzebenen betrachtet werden. Die beschriebenen Mechanismen behalten ihre Gültigkeit, unabhängig davon, ob bspw. Wachstumsprozesse in Fertigungsinseln durch die Hinzunahme von Betriebsmitteln oder Wachstumsprozesse auf der Ebene von Fertigungsinseln durch die Hinzunahme weiterer Fertigungsinseln betrachtet werden.

4.5 Integrierte Ansätze einer komplexitätsorientierten Gestaltung von Produktionssystemen

In den folgenden Abschnitten sollen zwei Ansätze, die den Grundgedanken der komplexitätsorientierten Gestaltung von Produktionssystemen verfolgen, beschrieben und unter dem Komplexitätsaspekt diskutiert werden. Im einzelnen sind dies der von Wildemann vorgeschlagene Ansatz der Fertigungssegmentierung und der von Womack et al. vorgeschlagene Ansatz der Lean Production.

4.5.1 Ansatz der Fertigungssegmentierung

4.5.1.1 Grundgedanken, Definitionsmerkmale und Gestaltungsprinzipien der Fertigungssegmentierung

Einen in der deutschsprachigen Literatur besonders exponierten Ansatz zur (fertigungs-) objektorientierten Differenzierung von Produktionssystemen stellt der Ansatz der Fertigungssegmentierung von Wildemann dar.

Unter Fertigungssegmenten werden nach Wildemann „[...] produktorientierte Einheiten verstanden, die durch eine spezifische Wettbewerbsstrategie, die Integration mehrerer Stufen der logistischen Kette, die Übertragung indirekter Funktionen sowie einen hohen Grad an Ergebnisverantwortung gekennzeichnet sind."[319]

Charakterisiert werden können Fertigungssegmente durch die fünf in Abbildung 4.14 zusammengefaßten Definitionsmerkmale. Zur Bildung der Segmente werden von Wildemann die in Abbildung 4.15 zusammengefaßten Gestaltungsprinzipien vorgeschlagen.

Das zentrale Definitionsmerkmal der Markt- und Zielausrichtung bei der Bildung von Fertigungssegmenten führt zur Untergliederung eines Produktionssystems in als Produkt-Markt-Produktion-Kombinationen[320] bezeichnete Fertigungsbereiche bzw. Fertigungssegmente. Idealtypischerweise werden die einzelnen Fertigungssegmente so gebildet, daß sie sich einerseits jeweils signifikant hinsichtlich der in einem Segment hergestellten Produkte, der von einem

319 **Wildemann, Horst**: Fertigungssegmentierung, 1996, Spalte 476f.

Definitionsmerkmale von Fertigungssegmenten

- *Markt- und Zielausrichtung*
- *Produktorientierung*
- *Integration mehrerer Stufen der logistischen Kette eines Produktes*
- *Übertragung indirekter Funktionen*
- *Kosten- / Ergebnisverantwortung*

Abbildung 4.14: Definitionsmerkmale von Fertigungssegmenten[321]

Gestaltungsprinzipien der Fertigungssegmentierung

- *Flußorientierung*
- *Kleine Kapazitätsquerschnitte in jeder Fertigungsstufe*
- *Räumliche Konzentration von Betriebsmitteln mit variablen Layout*
- *Selbststeuernde Regelkreise*
- *Komplettbearbeitung von Teilen und Baugruppen*
- *Selbstkontrolle der Qualität bzw. statische Prozeßkontrolle*
- *Entkopplung von Mensch und Maschine*
- *Teamorientierung*

Abbildung 4.15: Gestaltungsprinzipien von Fertigungssegmenten[322]

Segment belieferten Absatzmärkte und der in einem Segment eingesetzten Produktionsverfahren unterscheiden, andererseits aber innerhalb eines Segmentes möglichst große Gemeinsamkeiten hinsichtlich dieser Kriterien bestehen.[323] Durch diese Form der Differenzierung des Produktionssystems entsteht die Möglichkeit, jeweils eine spezifische Markt- bzw. Zielausrichtung des Fertigungssegmentes vorzunehmen und für unterschiedliche Fertigungssegmente unterschiedliche wettbewerbspolitische Strategien zu realisieren. Bei Wildemann wird bspw. auf die Möglichkeit hingewiesen, mit einem Fertigungssegment eine Strategie der Kostenführerschaft zu verfolgen und in diesem

320 **Wildemann, Horst**: Modulare Fabrik, 1994, Seite 47f. **Wildemann, Horst**: Fertigungssegmentierung, 1996, Spalte 477.

321 **Wildemann, Horst**: Modulare Fabrik, 1994, Seite 270.

322 **Wildemann, Horst**: Modulare Fabrik, 1994, Seite 47f. **Wildemann, Horst**: Fertigungssegmentierung, 1996, Spalte 477ff. **Wildemann, Horst**: Fertigungsumfang, 1994, Seite 153ff.

323 Die Vorgehensweise bei der Bildung von Fertigungssegmenten korrespondiert somit mit den im vorhergehenden Abschnitt beschriebenen Grundgedanken der Inselfertigung. Wildemann und Lauermann führen hierzu aus: „Bei der Bildung ist darauf zu achten, daß [...] zwischen den Segmenten möglichst wenige Leistungsbeziehungen bestehen" **Wildemann, Horst**: Fertigungssegmentierung, 1996, Spalte 477. „Allgemein gilt, je stärker sich Produkte voneinander unterscheiden, desto strikter muß die Trennung einzelner Fertigungssegmente vorgenommen werden." **Lauermann, Andreas**: Fertigungssegmente, 1994, Seite 24.

Fertigungssegment spezialisierte Fertigungseinrichtungen in einer „Rennerfertigung“ zusammenzufassen; in einem anderen Fertigungssegment hingegen eine Differenzierungsstrategie zu verfolgen und dieses Fertigungssegment als ein hochflexibles Segment zur „Exotenfertigung“ aufzubauen.[324] Das Definitionsmerkmal der Produktorientierung[325] überschneidet sich teilweise mit dem zuvor beschriebenen Merkmal der Markt- und Zielausrichtung. In diesem Zusammenhang wird betont, daß aus der (fertigungs-) objektorientierten Bildung der Segmente eine vergleichsweise geringere Fertigungsbreite innerhalb der Segmente resuliert. Gleichzeitig erhöht sich, bedingt durch die innerhalb der Segmente angestrebte Komplettbearbeitung einer abgegrenzten Menge von Produkten, die Fertigungstiefe. Mit der Steigerung der Fertigungstiefe verbunden ist das Definitionsmerkmal der Integration mehrerer Stufen der logistischen Kette.

Mit dem Definitonsmerkmal der Übertragung indirekter Funktionen wird darauf hingewiesen, daß innerhalb der Fertigungssegmente nicht nur primäre Produktionsaufgaben wahrgenommen werden sollen, sondern daß weitere Funktionen eingegliedert werden. Vorgeschlagen wird eine (Re-) Integration übergeordneter indirekter Funktionen, insbes. des Controlling, vorgelagerter indirekter Funktionen, insbes. von Entwicklung, Konstruktion, Auftragsverwaltung, Disposition und Werkzeug- und Vorrichtewesen, fertigungsbegleitender indirekter Funktionen wie Materialbereitstellung, Transport, Produktionssteuerung, Qualitätssicherung, Rüsten sowie Instandhaltung und nachgelagerter indirekter Funktionen, insbes. des Versandes.[326] Diese Funktionsintegration soll die Abgeschlossenheit der Fertigungssegmente sicherstellen.

Schließlich ermöglicht es die (fertigungs-) objektorientierte Segmentierung in Verbindung mit der weitreichenden Integration mehrerer Stufen der logistischen Kette sowie der Übertragung indirekter Funktionen, die Segmente als Cost- bzw. Profit-Center zu interpretieren. Unterscheidet man die gebildeten Fertigungssegmente hinsichtlich des Merkmals der Art der Leistungserstellung mit den Merkmalsausprägungen Sachgüter oder Dienstleistungen einerseits und hinsichtlich des Merkmals der Bestimmung der erstellten Leistungen mit

324 **Wildemann, Horst**: Modulare Fabrik, 1994, Seite 47f.
325 **Wildemann, Horst**: Modulare Fabrik, 1994, Seite 48f.
326 **Wildemann, Horst**: Modulare Fabrik, 1994, Seite 76.

den Merkmalsausprägungen unternehmensinterne oder unternehmensexterne Weiterverarbeitung bzw. -verwendung andererseits[327], so lassen sich vier Kombinationen von Merkmalsausprägungen unterscheiden:

Ein Segment, welches ausschließlich für die unternehmensinterne Weiterverarbeitung verwendete Sachgüter erstellt, wird in der Regel als ein Cost-Center organisiert. Voraussetzung ist eine weitgehende Entscheidungsbefugnis des Cost-Center-Leiters, die Kongruenz von Kostenverantwortung und Kostenbeeinflussungsmöglichkeit sowie die Integration aller erforderlichen indirekten Funktionen. Verfügt ein Segment darüber hinaus über einen Marktzugang und kann eine Zuordnung des Unternehmenserfolges zu diesem Segment vorgenommen werden, so besteht die Möglichkeit der Organisation des Segmentes als Profit-Center[328].

Auch Fertigungssegmente, die zentrale Koordinations- oder Dienstleistungsfunktionen erbringen, können, sofern die erbrachten Dienstleitungen für unternehmensinterne Einheiten erbracht werden, als Cost-Center organisiert werden. Handelt es sich bei den erbrachten Leistungen um marktgängige Dienstleistungen, so können auch diese Segmente als Profit-Center organisiert werden. Auf diese Weise werden Quasi-Unternehmungen in der Unternehmung[329] gebildet. Durch diese Implementierung von Marktdruck[330] bzw. marktwirtschaftlichen Prinzipien[331] werden motivationale Effekte ausgelöst.

Während die zuvor erläuterten fünf Definitionsmerkmale der allgemeinen Charakterisierung von Fertigungssegmenten dienen, werden mit den im folgenden diskutierten acht Gestaltungsprinzipien[332] konkretisierbare Empfehlungen für eine komplexitätsorientierte Gestaltung von Produktionssystemen gegeben:

Als ein erstes zentrales Gestaltungsprinzip der Fertigungssegmentierung wird die flußorientierte Anordnung der Betriebsmittel innerhalb der Segmente

---

327 **Lauermann, Andreas**: Fertigungssegmente, 1994, Seite 31f.

328 **Schweitzer, Marcell**: Profit-Center, 1992, Spalte 2078.

329 **Schweitzer, Marcell**: Profit-Center, 1992, Spalte 2082.

330 **Frese, Erich; Threuvsen, Ludwig**: Fertigungsorganisation, 1996, Spalte 471. **Wildemann, Horst**: Fertigungssegmentierung, 1996, Spalte 475.

331 **Wildemann, Horst**: Fertigungssegmentierung, 1996, Spalte 484.

332 Vgl. nochmals Abbildung 4.15 auf Seite 122.

hervorgehoben.[333] Die flußorientierte Anordnung der Betriebsmittel stellt nach Wildemann bei hinreichender Auslastung der Kapazitäten die kostengünstigste Form der Fertigungsorganisation dar. Insbes. können die Übergangszeiten und damit letztlich die Durchlaufzeiten tendenziell reduziert werden; auch ist eine Reduktion der durchschnittlichen Bestände realisierbar.[334]

Die flußorientierte Anordnung der Betriebsmittel setzt voraus, daß innerhalb eines Fertigungssegmentes eine Harmonisierung der Kapazitätsquerschnitte herbeigeführt wird. Im Rahmen des Ansatzes der Fertigungssegmentierung werden insges. vergleichsweise kleinere Kapazitätsquerschnitte[335] angestrebt, um eine Spezialisierung der einzelnen Segmente für spezielle Fertigungsaufgaben zu erreichen. Die hieraus resultierende Redundanz einzelner Betriebsmittel innerhalb eines Fertigungssegmentes reduziert das Ausfallrisiko und ermöglicht eine flexible Anpassung an Beschäftigungsschwankungen. Die Redundanz einzelner Betriebsmittel in unterschiedlichen Fertigungssegementen vermeidet eine fertigungssegmentübergreifende Konkurrenz um die Nutzung dieser Betriebsmittel[336] und trägt dadurch zur Entkopplung der Produktionsprozesse bei.

In direktem Zusammenhang mit der flußorientierten Anordnung der Betriebsmittel steht auch das Gestaltungsprinzip der räumlichen Konzentration von Betriebsmitteln mit variablem Layout.[337] Dieses variable Betriebsmittellayout soll eine Reaktion auf durch Veränderung des Produktionsprogramms induzierte Veränderungen in den Kapazitätsanforderungen einzelner Fertigungssegmente ermöglichen. Vorgeschlagen wird sowohl die zur Gewährleistung einer möglichst vorteilhaften Flußorientierung erforderliche Veränderung des Standortes einzelner Betriebsmittel innerhalb eines Fertigungssegmentes als auch

333 **Wildemann, Horst**: Modulare Fabrik, 1994, Seite 271f. Wildemann verwendet statt *Flußorientierung* durchgängig den Begriff *Flußoptimierung*.

334 **Wildemann, Horst**: Modulare Fabrik, 1994, Seite 200 und 271. **Wildemann, Horst**: Fertigungssegmentierung, 1996, Spalte 478. Vgl. auch die weiteren in Abschnitt 4.4.1.2 beschriebenen Vorteile der Fließfertigung.

335 **Wildemann, Horst**: Modulare Fabrik, 1994, Seite 273. **Wildemann, Horst**: Fertigungssegmentierung, 1996, Spalte 478.

336 **Wildemann, Horst**: Modulare Fabrik, 1994, Seite 273.

337 **Wildemann, Horst**: Fertigungssegmentierung, 1996, Spalte 478f.

insges. eine Variabilität der Zuordnung einzelner Betriebsmittel zu Fertigungssegmenten.[338]

Das Gestaltungsprinzip der Komplettbearbeitung von Teilen und Baugruppen[339] innerhalb eines Fertigungssegments zielt wie das Gestaltungsprinzip der flußorientierten Anordnung der Betriebsmittel auf eine Reduzierung der Übergangs- und Liegezeiten ab. Das Gestaltungsprinzip der Komplettbearbeitung von Teilen und Baugruppen weist jedoch auch darauf hin, daß unterschiedlich weit gefaßte Bereiche, auf die sich der Aspekt der Komplettbearbeitung beziehen kann, abgegrenzt werden. So kann sich die Komplettbearbeitung einerseits auf die Herstellung einer abgegrenzten Menge von Erzeugnissen vom Rohstoff bis hin zum Enderzeugnis erstrecken, es ist jedoch auch möglich, daß enger gefaßte Teilbereiche zu Segmenten zusammengefaßt werden.

Die aus der Komplettbearbeitung einer abgegrenzten Menge von Erzeugnissen innerhalb der Fertigungssegmente resultierenden Veränderungen ermöglichen die Integration des Gestaltungsprinzips der Teamorientierung[340] bzw. der Bildung von teilautonomen Arbeitsgruppen in das Konzept der Fertigungssegmentierung. Unter teilautonomen Arbeitsgruppen werden abgegrenzte (Mitarbeiter-) Gruppen verstanden, die mit Handlungsspielraum, insbes. Entscheidungs- und Kontrollkompetenzen, ausgestattet sind und die zusammen-

---

338 **Wildemann, Horst**: Modulare Fabrik, 1994, Seite 275. Voraussetzung aus technischer Sicht sind u. a. nichtfundamentierte Betriebsmittel. Auch auf Probleme bei der Späne- und Kühlmittelentsorgung wird von Wildemann hingewiesen.

339 **Wildemann, Horst**: Modulare Fabrik, 1994, Seite 277f.

340 Die bei **Wildemann, Horst**: Fertigungssegmentierung, 1996, Spalte 480 und **Wildemann, Horst**: Modulare Fabrik, 1994, Seite 283 im Zusammenhang mit der Erläuterung des Gestaltungsprinzips der Teamorientierung aufgezählten Aspekte (u.a.: Ausweitung der Entscheidungskompetenz, Stärkung der Eigeninitiative, Möglichkeiten zur Arbeitsbereicherung, Humanisierung des Arbeitsplatzes) sowie die bei **Lauermann, Andreas**: Fertigungssegmente, 1994, Seite 28 aufgezählten Aspekte (Integration von direkten Funktionen und Serviceaufgaben; Delegation von Verantwortung in den ausführenden Bereich; Nutzung der vor Ort existierenden Fachkenntnisse; Nutzung gruppendynamischer Prozesse; Förderung und Entwicklung vorhandener Innovations- und Problemlösungspotentiale; Reduzierung von Schnittstellen und Beschleunigung des Informationsflusses; Steigerung der Arbeitszufriedenheit und Verantwortung durch Erweiterung der Arbeitsumfänge und Einbeziehung von Umfeldaufgaben, Förderung unternehmerischen Denkens und Handelns durch Einräumung von Handlungs- und Entscheidungsspielräumen sowie durch Vereinbarung bereichsbezogener Ziele) lassen den Schluß zu, daß das Gestaltungsprinzip der Teamorientierung hier mit dem Konzept der teilautonomen Arbeitsgruppen gleichgesetzt werden kann.

hängende Aufgaben gemeinsam eigenverantwortlich zu erfüllen haben.[341] Das Konzept der teilautonomen Arbeitsgruppen geht damit über die reine Aufgabenerweiterung als horizontale Ausweitung des Tätigkeitsbereiches, die Aufgabenanreicherung als vertikale Ausweitung sowie den Arbeitsplatzwechsel hinaus und bietet einen größeren gestalterischen Spielraum. Als Vorteile der Einführung teilautonomer Arbeitsgruppen werden neben allgemeinen Demokratisierungsaspekten insbes. Motivations- und Flexibilisierungswirkungen gesehen[342], an letzteren Wirkungen knüpft auch Wildemann an. Die Motivationswirkung kann bspw. aus den das Motivationspotential bestimmenden Faktoren Fähigkeitsvielfalt (Unterschiedlichkeit von Tätigkeiten und Fähigkeiten), Aufgabenidentität (Ganzheitlichkeit), Aufgabenwichtigkeit, Autonomie (Freiheitsgrad bei der Ausführung der Arbeit) und Rückkopplung über den Erfolg der Leistungserbringung abgeleitet werden. Unterstellt wird, daß solche Gestaltungsspielräume im Gruppenzusammenhang eher realisiert werden können als an Einzelarbeitsplätzen. Die teilautonomen Arbeitsgruppen zugeordneten Flexibilitätswirkungen beruhen auf der Möglichkeit der Selbstorganisation.

Der sich aus dem Gestaltungsprinzip der Komplettbearbeitung von Teilen und Baugruppen ergebende abgegrenzte Aufgabenbereich innerhalb eines Fertigungssegments führt in Verbindung mit den im Rahmen der Teamorientierung eingeräumten Entscheidungs- und Kontrollkompetenzen der Mitarbeiter zur mit dem Gestaltungsprinzip der selbststeuernden Regelkreise[343] umschriebenen Übernahme von Steuerungsaufgaben durch die Mitarbeiter. Besonders hervorgehoben werden Aufgaben der Kapazitäts- und Auftragsüberwachung und Aufgaben der Qualitätssicherung.[344] Der letztgenannte Aufgabenbereich wird nochmals mit dem Gestaltungsprinzip der Qualitätssicherung[345] besonders hervorgehoben.

---

341 **Bartölke, Klaus**: Teilautonome Arbeitsgruppen, 1992, Spalte 2385. **Steinmann, Horst; Schreyögg, Georg**: Management, 1993, Seite 494.

342 **Bartölke, Klaus**: Teilautonome Arbeitsgruppen, 1992, Spalte 2391ff. **Frese, Erich; Threuvsen, Ludwig**: Fertigungsorganisation, 1996, Spalte 470.

343 **Wildemann, Horst**: Modulare Fabrik, 1994, Seite 276f. **Wildemann, Horst**: Fertigungssegmentierung, 1996, Spalte 478.

344 **Wildemann, Horst**: Modulare Fabrik, 1994, Seite 277.

345 **Wildemann, Horst**: Modulare Fabrik, 1994, Seite 278f.

Als ein letztes Gestaltungsprinzip der Fertigungssegmentierung wird die zeitliche und sachliche Entkopplung von Mensch und Maschine angeführt.[346] Dieses Gestaltungsprinzip weist insbes. auf die sich aus der Einführung neuerer Produktionstechnologien ergebenden Möglichkeiten hin, insbes. der Erweiterung des Nutzungszeitraumes der Anlagen, bspw. durch eine auslaufende Produktion in flexiblen Fertigungssystemen in einer weitgehend unbemannten dritten Schicht.[347]

4.5.1.2 Verfahren zur Differenzierung von Produktionssystemen

Die konkrete Umsetzung der zuvor beschriebenen Definitionsmerkmale bzw. der hieraus abgeleiteten Gestaltungsprinzipien in eine spezifische ablauforganisatorische Struktur erfolgt nach Wildemann in einem dreistufigen Verfahren. Die Ausgangsbasis bildet eine Analyse der Wettbewerbsposition des gesamten Unternehmens im Rahmen der strategischen Planung, die zur Bildung von strategischen Geschäftseinheiten in Form von Produkt-Markt-Produktion-Kombinationen führt.

Diese Produkt-Markt-Produktion-Kombinationen werden in einem zweiten, von Wildemann als vertikale Segmentierung bezeichneten Schritt, unter Berücksichtigung der gesamten Wertschöpfungskette innerhalb einer Produkt-Markt-Produktion-Kombination, in Fertigungssegmente unterteilt. Als allgemeine Gestaltungsregel wird angeführt, daß bei „der Bildung der produktorientierten Fertigungssegmente [...] darauf zu achten [ist], daß innerhalb der einzelnen Segmente Synergie- und Spezialisierungsvorteile realisiert werden und zwischen den Segmenten möglichst wenige Leistungsverflechtungen bestehen."[348]

Zentrales Differenzierungskriterium bei der vertikalen Fertigungssegmentierung ist der Fertigungsablauf innerhalb der Fertigungssegmente. Vorgeschlagen wird eine Gruppierung von funktions-, bauart- und fertigungsablaufähnlichen Produkten zu Produktgruppen mit dem Ziel, „in etwa gleiche Arbeits-

---

346 **Wildemann, Horst**: Modulare Fabrik, 1994, Seite 282. **Wildemann, Horst**: Fertigungssegmentierung, 1996, Spalte 479f.

347 Vgl. hierzu auch die Ausführungen über die Auswirkungen der Automatisierung auf die betriebliche Zielerreichung in **Schiemenz, Bernd**: Automatisierung, 1980, Seite 127ff.

gangfolgen und Maschinenbelegungszeiten sowie harmonisierte Abläufe im Segment sicherzustellen.“ [349] Die besondere Relevanz dieses Kriteriums wird mit der Orientierung an der Wertschöpfungskette und der hohen Bedeutung des Ziels der Durchlaufzeitverkürzung erklärt. In Abhängigkeit von dem konkreten Kontext müssen jedoch noch eine Reihe weiterer Differenzierungskriterien Berücksichtigung finden.[350]

Auf der Basis der zunächst vorgenommenen vertikalen Segmentierung wird in einem dritten Schritt anschließend versucht, die so gebildeten (vertikalen) Fertigungssegmente im Rahmen einer horizontalen Segmentierung weiter zu untergliedern. Ziel ist es, in grober Orientierung an den bestehenden Stufen des Fertigungsprozesses innerhalb der vertikalen Fertigungssegmente horizontale Fertigungssegmente zu bilden, die sich wiederum durch eine flußorientierte Anordnung der Betriebsmittel mit harmonisierten Kapazitätsquerschnitten auszeichnen. Auch diese Differenzierung kann sich an einer Reihe

---

348 **Wildemann, Horst**: Modulare Fabrik, 1994, Seite 49. Ähnlich auch: **Wildemann, Horst**: Fertigungssegmentierung, 1996, Spalte 477.

349 **Wildemann, Horst**: Modulare Fabrik, 1994, Seite 288f.

350 In diesem Zusammenhang werden von Wildemann eine Reihe von weiteren Differenzierungskriterien vorgeschlagen, deren praktische Relevanz in 48 konkreten Projekten ermittelt wurde. Neben dem als besonders relevant eingeschätzten Kriterium des Fertigungsablaufs sind dies (geordnet nach abnehmender Relevanz) die folgenden Kriterien: (2) Die durchschnittlich zu erwartende *Losgröße*, durch welche im wesentlichen die benötigten Kapazitätsquerschnitte bestimmt werden. (3) Mit dem Kriterium *Produkttypen* wird vorgeschlagen, die Differenzierung des Produktionssystems in Fertigungssegmente vorzunehmen, in denen jeweils die Produktion von funktions-, bauart- und fertigungsablaufgleichen Produkttypen zusammengefaßt wird, die sich durch annähernd gleiche Arbeitsgangfolgen und Maschinenbelegungszeiten auszeichnen und so zu harmonisierten Abläufen in den Fertigungssegmenten führen. (4) Die erwartete Stückzahl bzw. das zu erwartende Produktionsvolumen sowie mögliche Schwankungen und die Vorhersagegenauigkeit werden als ein Kriterium für die Möglichkeit einer strategieorientierten Differenzierung herangezogen. Durch sie wird, wie schon durch die zu erwartende durchschnittliche Losgröße, die zu erwartende Kapazitätsauslastung in den Fertigungssegmenten bestimmt. (5) Besonders betont werden auch die *Wettbewerbsfaktoren* Produktpreis, Produktstandardisierung, Qualitätsstandard sowie mögliche Freiheitsgrade bei den Lieferzeiten. Diese Kriterien sind wiederum in engem Zusammenhang mit der Strategieorientierung der Differenzierung zu sehen. (6) Auch wird vorgeschlagen, eine Differenzierung der Fertigungssegmente am Kriterium *Produktmix* zu orientieren, d. h. Fertigungssegmente nach den Produkttypen bzw. Produktvarianten sowie in Anhängigkeit von deren laufender Veränderungsrate zu bilden. (7) Hinsichtlich der *Absatzstruktur* wird schließlich eine Differenzierung in Fertigungssegmente für eine nachfrageorientierte Kundenauftragsproduktion und eine angebotsorientierte Lagerproduktion vorgeschlagen. **Wildemann, Horst**: Modulare Fabrik, 1994, Seite 286ff., dort auch Abb. 9-5a und Abb. 9-5b sowie 292f., dort Abb. 9-7.

von Kriterien orientieren,[351] wobei jedoch wiederum dem möglichen Fertigungsablauf unter Berücksichtigung der bestehenden Betriebsmittel eine besondere Bedeutung zukommt.

Im Ergebnis entsteht eine Intrasystemhierarchie von Produktionssystemen: Einzelne Betriebsmittel werden in horizontalen Fertigungssegmenten zusammengefaßt, mehrere horizonale Fertigungssegmente bilden ein vertikales Fertigungssegment und mehrere vertikale Fertigungssegmente eine Produkt-Markt-Produktion-Kombination.

4.5.1.3 Fertigungssegmentierung als komplexitätsorientierte Gestaltung von Produktionssystemen

Wie in Abschnitt 4.4.1.2 festgestellt wurde, wird im allgemeinen eine Möglichkeit zur Errichtung einer Fließfertigung dann angenommen, wenn die Produktion von standardisierten Erzeugnissen, für die eine hohe und gleichbleibende Nachfrage prognostiziert werden kann, in Form von Massen-, Großserien- und Sortenproduktion erfolgt. Im Rahmen des Konzeptes der Fertigungssegmentierung wird versucht, diese Form der Fertigungsorganisation auf eine Situation zu übertragen, die nicht durch die genannten Rahmenbedingungen gekennzeichnet ist. Mit den im vorhergehenden Abschnitt beschriebenen Gestaltungsprinzipien sind die Instrumente aufgeführt worden, die eine solche Übertragung unterstützen sollen.

Ausgangsbasis für diese Übertragung sind die in Abschnitt 4.2.1 zusammengestellten Gestaltungsmöglichkeiten im Rahmen der Produktionsprogrammplanung, mit denen das Ziel verfolgt wird, die Anzahl und Verschiedenartigkeit der herzustellenden Enderzeugnisse bzw. Enderzeugnisvarianten zu verringern. Weiterhin ist es auch erforderlich, auf der Basis der in Abschnitt 4.2.2 zusammengestellten Möglichkeiten eine Veränderung der (Gesamt-) Erzeugnisstruktur derart vorzunehmen, daß eine Verringerung der Anzahl und Ver-

351 Als Kriterien für eine horizontale Differenzierung werden von Wildemann genannt: (1) Der Fertigungsablauf, gekennzeichnet durch Fertigungsdaten, Fertigungsschritte und Fertigungszeiten, (2) die bestehenden Produktionsanlagen, gekennzeichnet über Kapazitätsquerschnitt, Verfügbarkeit, Automatisierungsgrad und Rüstzeiten, (3) der Materialfluß (Layout, Ver- und Entsorgung sowie Transport) sowie (4) das Personal (Anzahl, Arbeitsinhalte, Verantwortlichkeit und Entlohnung). **Wildemann, Horst**: Modulare Fabrik, 1994, Seite 287.

schiedenartigkeit der zur Herstellung einer gegebenen Menge von Enderzeugissen bzw. Enderzeugnisvarianten erforderlichen untergeordneten Komponenten erreicht wird. Aus beiden Gestaltungsmöglichkeiten resultiert eine Verringerung der Anzahl der insgesamt in einem Produktionssystem herzustellenden Erzeugnisse sowie tendenziell eine Zunahme der Produktionsmengen der verbleibenden Erzeugnisse. In diesem Sinne sind auch die in Abschnitt 4.3 im Rahmen der Produktionspotentialplanung betrachteten Gestaltungsmöglichkeiten einzubeziehen, insbes. die Möglichkeit des Modular Sourcing.

Die Ausnutzung der Gestaltungspotentiale im Rahmen der Produktionsprogramm- und Produktionspotentialplanung schafft die Voraussetzungen für die im Rahmen der Produktionsprozeßplanung vorzunehmende Differenzierung des Produktionssystems in (fertigungs-) objektorientierte Fertigungssegmente, in denen eine begrenzte Anzahl von Enderzeugnissen bzw. Enderzeugnisvarianten hergestellt wird.

Bedingt durch die Strategieorientierung der gebildeten Fertigungssegmente entstehen einerseits (vertikale) Fertigungssegmente, die als wenig komplexe Produktionssysteme beschrieben werden können, andererseits jedoch auch (vertikale) Fertigungssegmente, die als sehr komplexe Produktionssysteme beschrieben werden können.

Das Fertigungssegment zur „Rennerfertigung" stellt den Idealtyp eines (vertikalen) Produktionssystems mit vergleichsweise geringer Komplexität dar.[352] In diesem Fertigungssegment wird nur eine begrenzte Anzahl von Enderzeugnissen bzw. Enderzeugnisvarianten hergestellt, die hinsichtlich der zu ihrer Herstellung erforderlichen Verfahrensschritte nur geringe bzw. im Idealfall keine Unterschiede aufweisen, bei deren Herstellung ein großes Mengenvolumen erreicht werden kann und die in einem idealerweise vollständig flußorientierten Fertigungssegment auf Betriebsmitteln mit tendenziell großen Kapazitätsquerschnitten hergestellt werden können, so daß kurze Durchlaufzeiten erreicht werden können. Gleichzeitig ist (im Idealfall) eine geringe Veränderlichkeit sowohl hinsichtlich der Struktur als auch hinsichtlich des Volumens der Güterflüsse innerhalb der Fertigungssegmente als auch zwischen den Fertigungssystemen festzustellen. Insges. besteht in einem Fertigungsseg-

352 Vgl. auch Systemdiagramm 4.15 auf Seite 133.

ment zur „Rennerfertigung“ somit eine große Stabilität sowie eine vergleichsweise geringe Notwendigkeit zur Veränderung bestehender Differenzierungen.

Ein (vertikales) Fertigungssegment zur „Exotenfertigung“[353] stellt den Gegenpol zum zuvor beschriebenen Fertigungssegment der Rennerfertigung dar. Es kann als ein vergleichsweise komplexes Produktionssystem beschrieben werden: Die Anzahl und Verschiedenartigkeit der in diesem Segment herzustellenden Enderzeugnisse bzw. Enderzeugnisvarianten ist tendenziell groß, die verwendeten untergeordneten Komponenten unterscheiden sich tendenziell stark, die einzusetzenden Herstellungsverfahren unterscheiden sich ebenfalls stark und es ist eine größere Zahl an unterschiedlichen Betriebsmitteln zur Herstellung dieser Erzeugnisse erforderlich. Gleichzeitig sind die zu erwartenden Produktionsmengen sowohl der Enderzeugnisse bzw. Enderzeugnisvarianten als auch der untergeordneten Komponenten tendenziell gering. Hieraus folgt, daß sich keine besonders ausgeprägte Struktur der Güterflüsse feststellen läßt.

Diese beschriebenen Faktoren machen eine wesentlich stärkere Differenzierung dieses Produktionssystems erforderlich. Dies kann sich sowohl in einer größeren Anzahl der auf einer Referenzebene angeordneten Produktionssysteme als auch in einer tiefergehenden Differenzierung dieser Produktionssysteme äußern.

Weiterhin ist zu beachten, daß die Veränderlichkeit sowohl hinsichtlich des konkret auftretenden Volumens der zur Herstellung eines bestimmten Enderzeugnisses anfallenden Güterströme als auch die Veränderlichkeit hinsichtlich der aus der Zusammensetzung des Produktmix resulierenden Güterströme vergleichsweise groß ist. Strebt man auch in einem durch diese Rahmenbedingungen gekennzeichneten Produktionssystem eine flußorientierte Anordnung der Betriebsmittel an, so erfordern diese spezifischen Rahmenbedingungen sich häufig verändernde Positionen der eingesetzten Betriebsmittel. Da die Betriebsmittel jedoch einen tendenziell geringeren Kapaziätsquerschnitt haben, es sich also um einfachere bzw. kleinere Betriebsmittel handelt, ist eine Umpositionierung dieser Betriebsmittel vergleichsweise einfach.

353 Vgl. auch Systemdiagramm 4.15 auf Seite 133.

Insbes. hier bietet die Variation der Erzeugnisstrukturen mit dem Ziel der Verlagerung des Variantenbestimmungspunktes ein großes Potential. Erfolgt die variantenbestimmende Differenzierung erst zu einem späten Zeitpunkt im Produktionsprozeß, so kann die Differenzierung des Produktionssystems der Differenzierung des Produktsystems folgen, d. h. die einem vertikalen Fertigungssegment zugeordneten horizontalen Fertigungssegmente weisen zunächst eine stärker flußorientierte Struktur auf, mit zunehmender Differenzierung der herzustellenden Enderzeugnisse bzw. Enderzeugnisvarianten nimmt auch die Differenzierung des Produktionssystems zu.

Beispiel 4.7: Das in Systemdiagramm 4.15 dargestellte Produktionssystem kann als ein Ausschnitt aus einem Produktionssystem interpretiert werden, bei dessen Differenzierung der Ansatz der Fertigungssegmentierung verfolgt wurde. Abgebildet ist eine Produkt-Markt-Produktion-Kombination, welche in zwei disjunkte (vertikale) Produktionssegmente mit „Exotenfertigung" (oberer Teil von Systemdiagramm 4.15) und „Rennerfertigung" (unterer Teil von Systemdiagramm 4.15) differenziert wurde.

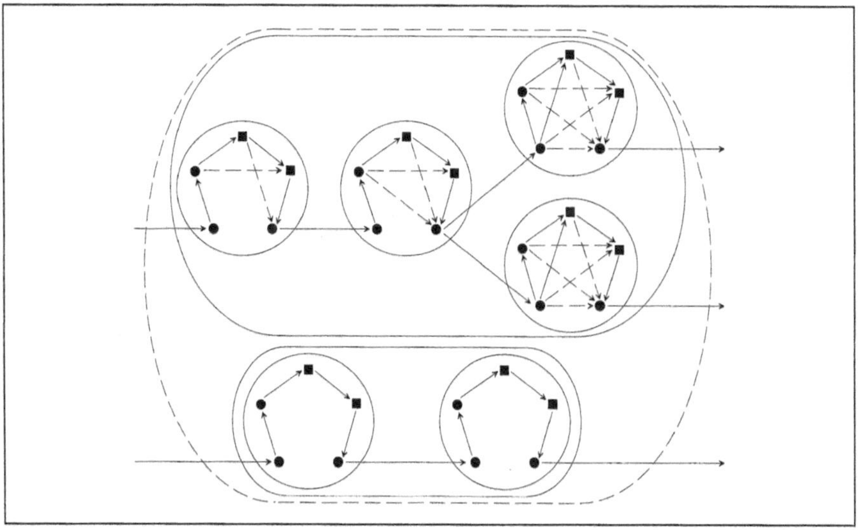

Systemdiagramm 4.15

Man erkennt, daß das Fertigungssegment zur „Rennerfertigung" aus zwei horizontalen Fertigungssegmenten besteht, in denen jeweils unterschiedliche Betriebsmittel zusammengefaßt sind. Sowohl innerhalb eines jeden horizontalen Fertigungssegmentes als auch zwischen den einzelnen Fertigungssegmenten treten jeweils nur stark ausgeprägte Güterflüsse auf, d. h. diese Güterflüsse treten im Zeitablauf häufig auf und/oder umfassen eine große

Anzahl von Gütern. Hierdurch werden der Aspekt der konsequenten Flußorientierung innerhalb der Fertigungssegmente sowie zwischen den Fertigungssegmenten, der Aspekt der räumlichen Konzentration der Betriebsmittel und der Komplettbearbeitung einer abgegrenzten Menge von Erzeugnissen innerhalb der Fertigungssegmente sowie der Aspekt der Integration mehrerer Stufen der logistischen Kette abgebildet.

Für das Fertigungssegment zur „Exotenfertigung" hingegen wurde eine Unterteilung in vier horizontale Fertigungssegmente angenommen. Zwischen diesen Fertigungssegmenten besteht jeweils ein gerichteter starker Güterstrom, innerhalb der Fertigungssegmente sind sowohl stark ausgeprägte als auch schwach ausgeprägte Güterströme zu identifizieren. Hierdurch wird die zur Herstellung einer Vielzahl unterschiedlicher Erzeugnisse erforderliche Flexibilität dieser Fertigungssegmente abgebildet.

Wurde im Rahmen der Produktionsprogrammplanung eine Verlagerung des Variantenbestimmungspunktes vorgenommen, dann ist davon auszugehen, daß mit zunehmender Wertschöpfung die Differenzierung der Produkte zunimmt und somit innerhalb der Segmente eine zunehmende Anzahl von zulässigen Güterströmen erforderlich werden.

4.5.2 Konzept der Lean Production

4.5.2.1 Grundgedanken der Lean Production

Einen ähnlich umfassenden Ansatz wie das Konzept der Fertigungssegmentierung stellt das Konzept der Lean Production[354] dar. Als Ausgangspunkt der Diskussion über dieses Konzept ist insbes. der von Womack et al. im Jahre 1990 veröffentlichte Ergebnisbericht[355] (sowie eine Reihe von vorangegangenen Forschungsberichten[356]) zu dem in den Jahren 1985 bis 1989 am Massachusetts Institute of Technology (MIT) durchgeführten Forschungsprogramm über die Zukunft der Automobilindustrie (International Motor Vehicle Program

354 „Lean Production [...] ist schlank, weil sie von allem weniger einsetzt als die Massenfertigung - die Hälfte des Personals in der Fabrik, die Hälfte der Produktionsfläche, die Hälfte der Investitionen in Werkzeuge, die Hälfte der Zeit für die Entwicklung eines neuen Produktes. Sie erfordert auch weit weniger als die Hälfte des notwendigen Lagerbestandes, führt zu viel weniger Fehlern und produziert eine größere und noch wachsende Vielfalt von Produkten." **Womack, James P; et al.**: Zweite Revolution, 1992, Seite 19. Wie die in **Womack, James P.; Jones, Daniel T.**: Lean Thinking, 1997, Seite 151, 187, 226 und 268 zusammengestellten Übersichten zeigen, konnten diese sehr ambitioniert klingenden Ziele in den untersuchten Unternehmen durch eine konsequente Einführung des Konzeptes der Lean Production erreicht und teilweise sogar übertroffen werden.

355 **Womack, James P.; et al.**: The Maschine, 1990. In deutscher Übersetzung: **Womack, James P; et al.**: Zweite Revolution, 1992.

356 Eine Übersicht über diese Forschungsberichte findet sich in: **Womack, James P.; et al.**: The Maschine, 1990, Seite 302-313.

IMVP) zu sehen. In folgenden Veröffentlichungen wurde von den Autoren die ursprüngliche Fokussierung auf die Automobilindustrie aufgegeben und Lean Production als generell anwendbares Konzept der industriellen Produktion propagiert.[357, 358]

Eine erste Annäherung an das Konzept der Lean Production kann sich Womack folgend an den fünf schlanken Prinzipien Wert, Wertschöpfungsstrom, Flow, Pull und Perfektion orientieren, aus denen eine Reihe von das Konzept kennzeichnenden Gestaltungsmerkmalen abgeleitet werden können:

357 **Womack, James P.; Jones, Daniel T.**: Lean Thinking, 1997. Dort erfährt das Konzept der Lean Production eine Erweiterung hin zum Konzept der Lean Enterprise.

358 Im Hinblick auf diese zweite wesentliche Veröffentlichung von Womack bedürfen die bspw. von **Corsten, Hans; Will, Thomas**: Neuere Produktionskonzepte, 1993, Seite 65ff. vorgetragenen Bedenken hinsichtlich einer allgemeinen Übertragbarkeit des Ansatzes der Lean Production nach japanischem Vorbild auf westliche Unternehmen einer Relativierung. Besonders kritisiert wird von diesen Autoren die sog. „Transplant-Argumentation" in **Womack, James P; et al.**: Zweite Revolution, 1992: Bei Transplants handelt es sich um i. d. R. neu errichtete Produktionsstätten japanischer (Auto-mobil-) Hersteller in Nordamerika oder Westeuropa, die konsequent auf das Konzept der Lean Production ausgerichtet sind. In diesen Werken konnten ähnliche Leistungsstandards wie in den in Japan angesiedelten Automobilwerken festgestellt werden. Insbes. mit der Transplant-Argumentation wird von **Womack, James P; et al.**: Zweite Revolution, 1992 auf die allgemeine Übertragbarkeit des Ansatzes der Lean Production auch auf anders geprägte Kulturkreise geschlossen. Corsten und Will stellen jedoch fest, daß die in den Transplants erreichten hohen Leistungsstandards weniger durch den Übergang auf eine andere Form der Fertigungsorganisation erreicht wurden, sondern daß die gezielte Auswahl (Neueinstellung) der Mitarbeiter und andere gesellschaftliche Rahmenbedingungen, insbes. der bedingt durch die Errichtung der Werke in strukturschwachen Regionen verminderte Einfluß der Gewerkschaften den Erfolg der Transplants determiniert haben. Hierdurch wird die generelle Übertragbarkeit des Konzeptes der Lean Production in Frage gestellt.

Die in **Womack, James P.; Jones, Daniel T.**: Lean Thinking, 1997 neu zusammengestellten Fallstudien beziehen sich jedoch im wesentlichen auf seit längerer Zeit bestehende nordamerikanische und europäische Unternehmen unterschiedlicher Branchen, bspw. Lantec (USA, gegr. 1972), Wiremold (USA, gegr. 1920), Pratt & Witney (USA, gegr. 1860), Porsche (D, gegr.1930), die zwar aus einer Krise heraus mit der Implementierung des Konzeptes der Lean Production begonnen haben, bei denen mit der Implementierung dieses Konzeptes jedoch ähnlich hohe Leistungsstandards wie in den Transplants erreicht werden konnten. Die erfolgreiche Implementierung des Konzeptes der Lean Production in diesen Unternehmen wird von Womack und Jones als ein Beweis dafür angeführt, daß auch traditionelle Unternehmen die neuen Praktiken äußerst erfolgreich übernehmen können. Das Opel-Werk Eisenach als der vielleicht erste deutsche Versuch der Implementierung des Konzeptes der Lean Production wird von Womack und Jones ausdrücklich nicht behandelt, da in diesem Zusammenhang eine Beeinflussung der Ergebnisse durch die von Corsten und Will herausgestellten besonderen Rahmenbedingungen nicht ausgeschlossen werden kann. **Womack, James P.; Jones, Daniel T.**: Lean Thinking, 1997, Seite 237 und 274.

Ausgangspunkt dieser Überlegungen stellt die genaue Definition des Wertes[359] eines Produktes oder einer Dienstleistung aus Sicht des Kunden dar. In diesem schlanken Prinzip findet somit der Gedanke der Kundenorientierung seinen Ausdruck. Diese Analyse führt in einem nächsten Schritt zur Analyse des Wertschöpfungsstromes[360], bei der alle zur Herstellung eines Erzeugnisses erforderlichen Tätigkeiten (unternehmensübergreifend von der Gewinnung der Rohmaterialien bis hin zur Auslieferung des Erzeugnisses an den Endkunden) untersucht werden. Identifiziert werden drei Klassen von Tätigkeiten: aus Sicht des Kunden eindeutig wertschöpfende Tätigkeiten; nicht wertschöpfende Tätigkeiten, die jedoch unter den gegebenen Bedingungen als unvermeidbar angesehen werden sowie Tätigkeiten, die keinen Wert erzeugen und deshalb direkt vermeidbar sind. Diese Tätigkeiten können sofort eliminiert werden.

Weiterhin wird das Konzept der Lean Production durch das schlanke Prinzip Flow[361] charakterisiert. Angestrebt wird ein Übergang hin zu einer flußorientierten Fertigungsorganisation. Direkt verbunden mit diesem schlanken Prinzip ist die Fertigungssegmentierung sowie die Implementierung von Gruppenarbeit. Das schlanke Prinzip Pull[362] führt schließlich auch zu einer Veränderung der Fertigungssteuerung. Basierend auf einer durchgängigen Flußorientierung ist ein Übergang zur Just-in-time-Produktion möglich, die Fertigungssteuerung kann nach dem Pull-Prinzip (bspw. durch Kanban) erfolgen.

Als letztes schlankes Prinzip wird schließlich Perfektion[363] angeführt. Unterschieden wird zwischen kaikatu-Maßnahmen, durch die ad-hoc eine radikale und sofortige Reorganisation des Fertigungsablaufes eines Produktes erfolgt

359 **Womack, James P.; Jones, Daniel T.**: Lean Thinking, 1997, Seite 35ff und Seite 396 (Glossar).

360 **Womack, James P.; Jones, Daniel T.**: Lean Thinking, 1997, Seite 21ff. und 45ff. Die Autoren differenzieren zwischen dem Begriff des Wertschöpfungsstromes und dem Begriff der Wertschöpfungskette nach Porter. Der Begriff des Wertschöpfungsstroms wird auf alle Aktivitäten von der Herstellung des Rohmaterials bis zum fertiggestellten Produkt für ein spezifisches Produkt angewendet. Im Gegensatz hierzu wird der Begriff der Wertschöpfungskette auf die betrieblichen Funktionen für eine Reihe von Produkten bezogen.

361 **Womack, James P.; Jones, Daniel T.**: Lean Thinking, 1997, Seite 61ff.

362 **Womack, James P.; Jones, Daniel T.**: Lean Thinking, 1997, Seite 84ff.

363 **Womack, James P.; Jones, Daniel T.**: Lean Thinking, 1997, Seite 29f und 112ff.

sowie kaizen-Maßnahmen, durch die eine kontinuierliche und inkrementale Verbesserung erreicht werden kann.[364]

Diese erste Annäherung an das Konzept der Lean Production läßt erkennen, daß dieses Konzept weniger als eine radikale Neuentwicklung von Maßnahmen, Instrumenten und Vorgehensweisen interpretiert werden kann, sondern vielmehr eine systematische und konsequente Integration weitgehend bekannter Maßnahmen darstellt, die auch Eingang in zuvor hier dargestellte Konzepte zur komplexitätsorientierten Gestaltung von Produktionssystemen gefunden haben.[365]

4.5.2.2 Gestaltungsprinzipien der Lean Production

Versucht man, auf der Basis der neuen Veröffentlichung von Womack und Jones die für eine komplexitätsorientierte Gestaltung von Produktionssystemen wesentlichen Prinzipien der Lean Production zu extrahieren, so kann zunächst aus dem schlanken Prinzip Flow das Gestaltungsprinzip der (fertigungs-) objektorientierten Differenzierung des Produktionssystems abgeleitet werden. Wie schon im Konzept der Fertigungssegmentierung wird auch im Konzept der Lean Production eine Unterteilung des Produktionssystems in Fertigungssegmente bzw. Fertigungszellen vorgenommen, in denen jeweils eine abgegrenzte Menge von einander ähnlichen Erzeugnissen (Produktfamilien) mit dem Ziel der Komplettbearbeitung hergestellt wird.[366]

Mit dem schlanken Prinzip Flow wird auch auf die flußorientierte Anordnung der Betriebsmittel hingewiesen. Angestrebt wird der Übergang zu einer kontinuierlichen Fließfertigung (Einzelstückfertigung, „single-piece-flow“[367]) sowohl innerhalb der Fertigungszellen als auch zwischen den Fertigungszellen.

---

364 **Womack, James P.; Jones, Daniel T.**: Lean Thinking, 1997, Seite 26.

365 Hinsichtlich dieser Ansicht scheint sich ein gewisser Konsens in der Literatur durchzusetzten. **Pfeiffer, Werner; Weiß, Enno**: Philosophie, 1993, Seite 15. **Schweitzer, Marcell**: Fertigungswirtschaft, 1994, Seite 739. **Corsten, Hans**: Neuere Organisationsformen, 1996, Seite 6. **Corsten, Hans; Will, Thomas**: Neuere Produktionskonzepte, 1993, Seite 66. **Zahn, Erich; Dillerup, Ralf**: Fabrikstrategien, 1994, Seite 31.

366 **Womack, James P.; Jones, Daniel T.**: Lean Thinking, 1997, Seite 77f., 144f. und 225f.

367 **Womack, James P.; Jones, Daniel T.**: Lean Thinking, 1997, Seite 61ff., 74f., 143f. und 389 (Glossar).

Bedingt durch die Neuanordnung der Betriebsmittel innerhalb der einzelnen Fertigungszellen ist eine weitgehende Harmonisierung der Kapazitätsquerschnitte der Betriebsmittel innerhalb der einzelnen Fertigungszellen herbeizuführen. Vorgeschlagen wird, vergleichsweise kleinere, einfache und weniger automatisierte Betriebsmittel einzusetzen, die jedoch mit einer tendenziell größeren Wiederholgenauigkeit arbeiten und die ein geringeres Ausfallrisiko aufweisen. Womack und Jones verwenden den Begriff der „right-sizes-tools" bzw. der „miniaturisierten" Kapazitätsquerschnitte.[368]

Die relative Verschiedenartigkeit der innerhalb einer Fertigungszelle herzustellenden Produkte führt zu relativ häufig anfallenden Rüstvorgängen und damit zu einem relativ hohen Anteil der Rüstzeiten. Entscheidende Impulse für die Verkürzung der Durchlaufzeiten werden von der konsequenten Verringerung der Rüstzeiten erwartet, die durch gezielte konstruktive Veränderungen an den eingesetzten Betriebsmitteln ermöglicht werden. Ziel ist es, einen schnelleren Werkzeugwechsel (Single Minute Exchange of Dies (SMED))[369] herbeizuführen. Ist eine Anpassung der Kapazitätsquerschnitte einzelner Betriebsmittel nicht möglich, so sind insbes. an diesen Betriebsmitteln eine weitere Verringerungen der Rüstzeiten anzustreben, um die Losgrößen weitestgehend zu reduzieren. Endziel der Gestaltung ist jedoch die vollständige Beseitigung aller durch die Losbildung verursachten Unterbrechungen des Produktionsprozesses.

Der Übergang hin zu einer konsequenten Flußorientierung macht es weiterhin erforderlich, das Ausfallrisiko der Betriebsmittel zu verringern. Während Wildemann in diesem Zusammenhang die Möglichkeit der Redundanz bzw. Austauschbarkeit von einzelnen Betriebsmitteln in den Vordergrund stellt, wird von Womack und Jones insbes. auf Techniken der Total Productive Maintenance (TPM) verwiesen,[370] durch welche die Aufrechterhaltung einer hohen Leistungsverfügbarkeit der Betriebsmittel ermöglicht werden soll.

---

368 **Womack, James P.; Jones, Daniel T.**: Lean Thinking, 1997, Seite 74f., 337.

369 **Womack, James P.; Jones, Daniel T.**: Lean Thinking, 1997, Seite 394. **Shingo, Shigeo**: Erfolgsgeheimnis, 1993, Seite 78ff. **Ohno, Taichi**: Toyota, 1993, Seite154.

370 **Womack, James P.; Jones, Daniel T.**: Lean Thinking, 1997, Seite 75 und 395. Mit diesen Techniken soll das Ziel erreicht werden, daß die Betriebsmittel „[...] zu 100 Prozent betriebsbereit und funktionstüchtig gehalten werden" bzw. „[...] daß jede Maschine

Wie schon im Konzept der Fertigungssegmentierung wird auch im Konzept der Lean Production eine Veränderungsmöglichkeit der Position einzelner Betriebsmittel innerhalb der Fertigungszellen sowie eine Veränderungsmöglichkeit der Zuordnung einzelner Betriebsmittel zu bestimmten Fertigungszellen vorgeschlagen. Hierdurch wird sichergestellt, daß eine Anpassung an aus Veränderungen der qualitativen und quantitativen Zusammensetzung des Produktionsprogramms resultierende Veränderungen der aktuellen Kapazitätsanforderungen möglich ist.[371] Die räumliche Umpositionierung der Betriebsmittel ist auch Bestandteil der mit dem schlanken Prinzip Perfektion eingeführten kaikatu- und kaizen-Maßnahmen.

Als ein weiteres Gestaltungsprinzip kann die Integration indirekter Tätigkeiten identifiziert werden. Explizit genannt werden die für die in einer Fertigungszelle hergestellten Produktgruppe verantwortlichen Produktmanager sowie die für Einkauf, Qualitätskontrolle, Konstruktion, Wartung, TPM und Produktionsplanung verantwortlichen Mitarbeiter, die in unmittelbarer räumlicher Nähe zu den Produktionsanlagen angesiedelt werden.[372]

Hinsichtlich der Ausprägung des Merkmals der Teamorientierung unterscheidet sich das Konzept der Lean Production wesentlich von dem Konzept der Fertigungssegmentierung. Dies ist insbes. darauf zurückzuführen, daß eine Gruppe bzw. ein Team japanischer Prägung nicht mit teilautonomen Arbeitsgruppen westlicher Prägung gleichgesetzt werden kann.[373] So zeichnet sich die Gruppenarbeit im kollektivistisch geprägten Kulturkreis Japans durch hohe Arbeitszeitflexibilität, eine große Taktbestimmtheit und eine hohe Standardisierung der Tätigkeiten aus, während sich die Gruppenarbeit in tendenziell individualistisch geprägten westlichen Industrieländern insbes. durch die Vergrößerung des Aufgaben- und Entscheidungsfeldes, Zeitsouveränität und

---

in einem Produktionsprozeß immer funktionstüchtig ist und es keine Produktionsunterbrechungen gibt."

371 **Womack, James P.; Jones, Daniel T.**: Lean Thinking, 1997, Seite 78f., 139 und 221.

372 **Womack, James P.; Jones, Daniel T.**: Lean Thinking, 1997, Seite 76 und 78.

373 **Adam, Dietrich**: Produktionsmanagement, 1997, Seite 72. **Corsten, Hans**: Neue Organisationsformen, 1996, Seite 5. **Corsten, Hans; Will, Thomas**: Neuere Produktionskonzepte, 1993, Seite 68f. **Frese, Erich; Threuvsen, Ludwig**: Fertigungsorganisation, 1996, Spalte 471. **Jürgens, Ulrich**: Lean Production, 1994, Seite 377. **Schweitzer, Marcell**: Fertigungswirtschaft, 1994, Seite 742.

Dispositionsfreiheit bei der Aufgabenerfüllung auszeichnet.[374] Gerade eine hohe Arbeitszeitflexibilität, eine große Taktbestimmtheit und eine hohe Standardisierung der Tätigkeiten werden im Konzept der Lean Production besonders betont. Die Standardisierung der einzelnen innerhalb einer Fertigungszelle vorzunehmenden Arbeitsschritte[375] erleichtert den zur Anpassung an Beschäftigungsschwankungen erforderlichen Wechsel der Mitarbeiter zwischen unterschiedlichen Fertigungszellen. Die Standardisierung trägt auch zur Vermeidung von Fehlern und insges. zur Aufrechterhaltung der Leistungsbereitschaft der Anlagen bei. Die Anpassung an Beschäftigungsschwankungen erfolgt über eine Variation der Taktzeiten innerhalb der Fertigungszellen; ein Beschäftigungsrückgang führt bspw. zu einer Verlängerung der Taktzeiten bei gleichzeitiger Erweiterung des Aufgabenbereichs einzelner in der Fertigungszelle verbleibender Mitarbeiter und der kurzfristigen Versetzung der weiteren Mitarbeiter in andere Fertigungszellen. Allein diese Ausnutzung der Mehrfachqualifikationen und diese Möglichkeit zur Jobrotation können als Indiz für eine Teamorientierung im Konzept der Lean Production interpretiert werden.

Bedingt durch die konsequente Flußorientierung ist es erforderlich, fehlerhafte Produkte und Nacharbeiten fast vollständig zu vermeiden.[376]

Als ein letztes wesentliches Gestaltungsprinzip der Lean Production ist schließlich der mit dem schlanken Prinzip Pull beschriebene Übergang von einer nach dem Push-Prizip organisierten klassischen Fertigungssteuerung hin zu einer JIT-Produktion und Fertigungssteuerung nach dem Kanban-Prinzip zu nennen. Das schlanke Prinzip Pull wird vereinfacht charakterisiert als „[...] kaskadenförmige Produktions- und Auslieferungsanweisung von den nach- zu den vorgelagerten Stellen, nach denen nichts auf einer vorgelagerten Stelle hergestellt wird, bis der nachgelagerte Kunde einen Bedarf meldet.“[377]

---

374 **Corsten, Hans; Will, Thomas**: Neuere Produktionskonzepte, 1993, Seite 68.

375 **Womack, James P.; Jones, Daniel T.**: Lean Thinking, 1997, Seite 75 und 141. Standardisierung wird beschrieben als „[...] eine exakte Beschreibung jeder Arbeitstätigkeit, die die Zyklus- und Taktzeit, die Arbeitsabfolge bestimmter Aufgaben und den minimalen vorgehaltenen Teilebestand bestimmt, die zur Durchführung der Tätigkeit erforderlich sind.“ **Womack, James P.; Jones, Daniel T.**: Lean Thinking, 1997, Seite 374.

376 **Womack, James P.; Jones, Daniel T.**: Lean Thinking, 1997, Seite 231.

377 **Womack, James P.; Jones, Daniel T.**: Lean Thinking, 1997, Seite 393.

Mit der Differenzierung des Produktionssystems in Fertigungszellen, in denen jeweils eine abgegrenzte Menge einander ähnlicher Produkte hergestellt wird, der weitgehenden Harmonisierung der Kapazitätsquerschnitte innerhalb der Fertigungszellen der flußorientierten Anordnung der Betriebsmittel innerhalb der Fertigungszellen, der Sicherstellung einer hohen Verfügbarkeit der Anlagen sowie der weitgehenden Reduktion der Rüstzeiten sind die wesentlichen Voraussetzungen für eine erfolgreiche Implementierung einer Fertigungssteuerung nach dem Pull-Prinzip gegeben.[378]

Hieraus resultieren weitreichende Veränderungen hinsichtlich der Aufgabengestaltung im Rahmen der Produktionsplanung und -steuerung. Bei Womack und Jones finden sich Hinweise darauf, daß mit der Einführung des Pull-Prinzips in den beschriebenen Unternehmen die Aufgaben der taktischen und operativen Produktionsplanung und -steuerung auf die Aufgabe der taktischen Produktionsprogrammplanung beschränkt werden können.[379] Eine treffende Beschreibung dieses Aspekes findet sich bei Reese, der Lean Production als

378 **Corsten, Hans**: Produktionswirtschaft, 1996, Seite 484. **Lackes, Richard**: Kanban, 1996, Spalte 846ff.

379 Sowohl in **Womack, James P; et al.**: Zweite Revolution, 1992 als auch in **Womack, James P.; Jones, Daniel T.**: Lean Thinking, 1997 wird der Themenbereich der Veränderung der Aufgaben der Produktionsplanung und -steuerung und die sich hieraus ergebenden Konsequenzen für die Gestaltung von Produktionsplanungs- und -steuerungssystemen nicht direkt behandelt. In den in **Womack, James P.; Jones, Daniel T.**: Lean Thinking, 1997 ausführlich beschriebenen Fallstudien finden sich jedoch Hinweise auf die veränderte Nutzung von bestehenden PPS-Systemen. Im Zusammenhang mit der Einführung von Lean Production beim Verpackungsmaschinenhersteller Lantech bspw. findet sich die Aussage: „Am bemerkenswertesten ist vielleicht, daß der Großteil des computergestützten Planungssystems nicht mehr gebraucht wurde. Das MRP II ist für die langfristige Materialbeschaffung von den Zulieferern beibehalten worden, aber der Tagesplanungsablauf wird jetzt an einer großen Tafel im Büro des Verkaufs angezeigt.“ **Womack, James P.; Jones, Daniel T.**: Lean Thinking, 1997, Seite 146. In der Fallstudie über den Kabelleitsystemhersteller Wiremold findet sich die Aussage: „Das MRP-System, das früher die Bewegungen der einzelnen Teile im Produktionssystem von Wiremond kontrollierte, wurde nach und nach für die bescheidenere Aufgabe der langfristigen Kapazitätsplanung und Teilebestellung von Zulieferern eingesetzt, die noch nicht an das Abrufsystem angeschlossen waren.“ **Womack, James P.; Jones, Daniel T.**: Lean Thinking, 1997, Seite 179. Auch im Zusammenhang mit dem Triebwerkhersteller Pratt & Whitney findet sich eine nahezu identische Aussage: „Das MRP-System, das vorher die Teilebewegungen organisiert hatte, wurde jetzt mit der Aufgabe der langfristigen Kapazitätsplanung und mit der Planung der langen Vorlaufzeiten bei Teilen von Lieferanten, die noch nicht schlank waren, betraut. Der Ablauf durch jedes Module Center und zur Endmontage wurde von einem einfachen Sogsystem (Pull-System) geregelt.“ **Womack, James P.; Jones, Daniel T.**: Lean Thinking, 1997, Seite 230.

ein Konzept beschreibt, „das Planung durch Organisation zu ersetzen versucht.“[380] Dort findet sich weiter der Hinweis, daß „vor allem Systeme der Kommunikation, Information und Motivation einzurichten sind, die an die Stelle von Kontrollinstanzen in der herkömmlichen Produktionsplanung treten“.[381]

4.5.2.3 Lean Production als komplexitätsorientierte Gestaltung von Produktionssystemen

Wie schon das Konzept der Fertigungssegmentierung kann auch das Konzept der Lean Production als eine Form der komplexitätsorientierten Gestaltung von Produktionssystemen interpretiert werden. Auf die wesentlichen Gemeinsamkeiten und Unterschiede wurde in den vorangegangenen Abschnitten schon hingewiesen. Insbes. auf der Ebene der Fertigungsorganisation weisen die beiden Ansätze grundlegende Gemeinsamkeiten auf: Die (fertigungs-) objektorientierte Differenzierung des Produktionssystems in kleine, abgegrenzte Produktionssysteme, in denen die Komplettbearbeitung einer begrenzten Anzahl von Erzeugnissen erfolgt, die flußorientierte Anordnung der Betriebsmittel innerhalb der gebildeten Produktionssysteme, die Variabilität der Zuordnung von Betriebsmitteln, die Integration indirekter Tätigkeiten sowie allgemein die Möglichkeit der Veränderung bestehender Differenzierungen des Produktionssystems sind gemeinsame Merkmale, die sich in beiden Ansätzen, wenn auch mit unterschiedlicher Gewichtung, wiederfinden.

Wie der Ansatz der Fertigungssegmentierung kann somit auch der Ansatz der Lean Production als ein integrierter Ansatz zur komplexitätsorientierten Gestaltung von Produktionssystemen gekennzeichnet werden.

Im direkten Vergleich besonders hervorzuheben ist, daß im Konzept der Fertigungssegmentierung der im Hinblick auf eine abstraktionsbasierte Planung als äußerst sinnvoll zu erachtende Aspekt der Bildung von Intra-Systemhierarchien über eine mehrstufige Differenzierung von Produktionssystemen betont wird. Auch der Aspekt der Strategieorientierung, der zur Differenzierung von Produktionssystemen unterschiedlicher Komplexität führt, erfährt in diesem Konzept eine stärkere Betonung. Vergleichsweise stark unterstrichen

380 **Reese, Joachim**: Lean Production, 1993, Seite 104.
381 **Reese, Joachim**: Lean Production, 1993, Seite 104.

wird im Konzept der Lean Production hingegen der Aspekt der Verkleinerung der Kapazitätsquerschnitte der eingesetzten Betriebsmittel, der Aspekt der Verringerung der Rüstzeiten und die hiermit verbundene konstruktive Veränderung der eingesetzten Betriebsmittel sowie der Aspekt der Variabilität des Layouts.

Hinsichtlich der Integration gestalterischer Maßnahmen auf den Ebenen der Produktionsprogramm- und -prozeßplanung wird im Konzept der Fertigungssegmentierung die Verringerung der Anzahl der Enderzeugnisse bzw. Enderzeugnisvarianten, die gezielte Gestaltung der Erzeugnisstrukturen sowie der Übergang zu einer Strategie des Modular Sourcing als Voraussetzungen für eine erfolgreiche Implementierung hervorgehoben. Im Konzept der Lean Production hingegen finden sich nur Hinweise auf eine mit einer gezielten Verringerung der Fertigungstiefe verbundenen Hierarchisierung der Lieferantenstruktur. Explizit hingewiesen wird jedoch darauf, daß bei einer Implementierung dieses Konzeptes „eine größere und noch wachsende Vielfalt von Produkten“[382] hergestellt werden können.

382 **Womack, James P.; et al.**: Zweite Revolution, 1992, Seite 19.

5 Komplexitätsorientierte Gestaltung von Produktionsplanungssystemen

Im diesem fünften Kapitel wird der im dritten Kapitel entwickelte Ansatz auf die Gestaltung von Produktionsplanungssystemen bezogen. Die Differenzierung von Planungssystemen, die hierarchische Anordnung von durch Dekomposition gewonnenen Systemen sowie die Planung auf der Basis von abstrakten Planungsobjekten sind zentrale Prinzipien, die bei der komplexitätsorientierten Gestaltung von Produktionsplanungssystemen Verwendung finden.

5.1 Grundlegende Prinzipien der Gestaltung von Produktionsplanungssystemen

5.1.1 Handhabung von Komplexität durch Dekomposition von Planungsproblemen

Wie jede Form der Differenzierung von Systemen stellt auch die Differenzierung der Gesamtaufgabe der Produktionsplanung in Teilaufgaben ein wesentliches Instrument zur Handhabung von Komplexität dar. Die im zweiten Kapitel beschriebene Unterteilung der Gesamtaufgabe der Produktionsplanung in die Teilaufgaben der strategischen, taktischen und operativen Produktionsplanung und deren weitergehende Differenzierung kann bspw. in diesem Sinne als eine Maßnahme zur Handhabung von Komplexität interpretiert werden.

Mit der Differenzierung der Gesamtaufgabe der Produktionsplanung in Teilaufgabenbereiche ist ein Übergang von einem Totalmodell der Produktionsplanung hin zu einer Vielzahl von Teilmodellen verbunden, die jeweils isolierte Teilaspekte der Gesamtaufgabe abbilden. Während die Lösung des Gesamtproblems zur (simultanen) Lösung aller Teilprobleme führt, werden die Teilprobleme schrittweise (sukzessive) gelöst. Die Unterscheidung zwischen Simultanplanung und Sukzessivplanung bezieht sich somit auf die grundsätzliche Art der Koordination von Teilproblemen. Simultane Planung erfordert ein Planungsmodell, das „[...] alle zu planenden Teilbereiche abbildet [...], das die Interdependenzen zwischen den Teilbereichen berücksichtigt und die Beziehungen aller Teilbereiche zum Gesamtziel herstellt."[383] Ein Planungsmodell,

383 **Pfohl, Hans-Christian**: Planung, 1981, Seite 130.

das alle in einem spezifischen Kontext als relevant erachteten Interdependenzen berücksichtigt, kann als monolithisches Modell oder Totalmodell bezeichnet werden.[384] Sukzessive Planung hingegen setzt voraus, daß eine Zerlegung des Gesamtproblems in Teilprobleme erfolgt ist, die jeweils nur einen Ausschnitt aus dem Gesamtproblem abbilden.

Allgemein wird die Simultanplanung als ein theoretisches Ideal[385] betrachtet, das jedoch aus einer Reihe von Gründen nicht realisiert werden kann:

(1) So stellt Corsten fest, daß die „[...] modellmäßige Abbildung sämtlicher Entscheidungsvariablen der Produktionsplanung und -steuerung und den damit einhergehenden Auswirkungen auf Kosten und/oder Erlöse unter Beachtung der Ressourcenbeanspruchung zu einem hochkomplexen nichtlinearen Optimierungsmodell führen, das sich einer operationalen Lösung entzieht."[386] Auch wenn ausschließlich lineare Beziehungen unterstellt werden, ergibt sich in der Regel eine gemischt-ganzzahlige Problemformulierung, für deren exakte Lösung trotz Fortschritten bei der Verarbeitungsgeschwindigkeit und Speicherkapazität bei der Hardware die rechentechnischen Voraussetzungen fehlen.[387]

(2) Wie die Beschreibung der Aufgaben der Produktionsplanung gezeigt hat, unterscheiden sich die einzelnen Aufgabenbereiche nicht nur hinsichtlich des Planungshorizontes und damit hinsichtlich der Tragweite der Entscheidungen, sondern auch hinsichtlich des Abstraktionsgrades der zur Durchführung der Planung erforderlichen Daten. Bei einer Simultanplanung ist aber der Abstraktionsgrad des Planungsmodells durchgängig auf den Aufgabenbereich auszurichten, der hinsichtlich der Detaillierung die größten Anforderungen stellt,[388] auch wenn viele im Totalmodell zusammengefaßte Aufgabenbereiche auf einem wesentlich höheren Abstraktionsniveau betrachtet werden könnten.

---

384 **Zäpfel, Günther**: Operatives Produktionsmanagement, 1982, Seite 298. **Kistner, Klaus-Peter; Steven, Marion**: Neuere Entwicklungen, 1991, Seite 13.

385 **Zäpfel, Günther**: Operatives Produktionsmanagement, 1982, Seite 303. **Adam, Dietrich**: Produktionsmanagement, 1997, Seite 110. **Corsten, Hans**: Produktionswirtschaft, 1996, Seite 451.

386 **Corsten Hans**: Produktionswirtschaft, 1996, Seite 452.

387 **Zäpfel, Günther**: Operatives Produktionsmanagement, 1982, Seite 303. **Corsten Hans**: Produktionswirtschaft, 1996, Seite 452.

388 **Zäpfel, Günther**: Operatives Produktionsmanagement, 1982, Seite 303.

(3) Als ein weiterer, die Implementierung eines simultanen Planungsmodells verhindernder Einwand wird der große Aufwand zur Datenpflege und Datenbeschaffung angeführt.[389]

(4) Schließlich wird darauf hingewiesen, daß die Implementierung eines Totalmodells, welches den gesamten Aufgabenbereich der Produktionsplanung abbildet, zu einer grundlegenden Veränderung des bisher üblichen organisatorischen Rahmens des Planungsprozesses führt.[390]

Aus den genannten Gründen ist es erforderlich, eine Differenzierung der Gesamtaufgabe der Produktionsplanung in Teilaufgaben vorzunehmen.

5.1.2 Formen der Dekomposition von Planungsproblemen

Die Differenzierung von Planunsproblemen wird in diesem Zusammenhang im allgemeinen als Dekomposition[391] oder Problemzerlegung[392] bezeichnet. Unterschieden wird zwischen vertikaler und horizontaler Dekomposition.[393]

---

389 **Steven, Marion**: Hierarchische Produktionsplanung, 1994, Seite 15. **Corsten, Hans**: Produktionswirtschaft, 1996, Seite 452. **Kurbel, Karl**: Produktionsplanung, 1993, Seite 45. **Hoitsch, Hans-Jörg**: Produktionsplanung, 1993, Spalte 3465. **Kistner, Klaus-Peter; Switalski, Marion**: Hierarchische Produktionsplanung, 1989, Seite 477. Durch Integration von Planungsmodell und betrieblichem Datenbanksystem kann der angeführte Aufwand zur Datenpflege und -beschaffung jedoch nachhaltig reduziert werden. So untersucht bspw. Müller-Merbach ausführlich die Korrespondenz zwischen der Struktur relationaler Datenbanken und der Struktur standardisierter mathematischer Planungsmodelle vor dem Hintergrund der Integration betrieblicher Informationssysteme. **Müller-Merbach, Heiner**: Planning Models, 1990, Seite 142ff. **Müller-Merbach, Heiner**: Databases, 1991, Seite 522ff. Die technische Implementierung einer solchen Integration von Planungsmodell und Datenbanksystem wird bspw. bei Scheer beschrieben. **Scheer, August-Wilhelm**: Wirtschaftsinformatik, 1994, Seite 520.

390 **Steven, Marion**: Hierarchische Produktionsplanung, 1994, Seite 14.

391 **Hoitsch, Hans-Jörg**: Produktionsplanung, 1993, Spalte 3456f. **Kistner, Klaus-Peter; Steven, Marion**: Operations Research, 1991, Seite 124. **Kistner, Klaus-Peter; Steven, Marion**: Produktionsplanung, 1993, Seite 309.

392 **Rieper, Bernd**: Hierarchische Entscheidungsmodelle, 1985, Seite 775. Schüler verwendet den Begriff der Partialisierung. **Schüler, Wolfgang**: Partial- vs. Totalplanung, 1989, Spalte 1338f.

393 Zur Unterscheidung von horizontaler und vertikaler Dekomposition vgl. bspw.: **Rieper, Bernd**: Planungsvorgaben, 1981, Seite 1185. **Zäpfel, Günther; Gfrerer, Helmut**: Sukzessive Produktionsplanung, 1984, Seite 241. Abweichend von dieser Unterscheidung wird bei bspw. **Rieper, Bernd**: Hierarchische Entscheidungsmodelle, 1985, Seite 775 und bei **Lermen, Patrick**: Hierarchische Produktionsplanung, 1992, Seite 38 eine Differenzierung in drei Arten der Problemzerlegung vorgenommen. Unterschieden wird dort die sachlich-vertikale, die sachlich-horizontale sowie die zeitliche Problemzerlegung.

5.1.2.1 Horizontale Dekomposition

Durch horizontale Dekomposition entstehen einander gleichgeordnete bzw. gleichrangige Teilprobleme, die einer gleichen Hierarchieebene zugeordnet werden können.[394] Diese Teilprobleme sind dadurch gekennzeichnet, daß zwischen ihnen keine eindeutigen Über- bzw. Unterordnungsbeziehungen identifiziert werden können, die Teilprobleme weisen einen vergleichbaren Abstraktionsgrad sowie vergleichbare Zeitbezüge aus und es besteht die Möglichkeit der parallelen Lösung dieser Teilprobleme.[395] Als mögliche Differenzierungskriterien werden insbes. betriebliche Funktionen, Produktionsstandorte, Absatzgebiete, Kundengruppen oder Produkte vorgeschlagen.[396]

5.1.2.2 Vertikale Dekomposition

Durch vertikale Dekomposition entstehen bei der Zerlegung eines Gesamtproblems nicht mehrere einander gleichgeordnete Teilprobleme, welche sich einer bestimmten Hierarchieebene zuordnen lassen, sondern mehrere einander über- bzw. untergeordnete Teilprobleme, die unterschiedlichen Hierarchieebenen zugeordnet werden können.[397] Kennzeichnend für die durch eine vertikale Dekomposition entstandenen Teilprobleme ist, daß jedes dieser Teilprobleme unterschiedlich breite oder tiefe Aspekte des Gesamtproblems abbildet. Auch haben die Teilprobleme in der Regel keinen vergleichbaren Planungshorizont, sie bilden unterschiedliche Formen der Dynamik des Problems ab und sie können unterschiedlich stark strukturiert sein.[398] Der Aspekt, hin-

394 **Rieper, Bernd**: Planungsvorgaben, 1981, Seite 1185. **Rieper, Bernd**: Hierarchische Entscheidungsmodelle, 1985, Seite 776. **Gagsch, Siegfried**: Subsystembildung, 1980, Spalte 2159.

395 **Zäpfel, Günther; Gfrerer, Helmut**: Sukzessive Produktionsplanung, 1984, Seite 241. **Rieper, Bernd**: Hierarchische Entscheidungsmodelle, 1985, Seite 782f. **Stadtler, Hartmut**: Hierarchische Produktionsplanung, 1988, Seite 30.

396 **Rieper, Bernd**: Hierarchische Entscheidungsmodelle, 1985, Seite 776. **Rieper, Bernd**: Planungsvorgaben, 1981, Seite 1185. Bei Winter findet man an Rieper anknüpfend eine Trennung von funktionaler Dekomposition (betriebliche Funktionen bzw. Verrichtungen), organisationsorientierter Dekomposition (organisatorische Zuordnung von Aufgaben), objektorientierter Dekomposition (Produkte), kapazitätsorientierter Dekomposition, standortorientierter Dekomposition und vertriebsorientierter Dekomposition. **Winter, Robert**: Mehrstufige Produktionsplanung, 1991, Seite 88.

397 **Rieper, Bernd**: Planungsvorgaben, 1981, Seite 1184. **Zäpfel, Günther; Gfrerer, Helmut**: Sukzessive Produktionsplanung, 1984, Seite 235f.

398 **Winter, Robert**: Mehrstufige Produktionsplanung, 1991, Seite 91.

sichtlich dessen diese Über- bzw. Unterordnungsbeziehung besteht, kann in unterschiedlicher Weise konkretisiert werden. Als mögliche Differenzierungskriterien werden insbes. die Fristigkeit der Planungsüberlegungen (lang-, mittel- und kurzfristige Probleme) oder das Ausmaß der Zielwirksamkeit[399] bzw. die Stärke und Dauer der Erfolgswirkungen[400] der zu treffenden Entscheidungen (strategische, taktische und operative Planung) vorgeschlagen.

Durch Kombination von vertikaler und horizontaler Dekomposition wird eine umfangreiche Planungsaufgabe in eine Menge interdependenter Teilaufgaben zerlegt, die sowohl auf gleichen als auch auf einander unter- bzw. übergeordneten Planungsebenen angeordnet sein können.[401]

399 **Rieper, Bernd**: Planungsvorgaben, 1981, Seite 1186. **Rieper, Bernd**: Hierarchische Entscheidungsmodelle, 1985, Seite 775.

400 **Zäpfel, Günther**: Produktionsplanung und -steuerung, 1996, Spalte 1392.

401 Je nach Sichtweise kann die entstehende Hierarchie von Planungsaufgaben sowohl als Inter- als auch als Intra-Systemhierarchie interpretiert werden. Betrachtet man bspw. die in Abschnitt 2.3 zusammengestellte Übersicht über die Aufgaben der Produktionsplanung und -steuerung, so kann der zentrale Aspekt einer Intra-Systemhierarchie dadurch ausgedrückt werden, daß die Gesamtaufgabe der Produktionsplanung die Aufgaben der strategischen, der taktischen und der operativen Produktionsplanung beinhaltet. Eine Teilaufgabe, bspw. die operative Produktionsplanung, beinhaltet wiederum die Teilaufgaben der operativen Produktionsprogrammplanung, der operativen Produktionspotentialplanung und der operativen Produktionsprozeßplanung. Auf einer tiefergehenden Referenzebene wiederum beinhaltet die operative Produktionspotentialplanung die Aufgaben der Fertigungsterminplanung und der Feinterminierung; die Fertigungsterminplanung bspw. beinhaltet wiederum die Aufgaben der Durchlaufterminierung, der Kapazitätsterminierung sowie der Verfügbarkeitsprüfung und der Auftragsfreigabe.

Der zentrale Aspekt einer Inter-Systemhierarchie, die Über-/Unterordnungsbeziehung, wird hingegen dadurch ausgedrückt, daß, dem (vertikalen) Differenzierungskriterium der Stärke und Dauer der Erfolgswirkung folgend, die strategische Produktionsplanung der taktischen und diese wiederum der operativen Produktionsplanung als übergeordnet angesehen wird. Diese Inter-Systemhierarchie setzt sich auf weiteren Ebenen fort. So bestehen bspw. innerhalb der Aufgaben der operativen Produktionsplanung Über-/Unterordnungsbeziehungen derart, daß die Produktionsprogrammplanung der Produktionspotentialplanung und diese wiederum der Produktionsprozeßplanung als übergeordnet angesehen wird. Innerhalb der Aufgaben der Produktionspotentialplanung wiederum setzt sich diese Über-/Unterordnungsbeziehung fort, indem (dem klassischen Konzept der Produktionsplanung und -steuerung folgend) die Aufgaben der Durchlaufterminierung sowie der Kapazitätsterminierung den Aufgaben der Verfügbarkeitsprüfung sowie der Auftragsfreigabe als übergeordnet angesehen werden.

5.1.3 Formen der Koordination von Planungsaufgaben

Die zuvor beschriebene Differenzierung bzw. Dekomposition einer Planungsaufgabe in Teilaufgaben und deren Lösung macht eine Koordination dieser Teillösungen im Hinblick auf das ursprüngliche Gesamtproblem erforderlich. Es gilt durch den Einsatz geeigneter Koordinationskonzepte sicherzustellen, daß die Interdependenzen zwischen den Teilproblemen hinreichend Berücksichtigung finden.[402] Als wesentliche Koordinationskonzepte können die Koordination durch Vorgabe und die Koordination durch wechselseitige Abstimmung unterschieden werden.[403]

Bei der Koordination durch Vorgabe zwischen zwei Teilproblemen A und B orientiert sich die Problemlösung von Teilproblem B an der Problemlösung von Teilproblem A, aber nicht umgekehrt.[404] Diese Form der Koordination ist eine konzeptionell relativ einfache Methode; sie wird nahezu durchgängig im klassischen Konzept der Produktionsplanung angewendet. Problematisch ist, daß keine direkten Rückinformationen über die Problemlösung von Teilproblem B

402 **Zahn, Erich**: Mehrebenenansatz, 1989, Spalte 1089. Als Formen der Koordination, die sich allgemein auf die Gestaltung arbeitsteiliger Prozesse beziehen, werden die Prinzipien der Koordination durch persönliche Weisungen, der Koordination durch gegenseitige Abstimmung bzw. Selbstabstimmung (insbes. Verlagerung von Koordinationsaufgaben in Gruppen bzw. Teams), der Koordination durch Programme (Handlungsvorschriften in Form von Entscheidungsregeln) sowie der Koordination durch Pläne unterschieden. **Kieser, Alfred; Kubicek, Herbert**: Organisation, 1976, Seite 82f. **Frese, Erich**: Koordinationskonzepte, 1989, Spalte 914. **Staehle, Wolfgang H.**: Management, 1987, Seite 432ff.

403 Im Hinblick auf die Koordination vertikal bzw. horizontal dekomponierter (Produktions-) Planungsprobleme werden neben den oben beschriebenen Formen der Koordination durch Vorgabe und der Koordination durch wechselseitige Abstimmung weiterhin die folgenden Koordinationsformen vorgeschlagen: Koordination durch einfache Modelle, Koordination durch Schlupf bzw. vorgegebene Planungsspielräume, Koordination durch Verrechnungspreise sowie Koordination durch Entscheidungsgremien. **Kistner, Klaus-Peter; Steven, Marion**: Operations Research, 1991, Seite 125. **Steven, Marion**: Hierarchische Produktionsplanung, 1994, Seite 181ff.

404 **Rieper, Bernd**: Hierarchische Entscheidungsmodelle, 1985, Seite 778. **Winter, Robert**: Abstraktionskonzepte, 1988, Seite 493. **Winter, Robert**: Mehrstufige Produktionsplanung, 1991, Seite 99. Synonym zum Begriff „Koordination durch Vorgabe" finden auch die Begriffe „Hierarchische Integration" bei **Rieper, Bernd**: Hierarchische Systeme, 1979, Seite 122, „Sequentielle Abstimmung" bei **Rieper, Bernd**: Hierarchische Entscheidungsmodelle, 1985, Seite 778, „vertikale Koordination" bei **Gaitanides, Michael**: Koordination, 1989, Spalte 2259, „Kopplung ohne Abstimmung" bei **Kistner, Klaus; Steven, Marion**: Produktionsplanung, 1993, Seite 334 und **Steven, Marion**: Hierarchische Produktionsplanung, 1994, Seite 181 sowie „Einseitige Abstimmung" bei **Steven, Marion**: Hierarchische Produktionsplanung, 1994, Seite 37 Verwendung.

an Teilproblem A zurückfließen. Unzulässigkeiten der Vorgaben werden somit nicht erkannt. Dies führt zu einem hohen Grad an Suboptimalität der Teillösungen im Vergleich zu einer integrierten Gesamtlösung.[405]

Eine wesentlich weitergehende Abstimmung von Teilproblemen erfolgt bei der Koordination durch wechselseitige Abstimmung.[406] Bei der Koordination durch wechselseitige Abstimmung zwischen zwei Teilproblemen A und B orientiert sich die Problemlösung von Teilproblem A an der Problemlösung von Teilproblem B und umgekehrt.[407]

Der besondere Vorteil der wechselseitigen Abstimmung liegt im Erreichen einer großen Konsistenz der Teilpläne.[408] Das hierzu erforderliche mehrfache iterative Durchlaufen der Kopplungsbeziehungen und der durch die ausgelöste Neuberechnung der beteiligten Planungsprobleme entstehende Rechen- und Zeitaufwand bedarf jedoch einer genauen Abschätzung. Im Vergleich zur Koordination durch Vorgabe ist dieses Koordinationsverfahren wesentlich aufwendiger.[409] Kistner und Switalski/Steven sehen in diesem Zusammenhang die Gefahr, daß bei dieser Form der Koordination ähnliche Probleme wie bei der betrieblichen Simultanplanung auftreten können,[410] so daß diese Form der Koordination als weitgehend ungeeignet für die hierarchische Produktionsplanung eingeschätzt wird.[411]

Rieper nimmt eine Begrenzung des Einsatzbereiches der wechselseitigen Abstimmung auf durch horizontale Dekomposition generierte Teilprobleme vor, die sich hinsichtlich der zeitlichen Reichweite, hinsichtlich des Abstraktionsgrades sowie hinsichtlich der Entscheidungstatbestände nicht unterschei-

---

405 **Steven, Marion**: Hierarchische Produktionsplanung, 1994, Seite 182.

406 **Rieper, Bernd**: Hierarchische Entscheidungsmodelle, 1985, Seite 777. **Winter, Robert**: Mehrstufige Produktionsplanung, 1991, Seite 99. Rieper verwendet auch den Begriff der „rekursiven Abstimmung" in **Rieper, Bernd**: Hierarchische Entscheidungsmodelle, 1985, Seite 785. Bei **Steven, Marion**: Hierarchische Produktionsplanung, 1994, Seite 197 und **Kistner, Klaus-Peter; Steven, Marion**: Produktionsplanung, 1993, Seite 337 wird die Bezeichnung „gegenseitige Abstimmung" verwendet.

407 **Rieper, Bernd**: Hierarchische Entscheidungsmodelle, 1985, Seite 777.

408 **Kistner, Klaus-Peter; Steven, Marion**: Produktionsplanung, 1993, Seite 337. **Steven, Marion**: Hierarchische Produktionsplanung, 1994, Seite 198.

409 **Rieper, Bernd**: Hierarchische Entscheidungsmodelle, 1985, Seite 782.

410 **Kistner, Klaus-Peter; Steven, Marion**: Produktionsplanung, 1993, Seite 337.

411 **Kistner, Klaus-Peter; Steven, Marion**: Produktionsplanung, 1993, Seite 337. **Steven, Marion**: Hierarchische Produktionsplanung, 1994, Seite 198.

den und zwischen denen eine „[...] nachhaltige wechselseitige Einflußnahme [...]"[412] besteht. Werden hingegen durch vertikale Dekomposition generierte Teilprobleme betrachtet, so verhindern die unterschiedlichen Planungszeiträume eine wirkungsvolle wechselseitige Abstimmung der beteiligten Teilprobleme. Gleiches gilt für Planungsprobleme mit unterschiedlichem Abstraktionsgrad. Schließlich wird durch eine wechselseitige Abstimmung auch die hierarchische Beziehung der Über-/Unterordnung zwischen den Teilproblemen teilweise aufgehoben.[413]

Als ein Kompromiß zwischen der Koordination durch Vorgabe und der Koordination durch wechselseitige Abstimmung ist die Koordination durch Rückkopplung zu interpretieren. Im Rahmen dieser Koordination fließen Informationen darüber, daß bspw. keine oder nur eine nicht akzeptable Lösung generiert werden konnte, an das die Vorgabe generierende Teilproblem zurück.[414]

5.1.4 Grundtypen der Differenzierung von Produktionsplanungssystemen

Anknüpfend an den in Abschnitt 5.1.2 beschriebenen Formen der Differenzierung von Planungsproblemen und den in Abschnitt 5.1.3 beschriebenen Formen der Koordination lassen sich Grundstrukturen identifizieren, in denen bestimmte Formen der Differenzierung mit spezifischen Formen der Koordination verbunden werden. Dem Charakter hierarchischer Systeme entsprechend können diese Strukturen auf unterschiedliche Referenzebenen bezogen werden.

Man erkennt, daß die in Abbildung 5.1[415] dargestellte Grundstruktur, welche eine ausschließlich vertikale Differenzierung des Gesamtproblems der opera-

412 **Rieper, Bernd**: Hierarchische Entscheidungsmodelle, 1985, Seite 783 und 785.

413 **Rieper, Bernd**: Hierarchische Entscheidungsmodelle, 1985, Seite 782. **Steven, Marion**: Hierarchische Produktionsplanung, 1994, Seite 198.

414 **Stadler, Hartmut**: Hierarchische Produktionsplanung, 1988, Seite 127 und 139.

415 In den Abbildungen 5.1 bis 5.6 sollen die einzelnen Kästchen (Teil-) Planungsprobleme und die gerichteten Kanten Koordinationsbeziehungen zwischen (Teil-) Planungsproblemen einer bestimmten Referenzebene repräsentieren. Eine vertikale Differenzierung des (Gesamt-) Planungsproblems wird durch einander über- bzw. untergeordnete Planungsprobleme ausgedrückt; eine horizontale Differenzierung des (Gesamt-) Planungsproblems wird durch auf gleicher Ebene angeordnete (Teil-) Planungsprobleme beschrieben. Der Abbildung 5.1 und der Abbildung 5.3 teilweise ähnliche Abbildungen

tiven Produktionsplanung in auf unterschiedlichen Ebenen liegende, einander über- bzw. untergeordnete Teilprobleme darstellt, zwischen denen jeweils eine Koordination durch Vorgaben erfolgt, der im klassischen Konzept der operativen Produktionsplanung und -steuerung zugrundegelegten (Grob-) Struktur entspricht.[416]

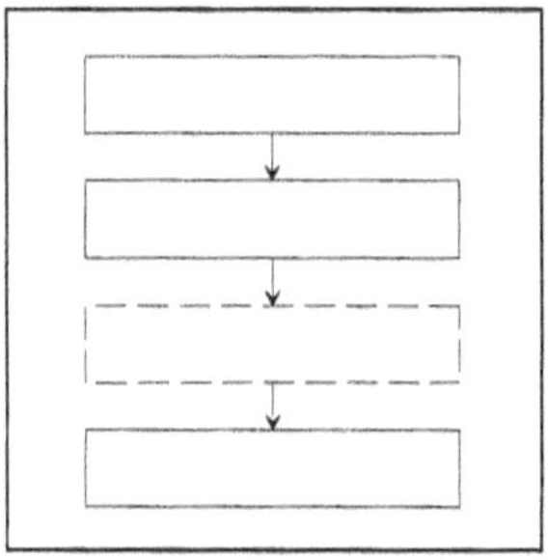

Abbildung 5.1: Vertikale Differenzierung sowie Koordination durch Vorgaben

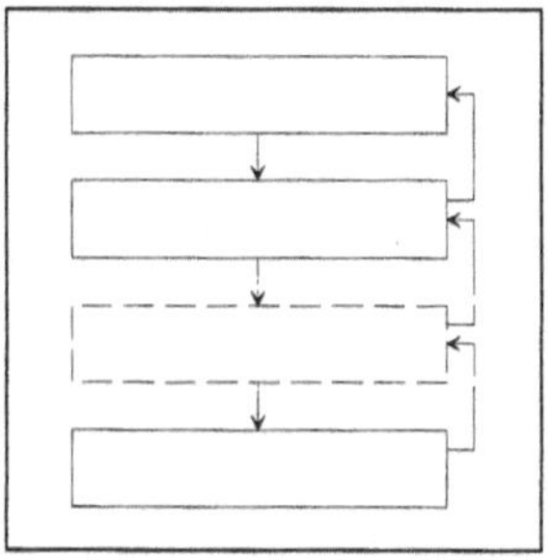

Abbildung 5.2: Vertikale Differenzierung sowie Koordination durch Vorgaben und Rückkopplung

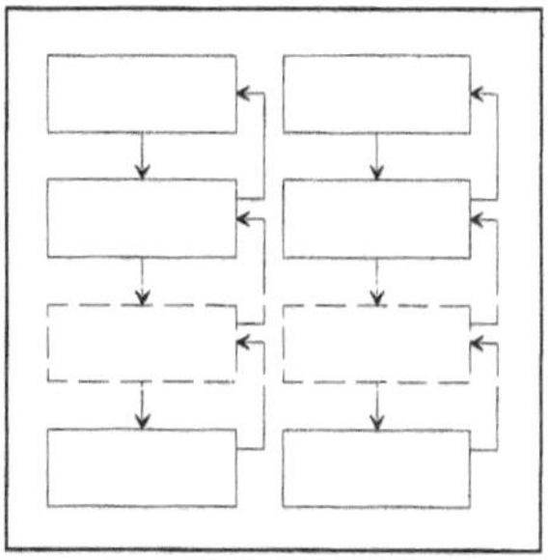

Abbildung 5.3: Vertikale und horizontale Differenzierung sowie Koordination durch Vorgaben und Rückkopplung

Eine mögliche Variation dieser Grundstruktur entsteht, wenn bei Beibehaltung der grundsätzlichen Form der Differenzierung zwischen einzelnen Teil-

---

finden sich auch bei **Scheer, August-Wilhelm**: Neue Architekturen, 1991, Seite 14 und **Scheer, August-Wilhelm**: Neue Architekturen, 1992, Seite S1. **Corsten, Hans**: Produktionswirtschaft, 1996, Seite 463f. **Wildemann, Horst**: Modulare Fabrik, 1994, Seite 205. Dem dort gemachten Vorschlag einer ausschließlich horizontalen Differenzierung des Gesamtproblems (der operativen Produktionsplanung) ohne eine anschließende vertikale Differenzierung der gebildeten Teilprobleme soll hier nicht gefolgt werden. Als wesentliche, gegen eine solche Form der Differenzierung sprechender Gründe sind hier die in der Regel stark unterschiedlichen Zeitbezüge, die unterschiedliche Dynamik und der unterschiedliche Abstraktionsgrad innerhalb der Gesamtaufgabe der operativen Produktionsplanung anzusehen, die eine weitergehende vertikale Differenzierung erforderlich machen.

416 Im diesem Zusammenhang kann der zu Beginn des Abschnittes erwähnte Aspekt des Bezuges eines spezifischen Strukturtypes auf unterschiedlichen Referenzebenen verdeutlicht werden. Im Hinblick auf das klassische Konzept der Produktionsplanung und -steuerung kann der in Abbildung 5.1 dargestellte Strukturtyp bspw. als eine Differenzierung des Gesamtproblems der Produktionsplanung in strategische, taktische und operative Teilprobleme, als eine Differenzierung des Gesamtproblems der operativen Produktionsplanung in Produktionsprogramm-, Produktionspotential- und Produktionsprozeßplanung oder als eine Differenzierung der Gesamtaufgabe der Produktionspotentialplanung in Durchlauf- und Kapazitätsterminierung sowie Aufragsfreigabe und Verfügbarkeitsprüfung interpretiert werden. Vgl. nochmals Abbildung 2.2 auf Seite 21.

problemen nicht nur eine Koordination durch Vorgaben, sondern eine Koordination durch Vorgaben in Verbindung mit einer Koordination durch Rückkopplungen implementiert wird. Diese in Abbildung 5.2 dargestellte Grundstruktur der Differenzierung korrespondiert mit dem in Abschnitt 5.2.1 beschriebenen Konzept des Closed Loop MRP sowie mit dem in Abschnitt 5.2.2 beschriebenen Konzept des Manufacturing Resource Planning.[417]

Hinsichtlich einer Verbindung von vertikaler und horizontaler Differenzierung ist eine Vielzahl von unterschiedlichen Strukturen möglich. Eine Möglichkeit der Verbindung von horizontaler und vertikaler Differenzierung besteht bspw. darin, die in Abbildung 5.1 bzw. Abbildung 5.2 beschriebene Grundstruktur durchgängig horizontal zu unterteilen. Man erhält auf diese Weise die in Abbildung 5.3 dargestellte Grundstruktur, bei der hier keine horizontalen Kopplungsbeziehungen zwischen den Teilproblemen angenommen wurden, sondern eine ausschließlich vertikale Koordination durch Vorgaben in Verbindung mit einer Koordination durch Rückkopplungen erfolgt. Eine solche Struktur der Differenzierung der Planungsaufgabe ergibt sich, wenn es gelingt, eine (idealtypische) Differenzierung des Produktionssystems in vollständig disjunkte Produktionssysteme vorzunehmen, wie es bspw. im Rahmen des Konzeptes der Fertigungssegmentierung bei der Bildung von Produkt-Markt-Produktion-Kombinationen angestrebt wird.

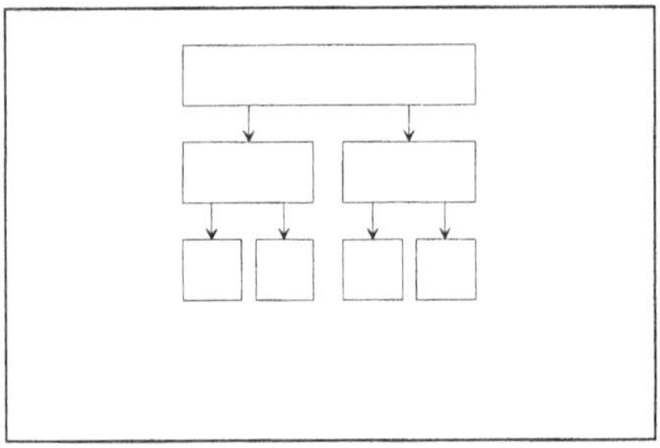

Abbildung 5.4: Divergierende Struktur

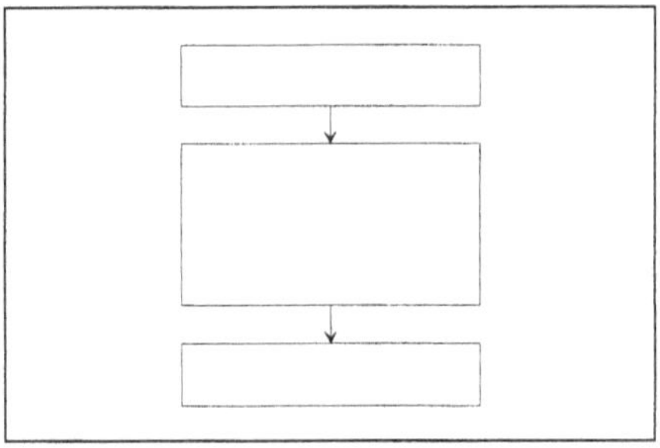

Abbildung 5.5: Vertikale Differenzierung sowie Koordination durch Vorgabe

417 Vgl. schon jetzt die Darstellung der Grundstruktur des Closed Loop MRP in Abbildung 5.6 in Abschnitt 5.2.1 sowie die Darstellung der Grundstruktur des MRP II in Abbildung 5.8 in Abschnitt 5.2.2. Man erkennt dort, daß eine vertikale Differenzierung des Gesamtproblems der operativen Produktionsplanung mit einer Koordination durch Vorgabe verbunden ist, zwischen einzelnen Planungsebenen jedoch auch eine Koordination durch Rückkopplung eingebunden ist.

Die in Abbildung 5.4 dargestellte divergierende Struktur, bei der mit zunehmender vertikaler Differenzierung auch die horizontale Differenzierung zunimmt, korrespondiert mit dem in Abschnitt 5.2.3 beschriebenen Konzept der Hierarchischen Produktionsplanung.[418]

Untersucht man die Möglichkeiten der Veränderung bestehender Differenzierungen eines Planungsproblems, so kann diese in zwei Richtungen erfolgen: Einerseits besteht die Möglichkeit, eine bestehende Differenzierung eines Planungsproblems vertikal und/oder horizontal zu erweitern. Andererseits kann jedoch auch eine bestehende vertikale und/oder horizontale Differenzierung eines Planungsproblems in Teilplanungsprobleme aufgegeben werden, d. h. eine (Re-) Integration zuvor differenzierter Teilplanungsprobleme erfolgen.

Eine (Re-) Integration zuvor vertikal differenzierter Planungsfunktionen kann bspw. durch den Übergang von Abbildung 5.3 auf Abbildung 5.2 beschrieben werden. Zu berücksichtigen ist, daß bei der Integration zuvor vertikal differenzierter Teilprobleme Teilprobleme zusammengeführt werden, die in der Regel unterschiedlich breite oder tiefe Aspekte des Gesamtproblems abbilden, die keinen vergleichbaren Planungshorizont aufweisen, die unterschiedliche Formen der Dynamik des Problems abbilden sowie unterschiedlich stark struktriert sind und die im allgemeinen auch einen unterschiedlichen Abstraktionsgrad aufweisen. Im Rahmen einer Integration vertikal differenzierter Teilprobleme ist somit eine Anpassung der Planungsprobleme hinsichtlich der beschriebenen Kriterien vorzunehmen. Dieser Ausgleich wird in der Regel derart vorzunehmen sein, daß jeweils die Maximalanfordernungen der einzelnen Teilprobleme erfüllt werden. Das bedeutet, daß bspw. vom übergeordneten Teilproblem der längere Planungshorizont und vom untergeordneten Planungsproblem der größere Detaillierungsgrad übernommen wird. Offensichtlich führt dies zu einem starken Ansteigen der Komplexität des neu (re-) integrierten Planungsproblems.

Umgekehrt beschreibt der Übergang von Abbildung 5.2 auf Abbildung 5.3 eine Differenzierung von zuvor nicht differenzierten Planungsaufgaben.

---

418 Vgl. schon jetzt die Darstellung der Grundstruktur des Ansatzes der Hierarchischen Produktionsplanung in Abbildung 5.8 in Abschnitt 5.2.3.

Eine (Re-) Integration zuvor vertikal differenzierter Planungsfunktionen kann bspw. durch den Übergang von Abbildung 5.1 auf Abbildung 5.5 beschrieben werden. Von dieser (Re-) Integration betroffen sind Teilprobleme, die in der Regel einen vergleichbaren Planungshorizont aufweisen, eine vergleichbare Dynamik haben, ähnlich stark strukturiert sind und auch einen vergleichbaren Abstraktionsgrad aufweisen. Im Vergleich zu einer (Re-) Integration vertikal differenzierter Teilprobleme erweist sich eine horizontale (Re-) Integration bedingt durch die spezifischen Rahmenbedingungen als wesentlich einfacher realisierbar. Der Übergang von Abbildung 5.5 auf Abbildung 5.1 dokumentiert schließlich die Erweiterung einer vertikalen Differenzierung.

5.2 Analyse von Planungsansätzen

In den folgenden Abschnitten werden drei besonders exponierte Ansätze zur abstraktionsbasierten hierarchischen Planung der Produktion untersucht, die jeweils eine spezifische Forschungsrichtung zur Weiterentwicklung des klassischen Konzeptes der Produktionsplanung und -steuerung repräsentieren.

Im einzelnen sind dies der Ansatz des Manufacturing Resource Planning (MRP II) mit der Vorstufe des Closed Loop MRP, dessen konzeptionelle Grundstruktur neueren PPS-Systemen zugrunde liegt[419] und dem deshalb eine besondere praktische Relevanz zugesprochen werden kann. Des weiteren sind dies der Ansatz der Hierarchischen Produktionsplanung (HPP) sowie der Ansatz der kapazitätsorientierten Produktionsplanung und -steuerung. Die Grundstruktur jedes dieser Ansätze wird zunächst detailliert beschrieben. Anschließend erfolgt eine Bewertung dieser Ansätze, die sich einerseits an den am Ende des zweiten Kapitels formulierten Kritikpunkten am klassischen Konzept der Produktionsplanung und -steuerung orientiert. Bewertet wird andererseits auch die Anpassungsfähigkeit des Ansatzes im Hinblick auf durch Wachstums- bzw. Schrumpfungsprozesse verursachte Veränderungen der Komplexität der Planungsaufgabe.

---

419 **Glaser, Horst; Petersen, Lars**: PPS-Systeme, 1996, Spalte 1407.

5.2.1 Closed Loop Material Requirements Planning

Das Konzept des Closed Loop Material Requirements Planning (Closed Loop MRP) wird allgemein als eine Weiterentwicklung des traditionellen Konzeptes der Produktionsplanung und -steuerung und als eine Vorstufe der Entwicklung des Konzeptes des Manufacturing Resource Planning (MRP II)[420] interpretiert[421]. Hinsichtlich der genauen inhaltlichen Interpretation dieses Konzeptes lassen sich zwei unterschiedliche Sichtweisen identifizieren.

Von einer Gruppe von Autoren[422] wird insbes. die Anknüpfung des Konzeptes des Closed Loop MRP an dem beschriebenen Problem der unzureichenden Berücksichtigung der verfügbaren Kapazitäten im Rahmen der Materialbedarfsplanung im klassischen Konzept der Produktionsplanung und -steuerung hervorgehoben. Durch Integration einer zusätzlichen Planungsebene, in der im Anschluß an die Materialbedarfsplanung eine Kapazitätsplanung (Capacity Requirements Planning (CRP)) vorgenommen wird, wird ein frühzeitiger Kapazitätsabgleich ermöglicht, indem der aus der Materialbedarfsplanung resultierende Kapazitätsbedarf dem verfügbaren Kapazitätsangebot gegenübergestellt wird.

Wie man in Abbildung 5.6 erkennen kann, wird nur ein unter Berücksichtigung der verfügbaren Kapazitäten zulässiger Produktionsplan an die untergeordneten Planungsebenen weitergegeben. Bei Unzulässigkeit erfolgt eine erneute Materialbedarfsplanung (insbes. mit veränderter Losgrößenplanung)

---

420 Zum Konzept des Manufacturing Resource Planning (MRP II) siehe den folgenden Abschnitt 5.2.2.

421 **Heinrich, Claus E.**: MRP II-Planungskonzept, 1989, Seite 98. **Ihde, Gösta B.**: Transport, 1991, Seite 221. **Kistner, Klaus-Peter**; **Steven, Marion**: Produktionsplanung, 1993, Seite 256f. **Mertens, Peter**: MRP II, 1992, Seite 29. **Schneeweiß, Christoph**: Produktionswirtschaft, 1997, Seite 225. **Vollmann, Thomas E.; et al.**: Manufacturing Planning Systems, 1997, Seite 16. **Browne, Jimmie; et al.**: Production Management Systems, 1988, Seite 93. **Wight, Oliver W.**: MRP II, 1984, Seite 48.

422 **Heinrich, Claus E.**: MRP II-Planungskonzept, 1989, Seite 98. **Ihde, Gösta B.**: Transport, 1991, Seite 221. **Kistner, Klaus-Peter**; **Steven, Marion**: Produktionsplanung, 1993, Seite 256f. **Mertens, Peter**: MRP II, 1992, Seite 29. **Schneeweiß, Christoph**: Produktionswirtschaft, 1997, Seite 225. **Browne, Jimmie; et al.**: Production Management Systems, 1988, Seite 93f. **Wight, Oliver W.**: MRP II, 1984, Seite xvii. Wight schreibt dort: „When this [Material Requirements Planning, Anmerk. des Verfas.] is expanded to include capacity planning, shop floor control, and purchasing, the correct term for it is ´Closed Loop MRP´ ".

sowie ggfs. auch eine Neuplanung auf der Ebene der Produktionsprogrammplanung mit geänderten Primärbedarfen.

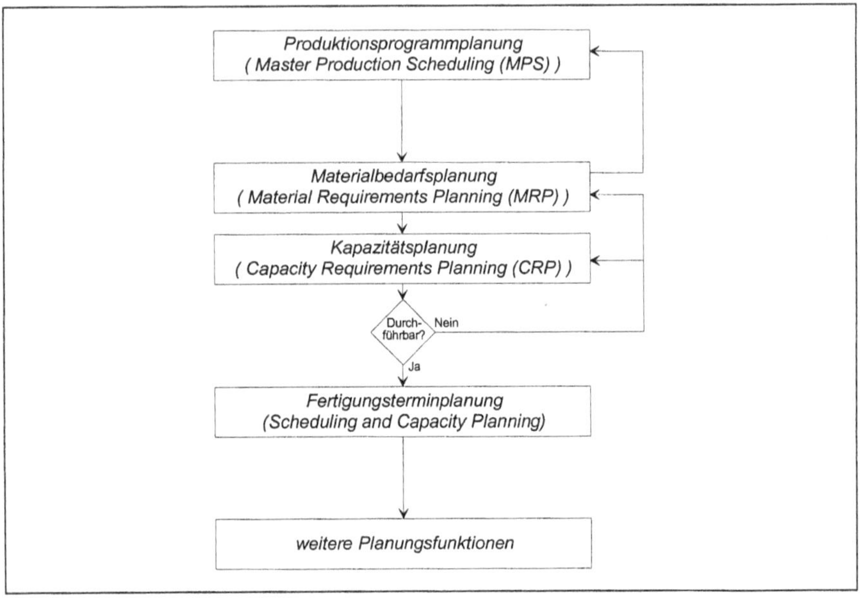

Abbildung 5.6: Grundstruktur des Closed Loop Material Requirements Planning[423]

Eine zweite Gruppe von Autoren[424] sieht den Unterschied von MRP und Closed Loop MRP besonders in dem Aspekt einer verbesserten Produktionsprogrammplanung.

5.2.2 Manufacturing Resource Planning (MRP II)

5.2.2.1 Einordnung des Ansatzes des Manufacturing Resource Planning (MRP II)

In der deutschsprachigen Literatur läßt sich eine bemerkenswerte Divergenz sowohl hinsichtlich der Interpretation der Bedeutung des Akronyms MRP II als

423 Abbildung 5.6 in Anlehnung an: **Kistner, Klaus-Peter**; **Steven, Marion**: Produktionsplanung, 1993, Seite 257. Ähnliche Abbildungen finden sich auch bei **Browne, Jimmie; et al.**: Production Management Systems, 1988, Seite 94. **Wight, Oliver W.**: MRP II, 1984, Seite 48.

auch hinsichtlich der inhaltlichen Interpretation und Einordnung des mit diesem Akronym beschriebenen Konzeptes der Produktionsplanung und -steuerung feststellen. Ursprünglich wurde das Initialwort MRP II von O. W. Wight zur Abkürzung des Begriffes „Manufacturing Resource Planning" verwendet.[425] Hieran anschließend haben auch zahlreiche deutschsprachige Autoren diese Verwendung übernommen.[426] Allerdings finden sich auch andere Interpretationen der Bedeutung, bspw. „Management Resources Planning (MRP II)"[427] oder „Material Resource Planning (MRP II)".[428] Im folgenden soll MRP II im ursprüngliche Sinne als Akronym für „Manufacturing Resource Planning" verwendet werden.

Ähnlich divergent wie die Interpretation des Akronyms MRP II ist auch die inhaltliche Interpretation und Einordnung des mit diesem Akronym beschriebenen Konzeptes des Manufacturing Resource Planning. Zäpfel[429] interpretiert MRP II als ein organisatorisches Konzept, „das die Integration aller Teilpläne, die der Disposition der logistischen Material- und Warenflußkette dienen, anstrebt und dabei die Ressourcenrestriktionen bei allen Teilplanungen einbe-

---

424 **Mertens, Peter**: MRP II, 1992, Seite 29. **Vollmann, Thomas E.; et al.**: Manufacturing Planning Systems, 1997, Seite 36.

425 **Wight, Oliver W.**: MRP II, 1984, Seite xv und xvii. Die Zahl „II" dient der Unterscheidung zur üblicherweise durch die Akronyme MRP bzw. MRP I abgekürzten „Material Requirement Planning". Vgl. auch: **Vollmann, Thomas E.; et al.**: Manufacturing Planning Systems, 1997, Seite 16. **Browne, Jimmie; et al.**: Production Management Systems, 1988, Seite 60 und 93ff.

426 Bspw. bei: **Corsten, Hans**: Produktionswirtschaft, 1996, Seite 497. **Delfmann, Werner**: Material Requirements Planning, 1996, Spalte 1256. **Hansmann, Karl-Werner**: Management, 1996, Seite 257. **Heinrich, Claus E.**: MRP II-Planungskonzept, 1989, Seite 98, **Mertens, Peter**: Integrierte Informationsverarbeitung, 1995, Seite 139. **Mertens, Peter; et al.**: Wirtschaftsinformatik, 1995, Seite 88. **Pfohl, Hans-Christian**: Logistikmanagement, 1994, Seite 173. **Reichwald, Ralf; Dietel, Bernhard**: Produktionswirtschaft, 1991, Seite 602-604. **Witte, Thomas**: Materialbedarfsplanung, 1996, Spalte 1171. **Zäpfel, Günther**: Fabrik der Zukunft, 1993, Seite 44. **Zäpfel, Günther**: Entwicklungsstand, 1994, Seite 733.

427 Bspw. bei: **Kern, Werner**: Produktionswirtschaft, 1992, Seite 325. **Scheer, August-Wilhelm**: Wirtschaftsinformatik, 1994, Seite 522. **Zimmermann, Gero**: Produktionsplanung, 1988, Seite 305.

428 Bspw. bei: **Wiendahl, Hans-Peter**: Produktionsplanung und -steuerung, 1996, Seite 14-7.

429 **Zäpfel, Günther**: Produktionsplanungs- und -steuerungssysteme, 1993, Spalte 3472f. **Zäpfel, Günther**: MRP II, 1994, Seite 237. **Zäpfel, Günther; Missbauer, Hubert**: New Concepts, 1993, Seite 299. Auch bei **Heinrich, Claus E.**: MRP II-Planungskonzept, 1989, Seite 100 findet man diese Interpretation.

zieht, um nur zulässige Vorgaben an die jeweils untergeordneten Planebenen weiterzugeben."[430] Auch Scheer[431] erkennt beim Konzept des MRP II eine Einbettung in den Zusammenhang der Logistikkette, welche dem Gedanken der hierarchischen Planung, beginnend mit dem strategischen Produktplan über die Erstellung von Masterplänen bis hin zum Produktionsplan Rechnung trägt[432].

Nicht immer finden diese beiden zentralen Aspekte bei der Abgrenzung des Konzeptes Berücksichtigung. Kern[433] beispielsweise interpretiert das Konzept des MRP II als eine zentrale Weiterentwicklung des Konzeptes des Material Requirements Planning, welches durch Integration anderer betrieblicher Planungssysteme, insbes. der Absatzplanung und der strategischen Planung, eine Ausweitung bis hin zu einem Totalplanungssystem ermöglicht. Die mehrstufige hierarchische Abstimmung von Kapazitätsnachfrage und Kapazitätsangebot findet jedoch keine besondere Erwähnung. Auch bei Reichwald und Dietel[434] wird bei der Interpretation des Konzeptes des MRP II weniger die Möglichkeit der mehrstufigen hierarchischen Abstimmung von Kapazitätsnachfrage und Kapazitätsangebot in den Vordergrund gestellt als der Aspekt der intensiven Berücksichtigung der Beschaffungs- und Absatzseite im Rahmen einer vertriebsorientierten Produktionsprogrammplanung. Hierdurch soll es ermöglicht werden, schon vor dem Eintreffen konkreter Kundenaufträge eine auf der prognostizierten Nachfrage basierende kundenauftragsunabhängige Vorproduktion einzelner Komponenten auszulösen. Eine ähnliche Interpretation findet man auch bei Laakmann et al.[435], Merkel[436] oder Ruffing[437], die den Schwerpunkt des MRP II-Konzeptes in der informationstechnischen An-

430 **Zäpfel, Günther**: MRP II, 1994, Seite 237.

431 **Scheer, August-Wilhelm**: Wirtschaftsinformatik, 1994, Seite 522. Obwohl Scheer bei seinen Ausführungen Bezug auf Oliver W. Wight nimmt, verwendet er den Begriff Management Resource Planning.

432 Eine ähnliche Einordnung findet man auch bei: **Eversheim, Walter**: Produktionstechnik, 1996, Seite 161. **Hansmann, Karl-Werner**: Management, 1996, Seite 257.

433 **Kern, Werner**: Produktionswirtschaft, 1992, Seite 325. Obwohl auch Kern bei seinen Ausführungen Bezug auf Oliver W. Wight nimmt, verwendet er den Begriff Management Resource Planning.

434 **Reichwald, Ralf; Dietel, Bernhard**: Produktionswirtschaft, 1991, Seite 602-604.

435 **Laakmann, Jürgen; et al.**: Aachener PPS-Modell, 1995, Seite 9.

436 **Merkel, Helmut**: MRP II-orientierte Systeme, 1986, Seite 40f.

437 **Ruffing, Thomas**: Fertigungsinseln, 1991, Seite 67.

bindung der Vertriebspläne an die Produktionspläne sehen. Küpper und Helber[438] setzen das MRP II-Konzept mit dem klassischen Konzept der Produktionsplanung und -steuerung gleich. Witte[439] schließlich stellt nicht nur das Konzept des Material Requirements Planning, sondern auch das Konzept des Manufacturing Resource Planning in eine sehr enge Beziehung zur programmgesteuerten Materialbedarfsplanung.

In den folgenden Ausführungen bei der Beschreibung der Grundstruktur des MRP II-Konzeptes soll in Grundzügen der bei Zäpfel[440] zu findenden Sichtweise gefolgt werden, die weitgehend mit der bei Wight zu findenden Sicht übereinstimmt.

5.2.2.2 Grundstruktur des Ansatzes des Manufacturing Resource Planning (MRP II)

Auf der obersten Ebene dieses hierarchischen Planungsmodells[441], der Ebene der Geschäftsplanung (Business Planning), werden die Aufgaben der (strategischen und teilw. taktischen) Produktionsplanung zusammengefaßt. Formuliert werden sowohl monetäre Umsatzziele als auch die zur Erreichung dieser erforderlichen Budgets.[442]

Aus diesen Plänen wird das angestrebte (aggregierte) Produktionsprogramm auf Produktgruppenebene abgeleitet. Im Rahmen der sich anschließenden Ressourcenplanung (Resource Requirements Planning (RRP)) wird die aus diesem Produktionsprogramm resultierende Ressourcennachfrage ermittelt und zu dem verfügbaren Ressourcenangebot in Beziehung gesetzt. Berücksichtigung finden bei diesem Vergleich sowohl Maschinen- als auch Personalressourcen als auch kritische Materialien. Grundlage für die Produktionspro-

438 **Küpper, Hans-Ulrich; Helber, Stefan**: Ablauforganisation, 1995, Seite 284ff. Interessanterweise verweisen Küpper und Helber auf **Vollmann, Michael; et al.**: Manufacturing Planning Systems, wo die oben dargestellten Charakteristika des MRP II-Konzeptes deutlich herausgestellt werden.

439 **Witte, Thomas**: Materialbedarfsplanung, 1996, Spalte 1171.

440 **Zäpfel, Günther**: Entwicklungsstand, 1991, Seite 73f. **Zäpfel, Günther**: MRP II, 1994, Seite 240ff.

441 Vgl. hierzu auch Abbildung 5.7 auf Seite 163.

442 **Heinrich, Claus E.**: MRP II-Planungskonzept, 1989, Seite 99.

grammplanung auf Produktgruppenebene bilden die ebenfalls auf Produktgruppenebene erstellten Absatz- und Lagerpläne.

Erweist sich dieses auf Produktgruppenebene angestrebte Produktionsprogramm als nicht zulässig, da die Ressourcennachfrage das Ressourcenangebot im Planungszeitraum übersteigt, erfolgt, ausgehend von einer Überarbeitung der Vorgaben der Geschäftsplanung, eine Überarbeitung der (aggregierten) Absatz- und Lagerpläne. Dieser erste Regelkreis wird so lange durchlaufen, bis ein mit den verfügbaren Ressourcen abgestimmtes zulässiges Produktionsprogramm auf Produktgruppenebene generiert ist.

Dieses Produktionsprogramm erfährt nun im Rahmen der Produktionsprogrammplanung (Master Production Scheduling (MPS))[443] eine Detaillierung, indem die von der übergeordneten Planungsebene vorgegebenen Produktionsmengen der Produktgruppen in Produktionsmengen der den Produktgruppen zugeordneten Enderzeugnisse aufgeteilt werden. Diese Detaillierung erfolgt unter Berücksichtigung von sog. Planungsstücklisten[444], in denen die prozentualen Mengenanteile der einer Produktgruppe zugeordneten einzelnen Produkte festgehalten werden. Das so ermittelte Produktionsprogramm auf Enderzeugnisebene wird im Rahmen der Grob-Kapazitätsplanung (Rough-Cut Capacity Planning (RCCP))[445,446] wiederum auf seine Zulässigkeit überprüft, indem die resultierende Kapazitätsnachfrage bestimmt und dem verfügbaren Kapazitätsangebot gegenübergestellt wird. Gegebenenfalls erfolgt auch auf dieser Ebene ein mehrfaches Durchlaufen dieses Regelkreises mit einer Variation des MPS bzw. einer Veränderung der Kapazitätsangebots.

---

443 Im Anhang dieser Arbeit wird in Abschnitt 5.2 eine typische Problemformulierung zur mittelfristigen abstraktionsbasierten Produktionsprogrammplanung (Master Production Scheduling) beschrieben.

444 **Zäpfel, Günther**: MRP II, 1994, Seite 242.

445 **Günther, Hans-Otto; Tempelmeier, Horst**: Produktion, 1994, Seite 166. **Browne, Jimmie; et al.**: Production Management Systems, 1988, Seite 99.

446 Im Anhang dieser Arbeit werden im Abschnitt 3ff. drei Verfahren zum Rough-Cut Capacity Planning (RCCP) (Capacity Planning Using Overall Factors, Capacity Bills und Resource Profiles) beschrieben und kommentiert sowie im Abschnitt 3ff. hinsichtlich ihrer Erweiterungsmöglichkeiten für eine abstraktionsbasierte Grob-Kapazitätsplanung untersucht.

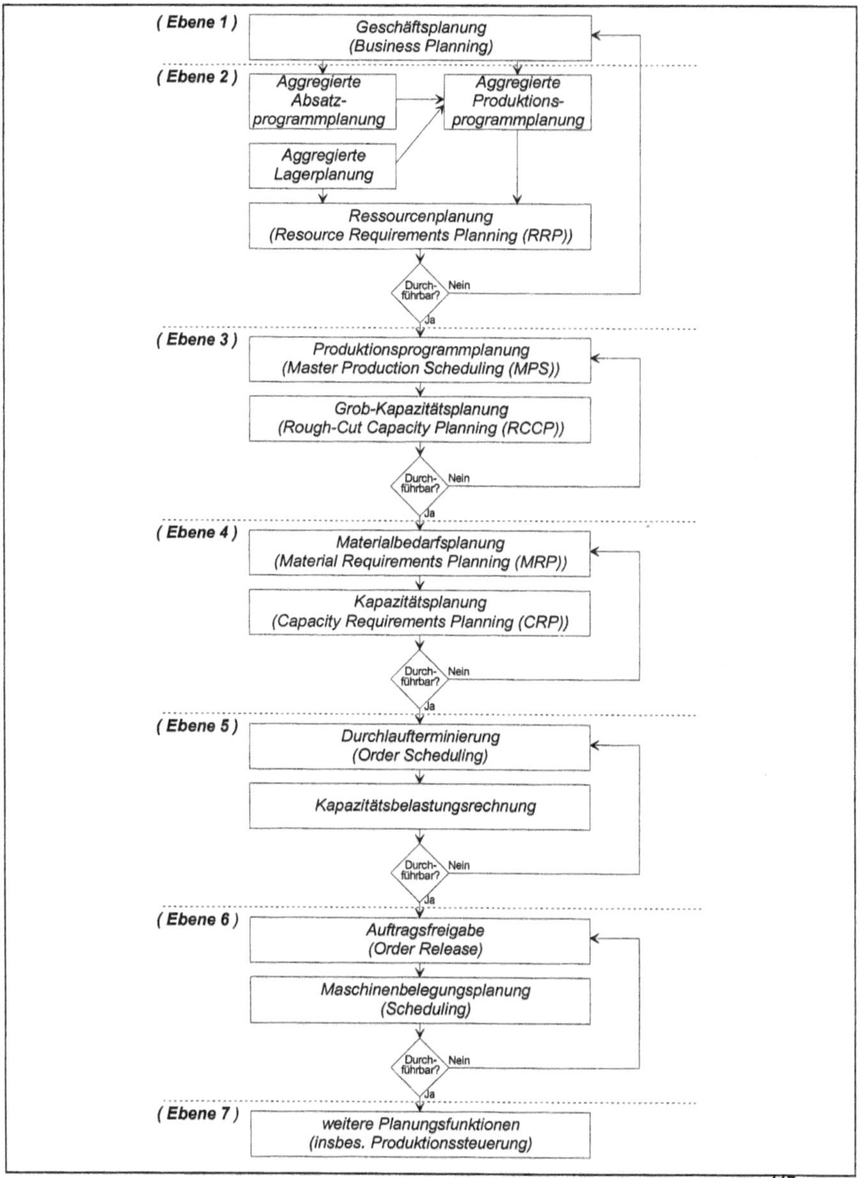

Abbildung 5.7: Grundstruktur des Manufacturing Resource Planning (MRP II)[447]

447 Abbildung 5.7 in Anlehnung an: **Zäpfel, Günther**: Entwicklungsstand, 1994, Seite 734. **Zäpfel, Günther**: MPR II, 1994, Seite 239. Eine ähnliche Abbildung findet sich auch bei: **Browne, Jimmie; et al.**: Production Management Systems, 1988, Seite 95.

Ergebnis der Grob-Kapazitätsplanung auf dieser Ebene ist wiederum ein mit den verfügbaren Ressourcen abgestimmtes Produktionsprogramm, nun auf Ebene der Enderzeugnisse.

Die Vorgehensweise bei der sich anschließenden Materialbedarfs- bzw. Mengenplanung entspricht weitgehend der schon an anderer Stelle dargestellten Vorgehensweise bei der Materialbedarfsplanung, nur daß auch auf dieser Ebene, wie schon beim Closed Loop MRP, im Anschluß an die Materialbedarfsplanung wiederum eine Abstimmung zwischen dem ermittelten Produktionsprogramm für die untergeordneten Komponenten und der sich hieraus ergebenden Ressourcennachfrage und dem verfügbaren Kapazitätsangebot im Rahmen einer erneuten, nun detaillierten Kapazitätsplanung (short range Capacity Requirements Planning (CRP))[448] erfolgt. Ergebnis der Planung auf dieser Ebene ist wiederum ein mit den verfügbaren Kapazitäten abgestimmtes Produktionsprogramm, nun auf Ebene einzelner Komponenten.

Dieses Produktionsprogramm ist der Ausgangspunkt für die sich anschließende Fertigungsterminplanung, die wiederum aus Durchlaufterminierung (Order Scheduling), Kapazitätsterminierung (Capacity Scheduling) sowie Verfügbarkeitsprüfung und Auftragsfreigabe (Order Release) besteht. Es schließt sich im Rahmen der Feinterminierung die Reihenfolgeplanung (Machine Sequencing) an.

5.2.2.3 Zusammenfassende Beurteilung des MRP II-Konzeptes

5.2.2.3.1 Beurteilung des MRP II- Konzeptes als Weiterentwicklung des klassischen Konzeptes der Produktionsplanung und -steuerung

Im Vergleich zu der in den Abschnitten 2.3.3ff. erläuterten Vorgehensweise im klassischen Konzept der Produktionsplanung und -steuerung zeichnet sich das Konzept des MRP II zusammenfassend durch die folgenden Aspekte aus:

Ein erster zentraler Vorteil dieses Konzeptes ist in den Erweiterungen auf den übergeordneten Planungsebenen zu sehen. Durch die Integration der Geschäftsplanung (Business Planning) sowie der Absatz-, Lager- und Produktionsprogrammplanung basiert die Planung auf den folgenden Ebenen auf

448 **Browne, Jimmie; et al.**: Production Management Systems, 1988, Seite 99.

zwischen diesen Funktionen global abgestimmten Vorgaben. Der iterativen Abstimmung dieser Pläne in Verbindung mit der Möglichkeit der Simulation alternativer Pläne[449] kommt dabei eine entscheidende Bedeutung zu.

Ermöglicht wird dieses erst durch den Übergang auf eine abstraktionsbasierte Planung. Planungsobjekte bei der Erstellung des aggregierten Absatzprogramms sind zu Produktgruppen zusammengefaßte Enderzeugnisse. In Verbindung mit der ebenfalls auf Produktgruppenebene erstellten abstraktionsbasierten Lagerplanung wird ein abstraktes Produktionsprogramm generiert, dessen ressourcenmäßige Zulässigkeit im Rahmen des Resource Requirements Planning (RRP) durch eine Verdichtung der auf Kapazitätsseite gegenüber zu stellenden Planungsobjekte einerseits und die Beschränkung auf spezielle Planungsobjekte andererseits (Engpaßorientierung) vereinfacht überprüft werden kann.

Weiterhin ist hervorzuheben, daß bei der hier dargestellten Interpretation des MRP II-Konzeptes die Nichtübereinstimmung von geplanten Produktionsmengen und verfügbaren Ressourcen frühzeitig erkannt wird und somit auch eine frühzeitige Abstimmung herbei geführt werden kann. Eine im Vergleich zum klassischen Konzept der Produktionsplanung und -steuerung erweiterte Überprüfung findet auf drei explizit ausgewiesenen Planungsebenen (Resource Requirements Planning, Rough-Cut Capacity Planning, Capacity Requirements Planning) statt[450] und stellt sicher, daß jeweils nur zulässige Pläne an die direkt untergeordneten Planungsebenen weitergegeben werden. Die mehrfache Integration dieser Rückkopplungsbeziehungen kann als ein weiterer zentraler Vorteil dieses Konzeptes angesehen werden.

Anzumerken bleibt jedoch, daß die im Rahmen dieses Abgleichs eingesetzten Verfahren i. d. R. nur eine (grobe) Überprüfung der Zulässigkeit des jeweiligen Produktionsplanes ermöglichen, welche ggfs. Neuplanungen auf der übergeordneten Ebene anstößt, darüber hinausgehend aber keine direkte Unterstützung bei der Generierung zulässiger Pläne auf den einzelnen Ebenen geboten wird.[451] Dies kann zu einer Vielzahl von Iterationsschritten führen.

---

449 **Zäpfel, Günther**: MRP II, 1994, Seite 142.

450 **Heinrich, Claus E.**: MRP II-Planungskonzept, 1989, Seite 102. **Vollmann, Thomas E.; et al.**: Manufacturing Planning Systems, 1988, Seite 122.

451 **Zäpfel, Günther**: MRP II, 1994, Seite 249.

An grundsätzlicher Kritik ist weiterhin anzuführen, daß im Konzept des MRP II die schon im Rahmen des klassischen Konzeptes der Produktionsplanung und -steuerung kritisierte sukzessive Vorgehensweise prinzipiell beibehalten wird. Die in den Abschnitten 2.3.4ff. dargestellten methodischen Probleme, insbes. das Problem der fehlenden Berücksichtigung der Interdependenzen innerhalb der Losgrößenplanung[452] sowie das Problem der fehlenden Berücksichtigung der zwischen Durchlaufterminierung und Kapazitätsterminierung bestehenden Interdependenzen[453] werden somit nicht gelöst, wenn auch zu erwarten ist, daß bedingt durch den auf den übergeordneten Planungsebenen durchgeführten Kapazitätsabgleich letztere Probleme in geringerem Umfang auftreten werden.

Auch lassen die untersuchten Quellen weitgehend offen, auf welche Art und Weise im Rahmen der abstraktionsbasierten Planung die Bildung der erforderlichen abstrakten Planungsobjekte auf der Ebene der Geschäftsplanung sowie auf der Ebene der Aggregierten Produktionsprogrammplanung erfolgt. Die Beziehungen zwischen den einzelnen hierarchischen Planungsebenen werden nicht formalisiert.[454]

Insgesamt soll das MRP II-Konzept hier als eine wesentliche Erweiterung des klassischen Konzeptes der Produktionsplanung und -steuerung eingeordnet werden, dessen besondere Relevanz auf pragmatischer Ebene liegt.

5.2.2.3.2 Beurteilung des MRP II-Konzeptes hinsichtlich der Anpassungsmöglichkeiten an Veränderungen der Komplexität der Planungsaufgaben

Die Differenzierung der Gesamtaufgabe der Produktionsplanung in abgegrenzte Teilprobleme und deren sukzessive Lösung wurde zu Beginn dieses Kapitels als ein wesentliches Instrument zur Handhabung der Komplexität von Planungsaufgaben identifiziert. Im Vergleich zum klassischen Konzept der Produktionsplanung und -steuerung wird im Konzept des MRP II die Gesamtplanungsaufgabe wesentlich weiter gefaßt: Einerseits werden zusätzlich Auf-

452 Vgl. nochmals Abschnitt 2.3.4.2 auf Seite 35.

453 Vgl. nochmals Abschnitt 2.3.4.4 auf Seite 36.

454 **Zäpfel, Günther; Missbauer, Hubert**: New Concepts, 1993, Seite 307. **Zäpfel, Günther**: Grundzüge, 1996, Seite 120.

gaben der (strategischen) Geschäftsplanung sowie der (tendenziell taktisch orientierten) Absatzprogramm-, Lager- und Produktionsprogrammplanung und der Ressourcenplanung in die Gesamtplanungsaufgabe integriert, andererseits wird eine Erweiterung hinsichtlich des Planungsumfanges einzelner Teilaufgaben vorgenommen. Unter Beibehaltung der durch eine ausschließlich vertikale Differenzierung der Gesamtplanungsaufgabe gekennzeichneten Grundstruktur der Differenzierung führen diese Erweiterungen zu einer Zunahme der insges. im Rahmen dieses Ansatzes zu betrachtenden Planungsebenen.

Der Übergang von einer im klassischen Konzept der Produktionsplanung und -steuerung durchgängig eingesetzten Koordination durch Vorgaben hin zu einer Koordination durch Vorgaben in Verbindung mit einer Koordination durch Rückkopplung zwischen einzelnen Teilproblemen vergrößert, bedingt durch das ggfs. mehrfach notwendige iterative Durchlaufen einzelner Teilplanungen, den insges. erforderlichen Planungsaufwand. Die im Ergebnis mit diesem Konzept erreichte größere Konsistenz der Teilpläne sowie die insges. gesteigerte Qualität der Planungsergebnisse, die einen wesentlichen Vorteil dieses Konzeptes darstellen, werden somit nur durch einen insges. gesteigerten Planungsaufwand erreicht.

Aus einer komplexitätsorientierten Gestaltung des Produktionssystems resultieren Veränderungen der Komplexität der im Rahmen des Konzeptes des MRP II zu bewältigenden Gesamtplanungsaufgaben:

Wurde im Rahmen der komplexitätsorientierten Gestaltung im Bereich der Produktionsprogrammplanung die Anzahl der Enderzeugnisse bzw. der Enderzeugnisvarianten verringert, so führt dies auf der Ebene der Geschäftsplanung sowie auf der Ebene der Ressourcenplanung nur dann zu einer Verringerung der im Rahmen der dort vorzunehmen abstraktionsbasierten Planung zu berücksichtigenden abstrakten Planungsobjekte, wenn das Produktionsprogramm um ganze Produktgruppen bzw. Produktfamilien bereinigt wurde. Eine aus einer Eliminierung einzelner detaillierter Objekte resultierende Verringerung der Kardinalität der Menge der detaillierten Planungsobjekte hat nur dann Auswirkungen auf die Anzahl der gebildete abstrakten Planungsobjekte, wenn die Eliminierung aller Objekte einer Klasse erfolgt.

Wurden hingegen nur einzelne, unterschiedlichen Produktgruppen bzw. Produktfamilien zugeordnete Enderzeugnisse bzw. Enderzeugnisvarianten eliminiert, so verringert sich zwar die Anzahl der detaillierten Objekte, die im Rahmen einer Abstraktion zu abstrakten Planungsobjekten verdichtet werden, die Anzahl der insges. zu betrachtenden abstrakten Planungsobjekte bleibt jedoch unverändert. Auf der Ebene der Geschäftsplanung sowie auf der Ebene der Ressourcenplanung resultiert somit aus einer Verringerung der Anzahl der insges. zu betrachtenden detaillierten Enderzeugnisse bzw. Enderzeugnisvarianten kein Potential für eine Veränderung der bestehenden Differenzierung der Planungsaufgaben.

Auf der Ebene der (operativen) Produktionsprogrammplanung (Master Production Scheduling), auf der ein Übergang hin zu einer Planung auf der Basis von detaillierten Planungsobjekten erfolgt, kommen die aus einer Verringerung der Anzahl der Planungsobjekte resultierenden Mengeneffekte zum Tragen, da die Anzahl der Erzeugnisse, die im Rahmen der Programmplanung berücksichtigt werden müssen, entsprechend verringert wurde. Gleiches gilt auch auf der Ebene der Materialbedarfsplanung, wo zusätzlich noch die Auswirkungen einer Veränderung der Erzeugnisstrukturen Wirkung zeigen. Die beschriebenen Mengeneffekte setzen sich auf den folgenden Planungsebenen fort.

Bedingt durch die Breite der Möglichkeiten einer komplexitätsorientierten Gestaltung im Rahmen der Produktionsprozeßplanung gestaltet sich eine Einschätzung der hieraus resultierenden Auswirkungen auf das Konzept des MRP II schwierig. Im Zusammenhang mit der in Abschnitt 4.5.2 vorgenommenen Analyse des Konzeptes der Lean Production als die vielleicht konsequenteste Form einer komplexitätsorientierten Produktionsprozeßgestaltung wurde bereits darauf verwiesen, daß eine durchgängige Implementierung dieses Konzeptes weitreichende Auswirkungen auf die Aufgabengestaltung der Produktionsplanung und -steuerung hat.[455] In den folgenden Ausführungen soll davon ausgegangen werden, daß ein Übergang zu einer Fertigungssteuerung durch Kanban nicht erfolgt, ansonsten jedoch die mit den Konzepten der Fertigungssegmentierung bzw. der Lean Production beschriebenen Gestaltungsprinzipien Anwendung gefunden haben. Ausgeschlossen wird auch die

455 Vgl. nochmals Abschnitt 4.5.2.2, insbes. Seite 141f.

in Abschnitt 5.1.4 angedeutete Möglichkeit einer vollständig disjunkten horizontalen Partition des Gesamtplanungsproblems über alle Planungsebenen.[456]

Untersucht man zunächst die Auswirkungen einer (fertigungs-) objektorientierten Differenzierung des Produktionssystems auf die abstraktionsbasierte Planung auf die Ebene der Geschäftsplanung sowie insbes. auf die Ebene der Ressourcenplanung, so sind Veränderungen hinsichtlich der Gestaltung der Planungsprobleme auf diesen Ebenen nur dann festzustellen, wenn im Rahmen der dort eingesetzten Problemformulierungen nicht nur jeweils eine abstrakte Personalkapazität und eine abstrakte Maschinenkapazität Berücksichtigung findet, sondern wenn mehrere abstrakte Personal- und/oder Maschinenkapazitäten berücksichtigt werden, die jeweils einzelne (fertigungs-) objektorientierte Produktionssysteme repräsentieren. Eine solche Variation der Problemformlierung ist mit der im MRP II-Konzept vorgegebenen Struktur der Differenzierung realisierbar.

Erfolgt auf der Ebene der Produktionsprogrammplanung (Master Production Scheduling) ein Übergang hin zu einer abstraktionsbasierten Planung, bei der einerseits abstrakte Erzeugnisse und andererseits abstrakte Ressourcen als Planungsobjekte Verwendung finden, so bildet auf dieser Planungsebene die (fertigungs-) objektorientierte Differenzierung des Produktionssystems den Ansatzpunkt für die Gestaltung der zu Planungszwecken erforderlichen Abstraktionshierarchie. Indem auf der Ebene der Produktionsprozeßplanung eine Zuordnung einer Menge von Erzeugnissen zu einer Menge von Betriebsmitteln erfolgt, kann sich die Bildung der abstrakten Planungsobjekte an dieser Zuordnung orientieren. Da sich die entsprechenden Problemformulierungen zur Produktionsprogrammplanung in der Regel nicht auf mehrstufige Strukturen beziehen, sind aus der Intra-Systemhierarchie von Produktionssystemen jeweils die Produktionssysteme auf der Referenzebene auszuwählen, die alle Stufen des Produktionsprozesses beinhalten. Im Sinne des Konzeptes der Fertigungssegmentierung würde dies bspw. bedeuten, daß jeweils eine Produkt-Markt-Produktion-Kombinationen bzw. ein vertikales Fertigungssegment als ein abstraktes Planungsobjekt betrachtet werden kann. Im Ansatz der Lean Production kann eine Fertigungszelle, in der die Komplettbearbeitung ei-

456 Vgl. nochmals Abbildung 5.3 auf Seite 153.

ner abgegrenzten Menge von Erzeugnissen erfolgt, ein abstraktes Planungsobjekt repräsentieren. Möglich ist auch die Interpretation einer Fertigungsinsel, in der eine vollständige Komplettbearbeitung erfolgt, als ein abstraktes Planungsobjekt. Im Rahmen der abstraktionsbasierten Planung auf der Ebene der Produktionsprogrammplanung bietet sich somit eine der (fertigungs-) objektorientierten Differenzierung des Produktionssystems folgende Bildung von abstrakten Planungsobjekten an. Dies erscheint auch unter Beibehaltung der grundsätzlichen Struktur der Differenzierung der Gesamtplanungsaufgabe im Rahmen des Konzeptes des MRP II möglich.

Untersucht man weiterhin die Auswirkungen einer (fertigungs-) objektorientierten Differenzierung des Produktionssystems auf die Ebene der Materialbedarfsplanung sowie die Ebene der Durchlaufterminierung bzw. Fertigungsterminplanung, so ist eine umfassende Realisierung der sich hier ergebenden Potentiale unter Beibehaltung der grundsätzlichen Struktur der Differenzierung der Planungsaufgabe nicht möglich.

Auf die sich aus der komplexitätsorientierten Gestaltung im Bereich der Produktionsprogrammplanung ergebenden Mengeneffekte wurde bereits hingewiesen. Aus dieser Veränderung des Umfanges der Planungsaufgaben entwickelt sich die prinzipielle Möglichkeit der vertikalen (Re-) Integration einzelner Teilprobleme. Verstärkt wird das Potential einer solchen Integration, indem eine horizontale Differenzierung auf diesen Planungsebenen durchgeführt wird, die sich, wie schon die Bildung der abstrakten Planungsobjekte auf der Ebene der Produktionsprogrammplanung, an der (fertigungs-) objektorientierten Differenzierung des Produktionssystems orientiert. Die einzelnen Planungsaufgaben beziehen sich nun nicht mehr auf die gesamte Breite des Produktionsprogramms, auf eine Vielzahl sehr verschiedenartiger Produktionsprozesse sowie auf eine Vielzahl sehr unterschiedlicher Betriebsmittel, an denen die Herstellung dieser Erzeugnisse erfolgt, sondern nur auf eine begrenzte Anzahl von Erzeugnissen, die hinsichtlich der zu ihrer Herstellung erforderlichen Verfahrensschritte große Ähnlichkeiten aufweisen und die auf einer begrenzten Anzahl von Betriebsmitteln hergestellt werden. Der mit der (fertigungs-) objektorientierten Differenzierung verringerten Komplexität des zugrundliegenden Produktionssystems entsprechend verringert sich somit auch die Komplexität der zu bewältigenden Planungsaufgaben. Durch die Verbindung von an der

Differenzierung des Produktionsystems orientierter horizontaler Differenzierung einerseits und vertikaler (Re-) Integration von Teilaufgaben andererseits entsteht somit eine Struktur der Differenzierung des Planungsproblems, die sich durch eine verstärkte Berücksichtigung der Interdependenzen zwischen den Teilproblemen auszeichnet und damit an den in Abschnitt 2.3.4 dargestellten methodischen Problemen des klassischen Ansatzes der Produktionsplanung und -steuerung anknüpft. Gleichzeitig erlaubt eine solche Struktur eine Anpassung der konkret zu realisierenden vertikalen Differenzierung an unterschiedliche Formen der Fertigungsorganisation.

Zusammenfassend ist festzustellen, daß im Ansatz des MRP II auf den Ebenen der abstraktionsbasierten Planung eine flexible Anpassung an Veränderungen der Gestaltung des Produktionssystems möglich ist, die unter Beibehaltung der grundsätzlichen Struktur der Differenzierung der Gesamtaufgabe realisiert werden kann. Soll jedoch eine über die Realisierung von Mengeneffekten hinausgehende Berücksichtigung der sich aus einer Gestaltung des Produktionssystems resultierenden Veränderungen auch auf den untergeordneten Planungsebenen ermöglicht werden, so macht dies eine Veränderung der grundsätzlichen Struktur der Differenzierung der Gesamtaufgabe erforderlich, die im Konzept des MRP II in dieser Form nicht vorgesehen ist.

5.2.3 Hierarchische Produktionsplanung (HPP)

Am Massachusetts Institute of Technology (MIT) wurde durch eine Gruppe von Autoren um Bitran, Gabby, Golovin, Graves, Hax und Meal[457] seit 1973 ein Ansatz zur hierarchischen Planung der Produktion entwickelt. Etwa im selben Zeitraum wurde auch am Linköping Institute of Technology (LIT) durch eine Gruppe von Autoren um Axsäter ein alternativer Ansatz zur hierarchischen Planung der Produktion entworfen. In der deutschsprachigen Literatur wurden diese Ansätze von Switalski/Steven[458], Kistner[459], Leisten[460], Stadtler[461], Win-

457 **Bitran, R. Gabriel; Haas, Elizabeth A.; Hax, Arnoldo**: Single Stage, 1981. **Hax, Arnoldo; Golovin, Jonathan J.**: HPPS, 1978.

458 **Switalski, Marion**: Hierarchische Produktionsplanung, 1987. **Switalski, Marion**: Hierarchische Produktionsplanung, 1989. **Steven, Marion**: Hierarchische Produktionsplanung, 1994.

459 **Kistner, Klaus-Peter; Steven, Marion**: Operations Research, 1991. **Kistner, Klaus-Peter; Steven, Marion**: Produktionsplanung, 1993.

ter[462] u. a. aufgegriffen und weiterentwickelt[463]. Diese Ansätze werden im folgenden unter dem Oberbegriff der Hierarchischen Produktionsplanung (HPP) zusammengefaßt[464]. Im nächsten Abschnitt wird die Grundstruktur des klassischen Ansatzes von Hax und Meal beschrieben.

5.2.3.1 Grundstruktur des klassischen Ansatzes der Hierarchischen Produktionsplanung (HPP) am Beispiel des Ansatzes von Hax und Meal

Auf der obersten Planungsebene dieses hierarchischen Planungsmodells[465] (Aggregate Production Planning for Types[466], Produktgruppenproblem[467]) erfolgt zunächst eine mittelfristig orientierte abstraktionsbasierte Produktionsprogrammplanung zur Beschäftigungsglättung für einen i. d. R. ein Jahr (bzw. einen Saisonzyklus) umfassenden Planungszeitraum[468]. Abstrakte Planungsobjekte auf dieser Ebene sind einerseits Produkttypen (product types[469]), die durch eine Abstraktion durch Assoziation aller Produktfamilien mit starken Ähnlichkeiten in Saisonverlauf, Produktionskosten, Lagerhaltungskosten und Produktionskoeffizienten gebildet werden. Diesen abstrakten Planungsobjekten werden als relevante Merkmale periodenbezogene Bruttobedarfsmengen,

---

460 **Leisten, Rainer**: Iterative Aggregation, 1996.

461 **Stadtler, Hartmut**: Hierarchische Produktionsplanung, 1988. **Stadtler, Hartmut**: Hierarchische Produktionsplanung, 1996.

462 **Winter, Robert**: Mehrstufige Produktionsplanung, 1991.

463 Übersicht über die der Hierarchischen Produktionsplanung zuzuordnenden Ansätze findet sich bei **Steven Marion**: Hierarchische Produktionsplanung, 1994, Seite 110. **Stadtler, Hartmut**: Hierarchische Produktionsplanung, 1988, Seiten 37-51.

464 Da mit Ausnahme der Ansätze zur Planung im Rahmen von Totalmodellen alle Ansätze zur Planung der Produktion einschließlich des klassischen Ansatzes zur Produktionsplanung und -steuerung auf einer hierarchischen Vorgehensweise aufbauen, erweist sich der in der Literatur gebräuchliche Begriff der Hierarchischen Produktionsplanung (HPP) zur Bezeichnung der aus dem Ansatz von Hax und Meal hervorgegangen Planungsansätze zur abstraktionsbasierten hierarchischen Planung der Produktion als nicht sehr treffend.

465 Vgl. auch Abbildung 5.8 auf Seite 174.

466 **Hax, Arnold C.; Golovin, Jonathan J.**: HPPS, 1978, Seite 410.

467 **Steven, Marion**: Hierarchische Produktionsplanung, 1994, Seite 66.

468 Die im Rahmen des klassischen Ansatzes der Hierarchischen Produktionsplanung konkret vorgeschlagenen Problemformulierungen sind im Anhang dieser Arbeit im Abschnitt 5.3 zusammengefaßt.

469 **Hax, Arnold C.; Golovin, Jonathan J.**: HPPS, 1978, Seite 410.

periodenbezogene Herstellungskosten sowie periodenbezogene Lagerbestandskosten zugeordnet. Andererseits sind dies zwei durch eine Abstraktion durch Assoziation gebildete abstrakte Personalkapazitäten (Normalarbeit und Zusatzarbeit), denen als relevante Merkmale jeweils periodenbezogene verfügbare Kapazitätsmengen zugeordnet werden. Die Verbindung zwischen Produkt- und Kapazitätsassoziation wird über abstrakte Kapazitätsbelastungsfaktoren hergestellt. Im Ergebnis werden auf abstrakter Ebene für die abstrakten Produkttypen periodenbezogene Produktionsmengen und die Lagerbestandsmengen sowie die hieraus resultierenden Herstellungs- und Lagerbestandskosten sowie für die abstrakten Kapazitäten die periodenbezogenen Kapazitätsbelastungswerte und die resultierenden Personalkosten ermittelt. Entsprechend den dieser Planungsebene zugeordneten Kostengrößen strebt die von den Autoren vorgeschlagene Problemformulierung die Minimierung der Summe aus Herstellungskosten (ohne Personalkosten) und Lagerkosten aller Produkttypen in allen Perioden sowie der Kosten der in Anspruch genommenen Normal- und Zusatzarbeit unter Berücksichtigung entsprechender Restriktionen an.

Für jede Produktfamilie, die einem bestimmten Produkttyp zugeordnet ist, wird auf der anschließenden Planungsebene (Family Disaggregation Modell[470], Produktfamilien-Problem[471], Losgrößenbestimmung für Produktfamilien[472]) eine Detaillierung der auf der übergeordneten Planungsebene ermittelten Produktionsmengen der Produkttypen für die erste Teilperiode vorgenommen. Produktfamilien werden durch eine Abstraktion durch Assoziation aller detaillierten Enderzeugnisse gebildet, welche die gleichen Werkzeuge benötigen und damit abwechselnd ohne Umrüstung der Maschinen gefertigt werden können und die jeweils die gleiche Anzahl der gleichen Komponenten verwenden. Zur Detaillierung werden unterschiedliche Verfahren vorgeschlagen[473], die implizit oder explizit die Rüstkosten einer Produktfamilie berücksichtigen.

470 **Hax, Arnoldo C.**: **Golovin, Jonathan J.**: HPPS, 1987, Seite 410.

471 **Steven, Marion**: Hierarchische Produktionsplanung, 1994, Seite 66.

472 **Neumann, Klaus**: Produktionsmanagement, 1996, Seite 202.

473 Im Anhang dieser Arbeit werden im Abschnitt 5.3.2 die drei Verfahren Hax-Meal-Heuristik, Winters-Heuristik und Knapsack-Methode beschrieben.

Auf der untersten Planungsebene (Item Disaggregation Modell[474], Artikelproblem[475], Losgrößenbestimmung für Endprodukte[476]) schließlich erfolgt für jede Produktfamilie eine Detaillierung der auf der übergeordneten Planungsebene ermittelten Produktionsmengen in detaillierte Produktionslose für die Enderzeugnisse, wobei mit den eingesetzten Detaillierungsverfahren eine Angleichung der Lagerbestandsreichweiten angestrebt wird.[477]

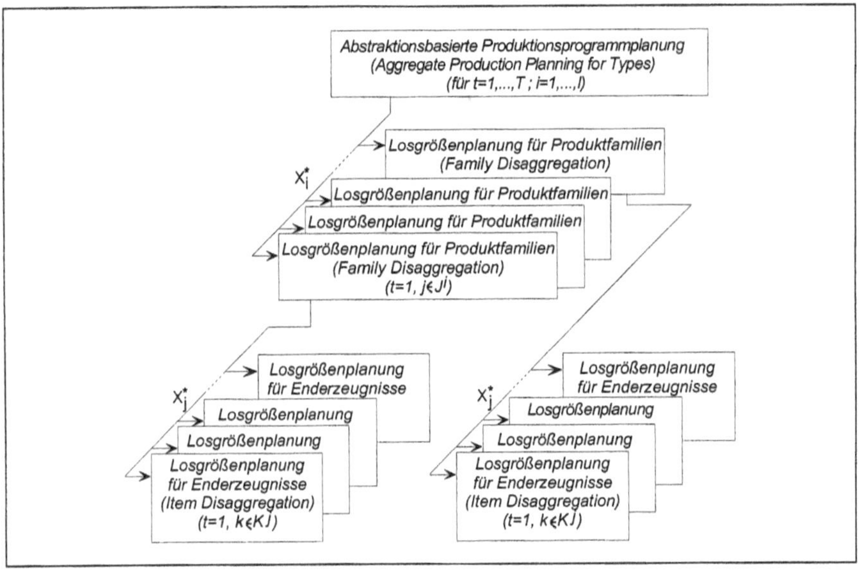

Abbildung 5.8: Grundstruktur der Hierarchischen Produktionsplanung (HPP) am Beispiel des Ansatzes von Hax und Meal[478]

Im Ergebnis liegen für alle Enderzeugnisse für die erste Planungsperiode detaillierte Produktionsmengenvorgaben vor. Das klassische Konzept der Hierarchischen Produktionsplanung in der hier beschriebenen Grundform erweist sich somit insbes. als ein formales Konzept, das eine stufenweise Detaillierung der auf der Ebene der abstraktionsbasierten Produktionsplanung ge-

474 **Hax, Arnoldo C.; Golovin, Jonathan J.**: HPPS, 1987, Seite 416.

475 **Steven, Marion**: Hierarchische Produktionsplanung, 1994, Seite 77.

476 **Neumann, Klaus**: Produktionsmanagement, 1996, Seite 206.

477 Im Anhang dieser Arbeit werden im Abschnitt 5.3.3 die beiden Verfahren Hax-Meal-Heuristik und Knapsack-Methode beschrieben.

478 Vgl. zur in Abbildung 5.8 verwendeten Notation Abschnitt 2 im Anhang dieser Arbeit.

nerierten Produktionsmengenvorgaben in detaillierte Produktionsmengen ermöglicht.

5.2.3.2 Zusammenfassende Beurteilung des HPP-Konzeptes

5.2.3.2.1 Beurteilung des HPP- Konzeptes als Weiterentwicklung des klassischen Konzeptes der Produktionsplanung und -steuerung

Allgemein wird am klassischen Ansatz der Hierarchischen Produktionsplanung kritisiert, daß keine unmittelbaren Rückkopplungsbeziehungen zwischen den Planungsebenen bestehen und sich somit die Anwendbarkeit des Ansatzes auf Situationen beschränkt, in denen die Relevanz der berücksichtigten Kostenarten genau der Reihenfolge der auf den jeweiligen Planungsebenen verfolgten Kostenminimierungsziele entspricht.[479] Als ein weiterer Kritikpunkt wird herausgestellt, daß mit der Ermittlung der Losgrößen für detaillierte Enderzeugnisse die Planung beendet wird und keine Überprüfung der kapazitätsmäßigen Zulässigkeit erfolgt.[480] Schließlich ist zu kritisieren, daß auf der Ebene der abstrakten Produktionsprogrammplanung ausschließlich eine abstrakte (Personal-) Kapazität Verwendung findet.

5.2.3.2.2 Beurteilung des HPP-Konzeptes hinsichtlich der Anpassungsmöglichkeiten an Veränderungen der Komplexität der Planungsaufgaben

Betrachtet man zunächst den Umfang der Gesamtplanungsaufgabe, die der klassische Ansatz der Hierarchischen Produktionsplanung umfaßt, so ist festzustellen, daß dieser Ansatz nur einen Ausschnitt aus dem im zweiten Kapitel beschriebenen Aufgabenbereich der Produktionsplanung abdeckt. Dieser Ausschnitt bezieht sich ausschließlich auf eine taktisch orientierte, abstraktionsbasierte Produktionsprogrammplanung und die Detaillierung der Planungsergebnisse.

---

479 **Switalski, Marion**: Hierarchische Produktionsplanung, 1987, Seite 450. **Kistner, Klaus-Peter; Switalski, Marion**: Hierarchische Produktionsplanung, 1989, Seite 494. **Steven, Marion**: Hierarchische Produktionsplanung, 1994, Seite 87. Dieser Kritikpunkt bezieht sich jedoch ausdrücklich auf das klassische Grundmodell von Hax und Meal. **Graves, S. C.**: Lagrangean Techniques, 1982, Seite 261.

480 **Steven, Marion**: Hierarchische Produktionsplanung, 1994, Seite 87.

Diese begrenzte Aufgabe wird vertikal in auf drei Planungsebenen angeordnete Teilaufgabenbereiche differenziert. Vertikales Differenzierungskriterium zur Abgrenzung der Ebene der abstraktionsbasierten Produktionsprogrammplanung von den beiden weiteren Planungsebenen ist die Fristigkeit der Planung. Die beiden untergeordneten Planungsebenen, die Losgrößenplanung für Produktfamilien einerseits sowie die Losgrößenplanung für Enderzeugnisse andererseits, werden bei gleicher Fristigkeit der Planung hinsichtlich des Abstraktionsgrades der Planung differenziert. Sowohl auf der Ebene der Losgrößenplanung für Produktfamilien als auch auf der Ebene der Losgrößenplanung für Enderzeugnisse erfolgt weiterhin eine horizontale Differenzierung dieser Teilaufgabenbereiche, die sich jeweils an den gebildeten abstrakten Planungsobjekten orientiert. Bei den auf diesen beiden Ebenen differenzierten Planungsproblemen handelt es sich jeweils um identische Problemformulierungen, die jedoch auf unterschiedliche abstrakte Erzeugnisse bezogen werden. Insges. führt die Differenzierung zu einer divergierenden Grundstruktur.[481]

Die (vertikale) Abstimmung der Teilprobleme erfolgt durch Koordination durch Vorgaben, zwischen den einzelnen auf einer Planungsebene angeordneten Teilproblemen ist keine (horizontale) Koordination erforderlich. Durch die Einbettung in eine rollierende Planung erfolgt ggfs. (eine ex-post) Koordination durch Rückkopplung.

Bei der auf der Ebene der Aggregate Production Planning for Types vorgeschlagenen Problemformulierung handelt es sich um eine typische Problemformulierung zur Beschäftigungsglättung durch Überstunden,[482] die beiden unteren Planungsebenen erfüllen die Funktion einer stufenweisen Detaillierung der Planungsergebnisse der abstraktionsbasierten Planung.

Betrachtet man die Auswirkungen einer Verringerung der Anzahl der Enderzeugnisse bzw. Enderzeugnisvarianten, so hat dies, wie schon im Zusammenhang mit dem MRP II-Konzept beschrieben, nur dann Auswirkung auf die Anzahl der im Rahmen der abstraktionsbasierten Planung zu berücksichtigen-

481 Vgl. nochmals vgl. Abbildung 5.4 auf Seite 154 und Abbildung 5.8 auf Seite 174.

482 Vgl. nochmals Abschnitt 5.3.1 im Anhang dieser Arbeit sowie auch die dort in Abschnitt 5.1 zusammengestellten Problemformulierungen zur langfristigen abstraktionsbasierten Kapazitätsplanung, die alternativ auf dieser Planungsebene eingesetzt werden können.

den abstrakten Planungsobjekte und damit auf den Umfang der zu lösenden Planungsaufgabe, wenn jeweils alle einem Produkttyp zugeordneten Enderzeugnisse bzw. Enderzeugnisvarianten eliminiert wurden. In diesem Fall verringert sich jedoch nicht nur die Anzahl der auf dieser Planungsebene zu berücksichtigenden Planungsobjekte, sondern auch die Anzahl der auf der direkt untergeordneten Ebene der Losgrößenplanung für Produktfamilien horizontal differenzierten Planungsprobleme. Auch die Anzahl der auf der weiter untergeordneten Ebene der Losgrößenplanung für Enderzeugnisse horizontal differenzierten Teilprobleme verringert sich entsprechend. Die Eliminierung aller einer Produktfamilie zugeordneten Enderzeugnisse wirkt sich ebenfalls auf die Anzahl der auf der Ebene der Losgrößenplanung für Enderzeugnisse horizontal differenzierten Teilprobleme aus.

Die dem Konzept der Hierarchischen Produktionsplanung zugrundeliegende spezifische Grundstruktur der Differenzierung der Planungsaufgabe erweist sich somit als flexibel hinsichtlich der Anpassungsmöglichkeiten an Veränderungen der Breite der Produktionsprogramms. Hierin ist ein wesentlicher Vorteil dieses Konzeptes zu sehen.

Zusammenfassend ist weiter festzustellen, daß die im Rahmen des klassischen Ansatzes der Hierarchischen Produktionsplanung vorgeschlagenen Detaillierungsverfahren zur Formalisierung der Beziehungen zwischen der Ebene der abstraktionsbasierten Planung und den Ebenen der detaillierten Planung beitragen. Da die Gestaltungsmaßnahmen im Rahmen der Produktionsprogramm- und -prozeßplanung tendenziell zu einer Vergrößerung der Fertigungslose führen und, wie im Rahmen der Beschreibung des Konzeptes des Lean Production gezeigt wurde, Rüstzeiten und -kosten durch geeignete Maßnahmen im Rahmen einer komplexitätsorientierten Gestaltung des Produktionsprozesses reduziert werden können, tritt die Bedeutung der Rüstkosten tendenziell in den Hintergrund. Dem Kritikpunkt der fehlenden Überprüfung der Zulässigkeit der generierten Vorgaben kann, wie im Zusammenhang mit dem MRP II-Konzept gezeigt wurde, durch den Einsatz von RCCP-Verfahren begegnet werden.

5.2.4 Kapazitätsorientierte Produktionsplanung und -steuerung

Von Drexl, Fleischmann, Günther, Stadtler und Tempelmeier[483] wird eine „an Kapazitätsgesichtspunkten ausgerichtete, betriebswirtschaftlich motivierte Neugestaltung von PPS-Systemen“[484] mit dem Ziel einer konsequenten Neuorientierung auf dem Gebiet der computergestützten Produktionsplanung und -steuerung[485] vorgeschlagen. Die Autoren entwerfen ausgehend von einer kritischen Betrachtung der konzeptionellen Vorgehensweise bei der klassischen Produktionsplanung ein Konzept zur hierarchischen abstraktionsbasierten Produktionsplanung und -steuerung, welches insbes. unterschiedliche Formen der Fertigungsorganisation (Einzelfertigung, Werkstattfertigung, Fließfertigung, Flexible Fertigungssysteme und Fertigungssegmente) in den einzelnen Subsystemen des betrachteten Produktionssystems berücksichtigt. Weiterhin zeichnet sich dieser Ansatz durch einen Übergang von einer ausschließlich vertikalen Anordnung der Planungsebenen hin zu einer partiell auch objektorientierten horizontalen Anordnung der Planungsebenen aus. Durch die Schaffung dieser spezifischen Struktur der Differenzierung wird die Integration von vorher vertikal differenzierten Planungsebenen ermöglicht.

5.2.4.1 Grundstruktur des Ansatzes der kapazitätsorientierten Produktionsplanung und -steuerung

Die Autoren unterschieden die folgenden vier Planungsebenen:

(1) Aggregierte Gesamtplanung

(2) Kapazitierte Hauptproduktionsprogrammplanung

(3) Detaillierte Losgrößen- und Ressourcenplanung sowie

(4) Segmentspezifische Feinplanung und -steuerung.[486]

---

483 **Drexl, Andreas; et al.**: Kapazitätsorientierte PPS-Systeme, 1994. Ausführungen zu Teilaspekten dieses Ansatzes auch in: **Drexl, Andreas**: Terminfeinplanung, 1996, Spalte 2051ff. **Franck, Birger; et al.**: Hierarchical Approach, 1997. **Fleischmann, Bernhard**: Operations-Research, 1996, Spalte 1362 - 1369. **Günther, Hans-Otto; Tempelmeier, Horst**: Produktion, 1994, Seite 163ff. **Helber, Stefan**: Capacitated Lotsizing, 1995. **Küpper, Hans-Ulrich; Helber, Stefan**: Ablauforganisation, 1995, Seite 304 - 308. **Neumann, Klaus**: Produktionsmanagement, 1996, Seite 221 - 227.

484 **Drexl, Andreas; et al.**: Kapazitätsorientierte PPS-Systeme, 1994, Seite 1022.

485 **Drexl, Andreas; et al.**: Kapazitätsorientierte PPS-Systeme, 1994, Seite 1042.

486 **Drexl, Andreas; et al.**: Kapazitätsorientierte PPS-Systeme, 1994, Seite 1031ff.

Im folgenden soll zunächst die Grundstruktur dieses Ansatzes beschrieben werden.

5.2.4.1.1 Aggregierte Gesamtplanung

Auf der obersten Planungsebene erfolgt zunächst eine aggregierte Gesamtplanung (auch: Beschäftigungsglättung[487] oder Aggregate Production Planning[488]) mit dem zentralen Ziel einer umfassenden Abstimmung des auf der Basis von (mittel- und langfristigen) Absatzprognosen gewonnenen Absatzprogramms mit den im entsprechenden Planungszeitraum verfügbaren Kapazitäten.

Im Rahmen einer mehrstufigen produktorientierten Abstraktion werden Enderzeugnisse sowie gegebenenfalls auch besonders relevante Vorprodukte zu Produkttypen zusammengefaßt. Abstraktionskriterium ist eine ähnliche Kosten- und Nachfragestruktur sowie ein ähnlicher Produktionsprozeß.[489] Den so gebildeten abstrakten Planungsobjekten werden verdichtete Absatzprognosewerte auf der Basis von langfristigen Markttrends und mittelfristigen Trendprognosen für einen Zeitraum von ein bis zwei Jahren, differenziert nach Monaten oder Quartalen, zugeordnet und die resultierende Kapazitätsnachfrage abgeleitet. Die zugehörige kapazitätsorientierte Abstraktion zu globalen Werkskapazitäten bzw. Hauptproduktionsbereichen orientiert sich an der räumlichen Anordnung der zu berücksichtigenden Kapazitäten. Den gebildeten abstrakten Planungsobjekten werden verdichtete Kapazitätsangebotswerte für den untersuchten Zeitraum zugeordnet.[490] Ergebnis der aggregierten Gesamtplanung sind mengenmäßige produktionsstättenbezogene Produktionsvorgaben für die einzelnen (abstrakten) Produkttypen in den jeweiligen Planungsperioden, welche mit den jeweils verfügbaren (abstrakten) Kapazitäten abgestimmt sind sowie die sich in den einzelnen Teilperioden ergebenden (abstrakten) Lagerbestandsveränderungen, abstrakten Kapazitätsauslastungen und (abstrakten) Mengenströme.

---

487 **Günther, Hans-Otto; Tempelmeier, Horst**: Produktion, 1994, Seite 152.

488 **Drexl, Andreas**: Terminfeinplanung, 1996, Spalte 2052.

489 **Drexl, Andreas; et al.**: Kapazitätsorientierte PPS-Systeme, 1994, Seite 1031. **Günther, Hans-Otto; Tempelmeier, Horst**: Produktion, 1994, Seite 141.

490 **Drexl, Andreas; et al.**: Kapazitätsorientierte PPS-Systeme, 1994, Seite 1031.

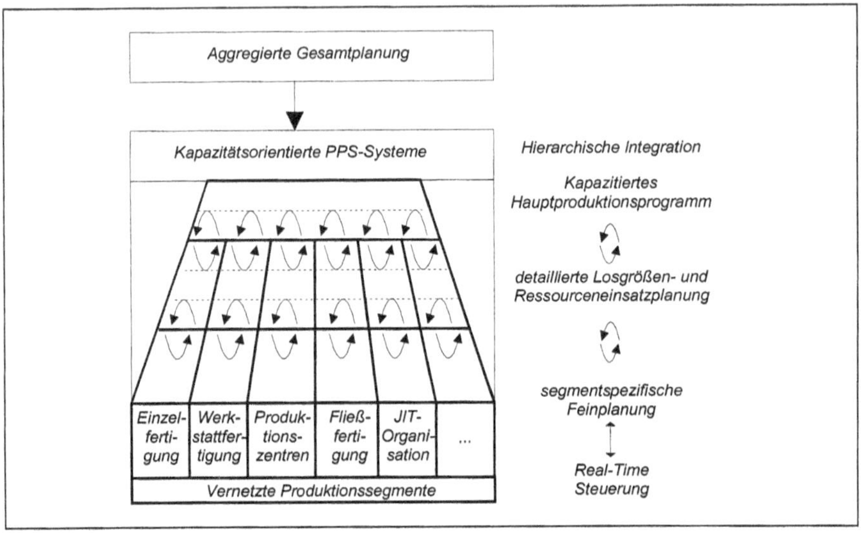

Abbildung 5.9: Grundstruktur des Ansatzes der kapazitätsorientierten Produktionsplanung und -steuerung nach Drexl et al.[491]

Die beschriebene Problemstellung kann beispielsweise, wie dies schon in Abschnitt 5.2.2.2 im Zusammenhang mit dem MRP II-Konzept bzw. in Abschnitt 5.2.3.1 im Zusammenhang mit dem HPP-Konzept diskutiert wurde, als lineares Optimierungsmodell formuliert und bei entsprechender Softwareunterstützung über den Simplex-Algorithmus gelöst werden.[492]

5.2.4.1.2 Kapazitierte Hauptproduktionsprogrammplanung

Auf der zweiten, als kapazitierte Hauptproduktionsprogrammplanung (auch: kurzfristige Produktionsprogrammplanung[493], Master Production Scheduling

491 Abbildung 5.9 entnommen aus: **Drexl, Andreas; et al.**: Kapazitätsorientierte PPS-Systeme, 1994, Seite 1030. Identisch auch in: **Drexl, Andreas**: Terminfeinplanung, 1996, Spalte 2052. Eine ähnliche Abbildung findet sich auch bei **Günther, Hans-Otto; Tempelmeier, Horst**: Produktion, 1994, Seite 172. Vgl. auch Abbildung 5.10 auf Seite 188, in welcher die Grundstruktur dieses Ansatzes detailliert herausgearbeitet wird.

492 **Günther, Hans-Otto; Tempelmeier, Horst**: Produktion, 1994, Seite 155f. **Helber, Stefan**: Capacitated Lotsizing, 1995, Seite 6. Im Anhang dieser Arbeit wird im Abschnitt 5.1.1 eine von den Autoren zur Aggregierten Gesamtplanung vorgeschlagene typische Problemformulierung konkret beschrieben.

493 **Günther, Hans-Otto; Tempelmeier, Horst**: Produktion, 1995, Seite 140.

(MPS)[494]) bezeichneten Planungsebene erfolgt eine Produktionsprogrammplanung für einzelne Produktionssysteme eines Werkes. Der Detaillierungsgrad der Produktionsprogrammplanung nimmt gegenüber der Planung auf der Ebene der aggregierten Gesamtplanung zu, die Planung basiert jedoch weiterhin auf abstrakten Planungsobjekten. Einerseits sind dies Hauptenderzeugnisse (bzw. Produktfamilien), die unter Anwendung des Abstraktionskriteriums Gemeinsamkeiten bei der Fertigung, insbes. gemeinsame Kapazitätsbeanspruchung gebildet werden. Diesen Hauptenderzeugnissen werden die auf der Basis von vorliegenden Kundenaufträgen und kurzfristigen Prognosen ermittelten geplanten wöchentlichen Absatzmengen für einen Zeitraum von bis zu 12 Monaten zugeordnet und die hieraus resultierende Kapazitätsnachfrage unter Berücksichtigung von Arbeitsplänen abgeleitet. Andererseits sind dies einzelne abstrakte Produktionssysteme, die unter Berücksichtigung der Abstraktionskriterien Funktions- und Kostengleichheit sowie potentieller Engpaß im Planungszeitraum gebildet werden. Im Rahmen der Hauptproduktionsprogrammplanung wird die aus den geplanten Produktionsmengen der Hauptenderzeugnisse resultierende Kapazitätsnachfrage dem entsprechenden Kapazitätsangebot gegenübergestellt und es werden Maßnahmen zur Abstimmung von Kapazitätsangebot und -nachfrage ergriffen.[495]

Ergebnis der Planung auf dieser Ebene sind einzelnen Produktionssystemen zugeordnete grobterminierte Fertigungsaufträge für (abstrakte) Hauptenderzeugnisse, die Vorgaben für die detaillierte Losgrößen- und Ressourceneinsatzplanung auf der nächsten Planungsebene bilden. Weiterhin werden Ecktermine für den Übergang der Fertigungsaufträge zwischen den einzelnen Produktionssystemen abgeleitet. Die Zulässigkeit einer gegebenen Hauptproduktionsprogrammplanung kann durch den Einsatz von RCCP-Verfahren[496,497] überprüft werden. Zur Bestimmung einer optimalen Lösung für die beschriebene Problemstellung wird die Formulierung eines linearen Optimierungsmodells vorgeschlagen, welches eine Minimierung der relevanten Produktions-,

494 **Drexl, Andreas; et al.**: Kapazitätsorientierte PPS-Systeme, 1994, Seite 1032. **Drexl, Andreas**: Terminfeinplanung, 1996, Spalte 2053.

495 Hierzu steht prinzipiell das gesamte in Abschnitt 2.3.3.3.2 beschriebene Instrumentarium zur Verfügung.

496 **Günther, Hans-Otto; Tempelmeier, Horst**: Produktion, 1994, Seite 166.

497 Vgl. nochmals Fußnote 446 auf Seite 162.

Lager- und Kapazitätskosten bei termingerechter Erfüllung der Kundenaufträge bzw. Absatzprognosen und gleichzeitiger Einhaltung der Kapazitätsschranken[498] ermöglicht. Eine mögliche Variante stellt die Integration der Losgrößenplanung in die kapazitierte Hauptproduktionsplanung dar. Eine entsprechende Modellformulierung findet sich bei Tempelmeier und Helber[499].

5.2.4.1.3 Detaillierte Losgrößen- und Ressourcenplanung

Die auf der Ebene der kapazitierten Hauptproduktionsprogrammplanung generierten Fertigungsaufträge für die (abstrakten) Hauptenderzeugnisse bilden die Vorgabe für die Planung auf der untergeordneten Planungsebene, auf der für jedes einzelne Produktionssystem dezentral eine Integration von Materialbedarfsplanung inkl. Losgrößenplanung und Fertigungsgrobterminierung (durch Zusammenfassung von Durchlaufterminierung und Kapazitätsterminierung) angestrebt wird.[500] Unter Berücksichtigung der Ecktermine für diese Fertigungsaufträge, welche die spätesten Weitergabetermine dieser Fertigungsaufträge an das unmittelbar nachfolgende Produktionssystem darstellen, werden diese zunächst in Fertigungsaufträge für konkrete Enderzeugnisse detailliert und anschließend über einen Zeitraum von bis zu 12 Wochen tages- bzw. schichtgenau in terminierte Fertigungs- bzw. Beschaffungsaufträge für alle untergeordneten Baugruppen und Einzelteile aufgelöst. Hierbei wird unterstellt, daß innerhalb eines Produktionssystems jeweils nur ein begrenztes Teilespektrum hergestellt bzw. bearbeitet wird und daß eine hinreichende Ähnlichkeit der auszuführenden Produktionsprozesse besteht.[501] Im Rahmen dieser integrierten Planung finden weiterhin die jeweiligen Produktionskapazitäten Berücksichtigung, wobei nun eine detaillierte, arbeitsganggenaue Zuordnung aller erforderlichen Ressourcen erfolgt.

---

498 Die Autoren beurteilen die praktische Eignung dieses Planungsmodells positiv, da „einerseits die geforderten Linearitätsvoraussetzungen in den meisten Anwendungsfällen gegeben sind und andererseits die Modellgröße durch geeignete Datenaggregation beträchtlich reduziert werden kann." **Drexl, Andreas; et al.**: Kapazitätsorientierte PPS-Systeme, 1994, Seite 1032f.

499 **Tempelmeier, Horst; Helber, Stefan**: Heuristik, 1994, Seite 296f.

500 **Drexl, Andreas; et al.**: Kapazitätsorientierte PPS-Systeme, 1994, Seite 1034.

501 **Drexl, Andreas; et al.**: Kapazitätsorientierte PPS-Systeme, 1994, Seite 1034. **Günther, Hans-Otto; Tempelmeier, Horst**: Produktion, 1994, Seite 173.

Ergebnis der Planung sind terminierte Beschaffungsaufträge sowie Fertigungsaufträge für Enderzeugnisse und untergeordnete Komponenten, die mit den verfügbaren Kapazitäten abgestimmt sind. Können die vorgegebenen Ecktermine nicht eingehalten werden, erfolgt eine Rückkopplung zu der übergeordneten Ebene der Hauptproduktionsprogrammplanung.[502] Vorgeschlagen wird jedoch auch eine direkte Abstimmung zwischen den betroffenen Produktionssystemen.[503]

5.2.4.1.4 Segmentspezifische Feinplanung und -steuerung

Auf der untersten Planungsebene erfolgt dezentral für jedes betrachtete Produktionssystem eine segmentspezifische Feinplanung und -steuerung unter Berücksichtigung der segmentspezifischen Fertigungsorganisation, wobei Drexl et al. die prinzipielle Vorgehensweise bei Einzelfertigung, Werkstattfertigung, automatisierter Fließfertigung sowie Zentrenfertigung untersuchen. Aufgabe ist es, die Arbeitsverteilung, die Auftragsfolgen sowie die zeitliche Anordnung der Arbeitsgänge konkret festzulegen. Weiterhin ist die genaue Bereitstellungsplanung für Material, Transporte, Werkzeuge sowie Personal und die Übermittlung von Lieferabrufen für einen Planungshorizont von im allgemeinen nur wenigen Tagen festzulegen.

Bei Einzelfertigung wird die zuvor beschriebene Trennung in die Ebene der detaillierten Losgrößen- und Ressourceneinsatzplanung einerseits und die Ebene der segmentspezifischen Feinplanung und -steuerung andererseits aufgegeben. Ausgehend von den Vorgaben der Kapazitierten Hauptproduktionsprogrammplanung erfolgt eine detaillierte Belegungsplanung von Montageressourcen[504], deren Ergebnis die Freigabetermine für einzelne Fertigungsaufträge sind. Die Losgrößenplanung ist Bestandteil der Planung in vorgelagerten Produktionssegmenten. Betont werden die starken horizontalen Interdependenzen zwischen Produktionssystemen mit Einzelfertigung und vorgelagerten Produktionssystemen mit Werkstattfertigung, in denen die zur Herstel-

502 **Drexl, Andreas; et al.**: Kapazitätsorientierte PPS-Systeme, 1994, Seite 1035.

503 **Drexl, Andreas; et al.**: Kapazitätsorientierte PPS-Systeme, 1994, Seite 1035.

504 **Drexl, Andreas; et al.**: Kapazitätsorientierte PPS-Systeme, 1994, Seite 1036f. **Drexl, Andreas**: Terminfeinplanung, 1996, Spalte 2054f. Eine Übersicht über neuere Modelle und Verfahren findet sich in: **Domschke, Wolfgang; Drexl, Andreas**: Kapazitätsplanung, 1991.

lung der Kundenaufträge erforderlichen untergeordneten Komponenten unter Berücksichtigung der Ecktermine der Einzelfertigung termingerecht hergestellt werden müssen.

Auch bei Produktionssystemen mit Werkstattfertigung wird von der im vorangegangenen Abschnitt skizzierten Vorgehensweise abgewichen. Die idealtypischerweise vorzunehmende simultane Planung in einem mehrstufigen dynamischen Mehrprodukt-Losgrößen- und -Ablaufmodell, welches mehrere kapazitätsbeschränkte Ressourcen bei genereller Erzeugnis- und Prozeßstruktur zu berücksichtigen in der Lage ist und somit eine explizite nachgelagerte Feinterminierung mit Reihenfolgeplanung erübrigt, wird bei Werkstattfertigung als nicht praktikabel erachtet.[505] Vorgeschlagen wird deshalb der Einsatz von Planungsmodellen zur mehrstufigen dynamischen Mehrprodukt-Losgrößenplanung bei beschränkten Kapazitäten und genereller Erzeugnisstruktur, die eine simultane Materialbedarfs- und Losgrößenplanung unter Berücksichtigung von Kapazitätsrestriktionen erlauben und für die heuristische Lösungsverfahren zur Verfügung stehen,[506] jedoch weiterhin eine anschließende Ka-

505 **Drexl, Andreas; et al.**: Kapazitätsorientierte PPS-Systeme, 1994, Seite 1027f. **Drexl, Andreas**: Terminfeinplanung, 1996, Spalte 2059. Die Formulierung eines dynamischen, kapazitätsbeschränkten Mehrprodukt-Losgrößen- und Ablaufplanungsproblems (Multi-Level Lot-Sizing and Scheduling Problem (MLLSP)), welches bei genereller Erzeugnisstruktur eine (!) Engpaßressource berücksichtigt und einen Rüstvorgang je Periode an dieser Engpaßressource zuläßt, wird bei **Drexl, Andreas; et al.**: Lösgrößenplanung, 1995, Seite 274-275 beschrieben. Im Anhang dieser Arbeit wird in Abschnitt 5.5.1 diese Problemformulierung beschrieben. Ein dynamisches, kapazitätsbeschränktes Mehrprodukt-Losgrößen- und Ablaufproblem (Multi-Level Proportional Lot-Sizing and Scheduling Problem (MLPLSP)), welches bei genereller mehrstufiger Erzeugnisstruktur mehrere Engpaßressourcen berücksichtigt und max. zwei Rüstvorgänge je Periode an jeder Engpaßressource zuläßt, findet sich bei **Helber, Stefan**: Kapazitätsorientierte Losgrößenplanung, 1994, Seite 35ff. Auch diese Problemformulierung wird im Anhang dieser Arbeit im Abschnitt 5.5.2 beschrieben und kommentiert. Vgl. auch die Diskussion von Multi-Level Lot-Sizing and Scheduling-Ansätzen bei **Kimms, Alf**: Lot Sizing and Scheduling, 1997 sowie die dort angegebene Literatur.

506 **Drexl, Andreas; et al.**: Kapazitätsorientierte PPS-Systeme, 1994, Seite 1027. Konkrete Problemformulierungen für ein einstufiges dynamisches Mehrprodukt-Losgrößenproblem (Single-Level Capacitated Lot-Sizing Problem (CLSP)) finden sich bspw. bei: **Domschke, Wolfgang; et al.**: Produktionsplanung, 1993, Seite 128. **Fleischmann, Bernhard**: Operations-Research, 1996, Spalte 1264. Im Anhang dieser Arbeit wird im Abschnitt 5.4.1 eine typische Problemformulierung beschrieben und kommentiert. Die Problemformulierung eines mehrstufigen dynamischen Mehrprodukt-Losgrößenproblems (Multi-Level Capacitated Lot-Sizing Problem (MLCLSP)) wird bei **Helber, Stefan**: Kapazitätsorientierte Losgrößenplanung, 1994, Seite 32ff. beschrieben. Dort finden sich auch ausführliche Untersuchungen zur Eignung verschiedener heuristischer Lö-

pazitätsterminierung und Feinterminierung erforderlich machen.[507] Die Aufgabe der kritisierten Trennung von Materialbedarfs- und Losgrößenplanung und die Berücksichtigung begrenzter Kapazitäten wird in diesem Zusammenhang als ein zentraler Vorteil dieses Ansatzes herausgestellt.[508] Zur Unterstützung der erforderlichen arbeitsganggenauen Kapazitätsterminierung im Rahmen der Fertigungsterminplanung wird wiederum der Einsatz von Verfahren zur Mehrprojektplanung vorgeschlagen[509]. Im Rahmen der Feinterminierung schließlich wird einerseits die Unterstützung durch Leitstände propagiert, andererseits verstärkte Hoffnung in den Einsatz von Job-Shop-Scheduling-Verfahren gesetzt.[510] Als eine weitere Alternative wird schließlich noch die Möglichkeit einer leitstandunterstützten dezentralen Kapazitätsterminierung und Feinterminierung in den Werkstätten aufgezählt, wie sie auch bei Zentrenfertigung vorgeschlagen wird.

Bei Produktionssystemen, in denen das Organisationsprinzip der Fließfertigung realisiert ist, wird versucht, den Idealtyp einer simultanen Planung in Form einer mehrstufigen dynamischen Mehrprodukt-Losgrößen- und Ablaufplanung zu implementieren. Im Gegensatz zur Werkstattfertigung wird dies unter diesen speziellen Rahmenbedingungen für möglich erachtet, da hier jede Fertigungslinie auf Grund der abgestimmten Kapazität innerhalb der einzelnen Produktionssysteme als eine als Ganzes zu planende Einheit angesehen werden kann. Da i. d. R. auf einer Linie eine Reihe von technologisch verwandten Produktvarianten in vorgegebenen Arbeitsgangfolgen gefertigt werden, die eine großen Zahl von Produktwechseln verursachen und dadurch er-

---

sungsverfahren. Im Anhang dieser Arbeit wird im Abschnitt 5.4.3 eine typische Problemformulierung beschrieben und kommentiert.

507 In einer Adaption dieses Ansatzes durch Helber und Küpper wird die Notwendigkeit, eine anschließende Kapazitäts- und Feinterminierung durchzuführen, nicht mehr gesehen, da sich die integrierte Planung bereits auf Arbeitsgänge als Planungsobjekte bezieht und somit bereits in der kapazitätsorientierten Materialbedarfs- und Losgrößenplanung ein auf Arbeitsgangebene zulässiger Produktionsplan erstellt wurde. Diese unterschiedliche Bewertung begründet sich insbes. durch die äußerst positive Einschätzung der Leistungsfähigkeit von heuristischen Lösungsverfahren des MLCLS-Problems. Vgl.: **Helber, Stefan**: Kapazitätsorientierte Losgrößenplanung, 1994, Seite 156ff. und **Küpper, Hans-Ulrich; Helber, Stefan**: Ablauforganisation, 1995, Seite 305.

508 **Drexl, Andreas; et al.**: Kapazitätsorientierte PPS-Systeme, 1994, Seite 1029.

509 Vgl. nochmals Fußnote 504.

510 **Drexl, Andreas; et al.**: Kapazitätsorientierte PPS-Systeme, 1994, Seite 1038.

hebliche Rüstzeiten (und Kosten) verursachen, kommt der Auftragsfolgeplanung im Verbindung mit der Losgrößenplanung in diesem Zusammenhang eine besondere Bedeutung zu.[511]

In automatisierten flexiblen Produktionssystemen (hierzu zählen neben Bearbeitungszentren und flexiblen Fertigungszellen insbes. flexible Fertigungssysteme) schließlich werden die im Rahmen der kapazitierten Hauptproduktionsprogrammplanung ermittelten grobterminierten Fertigungsaufträge mit ihren Eckterminen für die Weitergabe an andere Produktionssysteme zunächst auf der Ebene der detaillierten Losgrößen- und Ressourceneinsatzplanung in detaillierte Fertigungsaufträge für untergeordnete Baugruppen und Einzelteile aufgelöst. Innerhalb jedes flexiblen Produktionssystems erfolgt anschließend dezentral die Planung der Serienbildung und Systemrüstung sowie die Ablaufplanung.[512]

Gleiches geschieht auch bei Fertigungsinseln (bzw. Fertigungssegmenten), wo die auf der Ebene der kapazitierten Hauptproduktionsprogrammplanung grobterminierten Fertigungsaufträge mit ihren Eckterminen zunächst in detaillierte Fertigungsaufträge für untergeordnete Baugruppen und Einzelteile aufgelöst werden. Die Zuordnung von einzelnen Produktionsaufgaben zu den einzelnen detaillierten Ressourcen innerhalb des dezentralen Produktionssystems und die Planung der Bearbeitungsreihenfolge wird dezentral innerhalb der Fertigungsinsel vorgenommen. Zur Unterstützung dieser Planungsaufgaben wird insbes. ein Leitstand vorgeschlagen.[513]

5.2.4.2 Zusammenfassende Beurteilung des Ansatzes der kapazitätsorientierten Produktionsplanung und -steuerung

5.2.4.2.1 Beurteilung des Ansatzes der kapazitätsorientierten Produktionsplanung und -steuerung als Weiterentwicklung des klassischen Konzeptes der Produktionsplanung und -steuerung

Mit dem Konzept der kapazitätsorientierten Produktionsplanung und -steuerung wird ein konzeptioneller Rahmen für eine mögliche Veränderung der

511 **Drexl, Andreas; et al.**: Kapazitätsorientierte PPS-Systeme, 1994, Seite 1040.
512 **Drexl, Andreas; et al.**: Kapazitätsorientierte PPS-Systeme, 1994, Seite 1039.
513 **Drexl, Andreas; et al.**: Kapazitätsorientierte PPS-Systeme, 1994, Seite 1040.

Struktur der Aufgabenverteilung im Rahmen der Produktionsplanung und -steuerung vorgeschlagen.

Ausgehend von einer abstraktionsbasierten Planung auf der Ebene der aggregierten Gesamtplanung, die in ihrer grundsätzlichen Gestaltung deutliche Affinitäten zu der aggregierten Produktionsplanung im Rahmen des MRP II-Konzeptes sowie zur aggregierten Produktionsprogrammplanung im Rahmen des klassischen HPP-Konzeptes aufweist und die einer groben Koordination mit anderen Planungsfunktionen dient, folgt auf der Ebene der Hauptproduktionsplanung nochmals eine abstraktionsbasierte kapazitätsorientierte Abstimmung des Produktionsprogramms. Auch hier ist eine deutliche konzeptionelle Verwandtschaft zum MRP II-Konzept zu erkennen. Intention ist es, hierdurch dem in Abschnitt 2.3.4.1 beschriebenen Kritikpunkt der fehlenden Kapazitätsorientierung zu begegnen.

Auf den Ebenen der detaillierten Losgrößen- und Ressourcenplanung sowie der segmentspezifischen Feinplanung und -steuerung liefert die von den Autoren vorgenommene Trennung in unterschiedliche Formen der Fertigungsorganisation wichtige Hinweise für die Aufgabengestaltung. Besonders hervorzuheben ist auch auf diesen Ebenen die deutliche Ausrichtung des Konzeptes auf die Einsatzpotentiale von Operations Research-Verfahren im Rahmen der hierarchischen abstraktionsbasierten Planung der Produktion. So knüpft der Einsatz von MLCLSP-Verfahren im Rahmen der detaillierten Losgrößen- und Ressourceneinsatzplanung bei Werkstattfertigung bzw. der Einsatz von MLPLSP-Verfahren im Rahmen der detaillierten Losgrößen- und Ressourceneinsatzplanung bei automatisierter Fließfertigung an den weiter oben in den Abschnitten 2.3.4.2 bzw. 2.3.4.4 zusammengefaßten zentralen Kritikpunkten am klassischen Konzept der Produktionsplanung und -steuerung an.[514]

514 Vgl. nochmals Abschnitt 2.3.4ff. auf Seite 34ff.

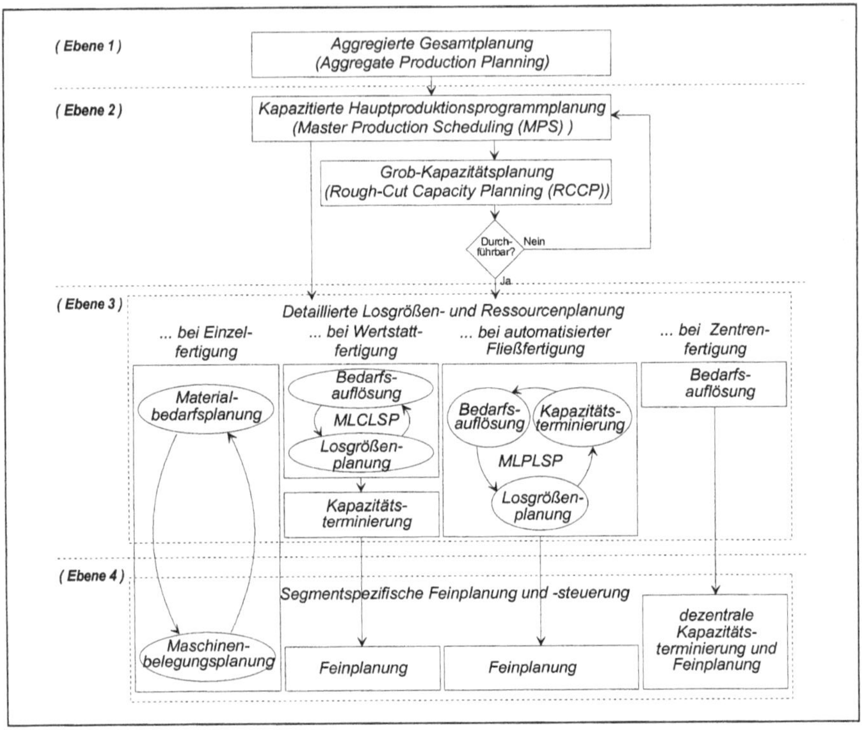

Abbildung 5.10: Erweiterte Beschreibung der Grundstruktur des Ansatzes der kapazitätsorientierten Produktionsplanung und -steuerung

Kritik am vorgeschlagenen Konzept bezieht sich auf die nicht vollzogene Integration der auf den einzelnen Ebenen exemplarisch vorgeschlagenen Problemformulierungen. Zwar fordern die Autoren in den konzeptionellen Leitlinien eine „hierarchische Integration der Planungsebenen, die sich von den auf Hax/Meal (1975) zurückgehenden Grundideen leiten läßt“[515] und verweisen an unterschiedlichen Stellen auf den Vorgabecharakter der auf übergeordneter Ebene ermittelten Produktionsmengen für die Problemlösung auf untergeordneter Ebene.[516] Die Autoren weisen jedoch auch darauf hin, daß im Detail vor

515 **Drexl, Andreas; et al.**: Kapazitätsorientierte PPS-Systeme, 1994, Seite 1029.

516 So finden sich exemplarisch die folgenden Aussagen: Einerseits wird festgestellt, daß man als „Ergebnis der aggregierten Gesamtplanung [...] produktionsstättenbezogene Produktionsvorgaben für die Produkttypen [erhält]“ und daß auf der untergeordneten Ebene der kapazitierten Hauptproduktionsprogrammplanung zu berücksichtigen ist, daß „hinsichtlich der Anpassung an saisonale Bedarfsschwankungen [...] entsprechende

einer Realisierung die Frage gelöst werden muß, welches „[...] die jeweils geeigneten Konzepte zur Integration und Koordination [sind], mit denen die wechselseitigen Abhängigkeiten einzelner Komponenten geeignet berücksichtigt werden können?“[517]

5.2.4.2.2 Beurteilung des Ansatzes der kapazitätsorientierten Produktionsplanung und -steuerung hinsichtlich der Anpassungsmöglichkeiten an Veränderungen der Komplexität der Planungsaufgaben

Betrachtet man zunächst den Umfang der Gesamtplanungsaufgabe, die vom Ansatz der kapazitätsorientierten Produktionsplanung und -steuerung abgedeckt wird, so ist festzustellen, das sich der Aufgabenumfang mit dem im Konzept des MRP II behandelten Aufgabenumfang deckt.

Als Grundstruktur der Differenzierung wird auch hier eine vertikale Differenzierung vorgenommen, wobei jedoch eine Differenzierung in nur vier Planungsebenen erfolgt (Aggregierte Gesamtplanung, Kapazitierte Hauptproduktionsprogrammplanung, Detaillierte Losgrößen- und Ressourcenplanung, sowie Segmentspezifische Feinplanung und -steuerung). Diese vergleichsweise geringere Anzahl an Planungsebenen wird erreicht, indem auf der Ebene der Detaillierten Losgrößen- und Ressourcenplanung Aufgabenbereiche zusammengefaßt werden, die im klassischen Konzept der Produktionsplanung und -steuerung auf sechs Planungsebenen und im MRP II-Konzept auf vier Planungsebenen vertikal differenziert wurden.

Während auf der Ebene der Aggregierten Gesamtplanung sowie auf der Ebene der Kapazitierten Hauptproduktionsprogrammplanung keine weiteren Differenzierungen vorgenommen werden, bildet die umfassende Ebene der Detaillierten Losgrößen- und Ressourcenplanung die Basis für eine weitere horizontale Differenzierung. Die konkrete Struktur der Differenzierung orien-

---

Vorgaben zum Aufbau von Lagerbeständen aus der übergeordneten Planungsebene zu berücksichtigen“ sind, andererseits ermöglichen die vorgeschlagenen Problemformulierungen jedoch nicht die Berücksichtigung von Kopplungsbeziehungen bspw. durch Produktionsmengenvorgaben. **Drexl, Andreas; et al.**: Kapazitätsorientierte PPS-Systeme, 1994, Seite 132 und 1033f.

517 **Drexl, Andreas; et al.**: Kapazitätsorientierte PPS-Systeme, 1994, Seite 1042. [Anmerk. des Verf.: Einfügungen in [] vorgenommen.]

tiert sich dabei an der Struktur der Differenzierung des zugrundeliegenden Produktionssystems, d. h. die Differenzierung des Produktionssystems bildet die Grundlage für die horizontale Differenzierung des Planungsproblems. Auf der Grundlage dieser horizontalen Differenzierung wird in Abhängigkeit von der innerhalb des Produktionssystems realisierten Form der Fertigungsorganisation in den horizontalen Teilproblemen eine vertikale Differenzierung der Teilplanungsaufgabe vorgenommen. Der Gestaltungsbereich einer solchen vertikalen Differenzierung reicht von einer vollständigen Integration aller dieser Ebene zugeordneten Teilprobleme bis hin zur Beibehaltung der schon aus dem Konzept der klassischen Produktionsplanung und -steuerung bekannten stark ausgeprägten vertikalen Differenzierung.

Im Ergebnis ergibt sich eine Struktur der Differenzierung des Planungsproblems, die das umfassende Planungsproblem auf der Ebene der Detaillierten Losgrößen- und Ressourcenplanung in eine Vielzahl von im Umfang wesentlich begrenztere Teilplanungsprobleme aufteilt. Weisen alle zugrunde liegenden Produktionssysteme den gleichen Typ der Fertigungsorganisation auf, so entsprechen sich die horizontal gebildeten Teilprobleme hinsichtlich der genauen Struktur der vertikalen Differenzierung. Sind hingegen unterschiedliche Formen der Fertigungsorganisation zu berücksichtigen, so ergibt sich auf der betrachteten Planungsebene eine begrenzte Anzahl unterschiedlicher Strukturen.

Wie in Kapitel 4 gezeigt wurde, kann sich die Differenzierung eines Produktionssystems als Reaktion auf aus Wachstums- oder Schrumpfungsprozessen resultierende Veränderungen der Komplexität der wahrzunehmenden Produktionsaufgaben verändern. Mit der Veränderung der Differenzierung des Produktionssystems verbunden sein kann auch eine Veränderung des Typs der Fertigungsorganisation. Ebenfalls möglich ist eine Veränderung der Position einzelner Betriebsmittel innerhalb eines Produktionssystems sowie die Veränderung der Zuordnung einzelner Betriebsmittel zu einzelnen Produktionssystemen.

Verändert sich die Anzahl der Produktionssysteme, dann führt dies zu einer Veränderung der Anzahl der auf der Ebene der Detaillierten Losgrößen- und Ressourcenplanung horizontal differenzierten Planungsprobleme. Durch diese

Anpassung der Anzahl der Planungsprobleme wird so eine Anpassung an die Veränderungen der Planungsaufgabe ermöglicht.

Verändert sich der Typ der Fertigungsorganisation innerhalb eines betrachteten Produktionssystems, bspw. durch einen Übergang von einer Werkstattfertigung hin zu einer Fließfertigung, so bleibt die Grundstruktur der horizontalen Differenzierung auf der Ebene der Detaillierten Losgrößen- und Ressourcenplanung unverändert, d.h. die Anzahl der auf dieser Ebene zu berücksichtigenden Planungsprobleme verändert sich nicht. Sehr wohl verändert sich hingegen innerhalb des betroffenen horizontal differenzierten Planungsproblems die vertikale Differenzierung, da nunmehr bspw. die Reintegration von zuvor getrennten Planungsaufgaben ermöglicht wird. Auch hierdurch wird wiederum eine flexible Anpassung an Veränderungen der Komplexität der Planungsaufgabe ermöglicht.

Indem somit auf der Ebene der Detaillierten Losgrößen- und Ressourcenplanung eine heterogene Struktur der Differenzierung vorgesehen wird, besteht insges. eine flexible Möglichkeit der Anpassung der Differenzierung des Planungssystems an Veränderungen der Differenzierung des Produktionssystems. Es wird Veränderlichkeit der Struktur auf der Planungsebene zugelassen, die hinsichtlich einer Veränderung der Differenzierung des Produktionssystems die größte Anpassungsfähigkeit erfordert.

Wesentlicher Bestandteil dieser Überlegung ist, daß sich die Zuordnung von Produktionssystemen und horizontal differenzierten Teilproblemen an der geeigneten Referenzebene der Intra-Systemhierarchie der Produktionssysteme orientiert. Es sind innerhalb dieser Hierarchie die Produktionssysteme zu identifizieren, die keine wesentlichen Interdependenzen zu anderen Produktionssystemen aufweisen. Tendenziell einfach gelingt dies, wenn man bspw. dem Konzept der Fertigungssegmentierung folgend auf Produkt-Markt-Produktion-Kombinationen bzw. auf vertikale Fertigungssegmente zurückgreifen kann. Auch Fertigungszellen im Sinne des Ansatzes der Lean Production sowie allgemein alle Formen der (fertigungs-) objektorientierten Differenzierung von Produktionssystemen mit dem Ziel der Komplettbearbeitung von Teilen und Baugruppen vom Rohstoff bis hin zum Enderzeugnis können die Basis für diese horizontale Differenzierung bilden. Man erkennt die wechselseitigen Anforderungen zwischen der komplexitätsorientierten Gestaltung von Produktionssystemen einerseits und der komplexitätsorientierten Gestaltung von Produktionsplanungssystemen andererseits.

Auf der Ebene der Detaillierten Losgrößen- und Ressourcenplanung unterstützt die Verringerung der Anzahl der Enderzeugnisse bzw. Enderzeugisvarianten die vertikale Integration innerhalb der horizontal differenzierten Planungsprobleme. Auch die Ausnutzung der weiteren Gestaltungspotentiale im Bereich der Produktionsprogrammplanung hinsichtlich der gezielten Gestaltung der Erzeugnisstrukur sowie der im Zusammenhang mit der Untersuchung der Gestaltungspotentiale im Bereich der Produkionspotentialplanung vorgeschlagene Übergang zu einer Strategie des Modular Sourcing unterstützt die Möglichkeit einer vertikalen Integration von Planungsaufgaben.

Auf der Ebene der Aggregierten Gesamtplanung sowie auf der Ebene der Kapazitierten Hauptproduktionsprogrammplanung wird keine weitere Differenzierung der dort gebildeten Teiplanungsprobleme vorgenommen. Wie schon im Zusammenhang mit der Beschreibung des MRP II-Konzeptes festgestellt, führt eine Veränderung der Anzahl der Enderzeugisse bzw. Enderzeugnisvarianten nur dann zu einer Veränderung der auf den Ebenen der abstraktionsbasierten Planung zu berücksichtigenden abstrakten Planungsobjekte, wenn das Produktionsprogramm um ganze Produkttypen bzw. Produktfamilien bereinigt wurde. Die Eliminierung einzelner, unterschiedlichen Produkttypen bzw. Produktfamilien zugeordneter Enderzeugnisse bspw. verringert zwar wiederum die Anzahl der detaillierten Objekte, die zu abstrakten Planungsobjekten verdichtet werden, die Anzahl der insges. zu berücksichtigenden abstrakten Planungsobjekte bleibt jedoch unverändert.

Auf diesen beiden Planungsebenen resultiert aus einer Verringerung der Anzahl der insges. zu betrachtenden detaillierten Enderzeugnisse bzw. Enderzeugnisvarianten keine Notwendigkeit für eine Veränderung der bestehenden Differenzierung der Planungsaufgaben. Abstraktionsbasierte Planung ermöglicht somit nicht nur die Handhabung der Komplexität von Planungsaufgaben durch die Verringerung der Anzahl der zu berücksichtigenden Planungsobjekte, sondern erweist sich auch als eine leistungsfähige Form der Anpassung an Veränderungen der Komplexität der Planungsaufgabe.

Als Form der Koordination zwischen den einzelnen vertikal differenzierten Ebenen wird im Ansatz der Kapazitätsorientierten Produktionsplanung und -steuerung die konzeptionell einfache Form einer Koordination durch Vorgabe vorgeschlagen. Es handelt sich in diesem Fall um die prinzipiell am geeignetsten erscheinende Form der Koordination, da auf den vier vertikal differenzierten Ebenen Planungsprobleme unterschieden werden, die sich hinsichtlich des Zeitbezuges, des Planungsrhythmus sowie des Abstraktionsgrades deutlich unterscheiden. Partiell findet jedoch auch ein Übergang hin zu einer Koordination durch Vorgabe in Verbindung mit einer Koordination durch Rückkopplung Berücksichtigung, speziell bei der schon im Rahmen des MRP II-Konzeptes analysierten Erweiterung um RCCP-Verfahren.

Zusammenfassend ist festzustellen, daß die spezifische Struktur der Differenzierung der Planungsaufgabe im Rahmen des Ansatzes der kapazitätsorientierten Produktionsplanung und -steuerung von den hier untersuchten Ansätzen zur abstraktionsbasierten hierarchischen Planung der Produktion in komplexen Produktionssystemen die größte Anpassungfähigkeit an Veränderungen der Komplexität der Planungsaufgabe aufweist. Dies ist darauf zurückzuführen, daß sich die spezifische Struktur der Differenzierung an den im dritten Kapitel beschriebenen Gestaltungsprinzipien orientiert. So wird eine konsequente Differenzierung der Planungsaufgabe in begrenzte Teilprobleme geringerer Komplexität vorgenommen, die sowohl die Möglichkeiten einer vertikalen als auch einer horizontalen Differenzierung ausnutzt. Indem sich die Struktur der Differenzierung des Planungssystems an der Struktur der Differenzierung des Produktionssystems orientiert, können Veränderungen der Komplexität der Planungsaufgabe, die aus einer Veränderung der Komplexität des Produktionssystems auf einer bestimmen Referenzebene resultieren, auf der entsprechenden Referenzebene des Produktionsplanungssystems berücksichtigt werden.

6 Zusammenfassung

Das **zweite Kapitel** vermittelte einen Überblick über den Aufgabenbereich der Produktionsplanung und -steuerung. Zunächst wurden in den Abschnitten 2.1 und 2.2 die Begriffe Produktion und Produktionssystem abgegrenzt. In Abschnitt 2.3 folgte die Beschreibung der Aufgabenbereiche der strategischen und taktischen sowie insbes. der Aufgabenbereiche der operativen Produktionsplanung sowie der prinzipiellen Vorgehensweise im klassischen Konzept der Produktionsplanung und –steuerung. In Abschnitt 2.4 wurde die wesentliche Kritik an dieser Vorgehensweise zusammengefaßt. Die Ausführungen in diesem zweiten Kapitel dienten dazu, eine durch einen weitgehenden Konsens in der produktionswirtschaftlichen Literatur gefestigte Abgrenzung des Untersuchungsbereiches vorzunehmen.

Im **dritten Kapitel** wurden die aus systemtheoretisch orientierter Sicht wesentlichen Grundlagen für eine abstraktionsbasierte hierarchische Planung der Produktion in komplexen Produktionssystemen erarbeitet. Eine zentrale Stellung nahmen in diesem Kapitel die Begriffe Komplexität, Hierarchie und Abstraktion ein.

Ausgehend von der in Abschnitt 3.1.1 beschriebenen, auf Schiemenz zurückgehenden Unterscheidung in eine objektstrukturorientierte, eine objektverhaltensorientierte sowie eine subjektorientierte Sichtweise von Komplexität wurde in Abschnitt 3.1.2 zunächst eine schrittweise Erweiterung des Komplexitätsbegriffs hin zu einem umfassenden Komplexitätsbegriff vorgenommen, welcher die drei zuvor genannten Sichtweisen beinhaltet. Komplexität wird als eine Systemen immanente Eigenschaft verstanden, deren Veränderung entsprechende Anpassungs- bzw. Veränderungsprozesse in und zwischen Systemen erforderlich macht, die letztlich der Handhabung von Komplexität dienen.

Besonders analysiert wurden in den Abschnitten 3.1.3.1 und 3.1.3.2 die Auswirkungen der Veränderung von Komplexität durch Wachstums- bzw. Reduktionsprozesse in Systemen. Der in Abschnitt 3.1.3.4 in Anlehnung an Luhmann abgeleitete Mechanismus zur Handhabung von Komplexität bildete einen wesentlichen Bestandteil der Argumentation auch in den folgenden Kapiteln:

Mit der aus Wachstumsprozessen resultierenden Zunahmen der Anzahl der Objekte in einem System und dem hierdurch bedingten Ansteigen der Anzahl der prinzipiell möglichen Beziehungen zwischen den Objekten dieses Systems ergibt sich auf Grund einer immanenten Beschränkung der Verknüpfungskapazität der Objekte, die verhindert, daß ab einem gewissen Maß an Größenwachstum jedes Objekt weiterhin mit jedem anderen Objekt in Beziehung steht, das zwingende Erfordernis, eine Auswahl der letztlich zu realisierenden Beziehungen aus den prinzipiell möglichen Beziehungen vorzunehmen, d.h. eine strukturelle Selektion vorzunehmen. Die Entscheidung für eine bestimmte Struktur innerhalb des Systems mit der damit verbundenen Gestaltung der Komplexität kann jedoch nur in Abhängigkeit von der Umwelt des Systems erfolgen, die immer komplexer als das System selbst ist. Die auf Grund der immanenten Beschränkung der Verknüpfungskapazität erforderliche Selektion einer bestimmten Struktur innerhalb eines Systems ist somit nicht beliebig, sondern an der Umwelt des Systems auszurichten. Diese limitiert die Möglichkeiten zur Veränderung der Komplexität. Wurde auf eine bestimmte Komplexität der Umwelt mit einer bestimmten Komplexität des Systems reagiert, indem eine bestimmte Struktur ausgewählt wurde, so machen Veränderungen der Komplexität der Umwelt eine Anpassung der Struktur des Systems erforderlich.

Als ein zentrales Anpassungskonzept zur Handhabung von Komplexität wurde schließlich in Abschnitt 3.1.3.4 die Differenzierung von Systemen identifiziert. Die Differenzierung von Systemen bzw. die Bildung von Subsysystemen ermöglicht es, die Komplexität von Systemen zu reduzieren und hierdurch eine Anpassung des Systems an Veränderungen der Komplexität zu erreichen. Zwischen Wachstums- bzw. Reduktionsprozessen einerseits und der Differenzierung von Systemen andererseits besteht somit ein unmittelbarer und nicht zu trennender Zusammenhang.

Als ein zweiter, in einer engen Beziehung zur Handhabung von Komplexität durch die Differenzierung von Systemen stehender Begriff wurde anschließend in Abschnitt 3.2 der Begriff Hierarchie untersucht. Die zur Handhabung von Komplexität erforderliche Differenzierung von Systemen führt zur Entwicklung von hierarchischen Strukturen in Systemen. Diese hierarchischen

Strukturen erst ermöglichen es Systemen, eine Komplexität zu entwickeln, die ohne diese besondere Strukturierung nicht möglich wäre.

Betrachtet man in hierarchischen Systemen auf unterschiedlichen Referenzebenen eingeordnete Systeme, so werden Systeme unterschiedlicher Komplexität betrachtet. Der Übergang zwischen unterschiedlichen Referenzebenen wurde hier als ein Abstraktions- bzw. Detaillierungvorgang interpretiert. Das in Abschnitt 3.3 untersuchte Konzept der Abstraktion stellt ein formales Konzept dar, um diesen Übergang zu beschreiben. Zur konkreten Realisierung von Abstraktionen im Zusammenhang mit Differenzierungsprozessen zu hierarchischen Systemen wurden die Abstraktionskonzepte Klassifikation, Generalisierung, Selektion, Assoziation und Aggregation eingeführt und die Möglichkeiten zur Bildung von Abstraktionshierarchien untersucht.

Im **vierten Kapitel** wird die Beziehung zwischen den im dritten Kapitel beschriebenen Konzepten zur Handhabung von Komplexität und der komplexitätsorientierten Gestaltung von Produktionssystemen hergestellt. Die Strukturierung dieses Kapitels orientiert sich an der im einführenden zweiten Kapitel erarbeiteten Untergliederung in die Aufgaben der Produktionsprogrammplanung (Abschnitt 4.2), der Produktionspotentialplanung (Abschnitt 4.3) und der Produktionsprozeßplanung (Abschnitt 4.4).

Im Rahmen der Produktionsprogrammplanung wurden in Abschnitt 4.2.1 zunächst die Auswirkungen einer Veränderung der Anzahl der Enderzeugnisse bzw. der Anzahl der Enderzeugnisvarianten diskutiert. Zur Unterstützung einer aus Komplexitätsaspekten motivierten Verringerung der Breite des Produktionsprogramms wird insbes. die Implementierung eines Variantenmanagements diskutiert, welches eine systematische Ermittlung der Anzahl der Varianten, die kontinuierliche Verfolgung der Entwicklung der Variantenzahl, eine Bewertung der bestehenden Varianten und der beabsichtigten Einführung von neuen Varianten ermöglicht und damit die Voraussetzungen für kritische Überprüfung der Breite des Produktionsprogramms mit dem Ziel einer Reduktion der Anzahl der gefertigten Varianten bildet.

In Abschnitt 4.2.2 folgte eine komplexitätsorientierte Analyse der Auswirkungen der Veränderung der Gestaltung der Erzeugnisstrukturen von Enderzeugnissen bzw. Enderzeugnisvarianten. Die unter Berücksichtigung von konstruktions- und produktionstechnisch bedingten Restriktionen in diesem Abschnitt diskutierten Möglichkeiten zur Gestaltung der Erzeugnisstruktur beeinflussen bei gegebener Menge von Enderzeugnissen bzw. Enderzeugnisvarianten die Anzahl der in diese eingehenden untergeordneten Komponenten, die Anzahl und Verschiedenartigkeit dieser Komponenten, die Anzahl und Verschiedenartigkeit der Beziehungen zwischen den Komponenten sowie deren Veränderlichkeit hinsichtlich möglicher Variationen des Produktionsprogramms. Als wesentliche Gestaltungselemente wurden unterschiedliche Bauweisen (bspw. Differentialbauweise oder Integralbauweise), die Möglichkeiten der Standardisierung, die Bildung von Baukastensystemen sowie die Verlagerung des Variantenschwerpunktes diskutiert. Als wesentliche Erkenntnis konnte festgestellt werden, daß durch eine gezielte Ausnutzung der zuvor beschriebenen Gestaltungsinstrumente eine wesentliche Verringerung der Komplexität des Produktsystems erreicht werden kann. Hierdurch werden die im Abschnitt 4.2.1 erläuterten negativen Auswirkungen der Zunahme der Anzahl der Enderzeugnisse bzw. Enderzeugnisvarianten ausglichen.

Im Rahmen der Produktionspotentialplanung wurden in Abschnitt 4.3 anschließend insbes. die Möglichkeiten der Gestaltung von Beschaffungsstrategien untersucht. Die Gestaltung von Beschaffungsstrategien unter Komplexitätsaspekten stellt einerseits auf die Anzahl der Lieferanten als relevante Objekte des Umsystems und den Grad der Intensität der zu den Lieferanten unterhaltenen Beziehungen und andererseits auf die Anzahl und Verschiedenartigkeit der von einem Lieferanten bezogenen Inputfaktoren ab. Es zeigt sich, daß ausgehend von einem gegebenen Produktionsprogramm und einer gegebenen Gestaltung der Erzeugnisstruktur insbes. aus einer mit einer Konzeption des Modular bzw. System Sourcing verbundene Verringerung der Anzahl und Verschiedenartigkeit der Objekte mit einer weiteren Verringerung der Fertigungsbreite bzw. –tiefe wesentliche Auswirkungen auf den Produktionsprozeß resultieren.

Die Untersuchung der Gestaltungspotentiale im Bereich der Produktionsprozeßplanung nahm in folgenden Abschnitt 4.4 die zentrale Stellung ein. Aufgegriffen wurde in diesem Zusammenhang der Aspekt der Differenzierung von Systemen, durch den eine Reaktion auf aus Wachstums- (bzw. Reduktions-) prozessen resultierende Veränderungen der Komplexität von Systemen ermöglicht wird. In Abschnitt 4.4.1 wurden organisationsbezogenen Formen der Differenzierung von Produktionssystemen wie Werkstattfertigung, Fließfertigung und Zwischentypen der Differenzierung von Produktionssystemen wie Werkstattfließfertigung und Inselfertigung einerseits und in Abschnitt 4.4.2 technologiebezogenen Formen der Differenzierung von Produktionssystemen andererseits untersucht. Es zeigt sich, daß der im dritten Kapitel entwickelte allgemeine Ansatz zur Erklärung der Notwendigkeit der Differenzierung von Systemen als Reaktion auf Veränderungen der Komplexität auch zur Erklärung der Notwendigkeit der Differenzierung von Produktionssystemen verwendet werden kann und eine Begründung für den Übergang auf spezielle Formen der Fertigungsorganisation liefern kann: Wachstums- und Reduktionsprozesse in Produktionssystemen erfordern jeweils die Überprüfung bestehender Differenzierungen von Produktionssystemen.

Den Abschluß des vierten Kapitels bildet in Abschnitt 4.5 die Beschreibung von zwei umfassenden Ansätzen zur komplexitätsorientierten Gestaltung von Produktionssystemen, dem Ansatz der Fertigungssegmentierung und dem Ansatz der Lean Production.

Im **fünften Kapitel** schließlich wurde der im dritten Kapitel entwickelte Ansatz auf die Gestaltung von Produktionsplanungssystemen bezogen. Wie schon in den vorausgehenden Kapiteln orientieren sich die Ausführungen an den zentralen Begriffen Komplexität, Hierarchie und Abstraktion.

Im Abschnitt 5.1 wurden zunächst die grundlegenden Prinzipien der Gestaltung von Produktionsplanungssystemen untersucht. Die Differenzierung von Produktionsplanungssystemen, in diesem Zusammenhang in der Regel als Dekomposition oder Problemzerlegung bezeichnet, die hierarchische Anordnung von Teilproblemen und die Generierung abstrakter Planungsobjekte sind zentrale Prinzipien, die bei der Gestaltung von Planungssystemen Berücksichtigung finden und die der Handhabung von Komplexität dienen. Überträgt man den im dritten Kapitel entwickelten Ansatz zur Beschreibung der Handhabung von Komplexität in Reaktion auf Wachstums- bzw. Reduktionsprozesse auf die Gestaltung von Produktionsplanungssystemen, so führt dies zu der These, daß in Produktionsplanungssysteme, die Wachstums- bzw. Reduktionsprozessen unterworfen sind, gleichfalls die bestehende Differenzierung zu verändern ist, um hierdurch eine Handhabung der Veränderung des Komplexität zu ermöglichen. Je stärker sich die Differenzierung des Produktionsplanungssystems an den im dritten Kapitel beschriebenen Gestaltungsprinzipien orientiert, um so einfacher können diese Anpassungsprozesse zur Handhabung von Komplexität vollzogen werden.

Diese These wurde in Abschnitt 5.2 auf drei besonders exponierte und exemplarisch beschriebene Ansätze zur abstraktionsbasierten hierarchischen Planung der Produktion bezogen, die jeweils eine spezifische Forschungsrichtung zur Weiterentwicklung des klassischen Konzeptes der Produktionsplanung- und -steuerung repräsentieren und damit an den am Ende des zweiten Kapitels formulierten Kritikpunkten ansetzen.

Im einzelnen ist dies zunächst der in Abschnitt 5.2.2 analysierte Ansatz des Manufacturing Resource Planning (MRP II), dessen konzeptionelle Grundstruktur neueren PPS-Systemen zugrundeliegt und dem aus diesem Grund eine besondere praktische Relevanz zugesprochen werden kann. In den Abschnitten 5.2.2.1 und 5.2.2.2 wurde zunächst eine allgemeine Einordnung und Beschreibung dieses Ansatzes vorgenommen. Es zeigt sich, daß sich die Dekomposition der Gesamtplanungsaufgabe und die hierarchische Anordnung von Teilproblemen sowie die Generierung abstrakter Planungsobjekte implizit an den im dritten Kapitel formulierten Gestaltungsprinzipien orientiert. In Abschnitt 5.2.2.3.1 konnte festgestellt werden, daß die im Vergleich zum klassischen Konzept der Produktionsplanung- und –steuerung in diesem Ansatz vorgenommene Erweiterung auf den übergeordneten Planungsebenen einen zentralen Vorteil dieses Konzeptes darstellt, da hierdurch die Planung auf den untergeordneten Planungsebenen auf zwischen diesen Funktionen abgestimmten Vorgaben basiert. Diese Erweiterung wurde erst durch den Übergang auf eine abstraktionsbasierte Planung auf diesen Planungsebenen ermöglicht. Weiterhin wird hervorgehoben, daß die Nichtübereinstimmung von geplanten Produktionsmengen und verfügbaren Ressourcen im Planungsablauf durch die Integration von drei zusätzlichen Planungsebenen frühzeitig erkannt und einer Abstimmung zugeführt werden kann. Festgestellt wurde jedoch auch, daß keine Unterstützung bei der Generierung von zulässigen Plänen auf den einzelnen Planungsebenen geboten wird und die im Rahmen der Beschreibung des klassischen Konzeptes der Produktionsplanung- und -steuerung kritisierte sukzessive Vorgehensweise beibehalten wird. Insges.

wurde das Konzept des MRP II hier als eine wesentliche Erweiterung des klassischen Konzeptes der Produktionsplanung- und –steuerung eingeordnet.

Die in Abschnitt 5.2.2.3.2 vorgenommene Bewertung des MRP II-Konzeptes hinsichtlich der Anpassungsmöglichkeiten dieses Konzeptes an Veränderungen der Komplexität der Planungsaufgabe in den Bereichen Produktionsprogrammplanung, Produktionspotentialplanung und Produktionsprozeßplanung kommt zu dem Ergebnis, daß im Ansatz des MRP II auf den Ebenen der abstraktionsbasierten Planung eine flexible Anpassung an Veränderungen der Gestaltung des Produktionssystems und hieraus resultierende Veränderungen an die Komplexität der Planungsaufgabe möglich ist. Eine Beibehaltung der grundsätzlichen Struktur der Differenzierung auf diesen Planungsebenen ist möglich. Soll jedoch eine über die Realisierung von Mengeneffekten hinausgehende Berücksichtigung der sich aus der Gestaltung des Produktionssystems ergebenden Veränderungen auch auf den untergeordneten Planungsebenen erreicht werden, so macht dies eine Veränderung der grundsätzlichen Struktur der Differenzierung der Gesamtaufgabe erforderlich, die im Konzept des Manufacuring Recource Plannung in dieser Form nicht vorgesehen ist.

Die Bewertung des Ansatzes der Hierarchischen Produktionsplanung (HPP) in Abschnitt 5.2.3, der sich explizit auf die Konstruktionsprinzipien Dekomposition, Hierarchie und Abstraktion bezieht, kommt zu dem Ergebnis, daß bedingt durch die spezifische Struktur der Differenzierung der Planungsaufgabe ein großes Potential zur Anpassung an Veränderungen der Komplexität der Planungsaufgabe besteht. Einschränkend wird jedoch festgestellt, daß mit diesem Ansatz nur ein begrenzter Ausschnitt aus dem umfassenden Aufgabenbereich der Produktionsplanung abgedeckt wird und somit nur beschränkte Aussagen abgeleitet werden können.

Als letzer Ansatz wurde in Abschnitt 5.2.4 schließlich der Ansatz der Kapazitätsorientierten Produktionsplanung- und -steuerung untersucht. Auch dieser Ansatz bezieht sich explizit auf die Konstruktionsprinzipien Dekomposition, Hierarchie und Abstraktion und greift auch die im vierten Kapitel beschriebenen unterschiedlichen Aspekte der Gestaltung von Produktionssystemen auf.

Im Rahmen der Beurteilung des Ansatzes der kapazitätsorientierten Produktionsplanung und -steuerung als Weiterentwicklung des klassischen Konzeptes der Produktionsplanung und -steuerung in Abschnitt 5.2.4.2.1 wurde zunächst eine deutliche Affinität zu der aggregierten Produktionsplanung im Rahmen des MRP II-Konzeptes sowie zur aggregierten Produktionsplanung im Rahmen des klassischen HPP-Konzeptes festgestellt. Auch auf der Ebene der Hauptproduktionsplanung ist eine konzeptionelle Verwandschaft zum MRP II-Konzept erkennbar. Der zentrale Aspekt der Weiterentwicklung wurde auf den Ebenen der detaillierten Losgrößen- und Ressourcenplanung sowie der segmentspezifischen Feinplanung- und –steuerung identifiziert, wo die von den Autoren vorgenommene Differenzierung in unterschiedliche Formen der Fertigungsorganisation wichtige Hinweise für die Aufgabengestaltung liefert. Besonders hervorgehoben wurde auch auf diesen Ebenen die deutliche Ausrichtung des Konzeptes auf die Einsatzpotentiale von Operations Research-Verfahren im Rahmen der hierarchischen abstraktionsbasierten Planung der Produktion. So knüpft bspw. der Einsatz von MLCLSP-Verfahren im Rahmen der detaillierten Losgrößen- und Ressourceneinsatzplanung bei Werkstattfertigung bzw. der Einsatz von MLPLSP-Verfahren im Rahmen der detaillierten Losgrößen- und Ressourceneinsatzplanung bei automatisierter Fließfertigung an den weiter oben in den Abschnitten 2.3.4.2 bzw. 2.3.4.4 zusammengefaßten zentralen Kritikpunkten am klassischen Konzept der Produktionsplanung und -steuerung an.

In Abschnitt 5.2.4.2.2 konnte schließlich festgestellt werden, daß die spezifische Struktur der Differenzierung der Planungsaufgabe im Rahmen des Ansatzes der kapazitätsorientierten Produktionsplanung- und –steuerung von den hier untersuchten Planungsansätzen zur abstraktionsbasierten hierarchischen Planung der Produktion in komplexen Produktionssystemen die größte Anpassungsfähigkeit an Veränderungen der Komplexität der Planungsaufgabe aufweist. Dies kann insbes. darauf zurückgeführt werden, daß sich die spezifische Struktur der Differenzierung an den im dritten Kapitel untersuchten Gestaltungsprinzipien orientiert. Es wird eine konsequente Differenzierung der Planungsaufgabe in begrenzte Teilprobleme geringerer Komplexität vorgenommen, die sowohl die Möglichkeiten einer vertikalen als auch einer horizontalen Differenzierung ausnutzt und die auch Möglichkeiten der (Re-) Integration berücksichtigt. Indem sich die Struktur der Differenzierung des Planungssystems an der Struktur der Differenzierung des Produktionssystems orientiert, können Veränderungen der Komplexität der Planungsaufgabe, die aus einer Veränderung der Komplexität des Produktionssystems auf einer bestimmten Referenzebene resultieren, auf der entsprechenden Referenzebene des Produktionsplanungssystems berücksichtigt werden.

Literaturverzeichnis

A

Adam, Dietrich: [Produktionsmanagement] Produktionsmanagement, 8., vollständ. überarb. und erw. Aufl., Verlag Gabler, Wiesbaden 1997.

Adam, Dietrich; Johannwille, Ulrich: [Komplexitätsfalle] Die Komplexitätsfalle. In: Adam, Dietrich (Hrsg.): Komplexitätsmanagement, Schriften zur Unternehmensführung, Band 61, Verlag Gabler, Wiesbaden 1998, Seite 5 - 28.

Arnold, Ulli: [Sourcing-Konzepte] Sourcing-Konzepte. In: Kern, Werner; Schröder, Hans-Horst; Weber, Jürgen (Hrsg.): Handwörterbuch der Produktionswirtschaft, 2., völlig neu gestalt. Aufl., Verlag Schäffer-Poeschel, Stuttgart 1996, Spalte 1861 - 1874.

Ashby, W. Ross: [Introduction] An Introduction to Cybernetics, Verlag University Paperbacks, London 1965.

Ashby, W. Ross: [Requisite Variety] Requisite Variety and its Implications for the Control of Complex Systems. In: Klir, George J.: Facets of Systems Science, Verlag Plenum Press, New York 1991, Seite 397 - 403 [Reprint].

Aubenque, Pierre: [Abstrakt] abstrakt/konkret. In: Ritter, Joachim (Hrsg.): Historisches Wörterbuch der Philosophie, Band 1, Verlag Schwabe & Co., Basel Stuttgart 1971, Spalte 33 - 34.

Aubenque, Pierre: [Abstraktion] Abstraktion. In: Ritter, Joachim (Hrsg.): Historisches Wörterbuch der Philosophie, Band 1, Verlag Schwabe & Co., Basel Stuttgart 1971, Spalte 42 - 44.

Ausschuß für Wirtschaftliche Fertigung (AWF) (Hrsg.): Integrierte Fertigung von Teilefamilien, Band 2: Werkzeuge und Methoden zur Planung der Einführung von Fertigungsinseln, Verlag TÜV Rheinland, Köln 1990.

B

Baldwin, Carliss Y.; Clark, Kim B.: [Modularisierung] Modularisierung. Ein Konzept wird universell. In: Harvard Business Manager, Nr. 2 1998, Seite 39 - 48.

Ballwieser, Wolfgang: [Aggregation] Aggregation, Komplexion und Komplexitätsreduktion. In: Wittmann, Waldemar (Hrsg.): Handwörterbuch der Betriebswirtschaft, Teilband 1, 5., völlig neu gestalt. Aufl., Verlag Schäffer-Poeschel, Stuttgart 1993, Spalte 3443 - 3450.

Bartölke, Klaus: [Teilautonome Arbeitsgruppen] Teilautonome Arbeitsgruppen. In: Frese, Erich (Hrsg.): Handwörterbuch der Organisation, 3., völlig neu gestalt. Aufl., Verlag Poeschel, Stuttgart 1992, Spalte 2383 - 2399.

Becker, Jörg; Rosemann, Michael: [Logistik] Logistik und CIM - Die effiziente Material- und Informationsflußgestaltung im Industrieunternehmen, Verlag Springer, Berlin Heidelberg 1993.

Becker, Jörg; Rosemann, Michael: [Informationsmanagement] Informationsmanagement. Ein Beitrag zur Beherrschung von Komplexität. In: Adam, Dietrich (Hrsg.): Komplexitätsmanagement, Schriften zur Unternehmensführung, Band 61, Verlag Gabler, Wiesbaden 1998, Seite 111 - 124.

Beer, Stafford: [Kybernetik] Kybernetik und Management, Verlag S. Fischer, Hamburg 1959.

Berger, Karl-Heinz: [Normung und Typung] Normung und Typung. In: Kern, Werner (Hrsg.): Handwörterbuch der Produktionswirtschaft, 1. Aufl., Verlag Schäffer-Poeschel, Stuttgart 1979, Spalte 1353 - 1370.

Billington, Peter J.; McClain, John O.; Thomas, L. Joseph: [Problem Reduction] Mathematical Programming Approaches to Capacity-Constrainded MRP Systems: Review, Formulation and Problem Reduction. In: Management Science, Jg. 29, Nr. 10, Oktober 1983, Seite 1126 - 1141.

Bitran, R. Gabriel; Haas, Elizabeth A.; Hax, Arnoldo C.: [Single Stage] Hierarchical Production Planning: A Single Stage System. In: Operations Research, Nr. 19 1981, Seite 717 - 743.

Bleicher, Knut: [Normatives Management] Normatives Management. Politik, Verfassung und Philosophie des Unternehmens, Verlag Campus, Frankfurt 1994.

Bleicher, Knut: [Integriertes Management] Das Konzept integriertes Management, 3. Aufl., Verlag Campus, Frankfurt 1995.

Bliss, Christoph A.: [Komplexitätsbeherrschung] Komplexitätsreduktion und Komplexitätsbeherrschung bei der Schmitz-Anhänger Fahrzeugbau-Gesellschaft mbH. In: Adam, Dietrich (Hrsg.): Komplexitätsmanagement, Schriften zur Unternehmensführung, Band 61, Verlag Gabler, Wiesbaden 1998, Seite 145 - 168.

Bohr, Kurt: [Economies] Economies of Scale und Economies of Scope. In: In: Kern, Werner; Schröder, Hans-Horst; Weber, Jürgen (Hrsg.): Handwörterbuch der Produktionswirtschaft, 2., völlig neu gestalt. Aufl., Verlag Schäffer-Poeschel, Stuttgart 1996, Spalte 375 - 386.

Büdenbender, Winfried; Sames, Gerrit: [Morphologisches Merkmalsschema] Aachener PPS-Modell. Das morphologische Merkmalsschema, Forschungsinstitut für Rationalisierung an der RWTH Aachen (Hrsg.), Sonderdruck 4/90, 6. Aufl., Aachen 1997.

Brockhaus Enzyklopädie [Brockhaus], 17., völlig. neubearb. Aufl., Verlag Brockhaus, Wiesbaden 1966.

Bronner, Rolf: [Experimente] Experimente zum Umgang mit Komplexität in Entscheidungsprozessen. In: Fisch, Rudolf; Boos, Margarete (Hrsg.): Vom Umgang mit Komplexität in Organisationen, Universitätsverlag, Konstanz 1990, Seite 215 - 234.

Bronner, Rolf: [Komplexität] Komplexität. In: Frese, Erwin (Hrsg.): Handwörterbuch der Organisation, 3., völlig neu gestalt. Aufl., Verlag Poeschel, Stuttgart 1992, Spalte 1121 - 1130.

Browne, Jimmie; Harhen, John; Shivnan, James: [Production Management Systems] Production Management Systems. A CIM Perspective, Verlag Addison-Wesley, Wokingham Reading 1988.

Brugger, Walter (Hrsg.): [Philosophisches Wörterbuch] Philosophisches Wörterbuch, Verlag Herder, Freiburg Basel 1967.

C

Child, Peter; Diederichs, Raimund; Sanders, Falk-Hayo; Wisniowski, Stefan: [Complexity] SMR Forum: The Management of Complexity. In: Sloan Management Review, Fall 1991, Seite 73 - 80.

Corsten, Hans: [Produktionsmanagement] Gestaltungsbereiche des Produktionsmanagement. In: Corsten, Hans (Hrsg.): Handbuch Produktionsmanagement, Strategie - Führung - Technologie - Schnittstellen, Verlag Gabler, Wiesbaden 1994, Seite 5 - 21.

Corsten, Hans: [Produktionswirtschaft] Produktionswirtschaft. Einführung in das industrielle Produktionsmanagement, 6., durchges. und verb. Aufl., Verlag Oldenbourg, München Wien 1996.

Corsten, Hans: [Neuere Organisationsformen] Neuere Organisationsformen der Produktion. Ansätze und konzeptionelle Gemeinsamkeiten, Univ. Kaiserslautern, Schriften zum Produktionsmanagement, Kaiserslautern 1996.

Corsten, Hans; Will, Thomas: [Neuere Produktionskonzepte] Simultaneität von Kostenführerschaft und Differenzierung durch neuere informationstechnologische und arbeitsorganisatorische Produktionskonzepte. In: Corsten, Hans; Will, Thomas (Hrsg.): Lean Production. Schlanke Produktionsstrukturen als Erfolgsfaktor, Verlag Kohlhammer, Stuttgart Berlin 1993, Seite 47 - 86.

D

Delfmann, Werner: [Material Requirements Planning] MRP (Material Requirements Planning). In: Kern, Werner; Schröder, Hans-Horst; Weber, Jürgen (Hrsg.): Handwörterbuch der Produktionswirtschaft, 2., völlig neu gestalt. Aufl., Verlag Schäffer-Poeschel, Stuttgart 1996, Spalte 1247 - 1262.

Deutsches Institut für Normung: [Normungsarbeit] Grundlagen der Normungsarbeit des DIN, 5. Aufl., Verlag Beuth, 1987.

Dinkelbach, Werner: [Ökologische Aspekte] Ökologische Aspekte in der Produktionstheorie. In: Kern, Werner; Schröder, Hans-Horst; Weber, Jürgen (Hrsg.): Handwörterbuch der Produktionswirtschaft, 2., völlig neu gestalt. Aufl., Verlag Schäffer-Poeschel, Stuttgart 1996, Spalte 1338 - 1346.

Domschke, Wolfgang; Drexl, Andreas: [Kapazitätsplanung] Kapazitätsplanung in Netzwerken. Ein Überblick über neuere Modelle und Verfahren. In: OR Spektrum, Nr. 13, 1991, Seite 63 - 76.

Domschke, Wolfgang; Drexl, Andreas: [Operations Research] Einführung in Operations Research, 2., verb. und erw. Aufl., Verlag Springer, Berlin Heidelberg 1995.

Domschke, Wolfgang; Scholl, Armin; Voß, Stefan: [Produktionsplanung] Produktionsplanung. Ablauforganisatorische Aspekte, Verlag Springer, Berlin Heidelberg 1993.

Dörner, Dietrich: [Logik] Von der Logik des Mißlingens. In: Fisch, Rudolf; Boos, Margarete (Hrsg.): Vom Umgang mit Komplexität in Organisationen, Universitätsverlag, Konstanz 1990, Seite 1990, Seite 257 - 282.

Dörner, Dietrich: [Mißlingen] Die Logik des Mißlingens. Strategisches Denken in komplexen Situationen, 3. Aufl., Verlag Rowohlt, Reinbek 1991.

Drexl, Andreas: [Terminfeinplanung] Terminfeinplanung. In: Kern, Werner; Schröder, Hans-Horst; Weber, Jürgen (Hrsg.): Handwörterbuch der Produktionswirtschaft, 2., völlig neu gestalt. Aufl., Verlag Schäffer-Poeschel, Stuttgart 1996, Spalte 2050 - 2060.

Drexl, Andreas; Fleischmann, Bernhard; Günther, Hans-Otto; Stadtler, Hartmut; Tempelmeier, Horst: [Kapazitätsorientierte PPS-Systeme] Konzeptionelle Grundlagen kapazitätsorientierter PPS-Systeme. In: Zeitschrift für betriebswirtschaftliche Forschung, 46. Jg., Heft 12, 1994, Seite 1022 - 1045.

Drexl, Andreas; Haase, Knut; Kimms, Alf: [Losgrößenplanung] Losgrößen- und Ablaufplanung in PPS-Systemen auf der Basis randomisierter Opportunitätskosten. In: Zeitschrift für Betriebswirtschaft, 65. Jg., Heft 3, 1995, Seite 267 - 284.

E

Ehrlenspiel, Klaus: [Produktentwicklung] Integrierte Produktentwicklung. Methoden für Prozeßorganisation, Produkterstellung und Konstruktion, Verlag Carl Hanser, München Wien 1995.

Ehrlenspiel, Klaus: [Konstruktion] Konstruktion. In: Kern, Werner; Schröder, Hans-Horst; Weber, Jürgen (Hrsg.): Handwörterbuch der Produktionswirtschaft, 2., völlig neu gestalt. Aufl., Verlag Schäffer-Poeschel, Stuttgart 1996, Spalte 904 - 922.

Eichhorn, Wolfgang: [Produktionskorrespondenzen] Produktionskorrespondenzen. In: Wittmann, Waldemar (Hrsg.): Handwörterbuch der Betriebswirtschaft, Teilband 2, 5., völlig neu gestalt. Aufl., Verlag Schäffer-Poeschel, Stuttgart 1993, Spalte 3443 - 3450.

Eidenmüller, Bodo: [Logistik] Strukturwandel und Logistik. In: Baetge, Jörg; Rühle von Lilienstern, Hans; Schäfer, Helmut (Hrsg.): Logistik. Eine Aufgabe der Unternehmenspolitik, Verlag Duncker & Humblot, Berlin 1987, Seite 23 - 52.

Eversheim, Walter: [Produktionssysteme] Produktionssysteme, flexible. In: Frese, Erich (Hrsg.): Handwörterbuch der Organisation, 3., völlig neu gestalt. Aufl., Verlag Poeschel, Stuttgart 1992, Spalte 2058 - 2066.

Eversheim, Walter: [Prozeßorientierung] Prozeßorientierte Unternehmensorganisation. Konzepte und Methoden zur Gestaltung „schlanker" Organisationen, Verlag Springer, Berlin Heidelberg 1995.

Eversheim, Walter: [Produktionstechnik] Organisation in der Produktionstechnik, Verlag VDI , Düsseldorf 1996.

Eversheim, Walter: [Produktionstechnik und -verfahren] Produktionstechnik und -verfahren. In: Kern, Werner; Schröder, Hans-Horst; Weber, Jürgen (Hrsg.): Handwörterbuch der Produktionswirtschaft, 2., völlig neu gestalt. Aufl., Verlag Schäffer-Poeschel, Stuttgart 1996, Spalte 1534 - 1544.

Eversheim, Walter; Schenke, Franz-Bernd; Warnke, Luca: [Komplexität] Komplexität im Unternehmen verringern und beherrschen. Optimale Gestaltung von Produkten und Produktionssystemen. In: Adam, Dietrich (Hrsg.): Komplexitätsmanagement, Schriften zur Unternehmensführung, Band 61, Verlag Gabler, Wiesbaden 1998, Seite 29 - 46.

F

Fandel, Günter; Francois, Peter; Gubitz, Klaus-Martin: [PPS-Systeme] PPS-Systeme. Grundlagen, Methoden, Software, Marktanalyse, Verlag Springer, Berlin 1994.

Ferstl, Otto; Sinz, Elmar: [Wirtschaftsinformatik] Grundlagen der Wirtschaftsinformatik, Verlag Oldenbourg, München Wien 1993.

Fischer, Thomas M.: [Kostenbestimmungsfaktoren] Variantenvielfalt und Komplexität als betriebliche Kostenbestimmungsfaktoren. In: Kostenrechnungspraxis, Nr. 1 1993, Seite 27 - 31.

Fleischmann, Bernhard: [Operations-Research-Modelle] Operations-Research-Modelle und -Verfahren in der Produktionsplanung. In: Zeitschrift für Betriebswirtschaft (ZfB), 58. Jg., Heft 3, 1988, Seite 347 - 372.

Fleischmann, Bernhard: [Operations-Research] Operations-Research für die Produktion. In: Kern, Werner; Schröder, Hans-Horst; Weber, Jürgen (Hrsg.): Handwörterbuch der Produktionswirtschaft, 2., völlig neu gestalt. Aufl., Verlag Schäffer-Poeschel, Stuttgart 1996, Spalte 1357 - 1370.

Fleischmann, Bernhard; Meyr, Herbert: [GLSP] The General Lotsizing and Scheduling Problem. In: OR Spektrum, Nr. 19, 1997, Seite 11 - 21.

Flood, Robert L.; Carson, Ewart. J.: [Complexity] Dealing with Complexity. An Introduction to the Theory and Application of Systems Science, 2. Aufl., Verlag Plenum Press, New York London 1995.

Franck, Birger; Neumann, Klaus; Schwindt, Christoph: [Hierarchical Approach] A Capacity-Oriented Hierarchical Approach to Single-Item and Small-batch Production Planning using Projekt-Scheduling Methode. In: OR Spektrum, Nr. 19, 1997, Seite 77-85.

Frese, Erich: [Koordinationskonzepte] Koordinationskonzepte. In: Szyperski, Norbert (Hrsg.): Handwörterbuch der Planung, Verlag Poeschel, Stuttgart 1989, Spalte 913 – 923.

Frese, Erich: [Produktion] Produktion, Organisation der. In: Frese, Erich (Hrsg.): Handwörterbuch der Organisation, 3., völlig neu gestalt. Aufl., Verlag Poeschel, Stuttgart 1992, Spalte 2040 - 2057.

Frese, Erich: [Geschäftssegmentierung] Geschäftssegmentierung als organisatorisches Konzept. In: Zeitschrift für betriebswirtschaftliche Forschung, 1993, Seite 999 - 1024.

Frese, Erich; Threuvsen, Ludwig: [Fertigungsorganisation] Fertigungsorganisation. In: Kern, Werner; Schröder, Hans-Horst; Weber, Jürgen (Hrsg.): Handwörterbuch der Produktionswirtschaft, 2., völlig neu gestalt. Aufl., Verlag Schäffer-Poeschel, Stuttgart 1996, Spalte 461 - 473.

G

Gagsch, Siegfried: [Subsystembildung] Subsystembildung. In: Grochla, Erwin (Hrsg.): Handwörterbuch der Organisation, Verlag Poeschel, Stuttgart 1980, Spalte 2156 - 2172.

Gaitanides, Michael: [Koordination] Konzepte zur zeitlichen Koordination. In: Szyperski, Norbert (Hrsg.): Handwörterbuch der Planung, Verlag Poeschel, Stuttgart 1989, Spalte 2258 - 2270.

Gaitanides, Michael: [Ablauforganisation] Ablauforganisation. In: Frese, Erich (Hrsg.): Handwörterbuch der Organisation, 3., völlig neu gestalt. Aufl., Verlag Poeschel, Stuttgart 1992, Spalte 1 - 18.

Gaitanides, Michael: [Aufbau- und Ablauforganisation] Aufbau- und Ablauforganisation. In: Wittmann, Waldemar (Hrsg.): Handwörterbuch der Betriebswirtschaft, Teilband 1, 5., völlig neu gestalt. Aufl., Verlag Schäffer-Poeschel, Stuttgart 1993, Spalte 190 - 204.

Gaitanides, Michael: [Prozeßorganisation] Prozeßorganisation. In: Kern, Werner; Schröder, Hans-Horst; Weber, Jürgen (Hrsg.): Handwörterbuch der Produktionswirtschaft, 2., völlig neu gestalt. Aufl., Verlag Schäffer-Poeschel, Stuttgart 1996, Spalte 1682 - 1696.

Geiger, Werner: [Produktionsplanung und -steuerung] Computergestützte Produktionsplanung und -steuerung im Mittelstand, Diss. Univ. Bayreuth, Verlag Gabler, Wiesbaden 1992.

Gershwin, Stanley B.: [Manufacturing Systems] Manufacturing Systems Engineering, Verlag Prentice Hall, Englewood Cliffs 1994.

Glaser, Horst; Geiger, Werner; Rohde, Volker: [PPS] PPS Produktionsplanung und -steuerung; Grundlagen - Konzepte - Anwendungen; 2., überarb. Aufl., Verlag Gabler, 1992.

Glaser, Horst; Petersen, Lars: [PPS-Systeme] PPS (Produktionsplanungs- und -steuerungs)-Systeme. In: Kern, Werner; Schröder, Hans-Horst; Weber, Jürgen (Hrsg.): Handwörterbuch der Produktionswirtschaft, 2., völlig neu gestalt. Aufl., Verlag Schäffer-Poeschel, Stuttgart 1996, Spalte 1405 - 1418.

Graves, S.C.: [Lagrangean Techniques] Using Lagrangean Techniques to Solve Hierarchical Production Planning Problems. In: Management Science, Nr. 28, 1982, Seite 260 - 275.

Günther, Hans-Otto; Tempelmeier, Horst: [Produktion] Produktion und Logistik, Verlag Springer, Berlin Heidelberg 1994.

Gutenberg, Erich: [Betriebswirtschaftslehre] Einführung in die Betriebswirtschaftslehre, Verlag Gabler, Wiesbaden 1958.

Gutenberg, Erich: [Die Produktion] Grundlagen der Betriebswirtschaftslehre, Erster Band: Die Produktion, 18., neu überarb. Aufl., Verlag Springer, Berlin Heidelberg New York 1971.

H

Haase, Knut: [Capacitated Lotsizing] Capacitated Lot-sizing with Sequence Dependent Setup Costs. In: OR Spektrum, Nr. 18 1996, Seite 51 - 59.

Habenicht, Walter: [Teilefamilienbildung] Teilefamilienbildung. In: Kern, Werner; Schröder, Hans-Horst; Weber, Jürgen (Hrsg.): Handwörterbuch der Produktionswirtschaft, 2., völlig neu gestalt. Aufl., Verlag Schäffer-Poeschel, Stuttgart 1996, Spalte 2040 - 2050.

Hackstein, Rolf: [Produktionsplanung und -steuerung] Produktionsplanung und -steuerung, 2., überarb. Aufl., Verlag VDI, Düsseldorf 1989.

Hahn, Dietger: [Produktionsplanung] Produktionsplanung, strategische. In: Kern, Werner; Schröder, Hans-Horst; Weber, Jürgen (Hrsg.): Handwörterbuch der Produktionswirtschaft, 2., völlig neu gestalt. Aufl., Verlag Schäffer-Poeschel, Stuttgart 1996, Spalte 1522 - 1534.

Hahn, Dietger; Laßmann, Gert: [Produktionswirtschaft] Produktionswirtschaft. Controlling industrieller Produktion, Verlag Physica, Heidelberg Wien 1986.

Hall, A. D.; Fagen, R. E.: [System] Definition of System. In: General Systems, Vol. I 1956, Seite 18 - 28.

Hammer, Michael; McLeod, Dennis: [Database Description] Database Description with SDM: A Semantic Database Model. In: ACM Transactions of Database Systems, Vol. 6 Nr. 3 1981, Seite 351 - 386.

Hauschildt, Jürgen: [Komplexität] Komplexität, Zielbildung und Effizienz von Entscheidungen in Organisationen. In: Fisch, Rudolf; Boos, Margarete (Hrsg.): Vom Umgang mit Komplexität in Organisationen, Universitätsverlag, Konstanz 1990, Seite 131 - 147.

Hansmann, Karl-Werner: [Management] Industrielles Management, 5., überarb. und wesentl. erw. Aufl., Verlag Oldenbourg, München Wien 1996.

Hax, Arnoldo C.; Golovin, Jonathan J.: [HPPS] Hierarchical Production Planning Systems. In: Hax, Arnold C. (Hrsg.): Studies in Operations Management, Verlag North-Holland Publishing Company, Amsterdam 1978, Seite 400 - 428.

Heinen, Edmund: [Betriebswirtschaftslehre] Einführung in die Betriebswirtschaftslehre, 8., durchges. Aufl., Verlag Gabler, 1982.

Heinrich, Claus E.: [MRP II-Planungskonzept] Das MRP II-Planungskonzept (Manufacturing Resource Planning) und dessen Realisierung mit Standard-Software, dargestellt am System R/2 der SAP AG. In: Zäpfel, Günther (Hrsg.): Neuere Konzepte der Produktionsplanung und -steuerung, Verlag Trauner, Linz 1989, Seite 95 - 112.

Helber, Stefan: [Kapazitätsorientierte Losgrößenplanung] Kapazitätsorientierte Losgrößenplanung in PPS-Systemen, Diss. Univ. München, Verlag für Wissenschaft und Forschung, Stuttgart 1994.

Helber, Stefan: [Capacitated Lotsizing] Lot Sizing in Capacitated Production Planning and Control Systems. In: OR Spektrum, Nr. 17 1995, Seite 5 - 18.

Hoffmeister, Johannes (Hrsg.): [Philosophische Begriffe] Wörterbuch der philosophischen Begriffe, 2. Aufl., Verlag Meiner, Hamburg 1955.

Höge, Robert: [Organisatorische Segmentierung] Organisatorische Segmentierung. Ein Instrument zur Komplexitätshandhabung. Diss. Univ. Stuttgart, Verlag Gabler, Wiesbaden 1995.

Hoitsch, Hans-Jörg: [Produktionsplanung] Produktionsplanung. In: Wittmann, Waldemar (Hrsg.): Handwörterbuch der Betriebswirtschaft, Teilband 2, 5., völlig neu gestalt. Aufl., Verlag Schäffer-Poeschel, Stuttgart 1993, Spalte 3450 - 3467.

Homburg, Christian; Weber, Jürgen: [Individualisierte Produktion] Individualisierte Produktion. In: Kern, Werner; Schröder, Hans-Horst; Weber, Jürgen (Hrsg.): Handwörterbuch der Produktionswirtschaft, 2., völlig neu gestalt. Aufl., Verlag Schäffer-Poeschel, Stuttgart 1996, Spalte 655 - 664.

I, J

Ihde, Gösta B.: [Transport] Transport, Verkehr, Logistik. Gesamtwirtschaftliche Aspekte und einzelwirtschaftliche Handhabung, 2., völlig überarb. und erw. Aufl., Verlag Vahlen, München 1991.

Jacob, Herbert: [Produktions- und Absatzprogramm] Die Planung des Produktions- und Absatzprogramms. In: Jacob, Herbert (Hrsg.): Industriebetriebslehre. Handbuch für Studium und Praxis, 4., überarb. und erw. Aufl., Verlag Gabler, Wiesbaden 1990, Seite 401 - 590.

Jacob, Herbert: [Produktions- und Absatzprogrammplanung] Produktions- und Absatzprogrammplanung. In: Kern, Werner; Schröder, Hans-Horst; Weber, Jürgen (Hrsg.): Handwörterbuch der Produktionswirtschaft, 2., völlig neu gestalt. Aufl., Verlag Schäffer-Poeschel, Stuttgart 1996, Spalte 1468 -1483.

Jürgens, Ulrich: [Lean Production] Lean Production. In: Corsten, Hans (Hrsg.): Handbuch Produktionsmanagement, Verlag Gabler, Wiesbaden 1994, Seite 381 - 401.

K

Kahle, Egbert: [Produktion] Produktion, 2. erw. Aufl., Verlag Oldenbourg, München Wien 1986.

Kern, Siegbert: [Dezentrale Produktionseinheiten] Koordination dezentraler Produktionseinheiten. In: Corsten, Hans (Hrsg.): Handbuch Produktionsmanagement, Verlag Gabler, Wiesbaden 1994, Seite 381 - 401.

Kern, Siegbert; Ruffing, Thomas; Scheer, August-Wilhelm: [Fertigungsinseln] Planungs- und Steuerungssysteme für Fertigungsinseln. In: Zeitschrift für wirtschaftliche Fertigung und Automatisierung (ZwF), Jg. 84, 1989, Nr. 12, Seite 696 - 701.

Kern, Siegbert; Ruffing, Thomas: [Anforderungen] Anforderungen an Produktionsplanungs- und -steuerungssysteme. In: Fertigungsinsel-Informationsstelle im AWF (Hrsg.): Integrierte Fertigung von Teilefamilien. Band 2: Werkzeuge und Methoden zur Planung der Einführung von Fertigungsinseln, Verlag TÜV Rheinland, Köln 1990, Seite 219 - 250.

Kern, Werner: [Erkenntnisbereich] Die Produktionswirtschaft als Erkenntnisbereich der Betriebswirtschaftslehre. In: Zeitschrift für betriebswirtschaftliche Forschung, Jg. 28, 1976, Seite 756 - 767.

Kern, Werner: [Produktionswirtschaft] Industrielle Produktionswirtschaft, 5., durchges. und aktualisierte Aufl., Verlag Poeschel, Stuttgart 1992.

Kestel, Ralf: [Variantenvielfalt] Variantenvielfalt und Logistiksysteme. Ursachen - Auswirkungen - Lösungen, Diss. Univ. Dortmund, Verlag Gabler, Wiesbaden 1995.

Kieser, Alfred; Kubicek, Herbert: [Organisation] Organisation, Verlag de Gruyter, Berlin New York 1976.

Kilger, Wolfgang: [Produktions- und Absatzplanung] Optimale Produktions- und Absatzplanung. Entscheidungsmodelle für den Produktions- und Absatzbereich industrieller Betriebe, Westdeutscher Verlag, Opladen 1973.

Kilger, Wolfgang: [Industriebetriebslehre] Industriebetriebslehre. Band 1, Verlag Gabler, Wiesbaden 1986.

Kimms, Alf: [Lot Sizing and Scheduling] Multi-Level Lot Sizing and Scheduling. Methods for Capacitated, Dynamic, and Deterministic Models, Diss. Univ. Kiel, Verlag Physica, Heidelberg 1997.

Kistner, Klaus-Peter; Steven, Marion: [Operations Research] Die Bedeutung des Operations Research für die hierarchische Produktionsplanung. In: Operations Research Spektrum, Nr. 13, 1991, Seite 123 - 132.

Kistner, Klaus-Peter; Steven, Marion: [Neuere Entwicklungen] Neuere Entwicklungen in der Produktionsplanung und Fertigungstechnik. In: WiSt, Heft 1, Januar 1991, Seite 11 - 17.

Kistner, Klaus-Peter; Steven, Marion: [Produktionsplanung] Produktionsplanung, 2., verb. Aufl., Verlag Physica, Heidelberg 1993.

Kistner, Klaus-Peter; Switalski, Marion: [Hierarchische Produktionsplanung] Hierarchische Produktionsplanung. In: Zeitschrift für Betriebswirtschaft, Jg. 59, Heft 5, 1989, Seite 477 - 503.

Klaus, Georg; Liebscher, Heinz (Hrsg.): [Kybernetik] Wörterbuch der Kybernetik, Verlag Dietz, 4., völlig überarb. Aufl., Berlin 1976.

Kleeberg, Kai: [Kapazitätsorientierte Produktionssteuerung] Kapazitätsorientierte Produktionssteuerung, Diss. Univ. Hamburg, Verlag Gabler, Wiesbaden 1993.

Klir, George J.: [Systems Sciencs] Facets of Systems Science, Verlag Plenum Press, New York 1991.

Klir, George J.: [Reconstructability Analysis] Reconstructability Analysis: An Offspring of Ashby´s Constraint Analysis. In: Klir, George J.: Facets of Systems Science, Verlag Plenum Press, New York 1991, Seite 397 - 403. [Reprint von: George J. Klir, Reconstructability Analysis: An Offspring of Ashby´s Constraint Analysis, Systems Research, Vol. 267, No. 3, 1986].

Kortzfleisch; Gerd von: [Produktionsmethoden] Systematik der Produktionsmethoden. In: Jacob, Herbert (Hrsg.): Industriebetriebslehre, 4., überarb. und erw. Aufl., Verlag Gabler, 1990, Seite 101 - 175.

Kosiol, Erich: [Betriebswirtschaftslehre] Einführung in die Betriebswirtschaftslehre, Verlag Gabler, Wiesbaden 1968.

Kreikebaum, Hartmut: [Unternehmensorganisation] Industrielle Unternehmensorganisation. In: Schweitzer, Marcell (Hrsg.): Industriebetriebslehre, 2., völlig überarb. Aufl., Verlag Vahlen, München 1994, Seite 185 - 217.

Kurbel, Karl: [Produktionsplanung] Produktionsplanung und -steuerung. Methodische Grundlagen von PPS-Systemen und Erweiterungen, Verlag Oldenbourg, München 1993.

Küpper, Hans-Ulrich; Helber, Stefan: [Ablauforganisation] Ablauforganisation in Produktion und Logistik, 2., völlig neu bearb. und erw. Auf., Verlag Poeschel, Stuttgart 1995.

L

Laakmann, Jürgen; Much, Detlef; Nicolai, Harald: [Aachener PPS-Modell] Aachener PPS-Modell. Grundlagen für die organisatorische und informationstechnische Gestaltung der Produktionsplanung und -steuerung. In: Luczak, Holger; Eversheim, Walter (Hrsg.): PPS-Jahrbuch ´95/96, Verlag TÜV-Rheinland, Köln 1995, Seite 3 - 21.

Lackes, Richard [Kanban] Kanban. In: Kern, Werner; Schröder, Hans-Horst; Weber, Jürgen (Hrsg.): Handwörterbuch der Produktionswirtschaft, 2., völlig neu gestalt. Aufl., Verlag Schäffer-Poeschel, Stuttgart 1996, Spalte 839 - 852.

Lauermann, Andreas: [Fertigungssegmente] Autonomie von Fertigungssegmenten. Analyse zur Gestaltung neuer Fabrikstrukturen, Diss. Univ. Passau, Verlag Gabler, Wiesbaden 1994.

Lermen, Patrick: [Hierarchische Produktionsplanung] Hierarchische Produktionsplanung und Kanban, Verlag Gabler, Wiesbaden 1992.

Leisten, Rainer: [Iterative Aggregation] Iterative Aggregation und mehrstufige Entscheidungsmodelle. Einordnung in den planerischen Kontext, Analyse anhand der Modelle der Linearen Programmierung und Darstellung am Anwendungsbeispiel der Hierarchischen Produktionsplanung, Verlag Physica, Heidelberg 1996.

Lorenzen, Paul: [Wissenschaftstheorie] Lehrbuch der konstruktiven Wissenschaftstheorie, Wissenschaftsverlag, Mannheim Wien 1987.

Luhmann, Niklas: [Komplexität] Komplexität. In: Ritter, Joachim (Hrsg.): Historisches Wörterbuch der Philosophie, Band 4, Verlag Schwabe & Co., Basel Stuttgart 1971, Spalte 939 - 941.

Luhmann, Niklas: [Komplexität] Komplexität. In: Luhmann, Niklas (Hrsg.): Soziologische Aufklärung 2. Ansätze zur Theorie der Gesellschaft, Westdeutscher Verlag, Opladen 1975, Seite 204 - 221.

Luhmann, Niklas: [Komplexität] Komplexität. In: Grochla, Erwin (Hrsg.): Handwörterbuch der Organisation, 2., völlig neu gestalt. Aufl., Verlag Poeschel, Stuttgart 1980, Spalte 1064 - 1070.

Luhmann, Niklas: [Kommunikation] Ökologische Kommunikation, 3. Aufl., Westdeutscher Verlag, Opladen 1990.

Luhmann, Niklas: [Soziale Systeme] Soziale Systeme. Grundriß einer allgemeinen Theorie, 4. Aufl., Verlag Suhrkamp, Frankfurt 1991.

Luhmann, Niklas: [Organisation] Funktionen und Folgen formaler Organisation, Verlag Duncker & Humblot, Berlin 1964.

M

Malik, Fredmund: [Komplexe Systeme] Strategien des Managements komplexer Systeme, Verlag Haupt, Bern Stuttgart 1984.

Malik, Fredmund: [Turbulenzen] Turbulenzen - die Komplexität des Wandels als Herausforderung annehmen. In: Malik, Fredmund (Hrsg.): Strategisches Management, Evolution, Selbstorganisation, Verlag Haupt, Bern Stuttgart 1993, Seite 15 - 48.

Manz, Joachim: [Aggregation] Zur Anwendung der Aggregation auf mehrperiodische lineare Produktionsprogrammplanungsprobleme, Verlag Peter Lang, Frankfurt 1983.

Maßow, C.; Haskam, H.: [Integrierte Produktionsplanung] Integrierte Produktionsplanung und -steuerung bei dezentralen Produktionsbereichen, Abschlußbericht BMFT-Projekt ITiS-E, PS Systemtechnik GmbH , Bremen 1996.

Meffert, Heribert: [Marketing] Marketing. Grundlagen marktorientierter Unternehmensführung, Verlag Gabler, Wiesbanden 1998.

Meininger, Klaus-Ulrich: [Produktionsplanung] Abstraktionsbasierte Bereitstellung bereichsübergreifender Planungsdaten für die Produktionsplanung bei Serienfertigung variantenreicher Erzeugnisse, Diss. Univ. Frankfurt, Verlag Schulz-Kirchner, Idstein 1994.

Merkel, Helmut: [MRP II-orientierte Systeme] Von PPS- zu MRP II-orientierten Systemen. In: CIM Management, Heft 4, 1986, Seite 35 - 41.

Mertens, Peter: [MRP II] MRP II - Ein Beitrag zur Kapazitätswirtschaft im Industriebetrieb. In: Corsten, Hans et al. (Hrsg.): Kapazitätsmessung, Kapazitätsgestaltung, Kapazitätsoptimierung - Eine betriebswirtschaftliche Kernfrage, Verlag Schäffer-Poeschel, Stuttgart 1992, Seite 27 - 45.

Mertens, Peter: [Integrierte Informationsverarbeitung] Integrierte Informationsverarbeitung 1, Administrations- und Dispositionssysteme in der Industrie, 10., neubearb. Aufl., Verlag Gabler, Wiesbaden 1995.

Mertens, Peter; Bodendorf, Freimut; König, Wolfgang; Picot, Arnold; Schuhmann, Matthias: [Wirtschaftsinformatik] Grundzüge der Wirtschaftsinformatik, 3., verb. Aufl., Verlag Springer, Berlin Heidelberg 1995.

Mittelstraß, Jürgen: [Abstraktion] Abstraktion. In: Ritter, Joachim (Hrsg.): Historisches Wörterbuch der Philosophie, Band 1, Verlag Schwabe & Co., Basel Stuttgart 1971, Spalte 63 - 64.

Mittelstraß, Jürgen (Hrsg.): [Philosophie] Enzyklopädie Philosophie und Wissenschaftstheorie, Band 1, Verlag Bibliographisches Institut, Mannheim Wien 1980.

Mochty, Ludwig: [Lernen] Lernen in der industriellen Produktion. In: Kern, Werner; Schröder, Hans-Horst; Weber, Jürgen (Hrsg.): Handwörterbuch der Produktionswirtschaft, 2., völlig neu gestalt. Aufl., Verlag Schäffer-Poeschel, Stuttgart 1996, Spalte 1074 - 1085.

Much, Detlef; Nicolai, Harald; Schotten, Martin: [Aufgabenmodell] Aachener PPS-Modell: Das Aufgabenmodell, Sonderdruck 6/94, 5. Aufl., Aachen 1997.

Müller-Merbach, Heiner: [Planning Models] Database-Oriented Design of Planning Models. In: IMA Journal of Mathematics Applied in Business & Industry, Nr. 2, 1990, Seite 141 - 151.

Müller-Merbach, Heiner: [Databases] Design of Planning Models supported by Relational Databases. In: Journal of the Operational Research Society, Nr. 6, 1991, Seite 522 - 514.

N, O

Neuhäusler, Anton: [Grundbegriffe] Grundbegriffe der philosophischen Sprache, 2., verb. Aufl., Verlag Ehrenwirth, München 1967.

Neumann, Klaus: [Produktionsmanagement] Produktions- und Operations-Management, Verlag Springer, Berlin Heidelberg 1996.

Ohno, Taichi: [Toyota] Das Toyota-Produktionssystem, Verlag Campus, Frankfurt 1993.

o.V.

o.V.: [Abstraktion] Abstraktion. In: Klaus, Georg; Liebscher, Heinz (Hrsg.): Wörterbuch der Kybernetik, Verlag Dietz, Berlin 1976, Seite 7 - 10.

P

Pawellek, Günther; Schulte, Helmut: [Logistikgerechte Konstruktion] Logistikgerechte Konstruktion. In: Zeitschrift für Logistik, Jg. 8 Nr. 9 1987, Seite 35-39.

Pfeiffer, Werner; Weiß, Enno: [Lean Management] Lean Management, Grundlagen der Führung und Organisation industrieller Unternehmen, Verlag Erich Schmidt, Berlin 1992.

Pfeiffer, Werner; Weiß, Enno: [Philosophie] Philosophie und Elemente des Lean Management. In: Corsten, Hans; Will, Thomas (Hrsg.): Lean Production. Schlanke Produktionsstrukturen als Erfolgsfaktor, Verlag Kohlhammer, Stuttgart Berlin 1993, Seite 13 - 45.

Pfeiffer, Werner; Weiß, Enno: [Lean Production] Lean Production. In: Kern, Werner; Schröder, Hans-Horst; Weber, Jürgen (Hrsg.): Handwörterbuch der Produktionswirtschaft, 2., völlig neu gestalt. Aufl., Verlag Schäffer-Poeschel, Stuttgart 1996, Spalte 1046 - 1061.

Pfohl, Hans-Christian: [Planung] Planung und Kontrolle. Verlag Kohlhammer, Stuttgart 1981.

Pfohl, Hans-Christian: [Logistikmanagement] Logistikmanagement, Funktionen und Instrumente, Verlag Springer, Berlin Heidelberg 1994.

Picot, Arnold; Franck, Egon: [Prozeßorganisation] Prozeßorganisation. Eine Bewertung der neuen Ansätze aus Sicht der Organisationslehre. In: Nippa, Michael; Picot, Arnold (Hrsg.): Prozeßmanagement und Reengineering, Verlag Campus, 1995, Seite 13 - 38.

Picot, Arnold; Freudenberg, Heino: [Komplexität] Neue organisatorische Ansätze zum Umgang mit Komplexität. In: Adam, Dietrich (Hrsg.): Komplexitätsmanagement, Schriften zur Unternehmensführung, Band 61, Verlag Gabler, Wiesbaden 1998, Seite 69 - 86.

Q, R

Reese, Joachim: [Standardisierung] Standardisierung, Typisierung, Normung. In: Wittmann, Waldemar (Hrsg.): Handwörterbuch der Betriebswirtschaft, Teilband 3, 5., völlig neu gestalt. Aufl., Verlag Schäffer-Poeschel, Stuttgart 1993, Spalte 3940 - 3949.

Reese, Joachim: [Lean Production] Das Lean Production-Modell und seine organisatorischen Konsequenzen. Corsten, Hans; Will, Thomas (Hrsg.): Lean Production. Schlanke Produktionsstrukturen als Erfolgsfaktor, Verlag Kohlhammer, Stuttgart Berlin 1993, Seite 87 - 106.

Reichwald, Ralf; Dietel, Bernhard: [Produktionswirtschaft] Produktionswirtschaft. In: Heinen, Edmund (Hrsg.): Industriebetriebslehre, Entscheidungen im Industriebetrieb, 9., vollst. neu bearb. und erw. Aufl., Verlag Gabler, Wiesbaden 1991, Seite 395 - 622.

Reiß, Michael: [Unternehmenskomplexität] Optimieren der Unternehmenskomplexität. In: IO Management Zeitschrift, Jg. 61, Nr. 7-8, 1992, Seite 40 - 43.

Reiß, Michael: [Komplexitätsmanagement I] Komplexitätsmanagement (I). In: WISU, Nr. 1, 1993, Seite 54 - 60.

Reiß, Michael: [Komplexitätsmanagement II] Komplexitätsmanagement (II). In: WISU, Nr. 2, 1993, Seite 132 - 137.

Reiß, Michael: [Lean Management] Implementierung integrierter Gruppenkonzepte - Ein kritischer Erfolgsfaktor des Lean Management. In: Corsten, Hans; Will, Thomas (Hrsg.): Lean Production. Schlanke Produktionsstrukturen als Erfolgsfaktor, Verlag Kohlhammer, Stuttgart Berlin 1993, Seite 13 - 45.

Reiß, Michael: [Dezentrale Produktionskonzepte] Implementierung dezentraler Produktionskonzepte. In: Corsten, Hans (Hrsg.): Handbuch Produktionsmanagement, Strategie - Führung - Technologie - Schnittstellen, Verlag Gabler, Wiesbaden 1994, Seite 403 - 418.

Reiß, Michael: [Komplexitätsmanagement] Komplexitätsmanagement. In: Corsten, Hans (Hrsg.): Lexikon der Betriebswirtschaftslehre, 3., überarb. und erw. Aufl., Verlag Oldenbourg, München 1995, Seite 464 - 468.

Reiß, Michael; Corsten, Hans: [Integrationsbedarf] Integrationsbedarf im Produktentstehungsprozeß. In: Schmalenbachs Zeitschrift für betriebswirtschaftliche Forschung, Sonderheft 30, 1992, Seite 32 - 51.

Rieper, Bernd: [Hierarchische Systeme] Hierarchische betriebliche Systeme. Entwicklung einer Konzeption zur Analyse und Gestaltung des Verhaltens betrieblicher Systeme, Verlag Gabler, Wiesbaden 1979.

Rieper, Bernd: [Planungsvorgaben] Die Planung von Planungsvorgaben. Ein hierarchischer Ansatz. In: Zeitschrift für Betriebswirtschaft, Heft 11, 1981, Seite 1183 - 1203.

Rieper, Bernd: [Hierarchische Entscheidungsmodelle] Hierarchische Entscheidungsmodelle in der Produktionswirtschaft. In: Zeitschrift für Betriebswirtschaft, Heft 8, 1985, Seite 770 - 789.

Ritter, Joachim (Hrsg.): [Philosophie] Historisches Wörterbuch der Philosophie, Verlag Schwabe & Co, Basel Stuttgart 1971.

Roever, Michael: [Programmgestaltung] Fokussierte Produkt- und Programmgestaltung zur Komplexitätsreduzierung. In: Corsten, Hans (Hrsg.): Handbuch Produktionsmanagement, Verlag Gabler, Wiesbaden 1994, Seite 116 - 129.

Röpke, Jochen: [Innovation] Die Strategie der Innovation. Eine systemtheoretische Untersuchung der Interaktion von Individuum, Organisation und Markt im Neuerungsprozeß, Verlag Mohr, Tübingen 1977.

Ropohl, Günter: [Baukastensysteme] Baukastensysteme. In: Kern, Werner (Hrsg.): Handwörterbuch der Produktionswirtschaft, 1. Aufl., Verlag Schäffer-Poeschel, Stuttgart 1979, Spalte 293 - 302.

Rosenberg, Otto: [Variantenfertigung] Variantenfertigung. In: Kern, Werner; Schröder, Hans-Horst; Weber, Jürgen (Hrsg.): Handwörterbuch der Produktionswirtschaft, 2., völlig neu gestalt. Aufl., Verlag Schäffer-Poeschel, Stuttgart 1996, Spalte 2119 - 2129.

Ruffing, Thomas: [Fertigungsinseln] Fertigungssteuerung bei Fertigungsinseln. Eine funktionale und datentechnische Informationsarchitektur, Diss. Univ. Saarbrücken, Verlag TÜV Rheinland, Köln 1991.

Rupper, Peter: [Produktionslogistik] Produktionslogistik: Materialflußoptimierung in der Fertigung. In: Rupper, Peter (Hrsg.): Unternehmenslogistik. Ein Handbuch für Einführung und Ausbau der Logistik im Unternehmen, Verlag Industrielle Organisation, Zürich 1987, Seite 55 - 95.

S

Sabel, Hermann: [Produktionsprogrammplanung] Produktionsprogrammplanung, kurzfristige. In: Kern, Werner (Hrsg.): Handwörterbuch der Produktionswirtschaft. Verlag Poeschel, Stuttgart 1979, Spalte 1686 - 1700.

Shingo, Shigeo: [Erfolgsgeheimnis] Das Erfolgsgeheimnis der Toyota-Produktion, 2. Aufl., Verlag Moderne Industrie, Landsberg/Lech 1993.

Simon, Herbert A.: [Architecture] The Architecture of Complexity. In: Proceedings of the American Philosophical Society, Vol. 106, No. 6, Dezember, 1962, Seite 467 - 482.

Simon, Herbert A.: [Perspektiven] Perspektiven der Automation für Entscheider, Verlag Schnelle, Quickborn 1966.

Switalski, Marion: [Hierarchische Produktionsplanung] Hierarchische Produktionsplanung. Entwicklung und Grundmodell. In: Wirtschaftswissenschaftliches Studium, Nr. 9, 1987, Seite 446 - 452.

Switalski, Marion: [Fallstudie] Fallstudie zur hierarchischen Produktionsplanung. In: Wirtschaftswissenschaftliches Studium, Nr. 9, 1987, Seite 474 - 476.

Switalski, Marion: [Aggregation] Hierarchische Produktionsplanung und Aggregation. In: Zeitschrift für Betriebswirtschaft, Jg. 88, Heft 3, 1988, Seite 381 - 396.

Switalski, Marion: [Hierarchische Produktionsplanung] Hierarchische Produktionsplanung. Konzeption und Einsatzbereich, Verlag Physica, Heidelberg 1989.

Sch

Scheer, August-Wilhelm: [Produktionsplanung] Produktionsplanung auf der Grundlage einer Datenbank des Fertigungsbereichs, Verlag Oldenbourg, München Wien 1976.

Scheer, August-Wilhelm: [Neue Architektur] Neue Architektur für EDV-Systeme zur Produktionsplanung und -steuerung. In: Adam, Dietrich (Hrsg.): Neuere Entwicklungen in der Produktions- und Investitionstheorie, Verlag Gabler, Wiesbaden 1987, Seite 153 - 173.

Scheer, August-Wilhelm: [Neue Architekturen] Neue Architekturen für PPS-Systeme. In: Scheer, August-Wilhelm (Hrsg.): Expertenwissen für die Praxis, Verlag Oldenbourg, München Wien 1991, Seite 13 - 19.

Scheer, August-Wilhelm: [Neue Architekturen] Neue Architekturen für PPS-Systeme. In: CIM-Management, Heft 1, Januar 1992, Seite S1 - S4.

Scheer, August-Wilhelm: [Wirtschaftsinformatik] Wirtschaftsinformatik - Referenzmodelle für industrielle Geschäftsprozesse, 4., vollständ. überarb. und erw. Aufl., Verlag Springer, Berlin Heidelberg 1994.

Scherer, Eric; Dobberstein, Mirko: [Komplexität] Komplexität in der Produktion beherrschen? In: io Management Zeitschrift, Nr.3 1996, Seite 60 - 64.

Schiemenz, Bernd: [Regelungstheorie] Regelungstheorie und Entscheidungsprozesse. Ein Beitrag zur Betriebskybernetik, Verlag Gabler, Wiesbaden 1972.

Schiemenz, Bernd: [Automatisierung] Automatisierung der Produktion. Technische Voraussetzungen, verfahrensmäßige Erfordernisse und betriebswirtschaftliche Konsequenzen, Verlag Vandenhoeck & Ruprecht, Göttingen 1980.

Schiemenz, Bernd: [Betriebskybernetik] Betriebskybernetik. Aspekte des betrieblichen Managements, Verlag Poeschel, Stuttgart 1982.

Schiemenz, Bernd: [Komplexitätsbewältigung] Komplexitätsbewältigung durch Systemansatz und Kybernetik. In: Czap, Hans (Hrsg.): Unternehmensstrategien im sozio-ökonomischen Wandel, Verlag Duncker & Humblot, Berlin 1990, Seite 363 - 378.

Schiemenz, Bernd: [Systemtheorie] Systemtheorie, betriebswirtschaftliche. In: Wittmann, Waldemar (Hrsg.): Handwörterbuch der Betriebswirtschaft, Teilband 3, 5., völlig neu gestalt. Aufl., Verlag Schäffer-Poeschel, Stuttgart 1993, Spalte 4127 - 4140.

Schiemenz, Bernd: [Production] Production and Information in Systems. In: Stowell, Frank A.; West, Daune; Howell, James G. (Hrsg.): Systems Science. Adressing Blobal Issues, Verlag Plenum Press, New York London 1993, Seite 519 - 524.

Schiemenz, Bernd: [Komplexe Probleme] Kybernetik und Systemtheorie als Hilfen zur Lösung komplexer Probleme. In: Schiemenz, Bernd (Hrsg.): Interaktion. Modellierung, Kommunikation und Lenkung in komplexen Organisationen, Verlag Duncker & Humblot, Berlin 1994, Seite 9 - 29.

Schiemenz, Bernd: [Hierarchie] Hierarchie und Rekursion im nationalen und internationalen Management von Produktion und Information. In: Schiemenz, Bernd; Wurl, Hans-Jürgen (Hrsg.): Internationales Management. Beiträge zur Zusammenarbeit, Verlag Gabler, Wiesbaden 1994, Seite 285 - 305.

Schiemenz, Bernd: [Komplexität] Komplexität von Produktionssystemen. In: Kern, Werner; Schröder, Hans-Horst; Weber, Jürgen (Hrsg.): Handwörterbuch der Produktionswirtschaft, 2., völlig neu gestalt. Aufl., Verlag Schäffer-Poeschel, Stuttgart 1996, Spalte 895 - 904.

Schiemenz, Bernd: [Geschäftsprozesse] Die Komplexität von Geschäftsprozessen und Möglichkeit zu deren Handhabung. In: Wildemann, Horst (Hrsg.): Geschäftsprozeßorganisation, Verlag TCW Transfer-Centrum München 1997, Seite 103 - 126.

Schneeweiß, Christoph: [Theorie] Elemente einer Theorie hierarchischer Planung. In: OR Spektrum, Nr. 16 1994, Seite 161-168.

Schneeweiß, Christoph: [Produktionswirtschaft] Einführung in die Produktionswirtschaft, 6., neubearb. und erw. Aufl., Verlag Springer, Berlin Heidelberg 1997.

Schneeweiß, Christoph; Söhner, Volkmar: [Integriertes Konzept] Ein hierarchisch integriertes Konzept zur Produktionsplanung und -steuerung, Arbeitspapier Uni. Mannheim, 1995.

Schneider, Herfried: [Heterogene Produktionsstrukturen] Hybrides Produktionsplanungs- und -steuerungssystem für heterogene Produktionsstrukturen. In: Schneider, Herfried (Hrsg.): Produktionsplanung und -steuerung. Neue Anforderungen durch Veränderung des Produktionssystems, Arbeitsbericht TU Ilmenau, Ilmenau 1996, Seite 4 - 25.

Scholz, Christian: [Hierarchie] Betriebskybernetisches Hierarchiemethodik, Diss. Univ. Regensburg, Verlag Peter Lang, Frankfurt Bern 1981.

Schotten, Martin: [Marktübersicht] Standard-PPS-Systeme auf dem Prüfstand. Funktionsüberblick, aktuelle Marktübersicht und PPS-Entwicklungstrends. In: Luczak, Holger; Eversheim, Walter (Hrsg.): PPS-Jahrbuch ´95/96, Verlag TÜV-Rheinland, Köln 1995, Seite 201 - 220.

Schüler, Wolfgang: [Partial- vs. Totalplanung] Partial- vs. Totalplanung. In: Szyperski, Norbert (Hrsg.): Handwörterbuch der Planung, Verlag Poeschel, Stuttgart 1989, Spalte 1337 - 1341.

Schwaninger, Markus: [Managementsysteme] Managementsysteme, Verlag Campus, Frankfurt 1994.

Schwaninger, Markus: [Systemtheorie] Systemtheorie. In: Kern, Werner; Schröder, Hans-Horst; Weber, Jürgen (Hrsg.): Handwörterbuch der Produktionswirtschaft, 2., völlig neu gestalt. Aufl., Verlag Schäffer-Poeschel, Stuttgart 1996, Spalte 1946 - 1960.

Schweitzer, Marcell: [Profit-Center] Profit-Center. In: Frese, Erich (Hrsg.): Handwörterbuch der Organisation, 3., völlig neu gestalt. Aufl., Verlag Poeschel, Stuttgart 1992, Spalte 2078 - 2088.

Schweitzer, Marcell: [Produktion] Produktion. In: Wittmann, Waldemar (Hrsg.): Handwörterbuch der Betriebswirtschaft, Teilband 2, 5., völlig neu gestalt. Aufl., Verlag Schäffer-Poeschel, Stuttgart 1993, Spalte 3328 - 3347.

Schweitzer, Marcell: [Fertigungswirtschaft] Industrielle Fertigungswirtschaft. In: Schweitzer, Marcell (Hrsg.): Industriebetriebslehre, 2., völlig überarb. Aufl., Verlag Vahlen, München 1994, Seite 569 - 746.

Schweitzer, Marcell; Küpper, Hans-Ulrich: [Produktionstheorie] Produktions- und Kostentheorie, 2. , vollständ. überarb. und erw. Aufl., Verlag Gabler, Wiesbaden 1997.

St

Stadtler, Hartmut: [Hierarchische Produktionsplanung] Hierarchische Produktionsplanung bei losweiser Fertigung, Verlag Physica, Heidelberg 1988.

Stadtler, Hartmut: [Hierarchische Produktionsplanung] Hierarchische Produktionsplanung. In: Kern, Werner; Schröder, Hans-Horst; Weber, Jürgen (Hrsg.): Handwörterbuch der Produktionswirtschaft, 2., völlig neu gestalt. Aufl., Verlag Schäffer-Poeschel, Stuttgart 1996, Spalte 634 - 641.

Stähle,Wolfgang H.: [Management] Management. Eine verhaltenswissenschaftliche Einführung, 3., verb. und erw. Aufl., Verrlag Vahlen, München 1987.

Stahlknecht, Peter; Hasenkamp, Ulrich: [Wirtschaftsinformatik] Einführung in die Wirtschaftsinformatik, 8. Aufl., Verlag Springer, Berlin Heidelberg 1997.

Steffens, Franz: [Produktionssysteme] Produktionssysteme: In: Kern, Werner; Handwörterbuch der Produktionswirtschaft, Verlag Poeschel, 1979, Spalte 1596 - 1604.

Steven, Marion: [Flexible Fertigungssysteme] Hierarchische Produktionsplanung für flexible Fertigungssysteme. In: Zeitschrift für betriebswirtschaftliche Forschung, 41. Jg., Nr. 12, 1989, Seite 1029 - 1047.

Steven, Marion: [Hierarchische Produktionsplanung] Hierarchische Produktionsplanung, 2., überarb. und erw. Aufl., Verlag Physica, Heidelberg 1994.

Steven, Marion: [PPS-Systeme] Computergestützte PPS-Systeme. In: Wirtschaftswissenschaftliches Studium, Nr. 1, 1998, Seite 20 - 26.

Steinhausen, Detlef; Langer, Klaus: [Clusteranalyse] Clusteranalyse, Verlag de Gruyter, Berlin 1977.

Steinmann, Horst; Schreyögg, Georg: [Management] Management. Grundlagen der Unternehmensführung. Konzepte - Funktionen - Fallstudien, 3., überarb. und erw. Aufl., Verlag Gabler, Wiesbaden 1993.

Stünzner, Lilia: [Systemtheorie] Systemtheorie und betriebswirtschaftliche Organisationsforschung, Diss. Univ. Trier, Verlag Duncker & Humblot, Berlin 1996.

T

Tempelmeier, Horst: [Flexible Fertigungstechniken] Flexible Fertigungstechniken. In: Kern, Werner; Schröder, Hans-Horst; Weber, Jürgen (Hrsg.): Handwörterbuch der Produktionswirtschaft, 2., völlig neu gestalt. Aufl., Verlag Schäffer-Poeschel, Stuttgart 1996, Spalte 501-512.

Tempelmeier, Horst; Derstroff, Matthias: [Mehrprodukt-Losgrößenplanung] Mehrstufige Mehrprodukt-Losgrößenplanung bei beschränkten Ressourcen und genereller Erzeugnisstruktur. In: OR Spektrum, Nr. 15 1993, Seite 63-73.

Tempelmeier, Horst; Kuhn, Heinrich: [Flexible Fertigungssysteme] Flexible Fertigungssysteme. Entscheidungsunterstützung für Konfiguration und Betrieb, Verlag Springer, Berlin Heidelberg 1993.

Tempelmeier, Horst; Helber, Stefan: [Heuristik], 1994.

U, V

Ulrich, Hans; Probst, Gilbert J. B.: [Anleitung] Anleitung zum ganzheitlichen Denken und Handeln. Ein Brevier für Führungskräfte, 4. Aufl., Verlag Paul Haupt, Bern Stuttgart 1995.

Vahrenkamp, Richard: [Produktionsmanagement] Produktions- und Logistikmanagement, 2., verb. Aufl., Verlag Oldenbourg, München 1996.

Vollmann, Thomas E.; Berry, William L.; Whybark, D. Clay: [Manfacturing Planning Systems] Manufacturing Planning and Control Systems, 5. Aufl., Verlag Irwin / McGraw-Hill, New York 1997.

W

Weaver, Warren: [Complexity] Science and Complexity. In: Klir, J. George (Hrsg.): Facets of Systems Science, Verlag Plenum Press, New York London 1991, Seite 449-456 [Reprint von: Weaver, Warren: Science and Complexity. In: American Scientist, No. 36, 1948, Seite 536 - 544.]

Weaver, Warren: [Komplexität] Wissenschaft und Komplexität. In: Zurek, Wojciech H. (Hrsg.): Complexity, Entropy and the Physics of Information, Verlag Addison Wesley, 1990, Seite 163 - 282.

Weber, Hans-Josef: [Produktionstechnik] Produktionstechnik und -verfahren. In: Kern, Werner (Hrsg.): Handwörterbuch der Produktionswirtschaft, Verlag Poeschel, Stuttgart 1979, Spalte 1604 - 1619.

Wedekind, Hartmut: [Datenbanksysteme] Datenbanksysteme, Band 1: Eine konstruktive Einführung in die Datenverarbeitung in Wirtschaft und Verwaltung, 3. Aufl., BI-Wissenschafts-Verlag, Mannheim Wien 1991.

Wedekind, Hartmut: [Schemaentwicklung] Objektorientierte Schemaentwicklung, BI-Wissenschafts-Verlag, Mannheim Wien 1992.

Westphal, Jan: [Koordinationsbedarf] Informationsschnittstellen und Koordinationsbedarf zwischen Produktionsplanung, Koordinationsfunktion und Fertigungssteuerung der Segmente. In: Schneider, Herfried (Hrsg.): Produktionsplanung und -steuerung. Neue Anforderungen durch Veränderung des Produktionssystems, Arbeitsbericht TU Ilmenau, Ilmenau 1996, Seite 26 - 50.

Wiendahl, Hans-Peter: [Belastungsorientierte Fertigungssteuerung] Belastungsorientierte Fertigungssteuerung. Grundlagen, Verfahrensaufbau, Realisierung, Verlag Hanser, München Wien 1987.

Wiendahl, Hans-Peter: [Herausforderungen] Geringere Komplexität und schnellere Reaktionsfähigkeit. Produktionsplanung und -steuerung vor neuen Herausforderungen. In: Blick durch die Wissenschaft, 17. Mai 1995, Seite 7.

Wiendahl, Hans-Peter: [Produktionsplanung und -steuerung] Produktionsplanung und -steuerung - Aufgabenstellung und Zielkonflikte. In: Eversheim, Walter; Schuh, Günther (Hrsg.): Produktion und Management >Betriebshütte<, Teil 2, 7., völlig neu bearb. Aufl., Verlag Springer, 1996.

Wiendahl, Hans-Peter; Schmid, Bernd: [Interaktion] Interaktion von Fertigungssteuerung und Arbeitsplanung. In: CIM Management, Jg. 11 Nr. 3 1995, Seite 16 - 20.

Wiendieck, Gerd: [Teamarbeit] Teamarbeit. In: Frese, Erich (Hrsg.): Handwörterbuch der Organisation, 3., völlig neu gestalt. Aufl., Verlag Poeschel, Stuttgart 1992, Spalte 2375 - 2384.

Wiese, Harald; Geisler, Michael: [Standardisierung] Standardisierung. In: Kern, Werner; Schröder, Hans-Horst; Weber, Jürgen (Hrsg.): Handwörterbuch der Produktionswirtschaft, 2., völlig neu gestalt. Aufl., Verlag Schäffer-Poeschel, Stuttgart 1996, Spalte 1897 - 1912.

Wight, Oliver W.: [MRP II] Manufacturing Resource Planning: MRP II. Unlocking America´s productivity potential, 2. Aufl., Verlag Oliver Wight Publications, Essex Junction, 1984.

Wildemann, Horst: [Just-In-Time] Das Just-In-Time-Konzept. Produktion und Zulieferung auf Abruf, 2., neubearb. Aufl., München 1988.

Wildemann, Horst: [Variantenmanagement] Kostengünstiges Variantenmanagement. In: IO Management Zeitschrift, Jg. 59, Nr. 11, 1990, Seite 37 - 41.

Wildemann, Horst: [Modulare Fabrik] Die modulare Fabrik. Kundennahe Produktion durch Fertigungssegmentierung, 4. neubearb. Aufl., München 1994.

Wildemann, Horst: [Fertigungsstrategien] Fertigungsstrategien. Reorganisationskonzepte für eine schlanke Produktion und Zulieferung, 2., neubearb. Aufl., München 1994.

Wildemann, Horst: [Fertigungsumfang] Optimierung des Fertigungsumfanges durch Fertigungssegmentierung. In Zülch, Gert (Hrsg.): Vereinfachen und verkleinern. Die neuen Strategien in der Produktion, Stuttgart 1994, Seite 149 - 170.

Wildemann, Horst: [Logistiksysteme] Entwicklungstendenzen von Logistiksystemen. In: CIM Management, Jg. 11, Nr. 3, 1995, Seite 21 - 25.

Wildemann, Horst: [Restrukturierung] Restrukturierung und Mitarbeiterinvolvierung: Strategien zur Neupositionierung. In: Reichwald, Ralf; Wildemann, Horst (Hrsg.): Kreative Unternehmen. Spitzenleistungen durch Produkt- und Prozeßinnovation, Verlag Schäffer-Poeschel, Stuttgart 1995, Seite 13 - 34.

Wildemann, Horst: [Fertigungssegmentierung] Fertigungssegmentierung. In: Kern, Werner; Schröder, Hans-Horst; Weber, Jürgen (Hrsg.): Handwörterbuch der Produktionswirtschaft, 2., völlig neu gestalt. Aufl., Verlag Schäffer-Poeschel, Stuttgart 1996, Spalte 474 - 490.

Wildemann, Horst: [Produktionsnetzwerke] Management von Produktions- und Zuliefernetzwerken. In: Wildemann, Horst (Hrsg.): Produktions- und Zuliefernetzwerke, München 1996. Seite 13 - 45.

Wildemann, Horst: [Unternehmensnetzwerke] Koordination von Unternehmensnetzwerken. In: Zeitschrift für Betriebswirtschaft, 67. Jg, Heft 4, 1997, Seite 417 - 439.

Wildemann, Horst: [Komplexitätmanagement] Komplexitätsmanagement durch Prozeß- und Produktgestaltung. In: Adam, Dietrich (Hrsg.): Komplexitätsmanagement, Schriften zur Unternehmensführung, Band 61, Verlag Gabler, Wiesbaden 1998, Seite 47 - 68.

Wilhelm, Stefan: [Hierarchische Produktionssteuerung] Hierarchische Produktionssteuerung vernetzter Produktionssegmente, Diss. TH Darmstadt, Verlag Peter Lang, Frankfurt 1996.

Willke, Helmut: [Systemtheorie] Systemtheorie. Eine Einführung in die Grundprobleme, 2., erw. Aufl., Verlag Gustav Fischer, Stuttgart New York 1987.

Willke, Helmut: [Systemtheorie II] Systemtheorie II: Interventionstheorie. Grundzüge einer Theorie der Intervention in komplexe Systeme, Verlag Gustav Fischer, Stuttgart Jena 1994.

Willke, Helmut: [Systemtheorie III] Systemtheorie III: Steuerungstheorie, Verlag Gustav Fischer, Stuttgart Jena 1995.

Winter, Robert: [Abstraktionskonzepte] Hierarchie- und Abstraktionskonzepte für die datenbankorientierte Planung der Produktion. In: Operations Research Proceedings, 1988, Seite 492 - 497.

Winter, Robert: [Hierarchische Fertigungsplanung] Relationale Datenbanken als Grundlage interaktiver hierarchischer Fertigungsplanung. In: Wille, R. (Hrsg.): Klassifikation und Ordnung, Frankfurt 1989, Seite 301 - 307.

Winter, Robert: [Database Approach] A Database Approach to Hierarchical Materials Planning. In: International Journal of Operations and Production Management, Jg. 10, Nr. 2, 1990, Seite 62 - 83.

Winter, Robert: [Mehrstufige Produktionsplanung] Mehrstufige Produktionsplanung in Abstraktionshierarchien auf der Basis relationaler Informationsstrukturen, Verlag Springer, Berlin Heidelberg 1991.

Witte, Thomas: [Materialbedarfsplanung] Materialbedarfsplanung, In: Kern, Werner; Schröder, Hans-Horst; Weber, Jürgen (Hrsg.): Handwörterbuch der Produktionswirtschaft, 2., völlig neu gestalt. Aufl., Verlag Schäffer-Poeschel, Stuttgart 1996, Spalte 1168 - 1183.

Wöhe, Günter: [Betriebswirtschaftslehre] Einführung in die Allgemeine Betriebswirtschaftslehre, 17., überarb. und erw. Aufl., Verlag Vahlen, München 1990.

Womack, James P.; Jones, Daniel T.; Roos, Daniel: [The Maschine] The Maschine that Changed the World, Verlag Rawson Associates et al., New York 1990.

Womack, James P.; Jones, Daniel T.; Roos, Daniel: [Zweite Revolution] Die zweite Revolution in der Automobilindustrie. Konsequenzen aus der weltweiten Studie aus dem Massachusetts Institute of Technology, 7. Aufl., Verlag Campus, Frankfurt 1992.

Womack, James P.; Jones, Daniel T.: [Lean Thinking] Auf dem Weg zum perfekten Unternehmen. Lean Thinking, Verlag Campus, Frankfurt 1997.

X, Y, Z

Zahn, Erich: [Mehrebenenansatz] Mehrebenenansatz der Planung. In: Szyperski, Norbert (Hrsg.): Handwörterbuch der Planung, Verlag Poeschel, Stuttgart 1989, Spalte 1079 - 1090.

Zahn, Erich; Dillerup, Ralf: [Fabrikstrategien] Fabrikstrategien und -strukturen im Wandel. In: Zülch, Gert (Hrsg.): Vereinfachen und verkleinern - die neuen Strategien der Produktion, Verlag Schäffer-Poeschel, Stuttgart 1994, Seite 15 - 51.

Zahn, Erich; Schmid, Uwe: [Produktionswirtschaft] Produktionswirtschaft I: Grundlagen und operatives Produktionsmanagement, Verlag Lucius & Lucius, Stuttgart 1996.

Zäpfel, Günther: [Produktionsprogrammplanung] Produktionsprogrammplanung, mittelfristige. In: Kern, Werner (Hrsg.): Handwörterbuch der Produktionswirtschaft, Verlag Poeschel, Stuttgart 1979, Spalte 1700 - 1713.

Zäpfel, Günther: [Operatives Produktionsmanagement] Produktionswirtschaft - Operatives Produktions-Management, Verlag de Gruyter, Berlin New York 1982.

Zäpfel, Günther: [Strategisches Produktionsmanagement] Strategisches Produktions-Management, Verlag de Gruyter, Berlin New York 1989.

Zäpfel, Günther: [Dezentrale PPS-Systeme] Dezentrale PPS-Systeme - Konzepte und theoretische Fundierung. In: Zäpfel, Günther: Neuere Konzepte der Produktionsplanung und -steuerung, Verlag Trauner, Linz 1989, Seite 29 - 59.

Zäpfel, Günther: [Produktionslogistik] Produktionslogistik. Konzeptionelle Grundlagen und theoretische Fundierung. In: Zeitschrift für Betriebswirtschaft, Heft 2, 1991, Seite 209 - 235.

Zäpfel, Günther: [Produktionsplanungs- und -steuerungssysteme] Produktionsplanungs- und -steuerungssysteme. In: Wittmann, Waldemar (Hrsg.): Handwörterbuch der Betriebswirtschaft, Teilband 2, 5., völlig neu gestalt. Aufl., Verlag Schäffer-Poeschel, Stuttgart 1993, Spalte 3467 - 3478.

Zäpfel, Günther: [Fabrik der Zukunft] Produktionsplanung und -steuerung in der „Fabrik der Zukunft". In: Milling, Peter; Zäpfel, Günther (Hrsg.): Betriebswirtschaftliche Grundlagen moderner Produktionsstrukturen, Verlag Neue Wirtschafts-Briefe, Herne Berlin 1993, Seite 20 - 54.

Zäpfel, Günther: [Entwicklungsstand] Entwicklungsstand und -tendenzen von PPS-Systemen. In: Corsten, Hans (Hrsg.): Handbuch Produktionsmanagement, Verlag Gabler, Wiesbaden 1994, Seite 719 - 745.

Zäpfel, Günther: [MRP II] MRP II (Manufacturing Resource Planning) - ein organisatorisches Konzept und computergestütztes Informationssystem zur umfassenden logistischen Regelung der Material- und Warenflüsse. In: Zink, Klaus J. (Hrsg.): Wettbewerbsfähigkeit durch innovative Strukturen und Konzepte, Festschrift zum 80. Geburtstag von em. o. Prof. Dr.-Ing. Günther Rühl, Verlag Carl Hanser, München 1994, Seite 233 - 257.

Zäpfel, Günther: [Produktionsplanung und -steuerung] PPS (Produktionsplanung und -steuerung). In: Kern, Werner; Schröder, Hans-Horst; Weber, Jürgen (Hrsg.): Handwörterbuch der Produktionswirtschaft, 2., völlig neu gestalt. Aufl., Verlag Schäffer-Poeschel, Stuttgart 1996, Spalte 1357 - 1370.

Zäpfel, Günther: [Grundzüge] Grundzüge des Produktions- und Logistikmanagement, Verlag de Gruyter, Berlin New York 1996.

Zäpfel, Günther; Gfrerer, Helmut: [Sukzessive Produktionsplanung] Sukzessive Produktionsplanung. In: WiSt, Heft 5, Mai 1984, Seite 235 - 241.

Zäpfel, Günther; Missbauer, Hubert: [Traditionelle Systeme] Traditionelle Systeme der Produktionsplanung und -steuerung in der Fertigungsindustrie. In: WiSt, Heft 2, Februar 1988, Seite 73 - 77.

Zäpfel, Günther; Missbauer, Hubert: [Neuere Konzepte] Neuere Konzepte der Produktionsplanung und -steuerung in der Fertigungsindustrie. In: WiSt, Heft 2, Februar 1988, Seite 127 - 131.

Zäpfel, Günther; Missbauer, Hubert: [New Concepts] New Concepts for Production Planning and Control. In: European Journal of Operational Research, Vol. 67, 1993, Seite 297 - 320.

Zimmermann, Gero: [Produktionsplanung] Produktionsplanung variantenreicher Erzeugnisse mit EDV, Verlag Springer, Berlin Heideberg 1988.

Zschocke, Dietrich: [Betriebsökonmetrie] Betriebsökonometrie. Stochastische und technologische Aspekte bei der Bildung von Produktionsmodellen und Produktionsstrukturen, Verlag Physika, Würzburg Wien 1974.

Anhang

Inhaltsübersicht Anhang

1 Einleitender Überblick 241

2 Notation 243

3 Charakterisierung ausgewählter Verfahren zur Grob-Kapazitätsplanung 251

3.1 Capacity Planning Using Overall Factors (CPOF) 251

3.2 Capacity Bills 253

3.3 Resource Profiles 256

4 Charakterisierung ausgewählter Verfahren zur abstraktionsbasierten Grob-Kapazitätsplanung 259

4.1 Resource Profiles auf der Basis abstrakter Produktionssysteme 260

4.2 Resource Profiles auf der Basis abstrakter Enderzeugnisse (Produktfamilien) 262

4.3 Resource Profiles auf der Basis abstrakter Produktionssysteme sowie abstrakter Enderzeugnisse 263

5 Charakterisierung ausgewählter Problemformulierungen zur abstraktionsbasierten Produktionsplanung 265

5.1 Problemformulierungen zur langfristigen abstraktionsbasierten Kapazitätsplanung (Beschäftigungsglättung) 265

5.1.1 Beschäftigungsglättung bei fixed work force 265

5.1.2 Beschäftigungsglättung bei variable work force (I) 267

5.1.3 Beschäftigungsglättung bei variable work force (II) 268

5.2 Problemformulierung zur mittelfristigen abstraktionsbasierten Produktionsprogrammplanung (Master Production Scheduling) 270

5.3 Der klassische Ansatz von Hax et al. zur Hierarchischen Produktionsplanung (HPP) 272

5.3.1 Aggregate Production Planning for Types 272

5.3.2 Family Disaggregation Modell 273

5.3.2.1 Hax-Meal-Heuristik 274
5.3.2.2 Winters-Heuristik 275
5.3.2.3 Knapsack-Methode 276
5.3.3 Item Disaggregation Modell 279
5.3.3.1 Hax-Meal-Heuristik 279
5.3.3.2 Knapsack-Methode 279
5.4 Charakterisierung ausgewählter Problemformulierungen zur integrierten Losgrößenplanung 281
5.4.1 Single-Level Capacitated Lot-Sizing Problem (CLSP) 281
5.4.2 Gekoppeltes Single-Level Capacitated Lot-Sizing Problem (CLSP) 282
5.4.3 Multi-Level Capacitated Lot-Sizing Problem (MLCLSP) 284
5.5 Charakterisierung ausgewählter Problemformulierungen zur integrierten Lösgrößen- und Ablaufplanung 285
5.5.1 Multi-Level Lot-Sizing and Scheduling Problem (MLLSP) 285
5.5.2 Multi-Level Proportional Lot-Sizing and Scheduling Problem (MLPLSP) 287

1 Einleitender Überblick

In den folgenden Abschnitten des Anhanges sind diejenigen Problemformulierungen zusammengestellt, die im vorangegangenen Hauptteil im Zusammenhang mit der Analyse einer abstraktionsbasierten hierarchischen Planung der Produktion in komplexen Produktionssystemen besonders hervorgehoben wurden. Auf eine Einbindung der konkreten Problemformulierungen in den Haupttext dieser Arbeit wurde verzichtet, da auf einzelne Problemformulierungen aus verschiedenen Stellen des Haupttextes verwiesen wird. Die hier zusammengestellten Problemformulierungen sind als Bausteine eines Ansatzes zur hierarchischen abstraktionsbasierten Produktionsplanung zu interpretieren.

In dem auf die Erläuterung der in allen Problemformulierungen verwendeten einheitlichen Notation im zweiten Abschnitt folgenden dritten Abschnitt werden einzelne Verfahren zur Grob-Kapazitätsplanung (Rought-Cut Capacity Planning (RCCP)) untersucht. Im einzelnen sind dies das Verfahren des Capacity Planning Using Overall Factors (CPOF), die Grob-Kapazitätsplanung auf der Basis von Capacity Bills sowie die Grob-Kapazitätsplanung auf der Basis von Resource Profiles. Eine besondere Relevanz kommt diesen Verfahren, insbes. der Planung auf der Basis von Resource Profiles, im Zusammenhang mit dem in Abschnitt 5.2.2ff. des Haupttextes untersuchten Ansatz des Manufacturing Resource Planning (MRP II) zu. Auch im Ansatz der kapazitätsorientierten Produktionsplanung und -steuerung finden diese Verfahren Verwendung. Wie in Abschnitt 5.2.3.2.2 des Haupttextes festgestellt wurde, bieten sich diese Verfahren auch zur Überprüfung der Zulässigkeit der im Rahmen des Ansatzes der Hierarchischen Produktionsplanung generierten Produktionsmengenvorgaben an.

Die in diesen Verfahren verwendeten Kapazitätsbelastungsfaktoren stellen jedoch auch wesentliche Modellparameter in anderen hier dargestellten Problemformulierungen dar.

Im vierten Abschnitt werden die Möglichkeiten der Generierung und Verwendung von abstrakten Kapazitätsbelastungsfaktoren im Rahmen einer abstraktionsbasierten Grob-Kapazitätsplanung untersucht. Die Verwendung dieser abstrakten Kapazitätsbelastungsfaktoren ermöglicht es, die aus einem gegebenen (abstrakten oder detaillierten) Produktionsprogramm resultierende Kapazitätsnachfrage über alle an der Herstellung beteiligten (abstrakten oder detaillierten) Produktionssysteme zu bestimmen. Abstrakte Kapazitätsbelastungsfaktoren ermöglichen es jedoch auch in Verbindung mit der entsprechenden Abstraktion zugehöriger Modellparameter, gegebene Problemformulierungen sowohl auf detaillierte bzw. abstrakte Produktionssysteme und/oder detaillierte bzw. abstrakte Erzeugnisse zu beziehen.

Im fünften Abschnitt sind ausgewählte Problemformulierungen zur abstraktionsbasierten Produktionsplanung exemplarisch zusammengestellt. Dies sind in Abschnitt 5.1 zunächst Problemformulierungen zur langfristigen abstraktionsbasierten Kapazitätsplanung, die eine Abstimmung zwischen der im Planungszeitraum verfügbaren Personalkapazität und dem auf der Basis von langfristigen Absatzprognosen für abstrakte Enderzeugnisse (Produkttypen bzw. Produktfamilien) ermittelten (Personal-) Kapazitätsbedarf herbeiführen. Im einzelnen werden eine Problemformulierung, welche die insges. verfügbare Personalkapazität im Planungszeitraum als gegeben ansieht („fixed work force") sowie zwei Problemformulierungen, welche die Möglichkeit der Variation der Personalkapazität durch Einstellungen bzw. Entlassungen vorsehen („variable work force"), beschrieben. Eine besondere Relevanz kommt diesen Verfahren sowohl im Zusammenhang mit der in Abschnitt 5.2.2.2 des Haupttextes beschriebenen Ressourcenplanung im Rahmen des Ansatzes des MRP II sowie im Zusammenhang mit der in Abschnitt 5.2.4.1.1 des Haupttextes beschriebenen Aggregierten Gesamtplanung im Rahmen des Ansatzes der kapazitätsorientierten Produktionsplanung und -steuerung zu.

In Abschnitt 5.2 ist eine typische Problemformulierung zur mittelfristigen abstraktionsbasierten Produktionsprogrammplanung (Master Production Scheduling) beschrieben. Problemformulierungen dieses Typs werden sowohl im Rahmen des Ansatzes des MRP II, im Rahmen des Ansatzes der Hierarchischen Produktionsplanung als auch im Rahmen des Ansatzes der kapazitätsorientierten Produktionsplanung und -steuerung vorgeschlagen.

Der klassische Ansatz zur Hierarchischen Produktionsplanung auf der Basis des Grundmodells von Hax und Meal ist in Abschnitt 5.3 zusammengefaßt. Die in diesem Abschnitt zusammengestellten Problemformulierungen stehen in engem Bezug zum Abschnitt 5.2.3.1 des Haupttextes. Die in den Abschnitten 5.3.2 und 5.3.3 beschriebenen Detaillierungsverfahren können jedoch auch im Rahmen des Ansatzes der kapazitätsorientierten Produktionsplanung und -steuerung Verwendung finden.

In Abschnitt 5.4 werden drei ausgewählte Problemformulierungen zur integrierten Losgrößenplanung beschrieben. Im einzelnen ist dies eine typische Problemformulierung für ein Single-Level Capacitated Lot-Sizing Problem (CLSP), eine Problemformulierung für ein gekoppeltes Single-Level Capacitated Lot-Sizing Problem, welches eine Verbindung zwischen integrierter Losgrößenplanung und mittelfristiger abstraktionsbasierter Produktionsplanung herzustellen vermag, sowie eine typische Problemformulierung für ein mehrstufiges Losgrößenproblem (Multi Level Capacitated Lot Sizing Problem (MLCLSP)) .

In Abschnitt 5.5 schließlich werden zwei Problemformulierungen zur integrierten Losgrößen- und Ablaufplanung beschrieben. Dies sind die Formulierung eines dynamischen kapazitätsbeschränkten Mehrprodukt-Losgrößen- und Ablaufproblems (Muli-Level Lot-Sizing and Scheduling Problem (MLLSP)) in Abschnitt 5.5.1 sowie die Formulierung eines dynamischen kapazitätsbeschränkten Mehrprodukt-Losgröße- und Ablaufproblems (Multi-Level Proportional Lot-Sizing and Scheduling Problem (MLPLSP)) in Abschnitt 5.5.2.

2 Notation

Indizes

$i = 1, \ldots, I$	Produktindex: (abstrakte) Produkttypen
$j = 1, \ldots, J$	Produktindex: (abstrakte) Produktfamilien
$k = 1, \ldots, K$	Produktindex: (detaillierte) Erzeugnisse
$l = 1, \ldots, L$	Produktindex: (detaillierte) Erzeugnisse
$p = 1, \ldots, P$	Kapazitätsindex: (abstrakte) Produktionssysteme
$q = 1, \ldots, Q$	Kapazitätsindex: (detaillierte) Produktionssysteme
$t = 1, \ldots, T$	Periodenindex: Planungsperiode
$v = 1, \ldots, V$	Periodenindex: Vorlaufperiode

Mengen

I	Menge der Produkttypen	$I = (1, \ldots, I^{max})$
J	Menge der Produktfamilien	$J = (1, \ldots, J^{max})$
J^i	Menge der Produktfamilien, die zu Produkttyp i gehören	
K	Menge der (detaillierten) Erzeugnisse	$K = (1, \ldots, K^{max})$
K^i	Menge der Erzeugnisse, die zu Produkttyp i gehören	
K^j	Menge der Erzeugnisse, die zu Produktfamilie j gehören	
K^q	Menge der Erzeugnisse, die im detaillierten Produktionssystem q hergestellt werden	
L	Menge der (detaillierten) Erzeugnisse	$L = (1, \ldots, L^{max})$
L^k	Menge der (detaillierten) Erzeugnisse l, die einem (detaillierten) Erzeugnis k übergeordnet sind.	
P	Menge der (abstrakten) Produktionssysteme	$P = (1, \ldots, P^{max})$
Q	Menge der (detaillierten) Produktionssysteme	$Q = (1, \ldots, Q^{max})$
Q^p	Menge der (detaillierten) Produktionssysteme q, die zum (abstrakten) Produktionssystem p gehören	
T	Menge der Perioden des Planungshorizontes	$T = (1, \ldots, T^{max})$

Entscheidungsvariablen

Produktionsmengenvariable

$X_{i,t}$	Produktionsmenge von Produkttyp i in Periode t
X_j	Produktionsmenge von Produktgruppe j
$X_{j,t}$	Produktionsmenge von Produktgruppe j in Periode t
X_k	Produktionsmenge von Erzeugnis k
$X_{k,t}$	Produktionsmenge von Erzeugnis k in Periode t
$X_{k,t}^1$	Produktionsmenge des ersten in Periode t hergestellten Erzeugnisses k
$X_{k,t}^2$	Produktionsmenge des zweiten in Periode t hergestellten Erzeugnisses k
$X_{l,t}$	Produktionsmenge von Erzeugnis l in Periode t

Lagerbestandsmengenvariable

$Y_{i,t}$	Lagerbestandsmenge von Produkttyp i am Ende der Periode t
Y_j	Lagerbestandsmenge von Produktgruppe j
$Y_{j,t}$	Lagerbestandsmenge von Produktgruppe j am Ende der Periode t
$Y_{k,t}$	Lagerbestandsmenge von Erzeugnis k am Ende der Periode t
$\overline{Y}_{i,t}$	Fehlender Lagerbestand („Fehlmenge") von Produkttyp i in Periode t

Kapazitätsvariable

Z	(genutzte) Kapazität
Z_t	(genutzte) Kapazität in Periode t
$Z_{p,t}$	(genutzte) Kapazität des (abstrakten) Produktionssystems p in Periode t
Z_q	(genutzte) Kapazität des (detaillierten) Produktionssystems q
$Z_{q,t}$	(genutzte) Kapazität des (detaillierten) Produktionssystems q in Periode t
$Z_{k,t}$	zur Herstellung des Erzeugnisses k (genutzte) Kapazität in Periode t
Z_t^{pn}	(genutzte) (Personal-) Kapazität (Normalarbeit) in Periode t
Z_t^{pu}	nicht genutzte (Personal-) Kapazität (Normalarbeit) in Periode t

z_t^{pz}	(genutzte) zusätzliche (Personal-) Kapazität (Zusatzarbeit, Überstunden) in Periode t
$z_{p,t}^{z}$	(genutzte) zusätzliche Kapazität des (abstrakten) Produktionssystems p in Periode t
$z_t^{p,h}$	Anzahl der in Periode t eingestellten Arbeitnehmer
$z_t^{p,f}$	Anzahl der in Periode t entlassenen Arbeitnehmer

Binäre Rüstvariable

$u_{k,t}$	Binäre Rüstvorgangsvariable, die angibt, ob eine Maschine in Periode t für das Erzeugnis k gerüstet wird (und damit Rüstkosten anfallen) ($u_{k,t}$=1) oder nicht ($u_{k,t}$=0)
$u_{k,t}^{*}$	Binäre Rüstzustandsvariable, die angibt, ob eine Maschine am Ende von Periode t für das Erzeugnis k gerüstet ist ($u^{*}_{k,t}$=1) oder nicht ($u^{*}_{k,t}$=0)
$u_{k,t}^{**}$	Binäre Rüstzustandsvariable, die angibt, ob der Rüstvorgang für Erzeugnis k in Periode t abgeschlossen ist und daher produziert werden kann ($u^{**}_{k,t}$=0) oder ob der Rüstvorgang für Erzeugnis k in Periode t noch nicht abgeschlossen ist und daher noch nicht produziert werden kann ($u^{**}_{k,t}$=1)

Modellparameter

Absatzmengenparameter

$D_{i,t}$	(Geplante) Absatzmenge des Produkttyps i in der Periode t
D_j	(Geplante) Absatzmenge der Produktgruppe j
$D_{j,t}$	(Geplante) Absatzmenge der Produktgruppe j in der Periode t
D_k	(Geplante) Absatzmenge des Erzeugnisses k in der aktuellen Periode
$D_{k,t}$	(Geplante) Absatzmenge des Erzeugnisses k in der Periode t

Produktionsmengenparameter

x_i^{*}	Produktionsmenge des Produkttyps i (Vorgabe der übergeordneten Planungsebene)
x_j^{*}	Produktionsmenge der Produktfamilie j (Vorgabe der übergeordneten Planungsebene)
x_j^{opt}	Optimale Produktionslosgröße für Produktfamilie j
x_k^{opt}	Optimale Produktionslosgröße für Erzeugnis k

Lagerbestandsmengenparameter

Y_j^{akt} Aktueller Lagerbestand der Produktfamilie j

Y_k^{akt} Aktueller Lagerbestand des Erzeugnisses k

$\bar{Y}_i^{max}$ Maximal zulässiger fehlender Lagerbestand („max. Fehlmenge") von Produkttyp i

$\bar{Y}_{i,0}^*$ Zu Beginn des Planungszeitraumes gegebener fehlender Lagerbestand („Fehlmenge") von Produkttyp i

Y_i^{min} Mindestens einzuhaltender Lagerbestand („Sicherheitsbestand") des Produkttyps i

Y_k^{min} Mindestens einzuhaltender Lagerbestand („Sicherheitsbestand") des Erzeugnisses k

$\tilde{Y}_{i,t}^{min}$ Unterschreitung des mindestens einzuhaltenden Lagerbestandes („Mindestlagerbestandsunterschreitung") des Produkttyps i in Periode t

$\tilde{Y}_{i,0}^{min*}$ Zu Beginn des Planungszeitraumes gegebene Unterschreitung des mindestens einzuhaltenden Lagerbestandes („Mindestlagerbestandsunterschreitung") des Produkttyps i

Y_i^{max} Maximal möglicher Lagerbestand („max. Lagerkapazität") des Produkttyps i

Y_j^{max} Maximal möglicher Lagerbestand („max. Lagerkapazität") der Produktfamilie j

Y_k^{max} Maximal möglicher Lagerbestand („max. Lagerkapazität") des Erzeugnisses k

$Y_{i,0}^*$ Zu Beginn des Planungszeitraumes gegebener Lagerbestand des Produkttyps i

$Y_{k,0}^*$ Zu Beginn des Planungszeitraumes gegebener Lagerbestand des Erzeugnisses k

$Y_{i,T}^*$ Für das Ende des Planungszeitraumes gegebener Lagerbestand des Produkttyps i

$Y_{k,T}^*$ Für das Ende des Planungszeitraumes gegebener Lagerbestand des Erzeugnisses k

Produktionskoeffizienten

$f_{k,l}$ Produktionskoeffizient; benötigte Menge des (untergeordneten) Erzeugnisses k zur Herstellung einer Mengeneinheit des (übergeordneten) Erzeugnisses l

f_i^b Produktionskoeffizient; benötigte Menge an (Maschinen-) Kapazität zur Herstellung einer Mengeneinheit des Produkttyps i

f_k^b Produktionskoeffizient, benötigte Menge an (Maschinen-) Kapazität zur Her-

	stellung einer Mengeneinheit des Erzeugnisses k
f_k^{br}	Rüstzeitkoeffizient, benötigte Menge an (Maschinen-) Kapazität zum Rüsten für Erzeugnis k
f_i^p	Produktionskoeffizient; benötigte Menge an (Personal-) Kapazität zur Herstellung einer Mengeneinheit des Produkttyps i
f^{pn}	Anzahl der Arbeitsstunden (Normalarbeit) pro Arbeitskraft und Periode
f_t^{pn}	Anzahl der Arbeitsstunden (Normalarbeit) pro Arbeitskraft in Periode t
f^{pz}	Anzahl der Arbeitsstunden (Zusatzarbeit, Überstunden) pro Arbeitskraft und Periode
f_t^{pz}	Anzahl der Arbeitsstunden (Zusatzarbeit, Überstunden) pro Arbeitskraft in Periode t
$f_{k,q}$	Produktionskoeffizient; benötigte Menge an Kapazität des (detaillierten) Produktionssystems q zur Herstellung einer Mengeneinheit des Erzeugnisses k
$f_{k,v,q}$	Produktionskoeffizient; benötige Menge an Kapazität des (detaillierten) Produktionssystems q zur Herstellung einer Mengeneinheit des Erzeugnisses k in Vorlaufperiode v
$f_{k,v,p}$	Produktionskoeffizient; benötigte Menge an Kapazität des (abstrakten) Produktionssystems p zur Herstellung einer Mengeneinheit des Erzeugnisses k in Vorlaufperiode v
$f_{j,v,q}$	Produktionskoeffizient; benötigte Menge an Kapazität des (detaillierten) Produktionssystems q zur Herstellung einer Mengeneinheit der Produktfamilie j in Vorlaufperiode v
$f_{j,v,p}$	Produktionskoeffizient; benötige Menge an Kapazität des (abstrakten) Produktionssystems p zur Herstellung einer Mengeneinheit der Produktfamilie j in Vorlaufperiode v

Kapazitätsparameter

$z_{p,t}^{max}$	Max. verfügbare Kapazität des (abstrakten) Produktionssystems p in Periode t
$z_{q,t}^{max}$	Max. verfügbare Kapazität des (detaillierten) Produktionssystems q in Periode t
$z_{p,t}^{z,max}$	Max. verfügbare zusätzliche Kapazität des (abstrakten) Produktionssystems p in Periode t
$z_{q,t}^{z,max}$	Max. verfügbare zusätzliche Kapazität des (detaillierten) Produktionssystems q in Periode t
$z_t^{b,max}$	Max. verfügbare (Maschinen-) Kapazität in Periode t
$z_t^{p,max}$	Max. verfügbare (Personal-) Kapazität in Periode t

$Z_t^{pn,max}$ Max. verfügbare (Personal-) Kapazität (Normalarbeitszeit) in Periode t

$Z_t^{pz,max}$ Max. verfügbare zusätzliche (Personal-) Kapazität (Zusatzarbeitszeit, Überstunden) in Periode t

$Z_t^{p,hf}$ Anzahl der in Periode t beschäftigten Arbeitnehmer

$Z_0^{p,hf}$ Anzahl der zu Beginn des Planungszeitraumes beschäftigten Mitarbeiter

$Z^{p,h,max}$ Max. Anzahl der je Periode einzustellenden Arbeitnehmer

$Z^{p,f,max}$ Max. Anzahl der je Periode zu entlassenden Arbeitnehmer

Produktionskostenparameter

KX_i Herstellungskosten (Stückkosten ohne Lohnkosten) einer Mengeneinheit des Produkttyps i

$KX_{i,t}$ Herstellungskosten (Stückkosten ohne Lohnkosten) einer Mengeneinheit des Produkttyps i in Periode t

Lagerhaltungskostenparameter

KY_i Lagerhaltungskosten einer Mengeneinheit des Produkttyps i (je Periode)

$KY_{i,t}$ Lagerhaltungskosten einer Mengeneinheit des Produkttyps i in Periode t

KY_j Lagerhaltungskosten einer Mengeneinheit der Produktfamilie j (je Periode)

$KY_{j,t}$ Lagerhaltungskosten einer Mengeneinheit der Produktfamilie j in Periode t

KY_k Lagerhaltungskosten einer Mengeneinheit des Erzeugnisses k (je Periode)

$KY_{k,t}$ Lagerhaltungskosten einer Mengeneinheit des Erzeugnisses k in Periode t

$K\overline{Y}_{i,t}$ Kosten einer fehlenden Mengeneinheit („Fehlmengenkosten") des Produkttyps i in Periode t

Rüstkostenparameter

KR_j Rüstkosten für die Produktfamilie j

KR_k Rüstkosten für das Erzeugnis k

Kapazitätskostenparameter

$KZ_{p,t}^{z}$ Kosten für eine Mengeneinheit der genutzten zusätzlichen Kapazität des (abstrakten) Produktionssystems p in Periode t

$KZ^{z}_{q,t}$	Kosten für eine Mengeneinheit der genutzten zusätzlichen Kapazität des (detaillierten) Produktionssystems q in Periode t
KZ^{pn}_{t}	Kosten für eine Mengeneinheit der genutzten (Personal-) Kapazität (Normalarbeit) in Periode t
KZ^{pu}_{t}	Kostenersparnis für eine Mengeneinheit der nicht genutzten (Personal-) Kapazität (Normalarbeit) in Periode t
KZ^{pz}_{t}	Kosten für eine Mengeneinheit der genutzten zusätzlichen (Personal-) Kapazität (Zusatzarbeit, Überstunden) in Periode t
$KZ^{p,h}_{t}$	Kosten für die Einstellung einer Arbeitskraft in Periode t
$KZ^{p,f}_{t}$	Kosten für die Entlassung einer Arbeitskraft in Periode t

Sonstige Parameter

B	große Zahl

3 Charakterisierung ausgewählter Verfahren zur Grob-Kapazitätsplanung

Die in den folgenden Abschnitten beschriebenen Verfahren zur Grob-Kapazitätsplanung (Rough-Cut Capacity Planning (RCCP)) ermöglichen die grobe Überprüfung der kapazitätsmäßigen Zulässigkeit eines gegebenen Hauptproduktionsprogramms (Master Production Schedule (MPS)). Diese Verfahren stellen ein wesentliches Element des Ansatzes des Manufacturing Resource Planning (MRP II) dar.

In Tabelle 3.1 sind für den Zeitraum t=1, .., 5 Perioden für die beiden Enderzeugnisse k=1 und k=2 die geplanten Produktionsmengen $X_{k,t}$ zusammengefaßt,[518] welche in den folgenden Beispielen zugrundegelegt werden.

	t=1	*t=2*	*t=3*	*t=4*	*t=5*	Σ
k=1	*33*	*33*	*33*	*40*	*40*	*179*
k=2	*17*	*17*	*17*	*13*	*13*	*77*
Dimension der Matrixelemente $X_{k,t}$: ME						

Tabelle 3.1: Geplante Produktionsmengen des Hauptproduktionsprogramms

3.1 Capacity Planning Using Overall Factors (CPOF)

Problemformulierung (1)

Eine Grob-Kapazitätsplanung mit Hilfe des Verfahrens des Capacity Planning Using Overall Factors (CPOF)[519] setzt voraus, daß für jedes Enderzeugnis globale Kapazitätsbelastungsfaktoren ermittelt werden, welche den verdichteten Kapazitätsbedarf eines jeden Enderzeugnisses über alle an der Herstellung beteiligten Produktionsstufen zusammenfassen. Weiterhin ist auch die prozentuale Verteilung der Kapazitätsbelastung auf die einzelnen Produktionssysteme als bekannt vorauszusetzen.

In einem ersten Schritt kann unter Berücksichtigung der exogen vorgegebenen globalen Kapazitätsbelastungsfaktoren[520] f_k aus den geplanten Enderzeugnisproduktionsmengen des Hauptproduktionsprogramms $X_{k,t}$ (vgl. Tabelle 3.1) der resultierende Kapazitätsbedarf $Z_{k,t}$ ermittelt werden.

518 Abweichend von der in der vorangestellten Notation vorgenommenen Einordnung der geplanten Produktionsmengen $X_{k,t}$ als Entscheidungsvariable werden in diesem Abschnitt die geplanten Produktionsmengen $X_{k,t}$ als Parameter angenommen.

519 Grundstruktur des Beispiels in Anlehnung an **Vollmann, Thomas E.; et al.**: Manufacturing Planning Systems, 1997, Seite 124ff. Vgl. auch: **Mertens, Peter**: MRP II, 1992, Seite 32f.

520 Zur Bestimmung der globalen Kapazitätsbelastungsfaktoren f_k vgl. Abschnitt 3.2 auf Seite 253, insbes. Tabelle 3.7.

(1.1) $Z_{k,t} = f_k \cdot X_{k,t}$ $k = 1, ..., K;\ t = 1, ..., T$

Im vorliegenden Beispiel wird für das Enderzeugnis k=1 ein globaler Kapazitätsbelastungsfaktor von 0,95 ZE je ME und für Enderzeugnis k=2 ein globaler Kapazitätsbelastungsfaktor von 1,85 ZE je ME angenommen. Durch Multiplikation mit den geplanten Produktionsmengen ergibt sich der resultierende globale Kapazitätsbedarf je Enderzeugnis und Periode. Dieser wird anschließend zu einem periodenbezogenen Kapazitätsbedarf Z_t über alle Enderzeugnisse summiert (vgl. auch Tabelle 3.2).

(1.2) $Z_t = \sum_{k=1}^{K} Z_{k,t}$ $t = 1, ..., T$

	t=1	t=2	t=3	t=4	t=5	Σ
k=1	31,35	31,35	31,35	38,00	38,00	170,05
k=2	31,45	31,45	31,45	24,05	24,05	142,45
Σ	62,80	62,80	62,80	62,05	62,05	312,45
Dimension der Matrixelemente $X_{k,t}$: ME						

Tabelle 3.2: Zuordnung der aus dem geplanten Hauptproduktionsprogramm resultierenden Kapazitätsbelastung zu den Enderzeugnissen

In einem nächsten Schritt wird der summierte periodenbezogene Kapazitätsbedarf Z_t unter Berücksichtigung eines die prozentuale Verteilung der Kapazitätsbelastung der Vergangenheit auf die einzelnen detaillierten Produktionssysteme repräsentierenden Kapazitätsbelastungsfaktors f_q auf die beteiligten Produktionssysteme verteilt.

(1.3) $Z_{q,t} = f_q \cdot Z_t$ $q = 1, ..., Q;\ t = 1, ..., T$

Im vorliegenden Beispiel wird angenommen, daß auf das Produktionssystem q=1 in der Vergangenheit ein Anteil von 60,3% der Kapazitätsbelastung, auf das Produktionssystem q=2 ein Anteil von 30,4% und auf das Produktionssystem q=3 ein Anteil von 9,3% entfallen ist.

	t=1	t=2	t=3	t=4	t=5	Σ
q=1	37,87	37,87	37,87	37,42	37,42	188,44
q=2	19,09	19,09	19,09	18,86	18,86	95,00
q=3	5,84	5,84	5,84	5,77	5,77	29,06
Σ	62,80	62,80	62,80	62,05	62,05	312,50
Dimension der Matrixelemente $Z_{q,t}$: ZE						

Tabelle 3.3: Nach dem Verfahren des Capacity Planning Using Overall Factors ermittelte Kapazitätsbelastung

Die sich ergebende Kapazitätsbelastung je Produktionssystem und Periode $Z_{q,t}$, die periodenbezogene Gesamtbelastung über alle Produktionssysteme Z_t, die Gesamtbelastung eines Produktionssystems im Planungszeitraum Z_q sowie die Gesamtbelastung über alle Produktionssysteme im Planungszeitraum Z kann Tabelle 3.3 entnommen werden.

$$(1.4) \quad Z_t = \sum_{q=1}^{Q} Z_{q,t} \qquad t = 1, \ldots, T$$

$$(1.5) \quad Z_q = \sum_{t=1}^{T} Z_{q,t} \qquad q = 1, \ldots, Q$$

$$(1.6) \quad Z = \sum_{t=1}^{T}\sum_{q=1}^{Q} Z_{q,t} = \sum_{t=q}^{Q} Z_q = \sum_{t=1}^{T} Z_t \qquad t = 1, \ldots, T;\ q = 1, \ldots, Q$$

Indem die ermittelte Kapazitätsbelastung der einzelnen detaillierten Produktionssysteme dem in den entsprechenden Perioden verfügbaren Kapazitätsangebot dieser detaillierten Produktionssysteme gegenübergestellt wird, kann die Zulässigkeit des geplanten Hauptproduktionsprogramms überprüft werden.

Man erkennt, daß der Einsatz des Verfahrens des Capacity Planning Using Overall Factors (CPOF) nur dann zu zufriedenstellenden Ergebnissen führen kann, wenn keine signifikanten Abweichungen zwischen dem zugrundegelegten aktuellen Produktmix und dem Produktmix der Vergangenheit bestehen, welche zu einer Verschiebung des prozentualen Anteils der Belastung des einzelnen Produktionssystems an der Gesamtbelastung führen. Ein weiterer Nachteil ist die fehlende Berücksichtigung der zeitlichen Interdependenzen bei mehrstufiger Produktion (insbes. Vorlaufzeiten).

3.2 Capacity Bills

Problemformulierung (2)

Eine Grob-Kapazitätsplanung auf der Basis von Capacity Bills[521] setzt voraus, daß nicht nur globale Kapazitätsbelastungsfaktoren f_k sowie f_q bekannt sind, sondern daß durch eine differenzierte Zuordnung von Enderzeugnissen und untergeordneten Komponenten zu einzelnen Produktionssystemen detaillierte Kapazitätsbelastungsfaktoren $f_{k,q}$ bestimmt werden können. Hierzu ist insbes. die genaue Kenntnis der Erzeugnisstruktur und der Zuordnung der einzelnen Enderzeugnisse und untergeordneten Komponenten zu den einzelnen Produktionssystemen erforderlich. Die im Beispiel zugrunde gelegte Erzeugnisstruktur ist in Abbildung 3.1, die Zuordnung der einzelnen Komponenten zu den an der Herstellung beteiligten Produktionssystemen ist in Abbildung 3.2 beschrieben.

521 Beispiel in Anlehnung an: **Vollmann, Thomas E.; et al.**: Manufacturing Planning Systems, 1997, Seite 126ff.

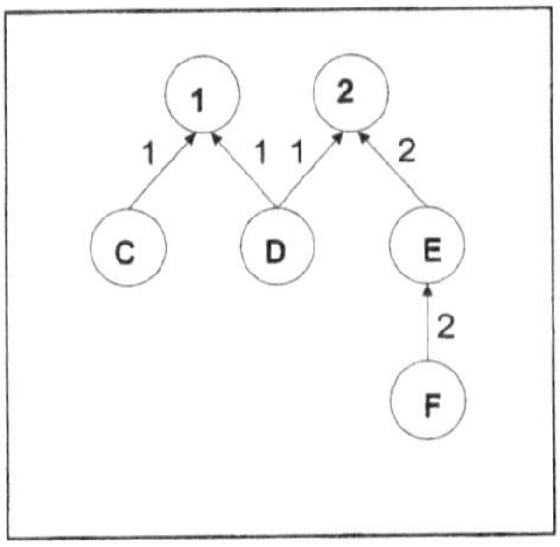

Abbildung 3.1: Gozinto-Graph

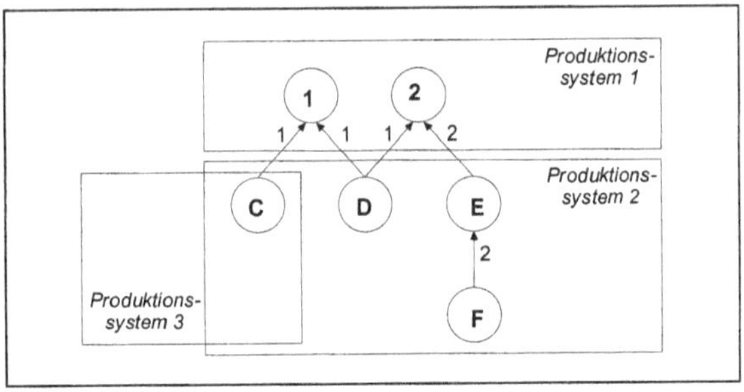

Abbildung 3.2: Zuordnung von Erzeugnisstruktur und Produktionssystemen

	Standard-Losgröße	Produktions-system-Zuordnung	Standard-Rüstzeit	Standard-Rüstzeit je ME	Standard-Bearbeitungszeit je ME	Standard-Durchlaufzeit je ME
Kapazitätsbedarf Enderzeugnis 1	40 ME	Produktions-system 1	1 ZE	0,025 ZE	0,025 ZE	0,05 ZE
Kapazitätsbedarf Enderzeugnis 2	20 ME	Produktions-system 1	1 ZE	0,050 ZE	1,250 ZE	1,30 ZE
Kapazitätsbedarf Baugruppe C	40 ME	Produktions-system 2	1 ZE	0,025 ZE	0,575 ZE	0,60 ZE
Kapazitätsbedarf Baugruppe C	40 ME	Produktions-system 3	1 ZE	0,025 ZE	0,175 ZE	0,20 ZE
Kapazitätsbedarf Baugruppe D	60 ME	Produktions-system 2	1 ZE	0,033 ZE	0,067 ZE	0,10 ZE
Kapazitätsbedarf Baugruppe E	100 ME	Produktions-system 2	1 ZE	0,020 ZE	0,080 ZE	0,10 ZE
Kapazitätsbedarf Baugruppe F	100 ME	Produktions-system 2	1 ZE	0,020 ZE	0,0425 ZE	0,0625 ZE

Tabelle 3.4: Ermittlung der Standard-Durchlaufzeiten

Ein möglicher Weg zur Ermittlung der detaillierten Kapazitätsbelastungsfaktoren berücksichtigt die Standard-Losgrößen sowie die Standard-Rüst- und -Bearbeitungszeiten der einzelnen Arbeitsgänge des mehrstufigen Herstellungsprozesses, um zunächst die Standard-Durchlaufzeit für jeden Arbeitsgang zu ermitteln (vgl. Tabelle 3.4). Die Standard-Durchlaufzeiten können anschließend in einer Kapazitätsbedarfsmatrix zusammengefaßt werden, in welcher eine Zuordnung des aus der Herstellung einer Mengeneinheit eines Enderzeugnisses oder einer Mengeneinheit einer untergeordneten Komponente resultierenden Kapazitätsbedarfs zu den beteiligten Produktionssystemen vorgenommen wird (vgl. Tabelle 3.5).

	End-erzeugnis 1	*End-erzeugnis 2*	*Bau-gruppe C*	*Bau-gruppe D*	*Bau-gruppe E*	*Bau-gruppe F*
Kapazitätsbedarf Produktionssystem 1	*0,05*	*1,30*				
Kapazitätsbedarf Produktionssystem 2			*0,60*	*0,10*	*0,10*	*0,0625*
Kapazitätsbedarf Produktionssystem 3			*0,20*			
Dimension der Matrixelemente: ZE je ME						

Tabelle 3.5: Kapazitätsbedarfsmatrix

Multipliziert man die in der Kapazitätsbedarfsmatrix ermittelten Kapazitätsbedarfe mit einer aus der Erzeugnisstruktur abgeleiteten Gesamtbedarfsmatrix (vgl. Tabelle 3.6), so erhält man den in Tabelle 3.7 zusammengefaßten „Capacity Bill".

	Enderzeugnis 1	*Enderzeugnis 2*
Enderzeugnis 1	*1*	
Enderzeugnis 2		*1*
Baugruppe C	*1*	
Baugruppe D	*1*	*1*
Baugruppe E		*2*
Baugruppe F		*4*
Dimension der Matrixelemente: ME je ME		

Tabelle 3.6: Gesamtbedarfsmatrix

	k=1	*k=2*
q=1	*0,05*	*1,30*
q=2	*0,70*	*0,55*
q=3	*0,20*	*0,0*
Σ	*0,95*	*1,85*
Dimension der Matrixelemente $f_{q,k}$: ZE je ME		

Tabelle 3.7: Detaillierte Kapazitätsbelastungsfaktoren („Capacity Bill")

Die in Abschnitt 3.1 in (1.1) zugrundegelegten globalen Kapazitätsbelastungsfaktoren f_k ergeben sich durch Addition der einem Enderzeugnis zugeordneten detaillierten Kapazitätsbelastungsfaktoren $f_{k,q}$.

$$(2.1) \qquad f_k = \sum_{q=1}^{Q} f_{k,q} \qquad\qquad k = 1, \ldots, K$$

Die Kapazitätsbelastung $Z_{q,t}$ eines Produktionssystems q in der Periode t wird durch Multiplikation der geplanten Produktionsmengen des Hauptproduktionsprogramms $X_{k,t}$ mit den detaillierten Kapazitätsbelastungsfaktoren $f_{k,q}$ für jede Periode t und jedes Produktionssystem p ermittelt.

$$(2.2) \qquad Z_{q,t} = \sum_{k=1}^{K} f_{k,q} \cdot X_{k,t} \qquad\qquad q = 1, \ldots, Q;\ t = 1, \ldots, T$$

Die Ergebnisse sind in Tabelle 3.8 zusammengefaßt. Bedingt durch den Verzicht auf den vergangenheitsorientierten Kapazitätsbelastungsfaktor f_q und die Berücksichtigung der aktuellen Verteilung des Produktionsprogramms weichen die in der Tabelle 3.8 ausgewiesenen Ergebnisses von den in Tabelle 3.3 ausgewiesenen Kapazitätsbelastungen $Z_{q,t}$, Z_t und Z_q ab.

	t=1	*t=2*	*t=3*	*t=4*	*t=5*	Σ
q=1	*23,75*	*23,75*	*23,75*	*18,90*	*18,90*	*109,05*
q=2	*32,45*	*32,45*	*32,45*	*35,15*	*35,15*	*167,65*
q=3	*6,60*	*6,60*	*6,60*	*8,00*	*8,00*	*35,80*
Σ	*62,80*	*62,80*	*62,80*	*62,05*	*62,05*	*312,50*
Dimension der Matrixelemente $Z_{q,t}$: ZE						

Tabelle 3.8: Auf der Basis von Capacity Bills ermittelte Kapazitätsbelastung

3.3 Resource Profiles

Problemformulierung (3)

Eine Grob-Kapazitätsplanung mit Hilfe von Resource Profiles[522] berücksichtigt auch die bei einer mehrstufigen Produktion erforderlichen Vorlaufzeiten. Die im folgenden zugrundegelegten Vorlaufzeiten können dem Operation Setback Chart in Abbildung 3.3 entnommen werden.

522 Beispiel in Anlehnung an **Vollmann, Thomas E.; et al.**: Manufacturing Planning Systems, 1997, Seite 128ff. Bei **Mertens, Peter**: MRP II, 1992, Seite 36 findet sich für dieses Verfahren die Bezeichnung „Profilmethode".

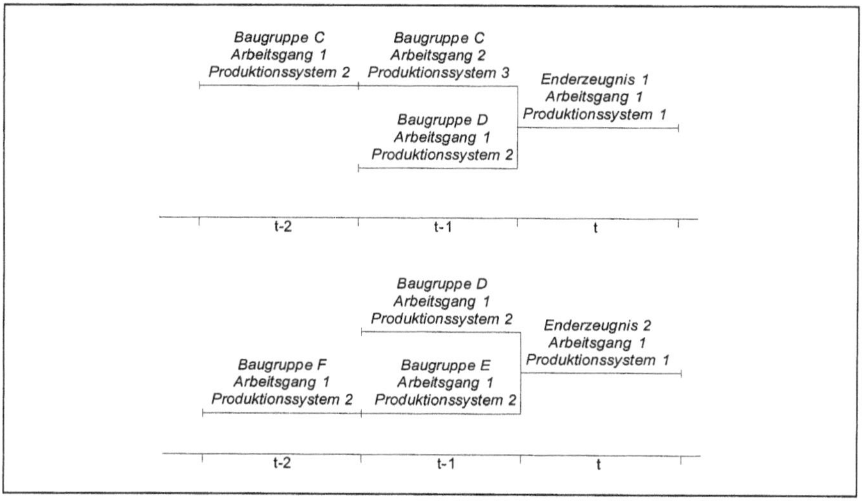

Abbildung 3.3: Operation Setback Charts

Die bisher zugrundegelegten Kapazitätsbelastungsfaktoren $f_{k,q}$ (vgl. nochmals Tabelle 3.4) werden nach den erforderlichen Vorlaufzeiten differenziert, die Kapazitätsbelastungsfaktoren $f_{k,v,q}$ bestimmt und in einem Resource Profile (vgl. Tabelle 3.9) zusammengefaßt.

	k=1			*k=2*		
	v=2	*v=1*	*v=0*	*v=2*	*v=1*	*v=0*
q=1			*0,05*			*1,30*
q=2	*0,60*	*0,10*		*0,25*	*0,30*	
q=3		*0,20*				
Σ	*0,60*	*0,30*	*0,05*	*0,25*	*0,30*	*1,30*
Dimension der Matrixelemente $f_{k,v,q}$: ZE je ME						

Tabelle 3.9: Resource Profile I

Der Kapazitätsbedarf $Z_{q,t}$ des Produktionssystems q in der Periode t ermittelt sich aus dem Produkt der geplanten Produktionsmenge $X_{k,t+v}$ des Enderzeugnisses k in der um die Vorlaufverschiebung v variierten Periode t+v und dem Kapazitätsbelastungsfaktor $f_{k,v,t}$ über alle relevanten Vorlaufperioden und alle Enderzeugnissen.

$$(3.1) \qquad Z_{q,t} = \sum_{k=1}^{K} \sum_{v=0}^{V_k} f_{k,v,q} \cdot X_{k,t+v} \qquad q = 1, \ldots, Q; \; t = 1, \ldots, T$$

Insgesamt ergibt sich der in Tabelle 3.10 zusammengefaßte Kapazitätsbedarf.

	Vorperioden	*t=1*	*t=2*	*t=3*	*t=4*	*t=5*	Σ
q=1		*23,75*	*23,75*	*23,75*	*18,90*	*18,90*	*109,05*
q=2	*56,50*	*32,45*	*35,65*	*35,15*	*7,90*		*167,65*
q=3	*6,60*	*6,60*	*6,60*	*8,00*	*8,00*		*35,80*
Σ	*63,10*	*62,80*	*66,00*	*66,90*	*34,80*	*18,90*	*312,50*
Dimension der Matrixelemente $Z_{q,t}$: ZE							

Tabelle 3.10: Auf der Basis von Resource Profile I ermittelter Kapazitätsbedarf

Man erkennt, daß die Verteilung der Belastung der einzelnen Produktionssysteme in den einzelnen Perioden wiederum von den in Tabelle 3.3 und Tabelle 3.8 zusammengestellten Kapazitätsbedarfen abweicht, da nunmehr die bei mehrstufiger Produktion erforderlichen Vorlaufzeiten Berücksichtigung finden. Insbes. in Situationen, in denen die durchschnittliche Durchlaufzeit der Arbeitsgänge der Länge einer Planungsperiode t entspricht, führt die Verwendung der Kapazitätsbelastungsfaktoren $f_{k,v,q}$ zu einer deutlichen Verbesserung der Planungsqualität. Weichen jedoch die durchschnittlichen Durchlaufzeiten der Arbeitsgänge von der durchschnittlichen Länge einer Planungsperiode ab, so entstehen periodenrasterbedingte Inkonsistenzen, die jeweils eine fehlerhafte Zuordnung der Kapazitätsbelastung zu den entsprechenden Perioden induzieren.

Die in den vorangegangenen Abschnitten beschriebenen Verfahren zur Grob-Kapazitätsplanung ermöglichen eine relativ einfache, schnelle und wenig rechenintensive Ermittlung des aus einem gegebenen Produktionsprogramms resultierenden Kapazitätsbedarfs. Von den drei beschriebenen Verfahren erscheint die Planung auf der Basis von in Resource Profiles gespeicherten Kapazitätsbelastungsfaktoren besonders vorteilhaft. Durch Zugriffe auf weitgehend vorliegende Daten (Teilestammdaten, Strukturstammdaten, Arbeitspläne, Arbeitsgangzuordnungen) ist eine automatische Generierung dieser Belastungsfaktoren möglich, die jeweils durch Veränderungen in der Erzeugnisstruktur bzw. Veränderungen in den Arbeitsgangzuordnungen angestoßen werden kann.

Die beschriebenen Kapazitätsbelastungsfaktoren $f_{k,q}$ bzw. $f_{k,q,z}$ finden jedoch nicht nur im Rahmen der Rought-Cut Capacity Planning-Verfahren Verwendung, sondern sind auch wesentliche Parameter in Modellen zur Produktionsprogrammplanung.

4 Charakterisierung ausgewählter Verfahren zur abstraktionsbasierten Grob-Kapazitätsplanung

Während im vorhergehenden Abschnitt eine detaillierte Grob-Kapazitätsplanung durch die Ermittlung von aus vorgegebenen Produktionsmengen für detaillierte Enderzeugnisse $X_{k,t}$ resultierende Kapazitätsbedarfen in detaillierten Produktionssystemen $Z_{q,t}$ auf der Basis von detaillierten Kapazitätsbelastungsfaktoren $f_{k,v,q}$ untersucht wurde, sollen im folgenden Abschnitt die Möglichkeiten einer abstraktionsbasierten Grob-Kapazitätsplanung beschrieben werden.

Durch einen Übergang von detaillierten Produktionssystemen zu abstrakten Produktionssystemen einerseits (vgl. Abschnitt 4.1), einen Übergang von detaillierten Enderzeugnisses zu abstrakten Enderzeugnissen andererseits (vgl. Abschnitt 4.2) sowie durch einen Übergang sowohl auf abstrakte Produktionssysteme als auch auf abstrakte Enderzeugnisse (vgl. Abschnitt 4.3) können auf der Basis der detaillierten Kapazitätsbelastungsfaktoren abstrakte Kapazitätsbelastungsfaktoren $f_{k,v,p}$, $f_{j,v,q}$ und $f_{j,v,p}$ ermittelt und in abstrakten Resource Profiles zusammengefaßt werden, auf deren Basis eine abstraktionsbasierte Grob-Kapazitätsplanung durchgeführt werden kann.

	t=1	*t=2*	*t=3*	*t=4*	*t=5*	Σ
k=1	*13*	*13*	*13*	*20*	*20*	*79*
k=2	*20*	*20*	*20*	*20*	*20*	*100*
k=3	*7*	*7*	*7*	*3*	*3*	*27*
k=4	*10*	*10*	*10*	*10*	*10*	*50*
Dimension der Matrixelemente $X_{k,t}$: ME						

Tabelle 4.11: Geplante Produktionsmengen des Hauptproduktionsprogramms

	k=1			*k=2*			*k=3*			*k=4*		
	v=2	*v=1*	*v=0*	*v=2*	*v=1*	*v=0*	*v=2*	*v=1*	*v=0*	*v=2*	*v=1*	*v=0*
q=1			*0,05*			*0,10*			*1,30*			*2,60*
q=2	*0,60*	*0,10*		*1,20*	*0,20*		*0,25*	*0,30*		*0,50*	*0,60*	
q=3		*0,20*			*0,40*							
Σ	*0,60*	*0,30*	*0,05*	*1,20*	*0,60*	*0,10*	*0,25*	*0,30*	*1,30*	*0,50*	*0,60*	*2,60*
Dimension der Matrixelemente $f_{k,v,q}$: ZE je ME												

Tabelle 4.12: Detailliertes Resource Profile II

Das in den vorhergehenden Abschnitten eingeführte Beispiel wird dahingehend erweitert, daß im folgenden zwischen den detaillierten Erzeugnissen k =1, .., 4 und den detaillierten

Produktionssystemen q=1, ..., 3 unterschieden wird. Die für die Erzeugnisse k geplanten Produktionsmengen des Hauptproduktionsprogramms $X_{k,t}$ sind in Tabelle 4.11 zusammengefaßt, das sich hieraus (und aus weiteren, hier nicht aufgeführter Annahmen) ergebende detaillierte Resource Profile II mit den detaillierten Kapazitätsbelastungsfaktoren $f_{k,q,t}$ ist in Tabelle 4.12 zusammengestellt. Als Referenzlösung sind in Tabelle 4.13 die sich ergebenden detaillierten Kapazitätsbelastungswerte $Z_{q,t}$ zusammengefaßt.

	Vorperioden	t=1	t=2	t=3	t=4	t=5	Σ
q=1		37,75	37,75	37,75	32,90	32,90	179,05
q=2	90,50	51,95	55,15	54,65	12,90		265,15
q=3	10,60	10,60	10,60	12,00	12,00		55,80
Σ	101,10	100,30	103,50	104,40	57,80	32,90	500,00
Dimension der Matrixelemente $Z_{q,t}$: ZE							

Tabelle 4.13: Auf der Basis von Resource Profile II ermittelter Kapazitätsbedarf

4.1 Resource Profiles auf der Basis abstrakter Produktionssysteme

Problemformulierung (4)

Soll im Rahmen einer Grob-Kapazitätsplanung nicht die aus einem gegebenen Produktionsprogramm resultierende Kapazitätsbelastung detaillierter Produktionssysteme q, sondern die Kapazitätsbelastung von abstrakten Produktionssystemen p ermittelt werden, so ist eine entsprechende Verdichtung der detaillierten Kapazitätsbelastungsfaktoren erforderlich.

Sind die detaillierten Kapazitätsbelastungsfaktoren $f_{k,v,q}$ sowie die Mengen Q^p der detaillierten Produktionssysteme q, die einem abstrakten Produktionssystem p zugeordnet werden, bekannt, so entsprechen die abstrakten Kapazitätsbelastungsfaktoren $f_{k,v,p}$ der Summe der detaillierten Kapazitätsbelastungsfaktoren der zu einem abstrakten Produktionssystem gehörenden detaillierten Produktionssysteme.

$$(4.1) \quad f_{k,v,p} = \sum_{q \in Q^p} f_{k,v,q} \qquad k=1, \ldots, K;\ v=1, \ldots, V;\ p=1, \ldots, P$$

Im vorliegenden Beispiel wird das detaillierte Produktionssystem q=1 nun als ein abstraktes Produktionssystem p=1 interpretiert, die beiden detaillierten Produktionssysteme q=2 und q=3 werden zu einem abstrakten Produktionssystem p=2 assoziiert. Die sich nach (4.1) ergebenden abstrakten Kapazitätsbelastungsfaktoren $f_{k,v,p}$ sind im Resource Profile IIa (vgl. Tabelle 4.14) zusammengefaßt.

	k=1			k=2			k=3			k=4		
	v=2	v=1	v=0	v=2	v=1	v=0	v=2	v=1	v=0	v=2	v=1	v=0
p=1			0,05			0,10			1,30			2,60
p=2	0,60	0,30		1,20	0,60		0,25	0,30		0,50	0,60	
Σ	0,60	0,30	0,05	1,20	0,60	0,10	0,25	0,30	1,30	0,50	0,60	2,60
Dimension der Matrixelemente $f_{k,v,p}$: ZE je ME												

Tabelle 4.14: Abstraktes Resource Profile IIa

Sind weiterhin die detaillierten geplanten Produktionsmengen $X_{k,t}$ bekannt, so kann auf der Basis der abstrakten Kapazitätsbelastungsfaktoren $f_{k,v,p}$ die resultierende Kapazitätsbelastung $Z_{p,t}$ entsprechend (4.2) ermittelt werden.

$$(4.2) \qquad Z_{p,t} = \sum_{k=1}^{K} \sum_{v=0}^{V_k} f_{k,v,p} \cdot X_{k,t+v} \qquad p = 1, \ldots, P;\ t = 1, \ldots, T$$

Die Ergebnisse sind in Tabelle 4.15 zusammengefaßt.

	Vorperioden	t=1	t=2	t=3	t=4	t=5	Σ
p=1		37,75	37,75	37,75	32,90	32,90	179,05
p=2	101,10	62,55	65,75	66,65	24,90		320,95
Σ	101,10	100,30	103,50	104,40	57,80	32,90	500,00
Dimension der Matrixelemente $Z_{p,t}$: ZE							

Tabelle 4.15: Auf der Basis von Resource Profile IIa ermittelter Kapazitätsbedarf

Aus (4.3) folgt, daß die Kapazitätsbelastung eines abstrakten Produktionssystems p in der Periode t der Summe der Kapazitätsbelastungen der diesem abstrakten Produktionssystem zugeordneten detaillierten Produktionssysteme entspricht. Folglich entsprechen auch die in Tabelle 4.15 ausgewiesenen Z_t und Z den in Tabelle 4.13 ausgewiesenen Werten.

$$(4.3) \qquad Z_{p,t} = \sum_{k=1}^{K} \sum_{v=0}^{V_k} f_{k,v,p} \cdot X_{k,t+v} = \sum_{k=1}^{K} \sum_{v=0}^{V_k} \sum_{q \in Q^p} f_{k,v,q} \cdot X_{k,t+v} = \sum_{q \in Q^p} Z_{q,t} \qquad p = 1, \ldots, P;\ t = 1, \ldots, T$$

Eine abstraktionsbasierte Grob-Kapazitätsplanung auf der Basis von abstrakten Kapazitätsbelastungsfaktoren $f_{k,v,q}$ stellt somit eine unproblematische Form der Verdichtung dar. Auf der Basis der detailliert vorliegenden Kapazitätsbelastungsfaktoren können für jede im Rahmen der Grob-Kapazitätsplanung gewählte Abstraktion detaillierter Produktionssysteme zu abstrakten Produktionssystemen die erforderlichen Kapazitätsbelastungsfaktoren ermittelt werden, die dann zusammen mit den aktuell vorliegenden geplanten detaillierten Produktionsmengen zur Ermittlung der Kapazitätsnachfrage einsetzbar sind. Das entsprechende Kapazitätsangebot der abstrakten Produktionssysteme ermittelt sich durch entsprechende

Summenbildung der verfügbaren Kapazitäten der beteiligten detaillierten Produktionssysteme.

4.2 Resource Profiles auf der Basis abstrakter Enderzeugnisse (Produktfamilien)

Problemformulierung (5)

Der Übergang von der Betrachtung detaillierter Enderzeugnisse k hin zur Betrachtung abstrakter Enderzeugnisse j bei Beibehaltung der Betrachtung detaillierter Produktionssysteme macht die Bildung von abstrakten Kapazitätsbelastungsfaktoren $f_{j,v,q}$ erforderlich.

Im Beispiel werden die beiden detaillierten Enderzeugnisse k=1, 2 zu einem abstrakten Enderzeugnis j=1 und die beiden detaillierten Enderzeugnisse k=3, 4 zu einem abstrakten Enderzeugnis j=2 assoziiert. Die abstrakten Enderzeugnisse werden jeweils als gewichtete Durchschnittsobjekte interpretiert, bei dem die Gewichtung auf der Basis der Summe der Produktionsmengen im Planungszeitraum der zugehörigen detaillierten Enderzeugnisse erfolgt. Die erforderlichen Gewichtungsfaktoren f_k^j ermittelt sich nach (5.1).

$$(5.1) \qquad f_{k^j} = \frac{\sum_{t=1}^{T} X_{k,t}}{\sum_{t=1}^{T} \sum_{k \in K^j} X_{k,t}} \qquad k=1, \ldots, K$$

Unter Berücksichtigung der detaillierten Kapazitätsbelastungsfaktoren $f_{k,v,q}$ und des Gewichtungsfaktors f_k^j können die abstrakten Kapazitätsbelastungsfaktoren $f_{j,v,q}$ nach (5.2) bestimmt werden.

$$(5.2) \qquad f_{j,v,q} = \sum_{k \in K^j} \left(f_{k,v,q} \cdot f_{k^j} \right) \qquad j=1, \ldots, J;\ v=1, \ldots, V;\ q=1, \ldots, Q$$

Die sich nach (5.2) ergebenden abstrakten Kapazitätsbelastungsfaktoren $f_{j,v,q}$ sind im Resource Profile IIb (vgl. Tabelle 4.16) zusammengefaßt.

	j=1			*j=2*		
	v=2	*v=1*	*v=0*	*v=2*	*v=1*	*v=0*
q=1			*0,078*			*2,144*
q=2	*0,935*	*0,156*		*0,412*	*0,495*	
q=3		*0,312*				
Σ	*0,935*	*0,468*	*0,078*	*0,412*	*0,495*	*2,144*
Dimension der Matrixelemente $f_{j,v,q}$: ZE je ME						

Tabelle 4.16: Abstraktes Resource Profile IIb

$$(5.3) \quad Z_{q,t} = \sum_{j=1}^{J} \sum_{v=0}^{V_k} f_{j,v,q} \cdot X_{j,t+v} \qquad q = 1, \ldots, Q; \; t = 1, \ldots, T$$

Durch Multiplikation der geplanten Produktionsmengen der Produktfamilie mit den Kapazitätsbelastungsfaktoren $f_{j,v,q}$ kann gemäß (5.3) der Kapazitätsbedarf je Produktionssystem und Periode ermittelt werden. Die Ergebnisse sind in Tabelle 4.17 zusammengefaßt.

	Vorperioden	t=1	t=2	t=3	t=4	t=5	Σ
q=1		39,02	39,02	39,02	30,99	30,99	179,05
q=2	89,30	51,43	56,32	55,44	12,67		265,15
q=3	10,29	10,29	10,29	12,47	12,47		55,80
Σ	99,58	100,74	105,63	106,93	56,13	30,99	500,00
Dimension der Matrixelemente $Z_{q,t}$: ZE							

Tabelle 4.17: Auf der Basis von Resource Profiles IIb ermittelter Kapazitätsbedarf

Die Verwendung von mit der Produktionsmenge im Planungszeitraum gewichteten abstrakten Planungsobjekten führt wie schon in Abschnitt 3.1 beschrieben zu periodenmixabhängigen Inkonsistenzen bei der abstraktionsbasierten Grob-Kapazitätsplanung. Diese periodenmixabhängigen Inkonsistenzen treten um so stärker auf, je deutlicher die prozentuale Verteilung der Produktionsmengen der Enderzeugnisse einer Produktfamilie in einer Planungsperiode von der bei der Ermittlung des Gewichtungsfaktor f_{kj} berücksichtigten langfristigen Verteilung abweicht. Auch bei dieser Form der abstraktionsbasierten Grob-Kapazitätsplanung kann wiederum durch den Rückgriff auf gespeicherte Kapazitätsbelastungsfaktoren relativ zügig und ohne großen rechentechnischen Aufwand die Zulässigkeit eines gegebenen Produktionsprogramms auf Ebene der Produktfamilien überprüft werden.

4.3 Resource Profiles auf der Basis abstrakter Produktionssysteme sowie abstrakter Enderzeugnisse

Problemformulierung (6)

Erfolgt in einem nächsten Schritt sowohl eine Abstraktion von detaillierten Produktionssystemen zu abstrakten Produktionssystemen als auch eine Abstraktion von detaillierten Enderzeugnissen zu abstrakten Enderzeugnissen (Produktfamilien), so kann die Ermittlung der aus einem gegebenen Hauptproduktionsprogramm resultierenden Kapazitätsnachfrage auf der Basis der abstrakten Kapazitätsbelastungsfaktoren $f_{j,v,p}$ erfolgen.

Diese können nach (6.1) als Summe der abstrakten Kapazitätsbelastungsfaktoren $f_{j,v,q}$ über alle detaillierten Produktionssysteme $q \in Q^p$ bestimmt werden.

(6.1) $$f_{j,v,p} = \sum_{q \in Q^p} f_{j,v,q} \qquad j=1, \ldots, J;\ v=1, \ldots, V;\ p=1, \ldots, P$$

Die sich nach (6.1) ergebenden abstrakten Kapazitätsbelastungsfaktoren $f_{j,v,p}$ sind im Resource Profile IIc (vgl. Tabelle 4.18) zusammengefaßt.

	j=1			*j=2*		
	v=2	*v=1*	*v=0*	*v=2*	*v=1*	*v=0*
p=1			*0,078*			*2,144*
p=2	*0,935*	*0,468*		*0,412*	*0,495*	
Σ	*0,935*	*0,468*	*0,078*	*0,412*	*0,495*	*2,144*
Dimension der Matrixelemente $f_{j,v,p}$: ZE je ME						

Tabelle 4.18: Abstraktes Resource Profile IIc

Durch Multiplikation der geplanten Produktionsmengen der Produktfamilie mit den Kapazitätsbelastungsfaktoren $f_{j,v,p}$ kann gemäß (6.2) der Kapazitätsbedarf $Z_{p,t}$ je Produktionssystem und Periode ermittelt werden (vgl. Tabelle 4.19).

(6.2) $$Z_{p,t} = \sum_{j=1}^{J} \sum_{v=0}^{V_k} f_{j,v,p} \cdot X_{j,t+v} \qquad p=1, \ldots, P;\ t=1, \ldots, T$$

	Vorperioden	*t=1*	*t=2*	*t=3*	*t=4*	*t=5*	Σ
p=1		*39,02*	*39,02*	*39,02*	*30,99*	*30,99*	*179,05*
p=2	*99,58*	*61,71*	*66,61*	*67,90*	*25,14*		*320,95*
Σ	*99,58*	*100,74*	*105,63*	*106,93*	*56,13*	*30,99*	*500,00*
Dimension der Matrixelemente $Z_{p,t}$: ZE							

Tabelle 4.19: Auf der Basis von Resource Profile IIc ermittelter Kapazitätsbedarf

5 Charakterisierung ausgewählter Problemformulierungen zur abstraktionsbasierten Produktionsplanung

5.1 Problemformulierungen zur langfristigen abstraktionsbasierten Kapazitätsplanung (Beschäftigungsglättung)

5.1.1 Beschäftigungsglättung bei fixed work force

Problemformulierung (7)

Zielfunktion[523]

(7.1) $$\text{Minimiere } Z = \sum_{t=1}^{T}\left[\sum_{i=1}^{I}\left(KY_i \cdot Y_{i,t}\right) + KZ_t^{pz} \cdot Z_t^{pz}\right]$$

Nebenbedingungen

(7.2) $X_{i,t} + Y_{i,t-1} - Y_{i,t} = D_{i,t}$ $\quad i = 1, \ldots, I;\ t = 1, \ldots, T$

(7.3) $Y_{i,0} = \text{gegeben}$ $\quad i = 1, \ldots, I$

(7.4) $\sum_{i=1}^{I} f_i^b \cdot X_{i,t} \leq Z_t^{b,max}$ $\quad t = 1, \ldots, T$

(7.5) $\sum_{i=1}^{I} f_i^p \cdot X_{i,t} - Z_t^{pz} \leq Z_t^{pn,max}$ $\quad t = 1, \ldots, T$

(7.6) $Z_t^{pz} \leq Z_t^{pz,max}$ $\quad t = 1, \ldots, T$

(7.7) $X_{i,t}, Y_{i,t} \geq 0$ $\quad i = 1, \ldots, I;\ t = 1, \ldots, T$

(7.8) $Z_t^{pz} \geq 0$ $\quad t = 1, \ldots, T$

Beschreibung der Problemformulierung (7)

Zielfunktion (7.1) strebt für jeden Produkttyp eine Minimierung der Summe aus Lagerhaltungskosten und Kosten für erforderliche Überstunden im Planungszeitraum an. Nebenbedingung (7.2) stellt in jeder Periode und für jeden Produkttyp sicher, daß die erforderliche Bruttobedarfsmenge durch aktuelle Produktion oder in den Vorperioden aufgebaute Lagerbestände gedeckt ist. Nebenbedingung (7.3) setzt den Anfangsbestand eines jeden Produkttyps zu Beginn des Planungszeitraumes auf einen gegebenen Wert. Nebenbedingung

523 Problemformulierung in Anlehnung an **Günther, Hans-Otto; Tempelmeier, Horst**: Produktion, 1994, Seite 155f. Die Notation wurde an die durchgängig verwendete Notation angepaßt.

(7.4) stellt sicher, daß in keiner Periode die maximal verfügbare (Maschinen-) Kapazität überschritten wird. Die aus der in einer Periode für einen Produkttyp ermittelten Produktionsmenge resultierende (Maschinen-) Kapazitätsnachfrage wird auf der Basis eines abstrakten Kapazitätsbelastungsfaktors f^i_b bestimmt. Nebenbedingung (7.5) in Verbindung mit Nebenbedingung (7.6) stellt sicher, daß die maximal verfügbare Personalkapazität (Normalarbeitszeit und Zusatzarbeitszeit) nicht überschritten wird. Die aus der in einer Periode für einen Produkttyp ermittelten Produktionsmenge resultierende (Personal-) Kapazitätsnachfrage wird auf der Basis eines abstrakten Kapazitätsbelastungsfaktors f^i_p bestimmt. Nebenbedingung (7.7) stellt sicher, daß in keiner Periode und bei keinem Produkttyp die Produktionsmenge und die Lagerbestandsmenge kleiner als Null werden. Nebenbedingung (7.8) stellt sicher, daß in keiner Periode die in Anspruch genommene Zusatzarbeitszeit kleiner als Null wird.

Kommentierung der Problemformulierung (7)

Bei der Problemformulierung (7) handelt es sich um einen typischen Vertreter einer Problemformulierung zur langfristigen abstraktionsbasierten Kapazitätsplanung (Beschäftigungsglättung durch Überstunden (fixed work force)).

Planungsobjekte sind

- aus einer Abstraktion durch Assoziation hervorgehende abstrakte Produkttypen i, denen als relevante Merkmale periodenbezogene Bruttobedarfsmengen $D_{i,t}$ und periodeninvariante Lagerbestandskosten KY_i zugeordnet sind,
- eine aus einer Abstraktion durch Assoziation hervorgehende abstrakte (Maschinen-) Kapazität, welcher als einziges relevantes Merkmal die maximal je Periode verfügbare Kapazität $Z^{b,max}_t$ zugeordnet ist sowie
- eine aus einer Abstraktion durch Assoziation hervorgehende abstrakte (Personal-) Kapazität, welcher als einziges relevantes Merkmal die maximal je Periode verfügbare Kapazität $Z^{pn,max}_t$ zugeordnet ist.

Der abstrakte Kapazitätsbelastungsfaktor f^b_i stellt eine Verbindung zwischen den abstrakten Produkttypen und der abstrakten (Maschinen-) Kapazität her. Über den abstrakten Kapazitätsbelastungsfaktor f^p_i wird eine Verbindung zwischen der Produkt- und der Personalkapazitätsassoziation hergestellt.

Im Ergebnis werden auf abstrakter Ebene für alle Produkttypen für jede Periode abstrakte Produktionsmengen $X_{i,t}$, abstrakte Lagerbestandsmengen $Y_{i,t}$ sowie die aus dem Lagerbestand resultierenden Lagerbestandskosten $KY_i*Y_{i,t}$ ermittelt. Für die (Maschinen- und Personal-) Kapazitäten ergeben sich jeweils periodenbezogene abstrakte Kapazitätsbelastungswerte $f^b_i*X_{i,t}$ und $f^p_i*X_{i,t}$. Für die abstrakte (Personal-) Kapazität wird die in Anspruch genommene Zusatzpersonalkapazität Z^{pz}_t und die resultierenden Personalkosten $KZ^{pz}_t*Z^{pz}_t$ bestimmt.

5.1.2 Beschäftigungsglättung bei variable work force (I)

Problemformulierung (8)

Zielfunktion[524]

(8.1) $$\text{Minimiere } Z = \sum_{t=1}^{T}\left[\sum_{i=1}^{I}\left(KX_{i,t}X_{i,t} + KY_{i,t}Y_{i,t}\right) + KZ_t^{pz}Z_t^{pz} - KZ_t^{pu}Z_t^{pu} + KZ_t^{p,h}Z_t^{p,h} + KZ_t^{p,f}Z_t^{p,f}\right]$$

Nebenbedingungen

(8.2) $X_{i,t} + Y_{i,t-1} - Y_{i,t} = D_{i,t}$ $\quad i = 1, ..., I;\ t = 1, ..., T$

(8.3) $Y_{i,0} = gegeben$ $\quad i = 1, ..., I$

(8.4) $\sum_{i=1}^{I} f_i^b \cdot X_{i,t} \le Z_t^{b,max}$ $\quad t = 1, ..., T$

(8.5) $\sum_{i=1}^{I} f_i^p \cdot X_{i,t} - Z_t^{pz} + Z_t^{pu} - f_t^{pn} \cdot Z_t^{p,hf} = 0$ $\quad t = 1, ..., T$

(8.6) $Z_{t+1}^{p,hf} = Z_t^{p,hf} + Z_t^{p,h} - Z_t^{p,f}$ $\quad t = 1, ..., T$

(8.7) $Z_t^{pz} - f_t^{pz} \cdot Z_t^{p,hf} \le 0$ $\quad t = 1, ..., T$

(8.8) $X_{i,t}, Y_{i,t} \ge 0$ $\quad i = 1, ..., I;\ t = 1, ..., T$

(8.9) $Z_t^{pz}, Z_t^{pu} \ge 0$ $\quad t = 1, ..., T$

Beschreibung der Problemformulierung (8)

Zielfunktion (8.1) minimiert die Herstellungskosten und Lagerhaltungskosten sowie die Kosten für anfallende Überstunden, die (negativen) Kosten für nicht geleistete Normalarbeitszeit und die Kosten für die Anstellung bzw. Entlassung von Mitarbeitern über den gesamten Planungszeitraum. Nebenbedingung (8.2) stellt die übliche Lagerkontinuitätsbedingung dar. Nebenbedingung (8.3) setzt den Anfangsbestand eines jeden Produkttyps zu Beginn des Planungszeitraumes auf einen gegebenen Wert. Nebenbedingung (8.4) stellt sicher, daß in jeder Periode die durch die Produktion verursachte Maschinenkapazitätsnachfrage nicht größer ist als die in dieser Periode verfügbare Maschinenkapazität. Die Maschinenkapazitätsnachfrage wird unter Berücksichtigung eines abstrakten Kapazitätsbelastungsfaktors f^b_i ermittelt. Nebenbedingung (8.5) stellt sicher, daß die durch die Produktion

524 Problemformulierung in Anlehnung an **Neumann, Klaus**: Produktionsmanagement, 1996, Seite 198 - 202. Die Notation wurde an die durchgängig verwendete Notation angepaßt.

verursachte Nachfrage an Personalkapazität gedeckt wird. Das Kapazitätsangebot bestimmt sich aus der Summe der aktuell verfügbaren Mitarbeiter multipliziert mit der Anzahl der (Normal-) Arbeitsstunden je Mitarbeiter plus der zusätzlich verwendeten Arbeitsstunden minus der nicht verwendeten (Normal-) Arbeitsstunden. Nebenbedingung (8.6) stellt eine Mitarbeiteranzahlkontinuitätsbedingung dar. Nebenbedingung (8.7) stellt sicher, daß die beanspruchten Überstunden nicht größer sind als die maximal verfügbaren Überstunden. Nebenbedingung (8.8) stellt sicher, daß in keiner Periode und bei keinem Produkttyp die Produktionsmenge und die Lagerbestandsmenge kleiner als Null werden. Nebenbedingung (8.9) stellt sicher, daß in keiner Periode die in Anspruch genommene Zusatzkapazität sowie die nicht genutzte Personalkapazität kleiner als Null werden.

Kommentierung der Problemformulierung (8)

Bei der Problemformulierung (8) handelt es sich um einen typischen Vertreter einer Problemformulierung zur langfristigen abstraktionsbasierten Kapazitätsplanung (Beschäftigungsglättung durch Überstunden und Neueinstellungen bzw. Entlassungen (variable work force)).

Im Vergleich zu Problemformulierung (7) wird als ein weiteres Planungsobjekt die periodenbezogene detaillierte Anzahl der Mitarbeiter $Z^{p,hf}_t$, deren periodenbezogene Veränderungen durch Neueinstellungen $Z^{p,h}_t$ und Entlassungen $Z^{p,f}_t$ sowie die sich aus Einstellungen und Entlassungen ergebenden Kosten berücksichtigt.

5.1.3 Beschäftigungsglättung bei variable work force (II)

Problemformulierung (9)

Zielfunktion[525]

(9.1) $$\text{Minimiere } Z = \sum_{t=1}^{T}\left[\sum_{i=1}^{I}\left(KY_{i,t}Y_{i,t} + K\overline{Y}_{i,t}\overline{Y}_{i,t}\right) + KZ_t^{pn}Z_t^{pn} + KZ_t^{pz}Z_t^{pz} + KZ_t^{p,h}Z_t^{p,h} + KZ_t^{p,f}Z_t^{p,f}\right]$$

Nebenbedingungen

(9.2) $$X_{i,t} + Y_{i,t-1} - Y_{i,t} + \overline{Y}_{i,t} = \overline{D}_{i,t} \qquad i=1, \ldots, I;\ t=1, \ldots, T$$

(9.3) $$Y_{i,t} + \widetilde{Y}_{i,t}^{min} \geq Y_i^{min} \qquad i=1, \ldots, I;\ t=1, \ldots, T$$

(9.4) $$\overline{D}_{i,t} = D_{i,t} + \overline{Y}_{i,t-1} + \widetilde{Y}_{i,t-1}^{min} \qquad i=1, \ldots, I;\ t=1, \ldots, T$$

---

525 Problemformulierung in Anlehnung an **Steven, Marion**: Hierarchische Produktionsplanung, 1994, Seite 162f . Die Notation wurde an die durchgängig verwendete Notation angepaßt.

$$(9.5)\quad Y_{i,0} = Y_{i,0}^{*} \qquad i = 1, \ldots, I$$

$$(9.6)\quad \overline{Y}_{i,0} = \overline{Y}_{i,0}^{*} \qquad i = 1, \ldots, I$$

$$(9.7)\quad \widetilde{Y}_{i,0}^{min} = \widetilde{Y}_{i,0}^{min\,*} \qquad i = 1, \ldots, I$$

$$(9.8)\quad Y_{i,T} = Y_{i,T}^{*} \qquad i = 1, \ldots, I$$

$$(9.9)\quad 0 \leq Y_{i,t} \leq Y_{i}^{max} \qquad i = 1, \ldots, I;\ t = 1, \ldots, T$$

$$(9.10)\quad 0 \leq \overline{Y}_{i,t} \leq \overline{Y}_{i}^{max} \qquad i = 1, \ldots, I;\ t = 1, \ldots, T$$

$$(9.11)\quad 0 \leq \widetilde{Y}_{i,t}^{min} \leq Y_{i}^{min} \qquad i = 1, \ldots, I;\ t = 1, \ldots, T$$

$$(9.12)\quad X_{i,t} \geq 0 \qquad i = 1, \ldots, I;\ t = 1, \ldots, T$$

$$(9.13)\quad Z_{t}^{p,hf} = Z_{t-1}^{p,hf} + Z_{t}^{p,h} - Z_{t}^{p,f} \qquad t = 1, \ldots, T$$

$$(9.14)\quad Z_{0}^{p,hf} = Z_{0}^{p,hf\,*}$$

$$(9.15)\quad 0 \leq Z_{t}^{p,h} \leq Z^{p,h,max} \qquad t = 1, \ldots, T$$

$$(9.16)\quad 0 \leq Z_{t}^{p,f} \leq Z^{p,f,max} \qquad t = 1, \ldots, T$$

$$(9.17)\quad Z_{t}^{pn} \leq f^{pn} \cdot Z_{t}^{p,hf} \qquad t = 1, \ldots, T$$

$$(9.18)\quad Z_{t}^{pz} \leq f^{pz} \cdot Z_{t}^{p,hf} \qquad t = 1, \ldots, T$$

$$(9.19)\quad \sum_{i=1}^{I} f_{i}^{p} \cdot X_{i,t} - Z_{t}^{pn} - Z_{t}^{pz} \leq 0 \qquad t = 1, \ldots, T$$

$$(9.20)\quad \sum_{i=1}^{I} f_{i}^{b} \cdot X_{i,t} \leq Z_{t}^{b,max} \qquad t = 1, \ldots, T$$

Beschreibung der Problemformulierung (9)

Zielfunktion (9.1) strebt eine Minimierung der Kosten für Lagerhaltung, Fehlmengen, Normalarbeit, Zusatzarbeit sowie Anstellung und Entlassung von Mitarbeitern für alle Produkttypen über den gesamten Planungszeitraum an. Nebenbedingung (9.2) stellt für jede Periode und jeden Produkttyp sicher, daß die effektive Nachfrage durch die Produktion der aktuellen Periode oder durch in Vorperioden aufgebaute Lagerbestände befriedigt werden kann, wobei explizit Fehlmengen zugelassen werden. Nebenbedingung (9.3) stellt für jede Periode und jeden Produkttyp sicher, daß der Mindestlagerbestand nicht durch den aktuellen Lagerbestand unterschritten wird, wobei jedoch explizit Mindestlagerbestandsunterschreitungen zugelassen werden. Nebenbedingung (9.4) bestimmt für jeden Produkttyp und jede Periode die in Nebenbedingung (9.2) zugrundegelegte effektive Nachfrage als Summe von aktuellem

Bruttobedarf sowie Fehlmengenübertrag und Mindestlagerbestandsunterschreitung aus der Vorperiode. Nebenbedingungen (9.5) bis (9.7) setzen den Lagerbestand, die Fehlmengen sowie die Mindestlagerbestandsunterschreitungen für jeden Produkttyp zu Beginn des Planungszeitraumes auf gegebene Werte. Nebenbedingung (9.8) setzt für jeden Produkttyp den Lagerbestand am Ende des Planungszeitraumes auf einen gegebenen Wert. Nebenbedingungen (9.9) bis (9.11) begrenzen für jeden Produkttyp und jede Periode den Lagerbestand, die Fehlmengen sowie die Mindestlagerbestandsunterschreitungen auf ein zulässiges Intervall. Nebenbedingung (9.12) stellt sicher, daß in keiner Periode und bei keinem Produkttyp die Produktionsmenge kleiner als Null wird. Nebenbedingung (9.13) stellt eine Mitarbeiteranzahlkontinuitätsbedingung dar. Nebenbedingung (9.14) setzt die Anzahl der Mitarbeiter zu Beginn des Planungszeitraumes auf einen gegebenen Wert. Nebenbedingungen (9.15) und (9.16) begrenzen die Anzahl der je Periode eingestellten bzw. entlassenen Arbeitnehmer auf ein vorgegebenes Intervall. Nebenbedingung (9.17) stellt sicher, daß in keiner Periode die in Anspruch genommene Personalkapazität (Normalarbeit) die verfügbare Personalkapazität (Normalarbeit) überschreitet. Nebenbedingung (9.18) stellt sicher, daß in keiner Periode die in Anspruch genommene Personalkapazität (Zusatzarbeit) die verfügbare Personalkapazität (Zusatzarbeit) überschreitet. Nebenbedingung (9.19) stellt sicher, daß in jeder Periode die aus den Produktionsmengen resultierende Nachfrage nach Personalkapazität der in Anspruch genommenen Personalkapazität (Normalarbeit und Zusatzarbeit) entspricht. Nebenbedingung (9.20) schließlich stellt sicher, daß in keiner Periode die aus den Produktionsmengen resultierende Nachfrage nach Betriebsmittelkapazität die verfügbare Betriebsmittelkapazität überschreitet.

5.2 Problemformulierung zur mittelfristigen abstraktionsbasierten Produktionsprogrammplanung (Master Production Scheduling)

Problemformulierung (10)

Zielfunktion[526]

$$(10.1) \quad Min\ Z = \sum_{t=1}^{T}\left[\sum_{j=1}^{J}\left(KY_j \cdot Y_{j,t}\right) + \sum_{q=1}^{Q}\left(KZ_{q,t}^{z} \cdot Z_{q,t}^{z}\right)\right]$$

Nebenbedingungen

$$(10.2) \quad X_{j,t} + Y_{j,t-1} - Y_{j,t} = D_{j,t} \qquad j = 1,\dots,J\,;\ t = 1,\dots,T$$

526 Problemformulierung in Anlehnung an **Günther, Hans-Otto; Tempelmeier, Horst**: Produktion, 1994, Seite 167f. Die Notation wurde an die durchgängig verwendete Notation angepaßt.

(10.3)	$Y_{j,0} = gegeben$	$j = 1, ..., J$
(10.4)	$\sum_{j=1}^{J} \sum_{v=0}^{V_J} f_{j,v,q} \cdot X_{j,t+v} - Z_{q,t}^{z} \leq Z_{q,t}^{max}$	$q = 1, ..., Q;\ t = 1, ..., T$
(10.5)	$Z_{q,t}^{z} \leq Z_{q,t}^{z,max}$	$q = 1, ..., Q;\ t = 1, ..., T$
(10.6)	$X_{j,t}, Y_{j,t} \geq 0$	$j = 1, ..., J;\ t = 1, ..., T$
(10.7)	$Z_{q,t}^{z} \geq 0$	$q = 1, ..., Q;\ t = 1, ..., T$

Beschreibung der Problemformulierung (10)

Zielfunktion (10.1) strebt über alle Perioden des Planungszeitraumes die Minimierung der Kosten der Lagerhaltung und der Kosten der eingesetzten Zusatzkapazitäten an. Nebenbedingung (10.2) stellt die übliche Lagerkontinuitätsbedingung dar. Nebenbedingung (10.3) setzt den Anfangsbestand einer jeden Produktfamilie zu Beginn des Planungszeitraumes auf einen gegebenen Wert. Nebenbedingung (10.4) stellt für jedes detaillierte Produktionssystem und jede Periode sicher, daß die aus den Produktionsmengen resultierende Kapazitätsnachfrage durch das aus Normalkapazität und Zusatzkapazität bestehende Kapazitätsangebot gedeckt wird. Nebenbedingung (10.5) stellt für jedes detaillierte Produktionssystem und jede Periode sicher, daß die beanspruchte Zusatzkapazität die maximal verfügbare Zusatzkapazität nicht überschreitet. Nebenbedingung (10.6) stellt sicher, daß in keiner Periode und bei keiner Produktfamilie die Produktionsmenge und die Lagerbestandsmenge kleiner als Null werden. Nebenbedingung (10.7) stellt sicher, daß in keiner Periode und bei keinem detaillierten Produktionssystem die beanspruchte Zusatzkapazität kleiner als Null wird.

Kommentierung der Problemformulierung (10)

Problemformulierung (10) kann als ein typischer Vertreter einer Problemformulierung zur mittelfristigen abstraktionsbasierten Produktionsprogrammplanung interpretiert werden. Planungsobjekte sind

- die aus einer Abstraktion durch Assoziation hervorgehenden abstrakten Produktfamilien j, denen als relevante Merkmale periodenbezogene Bruttobedarfsmengen $D_{j,t}$, sowie periodeninvariante Lagerbestandskosten KY_j zugeordnet sind.
- detaillierte Produktionssysteme q, denen als relevante Merkmale die maximal je Periode verfügbare Zusatzkapazität $Z^{z,max}_{q,t}$ sowie die Kosten einer Mengeneinheit dieser Zusatzkapazität $KZ^{z}_{q,t}$ zugeordnet sind.

Eine Verbindung zwischen der Produktassoziation und den detaillierten Produktionssystemen wird über den Kapazitätsbelastungsfaktor $f_{j,v,q}$ hergestellt.

Im Ergebnis werden für alle abstrakten Produktfamilien Produktionsmengen $X_{j,t}$, Lagerbestandsmengen $Y_{j,t}$ und Lagerbestandskosten KY_t*$Y_{j,t}$ ermittelt. Für die detaillierten Produktionssysteme werden die in Anspruch genommene Zusatzkapazität $Z^{z}_{q,t}$ sowie die für die Inanspruchnahme anfallenden Kosten $KZ^{z}_{q,t} * Z^{z}_{q,t}$ bestimmt.

5.3 Der klassische Ansatz von Hax et al. zur Hierarchischen Produktionsplanung (HPP)

5.3.1 Aggregate Production Planning for Types

Problemformulierung (11)

Zielfunktion[527]

(11.1) $$\text{Minimiere } Z = \sum_{t=1}^{T}\left[\sum_{i=1}^{I}\left(KX_{i,t}\cdot X_{i,t} + KY_{i,t}\cdot Y_{i,t}\right) + KZ_t^{pn}\cdot Z_t^{pn} + KZ_t^{pz}\cdot Z_t^{pz}\right]$$

Nebenbedingungen

(11.2) $X_{i,t} + Y_{i,t-1} - Y_{i,t} = D_{i,t}$ $\qquad i = 1, \ldots, I;\ t = 1, \ldots, T$

(11.3) $Y_{i,0} = \text{gegeben}$ $\qquad i = 1, \ldots, I$

(11.4) $\sum_{i=1}^{I} f_i^p \cdot X_{i,t} - Z_t^{pn} - Z_t^{pz} = 0$ $\qquad t = 1, \ldots, T$

(11.5) $Z_t^{pn} \leq Z_t^{pn,max}$ $\qquad t = 1, \ldots, T$

(11.6) $Z_t^{pz} \leq Z_t^{pz,max}$ $\qquad t = 1, \ldots, T$

(11.7) $X_{i,t}, Y_{i,t} \geq 0$ $\qquad i = 1, \ldots, I;\ t = 1, \ldots, T$

(11.8) $Z_t^{pn},\ Z_t^{pz} \geq 0$ $\qquad t = 1, \ldots, T$

Beschreibung der Problemformulierung (11):

Zielfunktion (11.1) minimiert die Summe aus Herstellungs- und Lagerhaltungskosten aller Produkttypen in allen Perioden sowie die Kosten der verwendeten Normal- und Zusatzkapazitäten. Nebenbedingung (11.2) stellt die übliche Lagerbestandkontinuitätsbedingung dar. Nebenbedingung (11.3) setzt den Anfangslagerbestand zu Beginn des Planungszeitraumes für jeden Produkttyp auf einen gegebenen Wert. Nebenbedingung (11.4) stellt sicher, daß der aus den geplanten Produktionsmengen resultierende Kapazitätsbedarf, ermittelt über einen abstrakten Kapazitätsbelastungsfaktor f_i^p, dem verfügbaren Kapazitätsangebot, beste-

527 Problemformulierung in Anlehnung an **Hax, Arnoldo C.; Golovin, Jonathan J.**: HPPS, 1978, Seite 404f. **Bitran, R. Gabriel; Haas, Elizabeth A.; Hax, Arnoldo C**: Single Stage, 1981, Seite 720f. Die Notation wurde an die durchgängig verwendete Notation angepaßt.

hend aus Normalarbeit und Zusatzarbeit, in jeder Periode entspricht. Nebenbedingung (11.5) stellt sicher, daß die genutzte Normalkapazität die maximal verfügbare Normalkapazität in keiner Periode überschreitet. Durch Nebenbedingung (11.6) wird getrennt sichergestellt, daß die genutzte zusätzliche Kapazität die maximal verfügbare zusätzliche Kapazität nicht überschreitet. Nebenbedingungen (11.7) und (11.8) stellen sicher, daß in jeder Periode für jeden Produkttyp nur positive Produktionsmengen und Lagerbestandsmengen auftreten sowie in jeder Periode nur eine positive Kapazitätsnutzung erfolgt.

Kommentierung der Problemformulierung (11)

Bei der Problemformulierung (11) handelt es sich wie schon bei der Problemformulierung (7) um einen weiteren typischen Vertreter einer einfachen Problemformulierung zur langfristigen abstraktionsbasierten Kapazitätsplanung (Beschäftigungsglättung durch Überstunden (fixed work force), begrenzte Personalkapazitäten, unbegrenzte Lagerkapazitäten). Planungsobjekte sind hier

- durch Abstraktion durch Assoziation gebildete abstrakte Produkttypen i, denen als relevante Merkmale durch Summenbildung ermittelte periodenbezogene Bruttobedarfsmengen $D_{i,t}$, durch Durchschnittsbildung ermittelte periodenbezogene Herstellungskosten $KX_{i,t}$, sowie durch Durchschnittsbildung ermittelte periodenbezogene Lagerbestandskosten $KY_{i,t}$ zugeordnet sind,
- zwei durch Abstraktion durch Assoziation gebildete abstrakte (Personal-) Kapazitäten (Normalarbeit und Zusatzarbeit), denen als relevante Merkmale jeweils eine durch Summenbildung ermittelte maximal je Periode verfügbare Arbeitskapazität $Z^{pn,max}_t$ und $Z^{pz,max}_t$ zugeordnet ist.

Über den abstrakten Kapazitätsbelastungsfaktor f^p_i wird eine Verbindung zwischen der Produkt- und der Personalkapazitätsassoziation hergestellt.

Im Ergebnis werden auf abstrakter Ebene für die abstrakten Produkttypen Produktionsmengen $X_{i,t}$, Lagerbestandsmengen $Y_{i,t}$ sowie die resultierenden Herstellungskosten $KX_{i,t}*X_{i,}$ und Lagerbestandskosten $KY_{i,t}*Y_{i,t}$ ermittelt. Für die beiden abstrakten (Personal-) Kapazitäten ergeben sich Kapazitätsbelastungswerte Z^{pn}_t und Z^{pz}_t sowie die hieraus resultierenden Personalkosten $KZ^{pn}_t*Z^{pn}_t$ und $KZ^{pz}_t*Z^{pz}_t$.

5.3.2 Family Disaggregation Modell

Auf der nächsten folgenden Planungsebene (Family Disaggregation Model[528], Produktfamilien-Problem[529], Losgrößenbestimmung für Produktfamilien[530]) werden für die erste Planungsperiode (t=1) für jede Produktgruppe i die Vorgaben der übergeordneten Planungs-

528 **Hax, Arnoldo C.; Golovin, Jonathan J.**: HPPS, 1978, Seite 410.

529 **Steven, Marion**: Hierarchische Produktionsplanung, 1994, Seite 66.

530 **Neumann, Klaus**: Produktionsmanagement, 1996, Seite 202.

ebene in Form der dort ermittelten Produktionsmengen $X_{i,1}$ (im folgenden bezeichnet als X^*_i, um den Vorgabecharakter und damit den Übergang von einer Entscheidungsvariablen zum Modellparameter zu verdeutlichen) auf die jedem Produkttyp zugeordneten Produktfamilien $j \in J^i$ detailliert. Hax, Meal et al. schlagen insbes. die folgenden drei Verfahren zur Detaillierung vor: Hax-Meal-Heuristik, Winters-Heuristik sowie reguläre Knapsack-Methode.

5.3.2.1 Hax-Meal-Heuristik

Problemformulierung (12)

Die Hax-Meal-Heuristik[531] zur Detaillierung der auf der übergeordneten Planungsebene für die Produkttypen generierten Produktionsmengenvorgaben X^*_i folgt der folgenden Vorgehensweise:

(1) Zunächst sind in einem ersten Schritt aus der Menge $j \in J^i$, d.h. der Menge der Produktfamilien j, die einem Produkttyp i zugeordnet sind, diejenigen Produktfamilien j zu identifizieren, bei denen der Bedarf in der ersten Periode mindestens eines Enderzeugnisses $k \in K^j$ nicht durch die Differenz von verfügbarem aktuellen Lagerbestand und Sicherheitsbestand gedeckt ist und die somit insgesamt als Produktfamilien in der nächsten Periode zur Produktion vorzusehen sind. Diese Produktfamilien werden in der Menge $j \in J^{i*}$ zusammengefaßt.

$$(12.1) \quad ROT_j = \underset{k \in K^j}{Min}\; ROT_k = \underset{k \in K^j}{Min}\left(\frac{Y_k^{akt} - Y_k^{min}}{D_k}\right) \qquad j = 1, \dots, J$$

Eine Produktfamilie wird $j \in J^{i*}$ zugeordnet, wenn $ROT_j < 1$.

(2) Im folgenden Schritt wird für jede als relevant identifizierte Produktfamilie $j \in J^{i*}$ die (vorläufige) Produktionsmenge X_j bestimmt. Diese ergibt sich entweder aus der Summe der zur jeweiligen Produktfamilie gehörenden produzierbaren Menge der Enderzeugnisse, welche jeweils durch das Minimum aus der (exogen vorgegebenen) wirtschaftlichen Losgröße dieser Enderzeugnisse X_k^{opt} einerseits und der verfügbaren restlichen Lagerkapazität für das Enderzeugnis andererseits bestimmt wird (vgl. (12.2a)) oder aus dem Minimum aus der (exogen vorgegebenen) wirtschaftlichen Losgröße der Produktfamilie X_j^{opt} einerseits und der verfügbaren restlichen Lagerkapazität für die Produktfamilie andererseits (vgl. (12.2b).

$$(12.2a) \quad X_j = \sum_{k \in K^{j*}} Min \begin{cases} X_k^{opt} \\ Y_k^{max} - Y_k^{akt} \end{cases} \quad \text{bzw. (12.2b)} \quad X_j = Min \begin{cases} X_j^{opt} \\ Y_j^{max} - Y_j^{akt} \end{cases} \qquad j = 1, \dots, J$$

(3) Im anschließenden Schritt wird die Summe aller (vorläufigen) Produktionsmengen X_j eines Produkttyps gebildet und die Differenz mit den auf der übergeordneten Planungsebene ermittelten Produktionsmengenvorgaben X_i^* ermittelt. Ist die Summe der (vorläufigen) Produktionsmengen X_j eines Produkttyps kleiner als die Vorgabe X_i^*, werden die Produktionsmengen X_j proportional erhöht; ist die Summe der (vorläufigen) Produktionsmengen X_j einer

531 **Hax, Arnoldo C.; Golovin, Jonathan J.**: HPPS, 1978, Seite 410. Das beschriebene Verfahren wird dort als „Hax and Meal Method“ bezeichnet. Die Notation wurde an die durchgängig verwendete Notation angepaßt.

Produktfamilie größer als die Vorgabe X_i^*, werden die Produktionsmengen X_j proportional reduziert.

Die Hax-Meal-Heuristik ermöglicht eine Detaillierung der auf der übergeordneten Planungsebene ermittelten Produktionsmengenvorgabe X^*_i in Produktionsmengen X_j für alle $j \in J^{i*}$, wobei hier zwar versucht wird, jeweils exogen vorgegebene optimale Produktionslosgrößen zu berücksichtigen, bedingt durch die Begrenzung der Lagerkapazitäten sowie die im dritten Schritt ggfs. vorgenommene proportionale Anpassung der zugeteilten Produktionsmengen in der Regel jedoch von diesen optimalen Produktionslosgrößen abgewichen wird. Vorteilhaft ist, daß jeder Produktfamilie $j \in J^{i*}$ zumindest anteilig Produktionsmengen zugewiesen werden.

5.3.2.2 Winters-Heuristik

Problemformulierung (13)

Die Heuristik von Winters[532] zur Detaillierung der auf der übergeordneten Planungsebene für die Produkttypen generierten Produktionsmengenvorgaben X^*_i folgt einer ähnlichen Vorgehensweise:

(1) In einem ersten Schritt werden für jede Produktfamilie $j \in J^i$ die produzierbaren Mengen ermittelt. Diese sind wiederum das Minimum aus der (exogen vorgegebenen) wirtschaftlichen Losgröße dieser Enderzeugnisse X^{opt}_k einerseits und der verfügbaren restlichen Lagerkapazität für das Enderzeugnis andererseits (vgl. (13.1a)) bzw. das Minimum aus der (exogen vorgegebenen) wirtschaftlichen Losgröße der Produktfamilie X^{opt}_j einerseits und der verfügbaren restlichen Lagerkapazität für die Produktfamilie andererseits (vgl. (13.1b)).

$$(13.1a)\quad X_j = \sum_{k \in K^j} Min \begin{cases} X_k^{opt} \\ Y_k^{max} - Y_k^{akt} \end{cases} \quad \text{bzw. (13.1b)}\quad X_j = Min \begin{cases} X_j^{opt} \\ Y_j^{max} - Y_j^{akt} \end{cases} \quad j = 1, \ldots, J$$

(2) In einem nächsten Schritt werden für jede Produktfamilie $j \in J^i$ die minimalen Lagerbestandsreichweiten ermittelt.

$$(13.2)\quad ROT_j = \underset{k \in K^j}{Min}\ ROT_k = \underset{k \in K^j}{Min}\left(\frac{Y_k^{akt} - Y_k^{min}}{D_k}\right)$$

(3) Alle Produktfamilien $j \in J^i$ werden nach aufsteigender Lagerbestandsreichweite geordnet.

(4) Die verfügbare Produktionsmenge X_i^* wird, beginnend mit der Produktfamilie mit der geringsten Lagerbestandsreichweite, so lange den einzelnen Produktfamilien zugeordnet, bis die verfügbare Produktionsmenge vollständig verbraucht wird.

Während bei der Hax-Meal-Heuristik (vgl. Problemformulierung (12)) von den (exogen vorgegebenen) optimalen Produktionslosgrößen abgewichen wird, werden bei der Winters-Heuristik die exogen vorgegebenen Produktionslosgrößen beibehalten. Während jedoch bei Hax-Meal-Heuristik sichergestellt ist, daß alle Produktfamilien (zumindest teilweise) zur Produktion aufgelegt werden, besteht hier die Möglichkeit, daß es bei Kapazitätsengpässen gegen Ende der Periode zu Fehlmengen kommen kann.

5.3.2.3 Knapsack-Methode

Problemformulierung (14)

Die Knapsack-Methode zur Detaillierung der auf der übergeordneten Planungsebene für die Produkttypen generierten Produktionsmengenvorgaben X^*_i schließlich folgt der folgenden Vorgehensweise:

Zielfunktion[533]

(14.1) $$\text{Minimiere } Z = \sum_{j \in J^{i*}} \left(\frac{KR_j \cdot D_j}{X_j} \right)$$

Nebenbedingungen

(14.2) $$\sum_{j \in J^{i*}} X_j = X_i^*$$

(14.3) $$D_j \leq X_j \leq Y_j^{max} - Y_j$$

Beschreibung der Problemformulierung (14)

Die für jeden Produkttyp aufzustellende Zielfunktion (14.1) sucht für jede der nach (12.1) ermittelten Produktfamilie aus $j \in J^{i*}$ das Minimum aus den Rüstkosten dieser Produktfamilie multipliziert mit dem Bruttobedarf, dividiert durch die zu ermittelnde Produktionsmenge. Nebenbedingung (14.2) stellt sicher, daß die Summe der zu ermittelnden Produktionsmengen X_j der Produktfamilien aus $j \in J^{i*}$ in der betrachteten ersten Periode des Gesamtplanungszeitraumes der auf der übergeordneten Planungsebene ermittelten Produktionsmengenvorgabe X_i^* entspricht. Hierdurch wird die Konsistenz der Detaillierung sichergestellt. Nebenbedingung (14.3) schließlich stellt sicher, daß einerseits die zu ermittelnden Produktionsmengen X_j nicht kleiner sind als die erforderlichen Bedarfsmengen der entsprechenden Produktfamilie D_j, andererseits die geplanten Produktionsmengen X_j nicht die maximal verfügbare Lagerkapazität Y_j^{max}-Y_j überschreiten.

532 **Hax, Arnoldo C.; Golovin, Jonathan J.**: HPPS, 1978, Seite 414. Die Notation wurde an die durchgängig verwendete Notation angepaßt.

533 Problemformulierung in Anlehnung an **Hax, Arnoldo C.; Golovin, Jonathan J.**: HPPS, 1978, Seite 412f. **Bitran, R. Gabriel; Haas, Elizabeth A.; Hax, Arnoldo C:** Single Stage, 1981, Seite 722f. Die Notation wurde an die durchgängig verwendete Notation angepaßt.

Kommentierung der Problemformulierung (14)

Auch Problemformulierung (14) ermöglicht eine Detaillierung der Produktionsmengenvorgabe X_i* in Produktionsmengen X_j für alle $j \in J^{i*}$. Im Vergleich zu den beiden zuvor dargestellten Heuristiken besonders vorteilhaft ist hier, daß einerseits die Rüstkosten explizit in der Problemformulierung berücksichtigt werden und somit nicht auf exogen vorgegebene optimale Produktionslosgrößen zurückgegriffen werden muß und daß andererseits nicht nur die maximal verfügbare Lagerkapazität $Y^{max}{}_j$-Y_j als Produktionsmengenobergrenze, sondern auch die erforderliche Bedarfsmenge D_j als Produktionsmengenuntergrenze berücksichtigt wird.

Erläuterung der Vorgehensweise bei der Lösung

Bei Problemformulierung (14) handelt es sich um eine Knapsack-Formulierung, welche unter bestimmten Bedingungen nicht lösbar ist.

Das Problem ist einerseits nicht zulässig lösbar, wenn die maximal verfügbare Lagerkapazität Y_j^{max}-Y_j über alle $j \in J^{i*}$ kleiner ist als die von der übergeordneten Planungsebene vorgegebene Produktionsmenge X_i* (vgl. (14.4)). Das Problem ist andererseits nicht zulässig lösbar, wenn die Bedarfsmengen D_j über aller $j \in J^{i*}$ größer sind als die von der übergeordneten Planungsebene vorgegebene Produktionsmenge X_i* (vgl. (14.5)).

$$(14.4) \quad \sum_{j \in J^{i*}} \left(Y_j^{max} - Y_j\right) \leq X_i^*$$

$$(14.5) \quad \sum_{j \in J^{i*}} D_j \geq X_i^*$$

$$(14.6) \quad \sum_{j \in J^{i*}} D_j \leq X_i^* \leq \sum_{j \in J^{i*}} Y_j^{max} - Y_j$$

Gilt jedoch (14.6), so kann die Problemformulierung einer zulässigen Lösung zugeführt werden. In einem ersten Schritt wird für alle Produktfamilien $J \in J^{i*}$ eine vorläufige Näherungslösung nach (14.7) bestimmt.

$$(14.7) \quad X_j^+ = \frac{X_i^* \cdot \sqrt{KR_j \cdot D_j}}{\sum_{J \in J^{i*}} \sqrt{KR_j \cdot D_j}} \qquad j = 1, \ldots, J^{i*}$$

Diese Näherungslösungen werden dahingehend überprüft, ob sie innerhalb des von (14.3) festgelegten Intervalls liegen. Ist ein X^+_j außerhalb dieses festgelegten Intervalls, werden die Mengen der „zu großen" $j \in J^{i+}$ und die Menge der „zu kleinen" $j \in J^{i-}$ gebildet.

$$(14.8) \quad J^{i+} = \left\{ j \in J^i \middle| X_j^+ \geq Y_j^{max} - Y_j \right\}$$

(14.9) $J^{i-} = \left\{ j \in J^i \middle| X_j^+ \leq D_j \right\}$

Anschließend werden die Gesamtüberproduktion S^+ und die Gesamtunterproduktion S^- ermittelt.

(14.10) $S^+ = \sum_{j \in J^{i+}} \left(X_j^+ - \left(Y_j^{max} - Y_j \right) \right)$

(14.11) $S^- = \sum_{j \in J^{i-}} \left(D_j - X_j^+ \right)$

Ist $S^+ \geq S^-$, so werden alle $j \in J^{i+}$ die Produktionsmengen X_j festgelegt, indem sie auf ihre Obergrenzen gesetzt werden (vgl. (14.12)). Aus der Menge der $j \in J^i$ werden die abgearbeiteten j eleminiert. Die für die nächste Iteration anzusetzende Mengenvorgabe $\underline{X}^*_i$ wird um die Summe der verteilen Produktionsmengen X_j über alle $j \in J^{i+}$ verringert.

(14.12) $X_j = Y_j^{max} - Y_j$

(14.13) $\underline{X}_i^* = X_i^* - \sum_{j \in J^{i+}} \left(Y_j^{max} - Y_j \right)$

In einem folgenden Iterationsschritt wird anschließend wiederum das Problem (14.1) bis (14.3) für die verbleibenden j und die verbleibende Vorgabemenge $\underline{X}^*i$ gelöst.

Ist hingegen $S^+ \leq S^-$, d.h. die Unterschreitung der Untergrenzen der vorläufigen Näherungslösungen ist betragsmäßig größer als die Überschreitung der Obergrenzen, dann werden für alle $j \in J^{i-}$ die Produktionsmengen X_j festgelegt, indem sie auf ihre Untergrenzen gesetzt werden. Aus der Menge der $j \in J^i$ werden die abgearbeiteten j eleminiert. Die in der nächsten Iteration anzusetzende Mengenvorgabe $\underline{X}^*_i$ wird um die Summe der verteilten Produktionsmengen X_j reduziert.

(14.14) $X_j = D_j$

(14.15) $\underline{X}_i^* = X_i^* - \sum_{j \in J^{i+}} D_j$

In einem folgenden Iterationsschritt wird anschließend wiederum das Problem (14.1) bis (14.3) für die verbleibenden j und die verbleibende Vorgabemenge $\underline{X}^*_i$ gelöst. Da bei jedem Iterationsschritt für eine Teilmenge aus $j \in J^i$ Produktionsmengen X_j ermittelt werden, führt dieses Verfahren nach endlich vielen Iterationsschritten zu einer optimalen Lösung.

5.3.3 Item Disaggregation Modell

Auf dieser dritten Planungsebene (Item Disaggregation Modell[534], Artikelproblem[535], Losgrößenbestimmung für Endprodukte[536]) stellt sich die Aufgabe, eine Detaillierung der auf der übergeordneten Planungsebene ermittelten Produktionsmengen der Produktfamilien X_j^* auf die zu den einzelnen Produktfamilien gehörenden Enderzeugnisse vorzunehmen. Hax/Meal et al. schlagen u.a. die beiden folgenden Vorgehensweisen vor: Hax-Meal-Heuristik und Knapsack-Methode.

5.3.3.1 Hax-Meal-Heuristik[537]

Problemformulierung (15)

Zur Detaillierung der Vorgaben der übergeordneten Planungsebene X^*_j in konkrete Produktionsmengen der Enderzeugnisse X_k wird von Hax/Meal et al. die folgende heuristische Vorgehensweise vorgeschlagen:

Die Ermittlung der Produktionsmengen X_k der Enderzeugnisse k einer Produktfamilie j erfolgt durch Multiplikation des Bruttobedarfs des Enderzeugnisses D_k mit einem (produktfamilienspezifischen) Normalisierungsfaktor und anschließende Subtraktion des verfügbaren Lagerbestandes (aktueller Lagerbestand minus Mindestlagerbestand) des Enderzeugnisses.

$$(15.1) \quad X_k = D_k \cdot \left[\frac{X_j^* + \sum_{k \in K^j} \left(Y_k^{akt} - Y_k^{min} \right)}{\sum_{k \in K^j} D_k} \right] + Y_k^{akt} - Y_k^{min}$$

Durch die Multiplikation mit dem (produktfamilienspezifischen) Normalisierungsfaktor soll erreicht werden, daß die Summe der modifizierten Bruttobedarfe dem abstrakten Bruttobedarf der entsprechenden Produktfamilie entspricht und daß die zur Verfügung stehende Produktionsmenge so auf die Enderzeugnisse verteilt wird, daß unter Berücksichtigung der jeweils aktuell verfügbaren Lagerbestände und der Produktion die Lagerbestandsreichweiten aller Einzelprodukte der Produktfamilie implizit angeglichen werden.

5.3.3.2 Knapsack-Methode

Problemformulierung (16)

Zur Detaillierung der Vorgaben der übergeordneten Planungsebene X^*_j in konkrete Produktionsmengen der Enderzeugnisse X_k wird von Hax/Meal et al. die folgende Problemformulierung vorgeschlagen:

---

534 **Hax, Arnoldo C.; Golovin, Jonathan J.**: HPPS, 1978, Seite 416.

535 **Steven, Marion**: Hierarchische Produktionsplanung, 1994, Seite 77.

536 **Neumann, Klaus**: Produktionsmanagement, 1996, Seite 206.

537 Problemformulierung in Anlehnung an: **Hax, Arnoldo C.; Golovin, Jonathan J.**: HPPS, 1978, Seite 416. Die Notation wurde an die durchgängig verwendete Notation angepaßt.

Zielfunktion[538]

$$(16.1)\quad \text{Minimiere } Z = 0{,}5 \cdot \sum_{k \in K^j} \left[\frac{X_j^* + \sum_{k \in K^j} \left(Y_k^{akt} - Y_k^{min} \right)}{\sum_{k \in K^j} \sum_{t=1}^{V+1} D_{k,t}} - \frac{X_k + Y_k^{akt} - Y_k^{min}}{\sum_{t=1}^{V+1} D_{k,t}} \right]^2$$

Nebenbedingungen

$$(16.2)\quad \sum_{k \in K^j} X_k = X_j^*$$

$$(16.3)\quad X_k \leq Y_k^{max} - Y_k^{akt}$$

$$(16.4)\quad X_k \geq \max \begin{cases} 0 \\ \sum_{t=1}^{V+1} D_{k,t} - Y_k^{akt} + Y_k^{min} \end{cases}$$

Beschreibung der Problemformulierung (16)

Zielfunktion (16.1) strebt eine Minimierung der quadratischen Abweichung der durchschnittlichen Lagerbestandsreichweite der Produktfamilie und der individuellen Lagerbestandsreichweite des Enderzeugnisses an. Ziel ist es, durch eine Annäherung der Lagerbestandsreichweiten zu vermeiden, daß in zukünftigen Planungsperioden wegen der Knappheit nur eines Enderzeugnisses einer Produktfamilie die Rüstkosten für die Auflegung der gesamten Produktfamilie anfallen. Nebenbedingung (16.2) stellt sicher, daß die Summe der Produktionsmengen der Enderzeugnisse einer Produktfamilie den Vorgaben der übergeordneten Planungsebene entspricht (Konsistenz der Detaillierung). Nebenbedingung (16.3) stellt sicher, daß die Produktionsmenge eines Enderzeugnisses nicht größer ist als die verfügbare Lagerkapazität (als Differenz von maximal möglichem und aktuellem Lagerbestand) für dieses Enderzeugnis. Nebenbedingung (16.4) schließlich stellt sicher, daß die Produktionsmenge eines Enderzeugnisses nicht kleiner ist als der Nettobedarf (als Differenz des aktuellen und Mindestlagerbestandes).

Bei der Problemformulierung (16) handelt es sich wiederum um eine Knapsack-Formulierung, die in ähnlicher Weise wie die Problemformulierung (14) einer Lösung zugeführt werden kann.

---

538 Problemformulierung in Anlehnung an: **Hax, Arnoldo C.; Golovin, Jonathan J.**: HPPS, 1978, Seite 417. **Bitran, R. Gabriel; Haas, Elizabeth A.; Hax, Arnoldo C:** Single Stage, 1981, Seite 723. Die Notation wurde an die durchgängig verwendete Notation angepaßt.

5.4 Charakterisierung ausgewählter Problemformulierungen zur integrierten Losgrößenplanung

5.4.1 Single-Level Capacitated Lot-Sizing Problem (CLSP)

Problemformulierung (17)

Zielfunktion[539]

$$(17.1)\quad \text{Minimiere } Z = \sum_{t=1}^{T}\sum_{k=1}^{K}\left(KR_k \cdot u_{k,t} + KY_k \cdot Y_{k,t}\right)$$

Nebenbedingungen

$$(17.2)\quad X_{k,t} + Y_{k,t-1} - Y_{k,t} = D_{k,t} \qquad k=1,\ldots,K;\ t=1,\ldots,T$$

$$(17.3)\quad X_{k,t} \le u_{k,t} \cdot \sum_{\tau=t}^{T} D_{k,\tau} \qquad k=1,\ldots,K;\ t=1,\ldots,T$$

$$(17.4)\quad \sum_{k=1}^{K}\left(f_k^b \cdot X_{k,t}\right) \le Z_t^{b,max} \qquad t=1,\ldots,T$$

$$(17.5)\quad X_{k,t}, Y_{k,t} \ge 0 \qquad k=1,\ldots,K;\ t=1,\ldots,T$$

$$(17.6)\quad Y_{k,0} = Y_{k,T} = 0 \qquad k=1,\ldots,K$$

$$(17.7)\quad u_{k,t} \in \{0,1\} \qquad k=1,\ldots,K;\ t=1,\ldots,T$$

Beschreibung der Problemformulierung (17)

Zielfunktion (17.1) minimiert über alle Perioden des Planungszeitraumes und alle Erzeugnisse die anfallenden Kosten, bestehend einerseits aus dem Produkt der (zeitinvarianten und reihenfolgeunabhängigen) Rüstkosten für das Enderzeugnis und einer binären Rüstvariablen und anderseits aus dem Produkt der (zeitinvarianten) Lagerhaltungskosten und dem Lagerbestand am Ende der Periode. Nebenbedingung (17.2) stellt die übliche Lagerbestandskontinuitätsbedingung dar. Nebenbedingung (17.3) stellt für jedes Enderzeugnis und für jede Periode sicher, daß die geplanten Produktionsmengen nicht größer sind als die Summe der Bedarfsmengen im verbleibenden Restplanungszeitraum. Nebenbedingung (17.4) stellt sicher, daß in keiner Periode die aus den geplanten Produktionsmengen resultierende Kapazitätsnachfrage, ermittelt auf der Basis eines detaillierten Kapazitätsbelastungsfaktors f^b_k, die verfügbare Kapazität überschreitet. Nebenbedingung (17.5) stellt sicher, daß die ermittelten

539 Problemformulierung in Anlehnung an: **Domschke, Wolfgang; Scholl, Armin; Voß, Stefan**: Produktionsplanung, 1993, Seite 128. Die Notation wurde an die durchgängig verwendete Notation angepaßt.

Produktionsmengen und die ermittelten Lagerbestandsmengen von keinem Erzeugnis und in keiner Periode negativ werden. Nebenbedingung (17.6) setzt für jedes Enderzeugnis den Anfangsbestand zu Beginn des Planungszeitraumes und den Endbestand am Ende des Planungszeitraumes auf Null. Nebenbedingung (17.7) schließlich läßt für die binäre Rüstvariable $u_{k,t}$ die Werte Null und Eins zu.

5.4.2 Gekoppeltes Single-Level Capacitated Lot-Sizing Problem (CLSP)

Problemformulierung (18)

Zielfunktion[540]

(18.1) $\text{Minimiere } Z = \sum_{t=1}^{T} \sum_{k=1}^{K} \left(KR_k \cdot u_{k,t} + KY_{k,t} \cdot Y_{k,t} \right)$

Nebenbedingungen

(18.2) $X_{k,t} + Y_{k,t-1} - Y_{k,t} = D_{k,t}$ $\quad k=1, \ldots, K; \; t=1, \ldots, T$

(18.3) $\sum_{k \in K^j} \left(f_k \cdot X_{k,t} \right) \leq X_t^{**}$ $\quad t=1, \ldots, T$

(18.4) $X_{k,t} - B \cdot u_{k,t} \leq 0$ $\quad k=1, \ldots, K; \; t=1, \ldots, T$

(18.5) $X_{k,t} \geq 0$ $\quad k=1, \ldots, K; \; t=1, \ldots, T$

(18.6) $Y_{k,0} = Y_{k,0}^{*}$ $\quad k=1, \ldots, K$

(18.7) $Y_{k,T} \geq Y_{k,T}^{*}$ $\quad k=1, \ldots, K$

(18.8) $Y_{k,t} \geq Y_k^{min}$ $\quad k=1, \ldots, K; \; t=1, \ldots, T-1$

(18.9) $u_{k,t} \in \{0,1\}$ $\quad k=1, \ldots, K; \; t=1, \ldots, T$

Beschreibung der Problemformulierung (18)

Zielfunktion (18.1) minimiert über alle Perioden des Planungszeitraumes und alle Erzeugnisse die anfallenden Kosten, bestehend einerseits aus dem Produkt von (zeitinvarianten und reihenfolgeunabhängigen) Rüstkosten für das Enderzeugnis und einer binären Rüstvariablen und andererseits aus dem Produkt der (zeitinvarianten) Lagerhaltungskosten und dem Lagerbestand am Ende der Periode. Nebenbedingung (18.2) stellt die übliche Lagerbe-

540 Problemformulierung in Anlehnung an **Steven, Marion**: Hierarchische Produktionsplanung, 1994, Seite 174. Die Notation wurde an die durchgängig verwendete Notation angepaßt.

standskontinuitätsbedingung dar. Nebenbedingung (18.3) stellt sicher, daß in keiner Periode die aus den geplanten Produktionsmengen der der betrachteten Produktfamilie zugeordneten Enderzeugnisse resultierende Kapazitätsnachfrage, ermittelt auf der Basis eines detaillierten Produktionskoeffizienten, die insgesamt für diese Periode vorgesehene Produktionsmenge X^{**}_t überschreitet. Nebenbedingung (18.4) stellt sicher, daß ein Enderzeugnis in einer Periode nur dann zur Produktion aufgelegt wird, wenn die Differenz von Produktionsmenge $X_{k,t}$ und dem Produkt einer großen Zahl B und der binären Rüstvariable $u_{k,t}$ für dieses Produkt nicht größer als Null ist. Ein Erzeugnis kann nur dann zur Produktion aufgelegt werden, wenn der entsprechende Rüstzustand besteht. Nebenbedingung (18.5) stellt sicher, daß die ermittelten Produktionsmengen $X_{k,t}$ in keiner Periode und für kein Erzeugnis negativ werden. Nebenbedingung (18.6) stellt sicher, daß für jedes Erzeugnis der Anfangsbestand zu Beginn des Planungszeitraumes einen vorgegebenen Wert annimmt. Nebenbedingung (18.7) stellt sicher, daß für jedes Erzeugnis der Endbestand am Ende des Planungszeitraumes einen vorgegebenen Wert nicht unterschreitet. Nebenbedingung (18.8) stellt sicher, daß für kein Erzeugnis und in keiner Periode der Lagerbestand einen vorgegebenen (zeitinvarianten) Mindestlagerbestand unterschreitet. Nebenbedingung (18.9) schließlich läßt für die binäre Rüstvariable $u_{k,t}$, die Werte Null und Eins zu.

Kommentierung der Problemformulierung (18)

Problemformulierung (18) wird von Steven im Rahmen ihres Ansatzes zur Hierarchischen Produktionsplanung vorgeschlagen und bildet dort den Übergang zwischen einer zuvor durchgeführten abstraktionsbasierten Produktionsprogrammplanung und der anschließend durchgeführten Materialbedarfsplanung. Für jede Produktfamilie wird ein separates CLSP gelöst. Über die Vorgabe von Anfangslagerbeständen (Nebenbedingung (18.6)) und Endlagerbeständen (Nebenbedingung (18.7)) sowie insbes. über die in Nebenbedingung (18.3) vorgenommene Begrenzung der aus den für die Enderzeugnisse der betrachteten Produktfamilie ermittelten Losgrößen in einer Periode resultierenden Kapazitätsnachfrage mit einer für diese Produktfamilie vorgegebenen maximalen Produktionsmenge X^{**}_t wird versucht, eine Kopplung zur übergeordneten abstraktionsbasierten Produktionsprogrammplanung herzustellen. Da bei der abstraktionsbasierten Produktionsplanung als Planungszeitraum ein Jahr und als Planungsperiode ein Monat angesetzt wird und für die hier betrachtete Losgrößenplanung als Planungszeitraum ein Monat und als Planungsperiode eine Woche angenommen wird, ist eine geeignete, bei Steven nicht spezifizierte Detaillierung der Produktionsvorgaben X^{*}_t vorzunehmen. Aus formalen Gründen ist weiterhin die Einführung eines geeigneten zweiten Zeitindizes vorzunehmen, der die unterschiedliche Dauer der Planungsperioden verdeutlicht.

5.4.3 Multi-Level Capacitated Lot-Sizing Problem (MLCLSP)

Problemformulierung (19)

Zielfunktion[541]

(19.1) $$\text{Minimiere } Z = \sum_{t=1}^{T} \sum_{k=1}^{K} \left(KR_k \cdot u_{k,t} + KY_k \cdot Y_{k,t} \right)$$

Nebenbedingungen

(19.2) $$X_{k,t} + Y_{k,t-1} - Y_{k,t} - \sum_{l \in L^k} \sum_{t+v_{l,t} \leq T} f_{k,l} \cdot X_{l,t+v_{k,l}} = D_{k,t} \qquad k=1, \ldots, K;\ t=1, \ldots, T$$

(19.3) $$X_{k,t} = 0 \qquad k=1, \ldots, K;\ t=1, \ldots, Max\left\{ v_{k,l} \middle| l \in L^k \right\}$$

(19.4) $$\sum_{k \in K^q} \left(f_k^b \cdot X_{k,t} + f_k^{br} \cdot u_{k,t} \right) \leq Z_{q,t}^{b,max} \qquad q=1, \ldots, Q;\ t=1, \ldots, T$$

(19.5) $$X_{k,t} - B \cdot u_{k,t} \leq 0 \qquad k=1, \ldots, K;\ t=1, \ldots, T$$

(19.6) $$X_{k,t}, Y_{k,t} \geq 0 \qquad k=1, \ldots, K;\ t=1, \ldots, T$$

(19.7) $$Y_{k,0} = Y_{k,T} = 0 \qquad k=1, \ldots, K$$

(19.8) $$u_{k,t} \in \{0,1\} \qquad k=1, \ldots, K;\ t=1, \ldots, T$$

Beschreibung der Problemformulierung (19)

Zielfunktion (19.1) minimiert über alle Perioden des Planungszeitraumes und alle Erzeugnisse die anfallenden Kosten, bestehend einerseits aus dem Produkt von (zeitinvarianten und reihenfolgeunabhängigen) Rüstkosten für das Enderzeugnis und einer binären Rüstvariablen und andererseits aus dem Produkt der (zeitinvarianten) Lagerhaltungskosten und dem Lagerbestand am Ende der Periode. Nebenbedingung (19.2) entspricht einer erweiterten Lagerkontinuitätsbedingung, welche die Mehrstufigkeit des Herstellungsprozesses abbildet. Neben den in den bisher beschriebenen Lagerbestandskontinuitätsbedingungen auch verwendeten Variablen $X_{k,t}$; $Y_{k,t-1}$; $Y_{k,t}$ sowie dem Parameter $D_{k,t}$ wird hier auch der Bedarf eines Erzeugnisses k berücksichtigt, der zur Herstellung der dem Produkt k in der Erzeugnisstruktur übergeordneten Erzeugnisse $l \in L^k$ erforderlich ist, wobei die entsprechende Vorlaufverschiebung $v_{k,l}$ Berücksichtigung findet. Nebenbedingung (19.3) setzt die Produktionsmengen eines Erzeugnisses in den ersten Perioden des Planungszeitraumes auf den Wert Null, die

541 Problemformulierung in Anlehnung an: **Helber, Stefan**: Kapazitätsorientierte Losgrößenplanung, 1994, Seite 32ff. Die Notation wurde an die durchgängig verwendete Notation angepaßt.

zur Herstellung von dem Produkt k untergeordneten Komponenten benötigt werden. Nebenbedingung (19.4) stellt sicher, daß in keiner Periode und an keinem Betriebsmittel die verfügbare Kapazität überschritten wird. Der in einer Periode an einem Betriebsmittel entstehende Kapazitätsbedarf setzt sich aus der direkten Kapazitätsbelastung als Produkt von Produktionsmenge $X_{k,t}$ und Kapazitätsbelastungsfaktor f^{b}_{k} einerseits und aus der Rüstzeitbelastung als Produkt von binärer Rüstvariablen $u_{k,t}$ und Rüstzeitbelastungsfaktor f^{br}_{k} andererseits zusammen. Nebenbedingung (19.5) stellt sicher, daß ein Produkt in einer Periode nur dann zur Produktion aufgelegt wird, wenn die Differenz von Produktionsmenge $X_{k,t}$ und dem Produkt einer großen Zahl B und der binären Rüstvariablen für dieses Produkt nicht größer als Null ist. Ein Erzeugnis kann nur dann zur Produktion aufgelegt werden, wenn die entsprechende Ressource für dieses Produkt gerüstet wurde. Nebenbedingung (19.6) stellt sicher, daß die ermittelten Produktionsmengen und die ermittelten Lagerbestandsmengen von keinem Erzeugnis und in keiner Periode negativ werden. Nebenbedingung (19.7) setzt für jedes Enderzeugnis den Anfangsbestand zu Beginn des Planungszeitraumes und den Endbestand am Ende des Planungszeitraumes auf Null. Nebenbedingung (19.8) schließlich läßt für die binäre Rüstvariable $u_{k,t}$ die Werte Null und Eins zu.

5.5 Charakterisierung ausgewählter Problemformulierungen zur integrierten Lösgrößen- und Ablaufplanung

5.5.1 Multi-Level Lot-Sizing and Scheduling Problem (MLLSP)

Problemformulierung (20)

Zielfunktion[542]

(20.1) $$\text{Minimiere } Z = \sum_{t=1}^{T} \sum_{k=1}^{K} \left(KR_k \cdot u_{k,t} + KY_k \cdot Y_{k,t} \right)$$

Nebenbedingungen

(20.2) $$X_{k,t} + Y_{k,t-1} - Y_{k,t} - \sum_{l \in L^k} \left(f_{k,l} \cdot X_{l,t} \right) = D_{k,t} \qquad k=1, \ldots, K;\ t=1, \ldots, T$$

(20.3) $$Y_{k,t} \geq \sum_{\tau=t+1}^{\min\left(\substack{t+v_k \\ T}\right)} \sum_{l \in L^k} \left(f_{k,l} \cdot X_{l,\tau} \right) \qquad k=1, \ldots, K;\ t=0, \ldots, T$$

(20.4) $$\sum_{k=1}^{K} u^{*}_{k,t} \leq 1 \qquad t=1, \ldots, T$$

542 Problemformulierung in Anlehnung an **Drexl, Andreas; et al**: Losgrößenplanung, 1995, Seite 274f. Die Notation wurde an die durchgängig verwendete Notation angepaßt.

$$(20.5)\quad u_{k,t} - u^*_{k,t} + u^*_{k,t-1} \geq 0 \qquad k=1, ..., K;\ t=1, ..., T$$

$$(20.6)\quad Z_t^{b,max} \cdot u^*_{k,t} + Z_t^{b,max} \cdot u^*_{k,t-1} - f_k^b \cdot X_{k,t} \geq 0 \qquad k=1, ..., K;\ t=1, ..., T$$

$$(20.7)\quad \sum_{k=1}^{K} f_k^b \cdot X_{k,t} \leq Z_t^{b,max} \qquad t=1, ..., T$$

$$(20.8)\quad X_{k,t}, Y_{k,t} \geq 0 \qquad k=1, ..., K;\ t=1, ..., T$$

$$(20.9)\quad u_{k,t},\ u^*_{k,t} \in \{0,1\} \qquad k=1, ..., K;\ t=1, ..., T$$

Beschreibung der Problemformulierung (20)

Zielfunktion (20.1) minimiert über alle Perioden des Planungszeitraumes und alle Erzeugnisse die anfallenden Kosten, bestehend einerseits aus dem Produkt von (zeitinvarianten und reihenfolgeunabhängigen) Rüstkosten für das Erzeugnis und einer binären Rüstvariablen und andererseits aus dem Produkt der (zeitinvarianten) Lagerhaltungskosten und dem Lagerbestand am Ende der Periode. Nebenbedingung (20.2) entspricht einer erweiterten Lagerkontinuitätsbedingung, welche die Mehrstufigkeit des Herstellungsprozesses abbildet. Neben den üblichen Variablen $X_{k,t}$; $Y_{k,t-1}$; $Y_{k,t}$ sowie dem Parameter $D_{k,t}$ wird auch der Bedarf eines Erzeugnisses k berücksichtigt, der zur Herstellung der geplanten Produktionsmenge der übergeordneten Erzeugnisse $l \in L^k$ erforderlich ist. Nebenbedingung (20.3) stellt sicher, daß in jeder Periode und für jedes Erzeugnis der Lagerbestand den Bedarf an übergeordneten Erzeugnissen deckt. Nebenbedingung (20.4) stellt sicher, daß das betrachtete Betriebsmittel am Ende jeder Periode für höchstens ein Erzeugnis gerüstet ist. Nebenbedingung (20.5) koordiniert die binären Rüstvorgangsvariablen $u_{k,t}$ und die Rüstzustandsvariablen u^*_{kt}. Es wird der Fall ausgeschlossen, daß die Ressource am Ende der Vorperiode nicht für ein bestimmtes Erzeugnis gerüstet ist ($u^*_{k,t-1}=0$), auch in der aktuellen Periode nicht für dieses Erzeugnis gerüstet wird ($u_{k,t}=0$) und trotzdem am Ende der Periode einen entsprechenden Rüstzustand ($u^*_{k,t}=1$) aufweist. Nebenbedingung (20.6) stellt sicher, daß nur bei einem entsprechenden Rüstzustand des Betriebsmittels auch produziert wird. Nebenbedingung (20.7) stellt sicher, daß die verfügbare Kapazität in keiner Periode durch die zur Herstellung der geplanten Produktionsmengen erforderliche Kapazität überschritten wird. Nebenbedingung (20.8) stellt sicher, daß die ermittelten Produktionsmengen und die ermittelten Lagerbestandsmengen von keinem Erzeugnis und in keiner Periode negativ werden. Nebenbedingung (20.9) schließlich läßt für die binären Rüstvariablen $u_{k,t}$ und $u^*_{k,t}$ die Werte Null und Eins zu.

5.5.2 Multi-Level Proportional Lot-Sizing and Scheduling Problem (MLPLSP)

Problemformulierung (21)

Zielfunktion[543]

(21.1) $$\text{Minimiere } Z = \sum_{t=1}^{T} \sum_{k=1}^{K} \left(KR_{k,t} + KY_k \cdot Y_{k,t} \right)$$

Nebenbedingungen

(21.2) $$\left(X_{k,t}^1 + X_{k,t}^2\right) + Y_{k,t-1} - \sum_{\substack{l \in L^k \\ t+v_{k,l} \le T}} f_{k,l} \cdot \left(X_{l,t+v_{k,l}}^1 + X_{l,t+v_{k,l}}^2\right) - Y_{k,t} = D_{k,t} \qquad k=1,\ldots,K;\ t=1,\ldots,T$$

(21.3) $$X_{k,t}^1 + X_{k,t}^2 = 0 \qquad k=1,\ldots,K;\ t=1,\ldots,Max\left\{v_{k,l} \,\middle|\, v_{k,l} \in V^k\right\}$$

(21.4) $$B \cdot u_{k,t}^{**} - f_k^b \cdot \left(u_{k,t}^* - u_{k,t-\delta-1}^*\right) + \sum_{\tau=t-\delta}^{t} ZR_{k,\tau} \ge 0 \qquad k=1,\ldots,K;\ t=1,\ldots,T;\ \delta=1,\ldots,sp_k$$

(21.5) $$\sum_{k=1}^{K} u_{k,t}^* = 1 \qquad k=1,\ldots,K$$

(21.6) $$B \cdot u_{k,t}^* - ZR_{k,t} - f_k^b \cdot \left(X_{k,t+1}^1 + X_{k,t}^2\right) \ge 0 \qquad k=1,\ldots,K;\ t=1,\ldots,T$$

(21.7) $$B \cdot \left(1 - u_{k,t}^{**}\right) - \left(X_{k,t}^1 + X_{k,t}^2\right) \ge 0 \qquad k=1,\ldots,K;\ t=1,\ldots,T$$

(21.8) $$KR_{k,t} - KR_k \cdot \left(u_{k,t}^* - u_{k,t-1}^*\right) \ge 0 \qquad k=1,\ldots,K;\ t=1,\ldots,T$$

(21.9) $$\sum_{k \in K^q} \left(f_k^b \cdot \left(X_{k,t}^1 + X_{k,t}^2\right) + ZR_{k,t}\right) \le Z_{q,t}^{b,max} \qquad q=1,\ldots,Q;\ t=1,\ldots,T$$

(21.10) $$X_{k,t}^1, X_{k,t}^2, Y_{k,t}, ZR_{k,t}, KR_{k,t} \ge 0 \qquad k=1,\ldots,K;\ t=1,\ldots,T$$

(21.11) $$Y_{k,0} = Y_{k,T} = 0 \qquad k=1,\ldots,K$$

(21.12) $$u_{k,t}^*, u_{k,t}^{**} \in \{0,1\} \qquad k=1,\ldots,K;\ t=1,\ldots,T$$

543 Problemformulierung in Anlehnung an **Helber, Stefan**: Kapazitätsorientierte Losgrößenplanung, 1994, Seite 35ff. Die Notation wurde an die durchgängig verwendete Notation angepaßt.

Beschreibung der Problemformulierung (21)

Zielfunktion (21.1) strebt die Minimierung der Summe aus Rüstkosten und Lagerhaltungskosten über alle Perioden des Planungszeitraumes und alle Erzeugnisse an. Nebenbedingung (21.2) entspricht einer erweiterten Lagerkontinuitätsbedingung, welche die Mehrstufigkeit des Herstellungsprozesses abbildet. Neben den Variablen $X^1_{k,t}$ und $X^2_{k,t}$; $Y_{k,t-1}$; $Y_{k,t}$ sowie dem Parameter $D_{k,t}$ wird auch der Bedarf der Erzeugnisse k berücksichtigt, der zur Herstellung der geplanten Produktionsmenge der übergeordneten Erzeugnisse $l \in L^k$ erforderlich ist. Nebenbedingung (21.3) setzt die Produktionsmengen der Erzeugnisse in den ersten Perioden des Planungszeitraumes auf den Wert Null, die zur Herstellung von den Produkt k untergeordneten Komponenten benötigt werden. Nebenbedingung (21.4) erlaubt die Aufteilung der Rüstzeit auf mehrere aufeinanderfolgende Perioden. Nebenbedingung (21.5) stellt sicher, daß am Ende einer jeden Periode genau ein Rüstzustand erreicht ist. Nebenbedingungen (21.6) stellt sicher, daß nur in den Perioden ein Erzeugnis zur Produktion aufgelegt werden kann, in denen der entsprechende Rüstzustand erreicht ist. Nebenbedingung (21.7) stellt sicher, daß nur in den Perioden ein Erzeugnis zur Produktion aufgelegt werden kann, in denen der Rüstvorgang für das entsprechende Erzeugnis abgeschlossen ist. Nebenbedingung (21.8) stellt sicher, daß die Rüstkosten jeweils in der Periode in die Zielfunktion aufgenommen werden, wenn der entsprechende Rüstvorgang abgeschlossen ist. Nebenbedingung (21.9) stellt für jedes Betriebsmittel in jeder Periode sicher, daß die verfügbare Kapazität nicht von der aus den geplanten Produktionsmengen resultierenden Kapazitätsnachfrage überschritten wird. Die Kapazitätsnachfrage ermittelt sich hierbei durch Multiplikation der geplanten Produktionsmengen mit einem Kapazitätsbelastungsfaktor und anschließende Addition der für die entsprechenden Rüstvorgänge anfallenden Rüstzeit. Nebenbedingung (21.10) stellt sicher, daß Produktions- und Lagerbestandsmengen sowie Rüstzeiten und -kosten in keiner Periode und für kein Erzeugnis negativ werden. Nebenbedingung (21.11) setzt für alle Erzeugnisse den Anfangsbestand zu Beginn des Planungszeitraumes und den Endbestand am Ende des Planungszeitraumes auf Null. Nebenbedingung (21.12) schließlich läßt für die binären Rüstvariablen $u^*_{k,t}$ und $u^{**}_{k,t}$ die Werte Null und Eins zu.

Kolibri 360 GmbH
Ferdinand-Jühlke-Straße 7
99095 Erfurt, Deutschland
produktsicherheit@kolibri360.de

Druck:
CPI Druckdienstleistungen GmbH
im Auftrag der
Kolibri 360 GmbH
Ferdinand-Jühlke-Str. 7
99095 Erfurt